国家级一流本科课程团队精心打造教学辅导用书

概率统计典型问题分析与解法

主　编　徐雅静　徐　英　曲双红

副主编　李雪平　崔　宁　卢金梅

参　编　杨　静　汪远征

科 学 出 版 社

北　京

内 容 简 介

本书是融合了纸质图书与教学视频等数字资源的新形态立体化教辅用书, 主要内容涵盖概率论和数理统计两部分. 全书按照章节顺序, 系统梳理并归纳了"概率论与数理统计"课程的关键知识点和重点内容; 精心挑选了符合课程要求且具有代表性的典型例题, 并纳入了近年来的大部分考研真题. 编者对这些题目进行了详细分析和解答, 并通过二维码链接【真题精讲】微视频, 展示了解决各类问题的一般方法. 本书还提供了经典习题的详细解答, 帮助读者规范解题过程, 夯实基础; 精心设计了 10 套综合测试试卷, 供读者自我测试学习效果; 各章末均附有自测题二维码, 读者扫码可以进行测试. 此外, 编者还归纳总结了"概率论与数理统计"课程中常用的高等数学知识点, 便于读者快速查阅.

本书可作为高等学校非数学类专业学生学习"概率论与数理统计"课程的辅导教材、复习参考书及考研指导书, 也可作为教师的教学参考用书.

图书在版编目(CIP)数据

概率统计典型问题分析与解法 / 徐雅静, 徐英, 曲双红主编. — 北京: 科学出版社, 2024. 8. — ISBN 978-7-03-079416-1

Ⅰ. O211

中国国家版本馆 CIP 数据核字 2024CR1966 号

责任编辑: 张中兴 梁 清 孙翠勤 / 责任校对: 杨聪敏
责任印制: 赵 博 / 封面设计: 蓝正设计

科 学 出 版 社 出版
北京东黄城根北街 16 号
邮政编码: 100717
http://www.sciencep.com
北京华宇信诺印刷有限公司印刷
科学出版社发行 各地新华书店经销
*
2024 年 8 月第 一 版 开本: 720×1000 1/16
2025 年 9 月第三次印刷 印张: 22
字数: 449 000
定价: 69.00 元
(如有印装质量问题, 我社负责调换)

前　言

　　自出版以来,《概率论与数理统计》教材经历了两次改版升级,第二版在 2021 年荣获首届河南省教材建设奖优秀教材一等奖. 第三版是河南省 "十四五" 普通高等教育规划教材重点建设项目,融合了纸质教材与教学视频等数字资源,更符合新时代教育和教学改革的需求.

　　为了满足广大读者的学习需求,教材编写团队结合多年教学经验,精心编写了这本《概率统计典型问题分析与解法》. 本书既可与第三版教材配套使用,也可独立学习,旨在帮助学生自学和考研,同时为教师提供教学参考.

　　本书融合了纸质内容与教学视频等数字资源,读者可以通过扫描二维码观看相关内容.

　　本书系统归纳了 "概率论与数理统计" 的主要内容和知识点脉络,针对学生学习过程中常遇到的问题,精选了具有代表性的典型例题和考研真题,进行详细剖析与解答,展示了解决各类问题的一般方法.

　　全书内容分为八章:概率论基础、随机变量及其分布、多维随机变量及其分布、随机变量的数字特征、大数定律和中心极限定理、数理统计基础、参数估计、假设检验. 每章包括五个部分:本章基本要求与知识结构图、主要内容、题型归纳及解题技巧、考研真题解析和经典习题选讲.

　　"本章基本要求与知识结构图" 依据教育部大学数学课程指导委员会制定的本科数学基础课程教学基本要求总结绘制,展示了各章的主要知识点及其关系,帮助读者总览内容、理清脉络、强化记忆.

　　"主要内容" 简明扼要地梳理了概率论与数理统计课程中的概念、定义和定理,便于读者查阅和复习.

　　"题型归纳及解题技巧" 有针对性地精选了大量例题,归纳总结了各类问题涉及的知识点、解题规律和技巧,帮助读者提高分析问题和解决问题的能力.

　　"考研真题解析" 精选了近年来全国硕士研究生入学考试数学试题中的大部分考题,按照知识点分章并按年份排序,便于读者发现考研重点和趋势. 编者对这些真题进行了详尽的剖析,并录制了【真题精讲】教学微视频,生动有趣、讲解透彻,帮助读者攻克难题,提高考研成绩.

"经典习题选讲"强化基础,帮助读者系统掌握基本概念、方法和思路,规范解题过程,提高解题能力.

此外,本书还包含综合测试试卷和概率统计中常用高等数学知识点两部分内容.

"综合测试试卷"包括 10 套试卷,分别为"基础试卷"和"提高试卷"各 5 套,题目难度梯度变化,满足不同学习目的的读者自测需求,帮助读者检测知识掌握程度,查漏补缺,提升综合分析和解决问题的能力.

"概率统计中常用高等数学知识点"部分归纳了概率论与数理统计中常见的高等数学知识点,如反常积分、无穷级数和二重积分等,作为附录提供,方便读者查阅,提高解题效率.

同时,在章末还附有自测题二维码,读者扫码可以进行测试,检查本章学习效果.

本书适合作为高等学校非数学类专业学生学习"概率论与数理统计"的辅导书和考研复习指导书,也可作为相关专业教师的教学参考书.

本书由徐雅静、徐英和曲双红担任主编,李雪平、崔宁和卢金梅担任副主编.具体如下:第 1、2 章由崔宁、杨静编写,第 3 章由曲双红、李雪平、卢金梅编写,第 4 章由曲双红、李雪平编写,第 5 章由曲双红、徐英编写,第 6、8 章由徐雅静、徐英编写,第 7 章由徐雅静、卢金梅编写,综合测试基础试卷及解答由徐雅静、李雪平、徐英编写,综合测试提高试卷及解答由徐英、李雪平、崔宁和卢金梅编写,附录一、二由汪远征编写.

本书的编写与出版得到了郑州轻工业大学和科学出版社的大力支持,特别感谢科学出版社张中兴和梁清两位老师在选题、立项、内容设计和编辑方面所做的工作.

限于编者水平,书中难免有错漏之处,恳请各位专家及广大读者批评指正.

编 者

2024 年 6 月

目 录

第1章
概率论基础

概率论是从数量化的角度研究和揭示随机现象的统计规律性的一门数学学科. 20 世纪以来, 概率论广泛应用于工业、国防、国民经济及工程技术等各个领域.

本章主要归纳梳理概率论中最基本的概念、定义和概率计算方法, 如: 随机事件及其概率、古典概型与几何概型、条件概率与乘法公式、全概率公式和贝叶斯公式、事件的独立性等, 分析和解答相关典型问题、考研真题与经典习题.

本章基本要求与知识结构图

1. 基本要求

(1) 了解随机试验以及样本空间的概念, 理解随机事件的概念, 掌握事件之间的关系与运算.

(2) 了解事件频率的概念, 理解概率的统计定义和公理化定义, 掌握概率的基本性质; 会计算古典型概率和几何型概率.

(3) 理解条件概率的概念, 掌握概率的乘法公式、全概率公式和贝叶斯公式.

(4) 理解事件的独立性概念, 掌握应用事件的独立性进行概率计算的方法.

(5) 了解伯努利试验, 掌握计算有关事件概率的二项概率公式.

2. 知识结构图

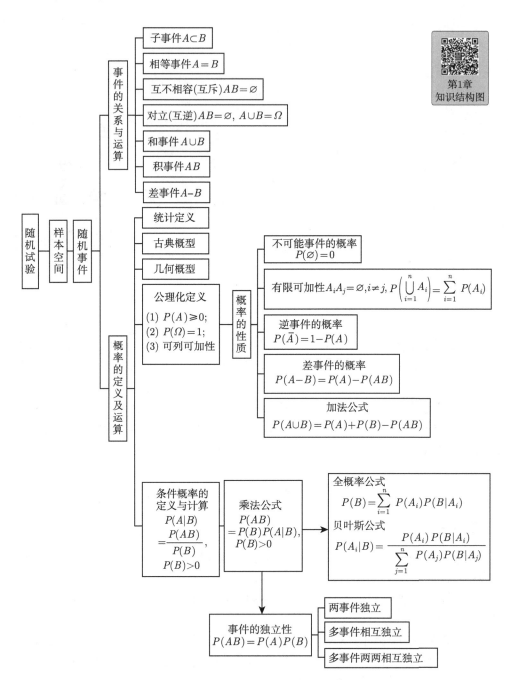

第1章
知识结构图

主 要 内 容

1.1 随机试验与样本空间

1.1.1 随机试验

概率论中把满足以下特点的试验称为**随机试验**:

(1) 试验可以在相同条件下重复进行;

(2) 每次试验的可能结果不止一个, 并且能事先明确试验的所有可能结果;

(3) 进行一次试验之前不能确定到底哪一个结果会出现.

随机试验以后简称**试验**.

1.1.2 样本空间

定义 1.1 随机试验的一切可能的基本结果组成的集合称为**样本空间**, 记为 $\Omega = \{\omega\}$, 其中 ω 表示基本结果, 又称为**样本点**.

1.2 随机事件及其概率

1.2.1 随机事件

定义 1.2 随机试验的若干基本结果组成的集合 (样本空间的子集) 称为**随机事件**, 简称**事件**, 只含有一个基本结果的事件称为**基本事件**.

样本空间 Ω 作为自身的子集, 包含所有的样本点, 在每次试验中它总是发生的, 称为必然事件. 空集 $\varnothing$ 作为样本空间的子集, 不包含任何样本点, 在每次试验中都不发生, 称为不可能事件.

1.2.2 事件间的关系及运算

1. 事件间的关系

(1) 包含.

若事件 A 中的样本点都在事件 B 中, 则称 A **包含于** B, 或者 B **包含** A, 记为 $A \subset B$. 也称 A 为 B 的**子事件**.

(2) 相等.

如果事件 A 与事件 B 满足 $A \subset B$ 且 $B \subset A$, 则称 A 与 B **相等**, 记为 $A = B$.

(3) 互不相容 (互斥).

如果事件 A 和 B 没有相同的样本点, 则称 A 与 B **互不相容**或**互斥**.

(4) 对立 (互逆).

若事件 B 是由在 Ω 中而不在 A 中的所有样本点组成的集合, 则称 B 与 A **对立**或**互逆**, 也称 B 为 A 的**对立事件**或**逆事件**.

A 的对立事件记作 $\overline{A}$, 表示 A 不发生. 显然 $\overline{\overline{A}} = A$.

2. 事件的运算

(1) 事件 A 与 B 的和.

由 A 与 B 的全部样本点组成的集合, 称为事件 A 与 B 的**和** (或**并**), 记为 $A \cup B$.

由于和事件 $A \cup B$ 中的样本点至少属于 A 与 B 之一, 所以 $A \cup B$ 发生表示事件 A, B 至少有一个发生.

(2) 事件 A 与 B 的积.

由既属于 A 又属于 B 的样本点组成的集合, 称为事件 A 与 B 的**积** (或**交**), 记为 $A \cap B$ 或 AB.

由于积事件 $A \cap B$ 中的样本点同时属于 A 和 B, 所以 $A \cap B$ 或 AB 发生表示事件 A 与 B 同时发生.

事件的和运算与积运算也可推广到有限个或可列无限个事件的情形.

(3) 事件 A 与 B 的差.

由属于事件 A 而不属于事件 B 的样本点的全体组成的集合称为 A 与 B 的**差**, 记为 $A - B$.

由于差事件 $A - B$ 中的样本点只属于 A 不属于 B, 所以 $A - B$ 发生表示事件 A 发生而 B 不发生.

显然, $\overline{A} = \Omega - A$, $A - B = A - AB = A\overline{B}$.

3. 事件运算满足的定律

事件的运算性质和集合的运算性质相同. 设 A, B, C 为事件, 则有

交换律　$A \cup B = B \cup A, AB = BA.$

结合律　$(A \cup B) \cup C = A \cup (B \cup C), (AB)C = A(BC).$

分配律　$(A \cup B)C = AC \cup BC, (AB) \cup C = (A \cup C)(B \cup C).$

对偶律　$\overline{A \cup B} = \overline{A}\ \overline{B}, \overline{AB} = \overline{A} \cup \overline{B}.$

对偶律口诀: 左边到右边, 长线变短线, 和变积, 积变和.

1.2.3　事件的概率及性质

1. 频率与概率的统计定义

定义 1.3　设 E 为任一随机试验, A 为其中任一事件, 在相同条件下, 把试验 E 独立地重复做 n 次, 事件 A 在这 n 次试验中发生的次数 n_A 称为事件 A 发生的**频数**. 比值 $f_n(A) = n_A / n$ 称为事件 A 在这 n 次试验中发生的**频率**.

易知频率有如下性质:

(1) 对于任一事件 A, 有 $0 \leqslant f_n(A) \leqslant 1$;

(2) 对于必然事件 Ω, 有 $f_n(\Omega) = 1$;

(3) 对于互不相容的事件 A, B, 有

$$f_n(A \cup B) = f_n(A) + f_n(B).$$

定义 1.4 设有随机试验 E, 如果当试验的次数 n 充分大时, 事件 A 发生的频率 $f_n(A)$ 稳定在某数 p 附近, 则称数 p 为事件 A 发生的**概率**, 记为 $P(A) = p$.

2. 概率的公理化定义与性质

定义 1.5 设 Ω 是一随机试验的样本空间, 对于该随机试验的每一个事件 A 赋予一个实数, 记为 $P(A)$, 如果函数 $P(\cdot)$ 满足下列条件:

(1) **非负性** 对于每一个事件 A, 有 $P(A) \geqslant 0$;

(2) **规范性** 对于必然事件 Ω, 有 $P(\Omega) = 1$;

(3) **可列可加性** 设 A_1, A_2, $\cdots$ 是两两互不相容的事件, 即对于 $i \neq j$, $A_i A_j = \varnothing$, $i, j = 1, 2, \cdots$, 有

$$P(A_1 \cup A_2 \cup \cdots) = P(A_1) + P(A_2) + \cdots,$$

则称 $P(A)$ 为事件 A 发生的**概率**.

性质 1 $P(\varnothing) = 0$.

性质 2 (有限可加性) 若 A_1, A_2, $\cdots$, A_n 是两两互不相容的事件, 则有

$$P(A_1 \cup A_2 \cup \cdots \cup A_n) = P(A_1) + P(A_2) + \cdots + P(A_n).$$

性质 3 对任一事件 A, 有 $P(\overline{A}) = 1 - P(A)$.

性质 4 对任意两个事件 A, B, 有 $P(A - B) = P(A) - P(AB)$.

性质 5 (加法公式) 对于任意两事件 A, B, 有 $P(A \cup B) = P(A) + P(B) - P(AB)$.

1.3 古典概型与几何概型

1.3.1 排列与组合公式

1. 排列

从 n 个不同元素中任取 r $(r \leqslant n)$ 个元素排成一列 (考虑元素出现的先后次序), 称此为一个**排列**. 此种排列的总数为

$$\mathrm{A}_n^r = n(n-1) \cdots (n-r+1) = \frac{n!}{(n-r)!}.$$

若 $r = n$, 则称为全排列, 全排列的总数为 $\mathrm{A}_n^n = n!$.

2. 重复排列

从 n 个不同元素中每次取出一个, 放回后再取出下一个, 如此连续取 r 次所得的排列称为**重复排列**, 此种重复排列共有 n^r 个, 这里 r 允许大于 n.

3. 组合

从 n 个不同元素中任取 $r(r \leqslant n)$ 个元素并成一组 (不考虑元素出现的先后次序), 称为一个**组合**. 此种组合的总数为

$$\mathrm{C}_n^r = \frac{n(n-1)\cdots(n-r+1)}{r!} = \frac{n!}{r!(n-r)!},$$

易知

$$\mathrm{A}_n^r = \mathrm{C}_n^r r!, \quad \mathrm{C}_n^r = \mathrm{C}_n^{n-r}.$$

排列组合公式在古典概型的概率计算中经常使用.

1.3.2 古典概型

具有以下两个特点的试验称为**古典概型**:

(1) **有限性** 试验的样本空间只含有限个样本点;

(2) **等可能性** 试验中每个基本事件发生的可能性相同.

对于古典概型, 若样本空间中共有 n 个样本点, 事件 A 包含 k 个样本点, 则事件 A 的概率为

$$P(A) = \frac{\text{事件} A \text{ 中所包含样本点的个数}}{\Omega \text{ 中所有样本点的个数}} = \frac{k}{n}. \tag{1.1}$$

为解题方便, 常将式 (1.1) 表示为

$$P(A) = \frac{N(A)}{N(\Omega)},$$

其中 $N(A)$ 表示 A 中的样本点数, $N(\Omega)$ 表示 Ω 中的样本点数.

1.3.3 几何概型

具有以下两个特点的试验称为**几何概型**:

(1) 随机试验的样本空间为某可度量的区域 Ω;

(2) Ω 中任一区域所表示的事件发生的可能性的大小与该区域的几何度量成正比, 与该区域的位置和形状无关.

对于几何概型, 若事件 A 是 Ω 中的某一区域且 A 可以度量, 则事件 A 的概率为

$$P(A) = \frac{A \text{ 的几何度量}}{\Omega \text{ 的几何度量}}.$$

其中, 如果 Ω 是一维、二维或三维的区域, 则 Ω 的几何度量分别是长度、面积或体积.

1.4　条件概率与乘法公式

1.4.1　条件概率

定义 1.6　设 A 与 B 是同一样本空间中的两个事件, 若 $P(A) > 0$, 则称

$$P(B \mid A) = \frac{P(AB)}{P(A)} \tag{1.2}$$

为在事件 A 发生的条件下事件 B 发生的条件概率.

注意　当 $P(A) = 0$ 时, $P(B|A)$ 无意义.

1.4.2　乘法公式

由条件概率公式容易得到下面的乘法公式.

定理 1.1　设 A 与 B 是同一样本空间中的两个事件, 如果 $P(A) > 0$, 则

$$P(AB) = P(A)P(B \mid A); \tag{1.3}$$

如果 $P(B) > 0$, 则

$$P(AB) = P(B)P(A \mid B). \tag{1.4}$$

上面 (1.3) 和 (1.4) 式均称为事件概率的**乘法公式**.

乘法公式容易推广到求三个及以上事件积事件的概率.

若 $P(AB) > 0$, 则

$$P(ABC) = P(A)P(B|A)P(C|AB);$$

若 $P(A_1 A_2 \cdots A_{n-1}) > 0$, 则

$$P(A_1 A_2 \cdots A_n) = P(A_1) P(A_2 \mid A_1) P(A_3 \mid A_1 A_2) \cdots P(A_n \mid A_1 A_2 \cdots A_{n-1}).$$

注意　条件概率公式 (1.2) 和乘法公式 (1.3) 实质上是同一个公式, 但其侧重点不同, 前者侧重于求条件概率, 后者侧重于求积事件的概率, 给它们以不同的叫法便于熟练运用它们.

1.5　全概率公式和贝叶斯公式

1.5.1　全概率公式

定义 1.7　设试验 E 的样本空间为 Ω, $A_1, A_2, \cdots, A_n$ 为 E 的一组事件, 若
(1) $A_1, A_2, \cdots, A_n$ 两两互不相容;

(2) $\bigcup\limits_{i=1}^{n} A_i = \Omega.$

则称 $A_1, A_2, \cdots, A_n$ 为**完备事件组**或样本空间的一个**划分**.

　　定理 1.2　设试验 E 的样本空间为 Ω, $A_1, A_2, \cdots, A_n$ 为一完备事件组, 且满足 $P(A_i) > 0, i = 1, 2, \cdots, n$. 则对任一事件 B, 有

$$P(B) = \sum_{i=1}^{n} P(A_i)P(B \,|\, A_i). \tag{1.5}$$

　　注意　利用全概率公式求事件 B 的概率, 关键是寻找导致事件 B 发生的一个完备事件组 $A_1, A_2, \cdots, A_n$, 即寻找导致事件 B 发生的所有互不相容的原因事件组, 且 $P(A_i)$ 和 $P(B|A_i)$ 为已知或容易求得.

1.5.2　贝叶斯公式

　　定理 1.3　设试验 E 的样本空间为 Ω, B 为 E 的事件, $A_1, A_2, \cdots, A_n$ 为完备事件组, 且 $P(B) > 0$, $P(A_i) > 0$, $i = 1, 2, \cdots, n$, 则

$$P(A_i \,|\, B) = \frac{P(A_i)P(B \,|\, A_i)}{\sum\limits_{j=1}^{n} P(A_j)P(B \,|\, A_j)}, \quad i = 1, 2, \cdots, n. \tag{1.6}$$

　　注意　(1) 贝叶斯公式用于已知某个由多原因事件导致的复杂事件发生时, 求各个原因事件发生的条件概率. 相当于已知结果追查原因.

　　(2) 贝叶斯公式用于求条件概率, 它实际上是条件概率公式、乘法公式和全概率公式的结合体.

1.6　独立性

1.6.1　事件的独立性

　　1. 两个事件的独立性

　　定义 1.8　设 A, B 是两个事件, 如果 $P(AB) = P(A)P(B)$, 则称 A 与 B **相互独立**, 简称 A 与 B **独立**.

　　2. 多个事件的独立性

　　定义 1.9　设 A, B, C 为三个事件, 如果等式

$$P(AB) = P(A)P(B),$$

$$P(BC) = P(B)P(C),$$

$$P(AC) = P(A)P(C),$$

$$P(ABC) = P(A)P(B)P(C)$$

都成立, 则称事件 A, B, C **相互独立**.

一般地, 如果事件 $A_1, A_2, \cdots, A_n(n \geqslant 2)$ 中任意 $k \, (2 \leqslant k \leqslant n)$ 个事件积事件的概率都等于各个事件的概率之积, 则称 $A_1, A_2, \cdots, A_n$ **相互独立**; 如果 $A_1, A_2, \cdots, A_n$ 中任意两个事件相互独立, 则称 $A_1, A_2, \cdots, A_n$ **两两独立**.

显然, 若 n 个事件相互独立, 则一定两两独立. 反之, 则不一定成立.

由独立性的定义, 可以得到以下两点推论:

(1) 若 $A_1, A_2, \cdots, A_n(n \geqslant 2)$ 相互独立, 则其中任意 $k(2 \leqslant k \leqslant n)$ 个事件也相互独立;

(2) 若 $A_1, A_2, \cdots, A_n(n \geqslant 2)$ 相互独立, 将其中任意多个事件换成它们各自的对立事件, 所得的 n 个事件仍然相互独立.

1.6.2　试验的独立性

定义 1.10　在 n 重独立重复试验中, 如果每次试验只可能有两个对立的结果 A 和 $\overline{A}$, 则称这种试验为 n **重伯努利试验**.

在 n 重伯努利试验中, 假设事件 A 在每次试验中发生的概率均为 $P(A) = p$ $(0 < p < 1)$, 那么, 事件 A 发生 k 次的概率 p_k 为

$$p_k = \mathrm{C}_n^k p^k (1-p)^{n-k}, \quad k = 0, 1, 2, \cdots, n. \tag{1.7}$$

由于公式 (1.7) 正好是 $[p + (1-p)]^n$ 的展开式的通项, 我们常称公式 (1.7) 为**二项概率公式**.

显然

$$\sum_{k=0}^{n} p_k = \sum_{k=0}^{n} \mathrm{C}_n^k p^k (1-p)^{n-k} = [p + (1-p)]^n = 1.$$

解 题 指 导

1. 题型归纳及解题技巧

题型 1　事件的关系及运算

本节的主要内容为事件的关系及运算, 涉及四种关系和三种运算, 另外, 事件运算所满足的运算律是整个概率论部分的基础, 要熟练掌握.

例 1.1.1 掷一颗骰子, 观察其出现的点数, 记事件 A 为 "出现偶数点", B 为 "出现奇数点", C 为 "点数小于 5", D 为 "点数小于 5 的奇数", E 为 "点数大于 1 的偶数". 讨论上述事件的关系.

分析 本题考查事件的关系. 随机事件是随机试验的若干基本结果组成的集合 (样本空间的子集), 考查事件之间的关系, 首先写出各个事件对应的集合, 利用集合之间的关系得到事件之间的关系.

解 该试验的样本空间为 $\Omega = \{1, 2, 3, 4, 5, 6\}$, 且 $A = \{2, 4, 6\}$, $B = \{1, 3, 5\}$, $C = \{1, 2, 3, 4\}$, $D = \{1, 3\}$, $E = \{2, 4, 6\}$. 显然, $D \subset B, D \subset C, A = E, \overline{A} = B, D \cap E = \varnothing$. 即 D 为 B 的子事件, D 为 C 的子事件, 事件 A 与 E 为相等事件, 事件 D 与 E 为互不相容 (互斥) 事件, 事件 A 与 B 互为对立事件.

例 1.1.2 某种产品的合格与否由该产品的长度与直径是否都合格所决定, 若事件 $A =$ "直径合格", $B =$ "长度合格", $C =$ "产品合格", $D =$ "产品不合格", $E =$ "长度合格但直径不合格". 试将事件 C, D, E 表示为 A, B 的运算.

分析 本题考查事件的运算. 产品合格要求长度合格且直径合格, 当长度不合格或者直径不合格时, 产品不合格.

解 "产品合格"="直径合格且长度合格", 所以 $C = AB$; 由于 "直径不合格"=$\overline{A}$, "长度不合格"=$\overline{B}$, 而 "产品不合格"="长度不合格或者直径不合格", 所以 $D = \overline{A} \cup \overline{B}$; "长度合格但直径不合格"="长度合格 $-$ 直径合格"="长度合格且直径不合格", 所以 $E = B - A = B\overline{A}$.

例 1.1.3 篮球比赛中, 甲、乙两人各投篮一次, A 表示甲投中, B 表示乙投中, 则 $\overline{A \cup B}$ 表示 (   ).

(A) 甲、乙都投中   (B) 甲投中, 乙未投中

(C) 甲、乙都未投中   (D) 甲未投中, 乙投中

分析 本题考查事件的运算及运算律. 利用事件运算的对偶律, 先将 $\overline{A \cup B}$ 表示为 $\overline{A}\,\overline{B}$, 再将其表示为具体的事件.

解 由对偶律可知 $\overline{A \cup B} = \overline{A}\,\overline{B}$. 由于 $\overline{A}$ 表示甲未投中, $\overline{B}$ 表示乙未投中, 那么 $\overline{A}\,\overline{B}$ 表示甲、乙均未投中. 故 (C) 选项正确.

注 事件运算的对偶律 $\overline{A \cup B} = \overline{A}\,\overline{B}, \overline{AB} = \overline{A} \cup \overline{B}$ 的记忆口诀: 左边到右边, 长线变短线, 积变和, 和变积.

例 1.1.4 设任意两个随机事件 A 和 B 满足条件 $AB = \overline{A}\,\overline{B}$, 则 (   ).

(A) $A \cup B = \varnothing$ (B) $A \cup B = \Omega$ (C) $A \cup B = A$ (D) $A \cup B = B$

分析 本题考查事件的运算及运算律. 利用事件运算的对偶律, 可将等式 $AB = \overline{A}\,\overline{B}$ 进行形式上的转化.

解 由对偶律可知 $\overline{A}\,\overline{B} = \overline{A \cup B}$, 那么 $AB = \overline{A}\,\overline{B} = \overline{A \cup B}$, 所以 $\overline{AB} = A \cup B$. 又因为 $AB \cup \overline{AB} = \Omega$, 所以 $AB \cup (A \cup B) = \Omega$. 注意到 $AB \subset (A \cup B)$,

因此 $A \cup B = \Omega$, 故 (B) 选项正确.

题型 2　事件的概率及性质

本节的主要内容为事件的概率及性质, 涉及概率的公理化定义及 5 条性质, 另外也经常结合事件的关系及运算进行考查. 在处理此类问题时, 要学会抽丝剥茧, 灵活地将事件进行转化, 通过练习习题熟练地掌握事件的运算律以及事件的概率.

例 1.2.1　已知 A, B 是任意两个随机事件, 且 $A \subset B$, $P(A) = 0.4$, $P(B) = 0.6$, 则

(1) $P(\overline{A}) =$ _____;

(2) $P(AB) =$ _____;

(3) $P(A\overline{B}) =$ _____;

(4) $P(\overline{A}\ \overline{B}) =$ _____.

分析　本题考查事件的运算、概率及性质.

解　(1) 由对立事件的概率可知 $P(\overline{A}) = 1 - P(A) = 1 - 0.4 = 0.6$;

(2) 由 $A \subset B$ 可知 $AB = A$, 所以 $P(AB) = P(A) = 0.4$;

(3) 由于 $A\overline{B} = A - B$, 那么由差事件的概率及 $A \subset B$ 可知 $P(A\overline{B}) = P(A) - P(AB) = P(A) - P(A) = 0$;

(4) 由对偶律可知 $\overline{A}\ \overline{B} = \overline{A \cup B}$, 那么由 $A \subset B$ 及对立事件的概率可得 $P(\overline{A}\ \overline{B}) = P(\overline{A \cup B}) = 1 - P(A \cup B) = 1 - P(B) = 0.4$.

例 1.2.2　设 A, B 是任意两个随机事件, 且 A 与 B 互不相容, $P(A) = 0.4$, $P(B) = 0.3$, 则

(1) $P(\overline{A}\ \overline{B}) =$ _____;

(2) $P(\overline{A} \cup B) =$ _____.

分析　本题考查事件的运算、概率及性质.

解　(1) 由对偶律可知 $\overline{A}\ \overline{B} = \overline{A \cup B}$, 由事件 A 与 B 互不相容和概率的有限可加性可以得到 $P(A \cup B) = P(A) + P(B) = 0.7$. 再根据对立事件的概率公式可知

$$P(\overline{A}\ \overline{B}) = P(\overline{A \cup B}) = 1 - P(A \cup B) = 0.3.$$

(2) 由概率的加法公式可知 $P(\overline{A} \cup B) = P(\overline{A}) + P(B) - P(\overline{A}B)$. 由差事件的概率及事件 A 与 B 互不相容可知, $P(\overline{A}B) = P(B - A) = P(B) - P(AB) = P(B)$, 那么由对立事件的概率可得 $P(\overline{A} \cup B) = P(\overline{A}) = 1 - P(A) = 0.6$.

例 1.2.3　假设当事件 A 与 B 同时发生时, 事件 C 必发生, 则（　　）.

(A) $P(C) \leqslant P(A) + P(B) - 1$　　　　(B) $P(C) \geqslant P(A) + P(B) - 1$

(C) $P(C) = P(AB)$　　　　(D) $P(C) = P(A \cup B)$

分析 本题考查事件的关系、概率及性质.

解 由题意可知, 事件 $AB \subset C$, 从而得到 $P(AB) \leqslant P(C)$. 由概率的加法公式可知 $P(A \cup B) = P(A) + P(B) - P(AB)$, 所以, $P(AB) = P(A) + P(B) - P(A \cup B)$. 另外, 由于 $P(A \cup B) \leqslant 1$, 所以 $P(C) \geqslant P(AB) = P(A) + P(B) - P(A \cup B) \geqslant P(A) + P(B) - 1$, 故 (B) 选项正确.

例 1.2.4 设 A 和 B 是任意两个互不相容的事件, 且 $P(A) > 0$, $P(B) > 0$, 则必有 (   ).

(A) $P(A \cup \overline{B}) = P(\overline{B})$ (B) $\overline{A}$ 和 $\overline{B}$ 相容

(C) $\overline{A}$ 和 $\overline{B}$ 不相容   (D) $P(A\overline{B}) = P(B)$

分析 本题考查事件的概率及性质.

解 由概率的加法公式可知, $P(A \cup \overline{B}) = P(A) + P(\overline{B}) - P(A\overline{B})$. 再根据事件 A 和 B 互不相容及差事件的概率公式可以得到 $P(A\overline{B}) = P(A - B) = P(A) - P(AB) = P(A)$. 所以 (A) 选项正确, (D) 选项错误.

对于 (B) 和 (C) 选项, 采用举反例的方法来说明. 例如, 掷一颗骰子, 观察出现的点数, 则样本空间为 $\Omega = \{1, 2, 3, 4, 5, 6\}$. 在 (B) 选项中, 设事件 $A =$ "出现奇数点", $B =$ "出现偶数点", 则 $A = \{1, 3, 5\}$, $B = \{2, 4, 6\}$, 那么 $\overline{A} = B, \overline{B} = A$, 此时, $\overline{A}\,\overline{B} = \varnothing$, 即 $\overline{A}$ 和 $\overline{B}$ 不相容, 故该命题错误; 在 (C) 选项中, 设事件 $A =$ "出现奇数点", $B =$ "出现的点数为不大于 4 的偶数", 则 $A = \{1, 3, 5\}$, $B = \{2, 4\}$, 那么 $\overline{A} = \{2, 4, 6\}$, $\overline{B} = \{1, 3, 5, 6\}$, 此时 $\overline{A}\,\overline{B} = \{6\} \neq \varnothing$, 即 $\overline{A}$ 和 $\overline{B}$ 相容, 故该命题错误.

综上所述, (A) 选项正确.

注 在处理此类问题时, 常用到事件的运算及概率的性质, 有时候还可以采用举反例的方法来对某些选项进行判定.

例 1.2.5 设 A, B 是任意两个随机事件, 则
$P\{(\overline{A} \cup B)(A \cup B)(\overline{A} \cup \overline{B})(A \cup \overline{B})\} = \underline{\quad\quad\quad}$.

分析 本题考查事件的关系、运算及概率, 处理此类问题的关键是化繁为简, 利用事件的运算律将事件进行化简.

解 由事件运算的分配律可知

$$(\overline{A} \cup B)(A \cup B) = \overline{A}A \cup \overline{A}B \cup AB \cup B = B,$$

$$(\overline{A} \cup \overline{B})(A \cup \overline{B}) = \overline{A}A \cup \overline{A}\,\overline{B} \cup A\overline{B} \cup \overline{B} = \overline{B},$$

那么所求的概率为 $P(B\overline{B}) = P(\varnothing) = 0$.

例 1.2.6 在某城市中发行 3 种报纸 A, B, C, 经调查, 在居民中按户订阅 A 报的占 45%, 订阅 B 报的占 35%, 订阅 C 报的占 30%, 同时订阅 A 报和 B 报

的占 10%, 同时订阅 A 报和 C 报的占 8%, 同时订阅 B 报和 C 报的占 5%, 同时订阅这 3 种报纸的占 3%, 试求下列事件的概率:

(1) 只订 B 报的概率为_____;

(2) 只订 A 报和 B 报的概率为_____;

(3) 只订 1 种报纸的概率为_____;

(4) 恰好订 2 种报纸的概率为_____;

(5) 至少订阅 2 种报纸的概率为_____;

(6) 至少订 1 种报纸的概率为_____;

(7) 不订报纸的概率为_____;

(8) 至多订阅 1 种报纸的概率为_____.

分析　本题考查事件的运算及概率的性质, 解决此类问题的关键是化简为繁, 先将所求的每一个事件表示成若干个简单事件的运算.

解　设事件 $A =$ "居民订阅 A 报", $B =$ "居民订阅 B 报", $C =$ "居民订阅 C 报". 由题意可知, $P(A) = 0.45$, $P(B) = 0.35$, $P(C) = 0.3$, $P(AB) = 0.1$, $P(AC) = 0.08$, $P(BC) = 0.05$, $P(ABC) = 0.03$.

(1) 记事件 $A_1 =$ "居民只订 B 报", 则 $A_1 = \overline{A}B\overline{C}$. 由事件运算的对偶律可以得到 $A_1 = \overline{A}B\overline{C} = B \cap \overline{A \cup C} = B - (A \cup C)$, 再根据差事件的概率公式和加法公式得到

$$P(A_1) = P(B) - P(B(A \cup C)) = P(B) - P(AB \cup BC)$$
$$= P(B) - [P(AB) + P(BC) - P(ABC)]$$
$$= 0.35 - (0.1 + 0.05 - 0.03) = 0.23.$$

(2) 记事件 $A_2 =$ "居民只订 A 报和 B 报", 则 $A_2 = AB\overline{C}$. 由事件的运算可知 $A_2 = AB - C$, 再由差事件的概率公式可以得到

$$P(A_2) = P(AB - C) = P(AB) - P(ABC) = 0.1 - 0.03 = 0.07.$$

(3) 记事件 $A_3 =$ "居民只订 1 种报纸", 则 $A_3 = A\overline{B}\,\overline{C} \cup \overline{A}B\overline{C} \cup \overline{A}\,\overline{B}C$, 且这三个事件两两互不相容. 用类似 (1) 中计算 $P(\overline{A}B\overline{C})$ 的方法可以得到 $P(A\overline{B}\,\overline{C}) = 0.3$, $P(\overline{A}\,\overline{B}C) = 0.2$, 由概率的有限可加性得到

$$P(A_3) = P(A\overline{B}\,\overline{C}) + P(\overline{A}B\overline{C}) + P(\overline{A}\,\overline{B}C) = 0.3 + 0.23 + 0.2 = 0.73.$$

(4) 记事件 $A_4 =$ "居民恰好订阅 2 种报纸", 则 $A_4 = AB\overline{C} \cup A\overline{B}C \cup \overline{A}BC$, 且这三个事件两两互不相容. 用类似 (2) 中计算 $P(AB\overline{C})$ 的方法可得 $P(A\overline{B}C) =$

$0.05, P(\overline{A}BC) = 0.02$, 由概率的有限可加性得到

$$P(A_4) = P(AB\overline{C}) + P(A\overline{B}C) + P(\overline{A}BC) = 0.07 + 0.05 + 0.02 = 0.14.$$

(5) 记事件 $A_5 =$ "居民至少订阅 2 种报纸", 则 $A_5 = A_4 \cup ABC$, 且这两个事件互不相容. 由 (4) 中结果和概率的有限可加性得到

$$P(A_5) = P(A_4) + P(ABC) = 0.14 + 0.03 = 0.17.$$

(6) 记事件 $A_6 =$ "居民至少订阅 1 种报纸", 则 $A_6 = A \cup B \cup C$. 由概率的加法公式得到

$$P(A_6) = P(A) + P(B) + P(C) - P(AB) - P(AC) - P(BC) + P(ABC)$$

$$= 0.45 + 0.35 + 0.3 - 0.1 - 0.08 - 0.05 + 0.03 = 0.9.$$

(7) 记事件 $A_7 =$ "居民不订报纸", 则 $A_7 = \overline{A}\,\overline{B}\,\overline{C}$. 由事件运算的对偶律得到 $A_7 = \overline{A \cup B \cup C}$, 再根据对立事件的概率, 得到

$$P(A_7) = P(\overline{A \cup B \cup C}) = 1 - P(A \cup B \cup C) = 1 - 0.9 = 0.1.$$

(8) 记事件 $A_8 =$ "居民至多订阅 1 种报纸", 则考虑 A_8 的对立事件, 得到 $A_8 = \overline{A_5}$, 所以

$$P(A_8) = P(\overline{A_5}) = 1 - P(A_5) = 1 - 0.17 = 0.83.$$

题型 3 古典概型与几何概型

古典概型与几何概型的内容在中学的学习中已有所涉及, 本节中例题的分析和解答可以帮助复习和巩固该知识点.

例 1.3.1 一间宿舍内住有 6 位学生, 则他们中有 4 个人的生日在同一个月份的概率为_____.

分析 本题为古典概型, 所考查的知识点涉及重复排列与组合.

解 记事件 $A =$ "6 个学生中有 4 个人的生日在同一个月份". 因为每个人的生日可能为 12 个月份中的任何一个, 所以 6 位同学生日的所有可能情况有 $12 \times 12 \times 12 \times 12 \times 12 \times 12 = 12^6$ 种, 即样本空间中的样本点个数为 $N(\Omega) = 12^6$.

事件 A 要求 6 人中有 4 人的生日在同一个月份, 可以分两步执行: 第一步, 从 6 个人中先选出来 4 个人, 且这 4 个人的生日在 12 个月份中的同一个月, 共有

$C_6^4 \cdot C_{12}^1$ 种取法; 第二步, 考虑其他 2 个人的生日, 那么这 2 个人的生日只能在剩下的 11 个月份中选取, 每个人都有 11 种可能, 一共有 $11\times 11=11^2$ 种取法. 根据乘法原理可以得到, 事件 A 中样本点的个数为 $N(A)=C_6^4 \cdot C_{12}^1 \cdot 11^2$. 由古典概型的计算公式可知

$$P(A)=\frac{N(A)}{N(\Omega)}=\frac{C_6^4 \times C_{12}^1 \times 11^2}{12^6}\approx 0.0073.$$

注 类似地, 可考虑 6 个人的生日在不同月份的概率、至少有 2 个人的生日在同一月份的概率等问题. 解决此类问题的基本思路都是找到样本空间和所求的事件中样本点的个数, 可能要用到排列组合的知识.

例 1.3.2 从 4 双不同的鞋子中任取 4 只, 求下列事件的概率:

(1) $A=$ "4 只恰成 2 双", 则 $P(A)=$＿＿＿＿＿;

(2) $B=$ "4 只恰有 1 双", 则 $P(B)=$＿＿＿＿＿;

(3) $C=$ "4 只中没有成双的", 则 $P(C)=$＿＿＿＿＿.

分析 本题为古典概型, 所考查的知识点涉及排列与组合.

解 4 双不同的鞋子一共有 8 只, 那么从 4 双不同的鞋子中任取 4 只一共有 $C_8^4=70$ 种取法, 即样本空间中样本点的个数为 $N(\Omega)=70$.

(1) 4 只鞋子恰成 2 双可以看作是从 4 双鞋子中取出了 2 双, 共有 C_4^2 种取法, 即事件 A 中样本点的个数为 $N(A)=C_4^2$. 由古典概型的计算公式可知

$$P(A)=\frac{N(A)}{N(\Omega)}=\frac{C_4^2}{C_8^4}=\frac{3}{35}.$$

(2) 4 只鞋子中恰有 1 双可以先从 4 双鞋子中取出 1 双, 再从剩下的 3 双鞋子中取 2 双, 然后在被取出的这 2 双鞋子中各取 1 只, 由乘法原理可知, 事件 B 对应的样本点个数为 $N(B)=C_4^1C_3^2C_2^1C_2^1$. 由古典概型的计算公式可知

$$P(B)=\frac{N(B)}{N(\Omega)}=\frac{C_4^1C_3^2C_2^1C_2^1}{C_8^4}=\frac{24}{35}.$$

(3) 4 只鞋子中没有成双的可以看作是从 4 双鞋子中各取了一只, 共有 $2\times 2\times 2\times 2=16$ 种取法, 由古典概型的计算公式可知

$$P(C)=\frac{N(C)}{N(\Omega)}=\frac{16}{C_8^4}=\frac{8}{35}.$$

例 1.3.3 从标有 1, 2, 3, 4, 5, 6, 7, 8, 9 的 9 张纸片中任取 2 张, 那么这 2 张纸片上的数字之积为偶数的概率为 (   ).

(A) $\dfrac{1}{2}$ (B) $\dfrac{7}{18}$ (C) $\dfrac{13}{18}$ (D) $\dfrac{11}{18}$

分析 本题为古典概型, 两个数的乘积为偶数要求这两个数同为偶数或者一奇一偶.

解 从标有 1, 2, 3, 4, 5, 6, 7, 8, 9 的 9 张纸片中任取 2 张一共有 C_9^2 种取法, 即样本空间中有 $C_9^2 = 36$ 个样本点. 记事件 A = "这 2 张纸片上的数字之积为偶数", B = "这 2 张纸片上的数字均为偶数", C = "这 2 张纸片上的数字为一奇一偶", 那么 $A = B \cup C$, 且 B 与 C 互不相容. 由于这 9 个数字中有 4 个偶数和 5 个奇数, 所以事件 B 中样本点的个数为 C_4^2, 事件 C 中样本点的个数为 $C_4^1 C_5^1$, 从而得到事件 A 中样本点的个数为 $N(A) = C_4^2 + C_4^1 C_5^1 = 26$. 由古典概型的计算公式得到, 这 2 张纸片上的数字之积为偶数的概率为

$$P(A) = \frac{N(A)}{N(\Omega)} = \frac{26}{36} = \frac{13}{18}.$$

例 1.3.4 若以连续掷两颗骰子分别得到的点数 m, n 作为点 P 的坐标, 则点 P 落在圆 $x^2 + y^2 = 16$ 内的概率为_____.

分析 点 P 的两个坐标分量 m, n 都对应掷骰子得到的点数, 均为有限数, 所以本题为古典概型.

解 由题意可知, 点 P 的坐标为 (m, n), 其中 m, n 表示连续掷两颗骰子各自得到的点数, 那么 m 和 n 的可能取值均为 1, 2, 3, 4, 5, 6, 所以, 点 P 的坐标共有 6×6=36 种可能情况. 记事件 A = "点 P 落在圆 $x^2 + y^2 = 16$ 内", 即 m 和 n 满足 $m^2 + n^2 < 16$, 那么 A 中的样本点为 (1, 1), (1, 2), (1, 3), (2, 1), (2, 2), (2, 3), (3, 1), (3, 2), 共有 8 个, 由古典概型计算公式可以得到

$$P(A) = \frac{N(A)}{N(\Omega)} = \frac{8}{36} = \frac{2}{9}.$$

注 用类似的方法可以处理以下问题: 将一颗骰子抛掷两次, 若先后出现的点数分别为 b, c, 则方程 $x^2 + bx + c = 0$ 有实根的概率为_____.

例 1.3.5 已知集合 $A = \{x | -1 < x < 5\}$, $B = \{x | x - 2 > 0, 3 - x > 0\}$, 在集合 A 中任取一个元素 x, 则事件 "$x \in A \cap B$" 的概率为_____.

分析 在集合 A 中任取一个元素 x, 那么取到的元素可以是区间 $(-1, 5)$ 内的任意一个数, 所以样本空间是一个可以度量的区域, 本题为几何概型.

解 由题意可知, 样本空间 $\Omega = A = \{x | -1 < x < 5\}$, $B = \{x | 2 < x < 3\}$, 那么集合 $A \cap B = B = \{x | 2 < x < 3\}$. 记事件 C = "$x \in A \cap B$". 由于样本空间和事件 C 对应的区域都是一维的, 所以考虑区间的长度即可, 由几何概型的计算公式可以得到

$$P(C) = \frac{\text{事件 } C \text{ 的几何度量}}{\text{样本空间 } \Omega \text{ 的几何度量}} = \frac{1}{6}.$$

例 1.3.6　在区间 $[-1, 1]$ 上随机取一个数 x, $\cos\dfrac{\pi x}{2}$ 的值介于 0 到 $\dfrac{1}{2}$ 之间的概率为 (　　).

(A) $\dfrac{1}{3}$　　　　(B) $\dfrac{2}{\pi}$　　　　(C) $\dfrac{1}{2}$　　　　(D) $\dfrac{2}{3}$

分析　在区间 $[-1, 1]$ 上随机取一个数 x, 这个事件对应的是样本空间, 是一个一维可度量的区间, 所以本题为几何概型.

解　由题意可知, 样本空间 Ω 对应事件 "在区间 $[-1, 1]$ 上随机取一个数 x", 其几何度量就是区间 $[-1, 1]$ 的长度 2. 当 $x \in [-1, 1]$ 时, 要使 $\cos\dfrac{\pi x}{2}$ 的值介于 0 到 $\dfrac{1}{2}$ 之间, 需使 $-\dfrac{\pi}{2} \leqslant \dfrac{\pi x}{2} \leqslant -\dfrac{\pi}{3}$ 或 $\dfrac{\pi}{3} \leqslant \dfrac{\pi x}{2} \leqslant \dfrac{\pi}{2}$, 即 $-1 \leqslant x \leqslant -\dfrac{2}{3}$ 或 $\dfrac{2}{3} \leqslant x \leqslant 1$, 对应的区间长度为 $\dfrac{2}{3}$. 记事件 $A = $ "$\cos\dfrac{\pi x}{2}$ 的值介于 0 到 $\dfrac{1}{2}$ 之间", 则事件 A 的几何度量就是对应的区间长度 $\dfrac{2}{3}$. 由几何概型的计算公式可以得到

$$P(A) = \frac{\text{事件 } A \text{ 的几何度量}}{\text{样本空间 } \Omega \text{ 的几何度量}} = \frac{\dfrac{2}{3}}{2} = \frac{1}{3}.$$

故 (A) 选项正确.

例 1.3.7　$ABCD$ 为长方形, $AB=2$, $BC=1$, O 为 AB 的中点, 在长方形 $ABCD$ 内随机取一点, 取到的点到 O 的距离大于 1 的概率为 (　　).

(A) $\dfrac{\pi}{4}$　　　　(B) $1 - \dfrac{\pi}{4}$　　　　(C) $\dfrac{\pi}{8}$　　　　(D) $1 - \dfrac{\pi}{8}$

分析　在长方形 $ABCD$ 内随机取一点, 由于长方形的面积为 2, 是一个二维可度量的区域, 所以本题为几何概型.

解　由题意可知, 样本空间 Ω 对应事件 "在长方形 $ABCD$ 内随机取一点", 其几何度量为长方形 $ABCD$ 的面积 $= AB \times BC = 2$. 记事件 $A = $ "取到的点到 O 的距离大于 1", 则事件 A 对应长方形内半圆 AOB 外部的区域, 如图 1.1 阴影所示, 该区域的面积为 $2 - \dfrac{1}{2}\pi \cdot 1^2 = 2 - \dfrac{\pi}{2}$, 也就是事件 A 的几何度量. 由几何概型的计算公式可以得到

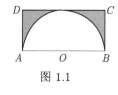

图 1.1

$$P(A) = \frac{\text{事件 } A \text{ 的几何度量}}{\text{样本空间 } \Omega \text{ 的几何度量}} = \frac{2 - \dfrac{\pi}{2}}{2} = 1 - \frac{\pi}{4}.$$

故 (B) 选项正确.

题型 4 条件概率与乘法公式

本节的主要内容为条件概率与乘法公式, 虽然这两个公式可以互相推出, 但是所考查的概率有所不同, 条件概率用来求解某个事件已经发生的条件下另外一个事件发生的概率, 而乘法公式主要解决两个或者多个事件的积事件的概率. 在解题时需要先弄清楚所求的概率类型.

例 1.4.1 要分析某学校某年级学生们的数学与英语两科考试成绩, 随机抽查一名学生, 事件 A 表示数学成绩优秀, 事件 B 表示英语成绩优秀, 若 $P(A) = P(B) = 0.4$, $P(AB) = 0.28$, 则 $P(A|B) =$ _____, $P(B|A) =$ _____, $P(A \cup B) =$ _____.

分析 本题考查条件概率公式与概率的加法公式.

解 由条件概率公式可以得到

$$P(A|B) = \frac{P(AB)}{P(B)} = \frac{0.28}{0.4} = 0.7; \quad P(B|A) = \frac{P(AB)}{P(A)} = \frac{0.28}{0.4} = 0.7.$$

由概率的加法公式可知

$$P(A \cup B) = P(A) + P(B) - P(AB) = 0.4 + 0.4 - 0.28 = 0.52.$$

例 1.4.2 某地区气象资料表明, 邻近的甲、乙两城市中, 甲市全年雨天比例为 12%, 乙市全年雨天的比例为 9%, 甲、乙两市至少有一市为雨天的比例为 16.8%, 则

(1) 甲、乙两市同为雨天的概率为 _____;

(2) 在甲市雨天的条件下乙市也为雨天的概率为 _____;

(3) 在乙市无雨的条件下甲市也无雨的概率为 _____.

分析 本题考查条件概率公式与概率的加法公式.

解 设事件 $A =$ "甲市雨天", $B =$ "乙市雨天", 由题意可知, $P(A) = 0.12$, $P(B) = 0.09$, $P(A \cup B) = 0.168$.

(1) 由概率的加法公式 $P(A \cup B) = P(A) + P(B) - P(AB)$ 可知, 甲、乙两市同为雨天的概率为

$$P(AB) = P(A) + P(B) - P(A \cup B) = 0.12 + 0.09 - 0.168 = 0.042.$$

(2) 由条件概率公式可以得到, 在甲市雨天的条件下乙市也为雨天的概率为

$$P(B|A) = \frac{P(AB)}{P(A)} = \frac{0.042}{0.12} = 0.35.$$

(3) 在乙市无雨的条件下甲市也无雨的概率为 $P(\overline{A}|\overline{B})$. 由条件概率公式可以得到

$$P(\overline{A}|\overline{B})=\frac{P(\overline{A}\,\overline{B})}{P(\overline{B})}=\frac{P(\overline{A\cup B})}{P(\overline{B})}=\frac{1-P(A\cup B)}{1-P(B)}=\frac{1-0.168}{1-0.09}\approx0.9143.$$

例 1.4.3　袋中有 8 只红球、2 只黑球, 每次从中任取一球, 不放回地连续取两次, 则

(1) 取出的两只球都是红球的概率为＿＿＿＿＿;

(2) 取出的两只球中 1 只是红球 1 只是黑球的概率为＿＿＿＿＿.

分析　本题考查概率的性质、条件概率和乘法公式, 不放回抽取方式会影响下一次取球的颜色, 所以要计算条件概率.

解　设事件 $A_i=$"第 i 次取出的球是红球", $i=1,2$, 则 $\overline{A}_i=$"第 i 次取出的球是黑球".

(1) 由题意可知, $P(A_1)=\frac{8}{10}=\frac{4}{5}$, $P(A_2|A_1)=\frac{7}{9}$, 由乘法公式可知, 取出的两只球都是红球的概率为

$$P(A_1A_2)=P(A_1)P(A_2|A_1)=\frac{4}{5}\times\frac{7}{9}=\frac{28}{45}.$$

(2) 设事件 $A=$"取出的两只球中 1 只是红球 1 只是黑球", 则 $A=A_1\overline{A}_2\cup\overline{A}_1A_2$, 且这两个子事件互不相容. 由于是不放回取球, 所以 $P(\overline{A}_2|A_1)=\frac{2}{9}$, $P(A_2|\overline{A}_1)=\frac{8}{9}$. 由乘法公式和概率的有限可加性可得

$$P(A)=P(A_1\overline{A}_2)+P(\overline{A}_1A_2)=P(A_1)P(\overline{A}_2|A_1)+P(\overline{A}_1)P(A_2|\overline{A}_1)$$
$$=\frac{4}{5}\times\frac{2}{9}+\frac{2}{10}\times\frac{8}{9}=\frac{16}{45}.$$

例 1.4.4　一批零件共 100 个, 次品率为 10%, 每次从其中任取一个零件, 取出的零件不再放回去, 则第三次才取得合格品的概率为 (　　).

(A) 0.0094　　　(B) 0.0032　　　(C) 0.0052　　　(D) 0.0083

分析　本题考查三个事件的乘法公式, 由于是不放回抽取, 所以前一次的抽取结果会影响下一次的抽取情况, 需要计算条件概率.

解　设事件 $A_i=$"第 i 次取得合格品"($i=1,2,3$), $B=$"第三次才取得合格品", 则 $\overline{A}_i=$"第 i 次取得次品", 且 $B=\overline{A}_1\overline{A}_2A_3$. 100 个零件的次品率为 10%, 说明这批零件中有 90 个合格品和 10 个次品, 在不放回抽取的情况下, 得到

$$P(\overline{A}_1)=\frac{10}{100},\quad P(\overline{A}_2|\overline{A}_1)=\frac{9}{99},\quad P(A_3|\overline{A}_1\overline{A}_2)=\frac{90}{98},$$

由三个事件的乘法公式可知

$$P(\overline{A_1}\,\overline{A_2}A_3) = P(\overline{A_1})P(\overline{A_2}\,|\,\overline{A_1})P(A_3\,|\,\overline{A_1}\overline{A_2}) = \frac{10}{100} \cdot \frac{9}{99} \cdot \frac{90}{98} \approx 0.0083.$$

故 (D) 选项正确.

题型 5 全概率公式与贝叶斯公式

全概率公式主要用来解决复杂事件的概率, 思路是先将复杂事件分解成若干个两两互不相容的简单事件的和事件, 再求出各个简单事件的概率即可得到所求的概率, 整个过程体现了化整为零、各个击破的思想. 贝叶斯公式可以将条件概率公式、乘法公式和全概率公式完美地结合起来, 应用非常广泛. 全概率公式和贝叶斯公式在使用时所需要的条件完全相同, 但是所求的概率不同, 在解题的时候可以重点体会它们的区别.

例 1.5.1 已知甲袋中有 6 只红球、4 只白球, 乙袋中有 8 只红球、6 只白球, 则

(1) 随机取一只袋子, 再从该袋中随机取一球, 该球是红球的概率为_____;

(2) 将两只袋子合并, 然后从中随机取一球, 该球是红球的概率为_____.

分析 由于甲、乙两只袋子中都有红球, 而且袋子是随机选取的, 所以取到的红球可能来自甲袋, 也可能来自乙袋, 本题应考虑使用全概率公式.

解 (1) 设事件 $A_1 =$ "该球来自甲袋", $A_2 =$ "该球来自乙袋", $B =$ "该球是红球". 由题意可知, A_1, A_2 构成完备事件组, 且

$$P(A_1) = P(A_2) = \frac{1}{2}, \quad P(B|A_1) = \frac{6}{10} = \frac{3}{5}, \quad P(B|A_2) = \frac{8}{14} = \frac{4}{7}.$$

由全概率公式知

$$P(B) = P(A_1)P(B|A_1) + P(A_2)P(B|A_2) = \frac{1}{2} \times \frac{3}{5} + \frac{1}{2} \times \frac{4}{7} = \frac{41}{70}.$$

(2) 将两只袋子合并之后, 袋子中一共有 24 只球, 其中 14 只红球、10 只白球, 且每只球被取到的概率相同, 所以由古典概型可知, 随机取一球为红球的概率为 $\frac{14}{24} = \frac{7}{12}$.

例 1.5.2 某工厂有两个车间生产同型号家用电器, 第一车间的次品率为 0.15, 第二车间的次品率为 0.12. 两个车间的成品都混合堆放在一个仓库, 假设第一、二车间生产的成品比例为 2:3. 今有一客户从成品仓库中随机提一台产品, 则该产品合格的概率为_____.

分析　由于客户在成品仓库中随机提取的一台产品可能来自第一车间, 也可能来自第二车间, 且每一个车间所生产产品的合格率也不同, 所以本题应考虑使用全概率公式.

解　设事件 A_i = "产品由第 i 个车间生产"($i = 1, 2$), B = "从仓库中随机取的一台产品为合格品", 由题意可知, $P(A_1) = \dfrac{2}{5}$, $P(A_2) = \dfrac{3}{5}$, $P(\overline{B}|A_1) = 0.15, P(\overline{B}|A_2) = 0.12$, 所以, $P(B|A_1) = 1 - P(\overline{B}|A_1) = 0.85, P(B|A_2) = 1 - P(\overline{B}|A_2) = 0.88$. 由全概率公式可知

$$P(B) = P(A_1)P(B|A_1) + P(A_2)P(B|A_2) = \frac{2}{5} \times 0.85 + \frac{3}{5} \times 0.88 = 0.868.$$

例 1.5.3　一道选择题有 4 个选项, 其中仅有 1 个正确. 假设一个学生知道正确答案及不知道答案而乱猜的概率都是 $\dfrac{1}{2}$(乱猜就是任选一个答案). 如果学生答对了该题目, 则他确实知道正确答案的概率为_____.

分析　由于学生确实知道正确答案和乱猜都有可能答对题目, 所以本题应考虑使用全概率公式和贝叶斯公式.

解　设事件 A = "该学生知道正确答案", B = "该学生答对了该题目", 则 $\overline{A}$ = "该学生不知道答案而乱猜", 且 $P(A) = P(\overline{A}) = \dfrac{1}{2}, P(B|A) = 1, P(B|\overline{A}) = \dfrac{1}{4}$. 由全概率公式可知, 学生答对该题目的概率为 $P(B) = P(A)P(B|A) + P(\overline{A}) \cdot P(B|\overline{A}) = \dfrac{1}{2} \times 1 + \dfrac{1}{2} \times \dfrac{1}{4} = \dfrac{5}{8}$. 再由贝叶斯公式可以得到

$$P(A|B) = \frac{P(A)P(B|A)}{P(B)} = \frac{\dfrac{1}{2} \times 1}{\dfrac{5}{8}} = \frac{4}{5} = 0.8.$$

例 1.5.4　某厂有甲、乙、丙三条流水线生产同一产品, 每条流水线的产量分别占该厂生产产品总量的 25%, 35%, 40%, 各条流水线的次品率分别是 5%, 4%, 2%.

(1) 在工厂所生产的产品中任取一个, 该产品为次品的概率为_____;

(2) 产品在出厂前要先进行抽检, 现在从待出厂的产品中检查出 1 个次品, 则它是甲流水线生产的概率为_____.

分析　由于该工厂生产的产品可能来自甲、乙、丙三条流水线上的任意一条, 且每条流水线生产产品的次品率也不同, 所以本题应考虑使用全概率公式和贝叶斯公式.

解　设事件 A_1 = "该产品来自甲流水线", A_2 = "该产品来自乙流水线", A_3 = "该产品来自丙流水线", B = "该产品是次品". 由题意可知, A_1, A_2, A_3 构成

完备事件组, 且 $P(A_1) = 0.25$, $P(A_2) = 0.35$, $P(A_3) = 0.4$, $P(B|A_1) = 0.05$, $P(B|A_2) = 0.04$, $P(B|A_3) = 0.02$.

(1) 由全概率公式可知

$$P(B) = \sum_{i=1}^{3} P(A_i)P(B|A_i) = 0.25 \times 0.05 + 0.35 \times 0.04 + 0.4 \times 0.02 = 0.0345;$$

(2) 由贝叶斯公式可知

$$P(A_1|B) = \frac{P(A_1)P(B|A_1)}{\sum\limits_{i=1}^{3} P(A_i)P(B|A_i)} = \frac{0.25 \times 0.05}{0.0345} \approx 0.3623.$$

注 在利用全概率公式和贝叶斯公式来解决问题时, 关键是找到导致结果事件发生的完备事件组 (可看作是原因事件), 全概率公式是已知所有原因事件发生的概率求结果事件的概率, 贝叶斯公式是已知结果事件发生的概率求各个原因事件发生的条件概率, 两者恰好相反.

题型 6 独立性

本节的主要内容为独立性, 包括事件的独立性和试验的独立性. 事件的独立性通常考查两个事件的独立性, 多个事件相互独立与两两独立的判定. 试验的独立性常常考查伯努利试验. 解决事件的独立性问题时, 常常用到事件的运算及运算律, 需要灵活使用.

例 1.6.1 加工某种零件需经过三道工序, 假定第一、二、三道工序的废品率分别为 0.3, 0.2, 0.2, 并且任何一道工序是否出废品与其他各道工序无关, 则这种零件的合格率为_____.

分析 由于在零件加工的过程中, 三道工序中任何一道工序是否出废品与其他各道工序无关, 说明这三道工序相互独立. 本题考查事件的独立性.

解 设事件 A_i = "第 i 道工序出废品"($i = 1, 2, 3$), B = "这种零件为合格品", 则 A_1, A_2, A_3 相互独立, 且 $B = \overline{A_1}\overline{A_2}\overline{A_3}$. 由题意可知 $P(A_1) = 0.3$, $P(A_2) = 0.2$, $P(A_3) = 0.2$. 由事件的独立性可以得到

$$P(B) = P(\overline{A_1})P(\overline{A_2})P(\overline{A_3}) = (1 - P(A_1)) \cdot (1 - P(A_2)) \cdot (1 - P(A_3))$$

$$= 0.7 \times 0.8 \times 0.8 = 0.448.$$

例 1.6.2 甲、乙两人独立地破译一个密码, 他们能译出密码的概率分别为 $\dfrac{1}{3}$ 和 $\dfrac{1}{4}$, 则

(1) 2 个人都译出密码的概率为 _____;

(2) 2 个人都译不出密码的概率为 _____;

(3) 恰有 1 个人译出密码的概率为 _____;

(4) 至多 1 个人译出密码的概率为 _____;

(5) 至少 1 个人译出密码的概率为 _____.

分析　甲、乙两个人独立地破译一个密码, 说明 "甲译出密码" 与 "乙译出密码" 这两个事件具有独立性. 本题考查事件的运算与独立性.

解　设事件 $A =$ "甲译出密码", $B =$ "乙译出密码", 则事件 A 与 B 相互独立, 且 $P(A) = \dfrac{1}{3}, P(B) = \dfrac{1}{4}$. 那么 $P(\overline{A}) = 1 - \dfrac{1}{3} = \dfrac{2}{3}, P(\overline{B}) = 1 - \dfrac{1}{4} = \dfrac{3}{4}$.

(1) 设事件 $A_1 =$ "2 个人都译出密码", 则 $A_1 = AB$, 由事件 A 与 B 相互独立可知

$$P(A_1) = P(AB) = P(A)P(B) = \frac{1}{3} \times \frac{1}{4} = \frac{1}{12}.$$

(2) 设事件 $A_2 =$ "2 个人都译不出密码", 则 $A_2 = \overline{A}\,\overline{B}$, 由事件独立的性质可知

$$P(A_2) = P(\overline{A}\,\overline{B}) = P(\overline{A})P(\overline{B}) = \frac{2}{3} \times \frac{3}{4} = \frac{1}{2}.$$

(3) 设事件 $A_3 =$ "恰有 1 个人译出密码", 则 $A_3 = A\overline{B} \cup \overline{A}B$, 且这两个子事件互不相容, 由概率的有限可加性和事件独立的性质可以得到

$$P(A_3) = P(\overline{A}B) + P(A\overline{B}) = P(\overline{A})P(B) + P(A)P(\overline{B}) = \frac{2}{3} \times \frac{1}{4} + \frac{1}{3} \times \frac{3}{4} = \frac{5}{12}.$$

(4) **方法一**　设事件 $A_4 =$ "至多 1 个人译出密码", 则 $A_4 = \overline{A}\,\overline{B} \cup A\overline{B} \cup \overline{A}B$, 且这三个子事件两两互不相容, 由概率的有限可加性和事件独立的性质可以得到

$$P(A_4) = P(\overline{A}\,\overline{B}) + P(\overline{A}B) + P(A\overline{B}) = P(\overline{A})P(\overline{B}) + P(\overline{A})P(B) + P(A)P(\overline{B}) = \frac{11}{12}.$$

或者 $A_4 = A_2 \cup A_3$, 且 A_2 与 A_3 互不相容, 则由概率的有限可加性知

$$P(A_4) = P(A_2) + P(A_3) = \frac{1}{2} + \frac{5}{12} = \frac{11}{12}.$$

方法二　使用对立事件的概率. "至多 1 个人译出密码" 与 "2 个人都译出密码" 是对立事件, 所以 $A_4 = \overline{AB}$. 由 (1) 中结果和对立事件的概率可以得到

$$P(A_4) = P(\overline{AB}) = 1 - P(AB) = \frac{11}{12}.$$

(5) **方法一** 设事件 $A_5 = $ "至少 1 个人译出密码",则 $A_5 = A \cup B$. 由概率的加法公式和事件 A 与 B 相互独立可以得到

$$P(A_5) = P(A \cup B) = P(A) + P(B) - P(AB) = P(A) + P(B) - P(A)P(B) = \frac{1}{2}.$$

方法二 使用对立事件的概率. "至少 1 个人译出密码" 与 "2 个人都译不出密码" 是对立事件,所以 $A_5 = \overline{A}\,\overline{B}$. 由 (2) 中结果和对立事件的概率可以得到

$$P(A_5) = 1 - P(\overline{A}\,\overline{B}) = \frac{1}{2}.$$

例 1.6.3 设 A, B, C 是三个相互独立的随机事件,且 $0 < P(C) < 1$,则在下列给定的四对事件中不相互独立的是 (   ).

(A) $\overline{A \cup B}$ 与 C　　　　　　　　(B) $\overline{AC}$ 与 $\overline{C}$

(C) $\overline{A - B}$ 与 $\overline{C}$　　　　　　　　(D) $\overline{AB}$ 与 $\overline{C}$

分析 本题考查事件的独立性及其性质.

解 由 A, B, C 相互独立可知, $A, B, C, \overline{A}, \overline{B}, \overline{C}$ 中任意 $k(2 \leqslant k \leqslant 6)$ 个事件必然相互独立.

在 (A) 选项中,由事件运算的对偶律可知

$$P\left[(\overline{A \cup B}) C\right] = P\left(\overline{A}\,\overline{B}C\right) = P\left(\overline{A}\,\overline{B}\right) P(C) = P\left(\overline{A \cup B}\right) P(C),$$

所以, $\overline{A \cup B}$ 与 C 相互独立.

在 (B) 选项中,当 $P(AC) > 0$ 时,由事件运算的对偶律及分配律可知

$$P\left[(\overline{AC})\,\overline{C}\right] = P\left[(\overline{A} \cup \overline{C})\,\overline{C}\right] = P\left[(\overline{A}\,\overline{C}) \cup \overline{C}\right] = P(\overline{C}),$$

如果 $\overline{AC}$ 与 $\overline{C}$ 相互独立,则 $P(\overline{AC})P(\overline{C}) = P\left[(\overline{AC})\,\overline{C}\right] = P(\overline{C})$,由于 $0 < P(C)$ < 1,上式两端可同时除以 $P(\overline{C})$,得到 $P(\overline{AC}) = 1$,从而有 $P(AC) = 0$,得到矛盾,故 $\overline{AC}$ 与 $\overline{C}$ 不一定互相独立.

在 (C) 选项中,由事件运算的对偶律、分配律以及概率的加法公式可知

$$P\left[(\overline{A - B})\,\overline{C}\right] = P\left[\left(\overline{A\overline{B}}\right)\overline{C}\right] = P\left[(\overline{A} \cup B)\,\overline{C}\right]$$

$$= P(\overline{A}\,\overline{C} \cup B\overline{C}) = P(\overline{A}\,\overline{C}) + P(B\overline{C}) - P(\overline{A}B\overline{C})$$

$$= P(\overline{A})P(\overline{C}) + P(B)P(\overline{C}) - P(\overline{A}B)P(\overline{C})$$

$$= [P(\overline{A}) + P(B) - P(\overline{A}B)]P(\overline{C})$$

$$= P(\overline{A} \cup B)P(\overline{C}) = P(\overline{A - B})P(\overline{C}),$$

因此, $\overline{A-B}$ 与 $\overline{C}$ 相互独立.

在 (D) 选项中, 由事件运算的对偶律、分配律以及概率的加法公式可知

$$P\left(\overline{ABC}\right) = P\left[\left(\overline{A}\cup\overline{B}\right)\overline{C}\right] = P(\overline{A}\,\overline{C}\cup\overline{B}\,\overline{C})$$

$$= P(\overline{A}\,\overline{C}) + P(\overline{B}\,\overline{C}) - P(\overline{A}\,\overline{B}\,\overline{C})$$

$$= P(\overline{A})P(\overline{C}) + P(\overline{B})P(\overline{C}) - P(\overline{A}\,\overline{B})P(\overline{C})$$

$$= [P(\overline{A}) + P(\overline{B}) - P(\overline{A}\,\overline{B})]P(\overline{C})$$

$$= P(\overline{A}\cup\overline{B})P(\overline{C}) = P(\overline{AB})P(\overline{C}),$$

因此, $\overline{AB}$ 与 $\overline{C}$ 相互独立.

综上可知, 本题答案为 (B).

注　相互独立的随机事件中任何一部分事件, 包括它们的和、差、积、逆等运算的结果必与其他一部分事件及其运算结果互相独立.

例 1.6.4　某人射击一次击中目标的概率为 0.6, 经过 3 次射击, 此人至少两次击中目标的概率为 (　　).

(A) $\dfrac{81}{125}$　　　　(B) $\dfrac{54}{125}$　　　　(C) $\dfrac{36}{125}$　　　　(D) $\dfrac{27}{125}$

分析　本题考查 3 次射击中至少击中 2 次的概率, 可以将试验模型看作是 3 重伯努利试验.

解　设事件 $A =$ "此人射击一次击中目标", 则 $P(A) = 0.6$. 本题可看作是 $p = 0.6, n = 3$ 的 n 重伯努利试验, 所求概率是事件 A 在 3 重伯努利试验中至少出现两次的概率, 即

$$\sum_{k=2}^{3} p_k = \mathrm{C}_3^2 \cdot 0.6^2 \cdot (1 - 0.6) + \mathrm{C}_3^3 \cdot 0.6^3 = \frac{81}{125}.$$

2. 考研真题解析

在历年的考研真题中, 事件的运算及概率、概率的性质、条件概率、全概率公式和贝叶斯公式以及事件的独立性是最常考的知识点.

真题1.1精讲

真题 1.1 (2000 年数学一)　设两个相互独立的事件 A 和 B 都不发生的概率为 $\dfrac{1}{9}$, A 发生 B 不发生的概率与 A 不发生 B 发生的概率相等, 则 $P(A) = $ _____.

分析　本题考查事件的运算、概率及独立性. 可以先将题目用概率学语言进行描述.

解 由题意及事件 A, B 相互独立可知，$\frac{1}{9} = P(\overline{A}\ \overline{B}) = P(\overline{A})P(\overline{B})$，另外，$P(A\overline{B}) = P(\overline{A}B)$，即 $P(A)P(\overline{B}) = P(\overline{A})P(B)$，从而有 $P(A)(1 - P(B)) = (1 - P(A))P(B)$，也就是 $P(A) = P(B)$，所以，$P(\overline{A})P(\overline{B}) = [1 - P(A)]^2 = \frac{1}{9}$，解得 $P(A) = \frac{2}{3}$.

真题 1.2 (2001 年数学三) 对于任意二事件 A, B, 与 $A \cup B = B$ 不等价的是 (   ).

(A) $A \subset B$ (B) $\overline{B} \subset \overline{A}$

(C) $A\overline{B} = \varnothing$ (D) $\overline{A}B = \varnothing$

分析 本题考查事件的关系与运算.

解 由 $A \cup B = B$ 可知 $A \subset B$，从而得到 $\overline{B} \subset \overline{A}$，那么 $A\overline{B} \subset A\overline{A} = \varnothing$，所以 (A), (B), (C) 选项对应的命题均正确. 对于 (D) 选项可举出反例: 掷一颗骰子，观察出现的点数，设事件 $A = $ "出现 1 点"，$B = $ "出现奇数点"，则 $A = \{1\}$，$B = \{1, 3, 5\}$，那么 $\overline{A} = \{2, 3, 4, 5, 6\}$，从而有 $\overline{A}B = \{3, 5\} \neq \varnothing$，故 (D) 选项中命题错误.

真题 1.3 (2003 年数学三) 对于任意二事件 A 和 B, (   ).

(A) 若 $AB \neq \varnothing$, 则 A, B 一定独立

(B) 若 $AB \neq \varnothing$, 则 A, B 有可能独立

(C) 若 $AB = \varnothing$, 则 A, B 一定独立

(D) 若 $AB = \varnothing$, 则 A, B 一定不独立

真题1.3精讲

分析 本题考查事件的独立性.

解 事件 A 与 B 相互独立 $\Leftrightarrow P(AB) = P(A)P(B)$.

当 $AB \neq \varnothing$ 时，如果 $P(AB) = P(A)P(B)$，则 A, B 一定独立，否则 A, B 不独立. 例如: 掷一枚骰子，观察朝上一面的点数，事件 $A = $ "出现 1 点"，$B = $ "出现奇数点"，则 $P(A) = \frac{1}{6}$，$P(B) = \frac{1}{2}$，$P(AB) = \frac{1}{6}$，此时 $P(AB) \neq P(A)P(B)$，那么事件 A, B 不独立，故 (A) 选项错误. 例如: 抛甲乙两枚硬币，观察正反面出现的情况，事件 $A = $ "甲币出现正面"，$B = $ "乙币出现反面"，则 $P(A) = \frac{1}{2}$，$P(B) = \frac{1}{2}$，由于该试验的样本空间为 $\Omega = \{$甲正乙正, 甲正乙反, 甲反乙正, 甲反乙反$\}$，则 $P(AB) = \frac{1}{4}$，显然，$P(AB) = P(A)P(B)$，则 A, B 相互独立. 综合以上例子可知 A, B 可能独立，故 (B) 选项正确.

当 $AB = \varnothing$ 时，$P(AB) = 0$. 如果 $P(A) = 0$ 或者 $P(B) = 0$，则 A, B 相互独立; 如果 $P(A) \neq 0$ 且 $P(B) \neq 0$，则 A, B 一定不相互独立，故 (C), (D) 选项

均错误.

真题 1.4 (2003 年数学三)　将一枚硬币独立地掷两次, 引进事件 $A_1 =$ "掷第一次出现正面", $A_2 =$ "掷第二次出现正面", $A_3 =$ "正、反面各出现一次", $A_4 =$ "正面出现两次", 则事件 (　　).

(A) A_1, A_2, A_3 相互独立
(B) A_2, A_3, A_4 相互独立
(C) A_1, A_2, A_3 两两独立
(D) A_2, A_3, A_4 两两独立

分析　本题考查事件的独立性, 判定多个事件相互独立和两两独立.

解　将一枚硬币独立地掷两次, 记这两次结果分别为甲和乙, 得到的样本空间为 $\Omega = \{$甲正乙正, 甲正乙反, 甲反乙正, 甲反乙反$\}$, 则 $A_1 = \{$甲正乙正, 甲正乙反$\}$, $A_2 = \{$甲正乙正, 甲反乙正$\}$, $A_3 = \{$甲正乙反, 甲反乙正$\}$, $A_4 = A_1 A_2 = A_2 A_4 = \{$甲正乙正$\}$, $A_1 A_3 = \{$甲正乙反$\}$, $A_2 A_3 = \{$甲反乙正$\}$, $A_3 A_4 = A_1 A_2 A_3 = A_2 A_3 A_4 = \varnothing$, 所以, $P(A_1) = P(A_2) = P(A_3) = \dfrac{1}{2}$, $P(A_4) = P(A_1 A_2) = P(A_2 A_4) = P(A_1 A_3) = P(A_2 A_3) = \dfrac{1}{4}$, $P(A_3 A_4) = P(A_1 A_2 A_3) = P(A_2 A_3 A_4) = 0$.

真题1.4精讲

由于 $P(A_1 A_2) = P(A_1)P(A_2)$, $P(A_1 A_3) = P(A_1)P(A_3)$, $P(A_2 A_3) = P(A_2)P(A_3)$, $0 = P(A_1 A_2 A_3) \neq P(A_1)P(A_2)P(A_3)$, 所以, A_1, A_2, A_3 两两独立但是不相互独立, (C) 选项正确, (A) 选项错误.

由于 $P(A_2 A_3) = P(A_2)P(A_3)$, 但是 $\dfrac{1}{4} = P(A_2 A_4) \neq P(A_2)P(A_4) = \dfrac{1}{8}$, $0 = P(A_3 A_4) \neq P(A_3)P(A_4) = \dfrac{1}{8}$, 所以, A_2, A_3, A_4 不是两两独立的, 更不会是相互独立的. 故 (B), (D) 选项均错误.

综上可知, (C) 选项正确.

真题 1.5 (2006 年数学一)　设 A, B 为随机事件, 且 $P(B) > 0, P(A|B) = 1$, 则必有 (　　).

(A) $P(A \cup B) > P(A)$
(B) $P(A \cup B) > P(B)$
(C) $P(A \cup B) = P(A)$
(D) $P(A \cup B) = P(B)$

分析　本题考查事件概率的性质及条件概率.

解　由条件概率公式可知, $1 = P(A|B) = \dfrac{P(AB)}{P(B)}$, 所以 $P(AB) = P(B)$. 再根据概率的加法公式可以得到 $P(A \cup B) = P(A) + P(B) - P(AB) = P(A)$, 故 (C) 选项正确.

真题 1.6 (2007 年数学一、数学三)　某人向同一目标独立重复射击, 每次射击命中目标的概率为 $p(0 < p < 1)$, 则此人第 4 次射击恰好第 2 次命中目标的概

率为 (　　).

(A) $3p(1-p)^2$ (B) $6p(1-p)^2$

(C) $3p^2(1-p)^2$ (D) $6p^2(1-p)^2$

分析　本题考查事件的独立性及伯努利试验.

解　设事件 $A =$ "前 3 次射击恰好有 1 次命中目标", $B =$ "第 4 次射击命中目标", 则 "此人第 4 次射击恰好第 2 次命中目标"$= AB$. 由题意可知, 此人向同一目标进行独立重复射击属于伯努利试验, 所以 $P(A) = C_3^1 p(1-p)^2$. 由独立性可知, 所求的概率为

$$P(AB) = P(A)P(B) = C_3^1 p(1-p)^2 \cdot p = 3p^2(1-p)^2.$$

故 (C) 选项正确.

真题 1.7 (2009 年数学三)　设事件 A 与事件 B 互不相容, 则 (　　).

(A) $P(\overline{A}\,\overline{B}) = 0$ (B) $P(AB) = P(A)P(B)$

(C) $P(A) = 1 - P(B)$ (D) $P(\overline{A} \cup \overline{B}) = 1$

分析　本题考查事件的关系与概率.

解　由题意可知 $AB = \varnothing$, 所以 $P(AB) = 0$. 由事件运算的对偶律可以得到 $\overline{AB} = \overline{A} \cup \overline{B}$, 那么 $P(\overline{A} \cup \overline{B}) = P(\overline{AB}) = 1 - P(AB) = 1$, 故 (D) 选项正确.

真题 1.8 (2012 年数学一、数学三)　设 A, B, C 是随机事件, A 与 C 互不相容, $P(AB) = \dfrac{1}{2}$, $P(C) = \dfrac{1}{3}$, 则 $P(AB|\overline{C}) =$

_____.

真题1.8精讲

分析　本题考查事件概率的性质及条件概率.

解　由于 A 与 C 互不相容, 所以 $AC = \varnothing$; 另外, 由于 $ABC \subset AC$, 所以, $0 \leqslant P(ABC) \leqslant P(AC) = 0$, 那么 $P(ABC) = 0$. 由条件概率及差事件的概率公式可知

$$P(AB|\overline{C}) = \frac{P(AB\overline{C})}{P(\overline{C})} = \frac{P(AB-C)}{1-P(C)} = \frac{P(AB)-P(ABC)}{1-P(C)} = \frac{\dfrac{1}{2}}{\dfrac{2}{3}} = \frac{3}{4}.$$

真题 1.9 (2014 年数学一、数学三)　设事件 A 与 B 相互独立, $P(B) = 0.5$, $P(A-B) = 0.3$, 则 $P(B-A) = $ (　　).

(A) 0.1   (B) 0.2   (C) 0.3   (D) 0.4

分析　本题考查事件的运算、差事件的概率以及事件的独立性.

解　由事件 A 与 B 相互独立可知, $P(AB) = P(A)P(B) = 0.5P(A)$. 由差事件的概率可知, $0.3 = P(A-B) = P(A) - P(AB) = 0.5P(A)$, 解得 $P(A) = 0.6$,

从而得到 $P(AB)=0.3$. 再由差事件的概率得到 $P(B-A)=P(B)-P(AB)=0.5-0.3=0.2$. 故 (B) 选项正确.

真题 1.10 (2015 年数学一、数学三) 设 A,B 为任意两个随机事件, 则 ( ).

(A) $P(AB)\leqslant P(A)P(B)$ (B)$P(AB)\geqslant P(A)P(B)$

(C) $P(AB)\leqslant \dfrac{P(A)+P(B)}{2}$ (D)$P(AB)\geqslant \dfrac{P(A)+P(B)}{2}$

分析 本题考查事件的关系与概率.

解 由于 $AB\subset A, AB\subset B$, 所以 $P(AB)\leqslant P(A), P(AB)\leqslant P(B)$, 从而有 $2P(AB)\leqslant P(A)+P(B)$, 故 (C) 选项正确.

真题 1.11 (2016 年数学三) 设 A,B 为随机事件, $0< P(A)< 1$, $0< P(B)< 1$, 若 $P(A|B)=1$, 则下面正确的是 ( ).

(A) $P(\overline{B}|\overline{A})=1$ (B) $P(A|\overline{B})=0$

(C) $P(A\cup B)=1$ (D) $P(B|A)=1$

分析 本题考查事件概率的性质及条件概率.

解 由条件概率的定义可知 $1=P(A|B)=\dfrac{P(AB)}{P(B)}$, 所以, $P(AB)=P(B)$.

在 (A) 选项中, 由事件运算的对偶律、对立事件的概率及概率的加法公式可知

$$P(\overline{A}\,\overline{B})=P(\overline{A\cup B})=1-P(A\cup B)=1-[P(A)+P(B)-P(AB)]$$
$$=1-P(A)=P(\overline{A}),$$

所以, $P\left(\overline{B}|\overline{A}\right)=\dfrac{P(\overline{A}\,\overline{B})}{P(\overline{A})}=\dfrac{P(\overline{A})}{P(\overline{A})}=1$, 故 (A) 选项正确;

在 (B) 选项中, $P(A|\overline{B})=\dfrac{P(A\overline{B})}{P(\overline{B})}=\dfrac{P(A-B)}{P(\overline{B})}=\dfrac{P(A)-P(AB)}{P(\overline{B})}=\dfrac{P(A)-P(B)}{P(\overline{B})}$, 如果 $P(A)\neq P(B)$, 则 $P(A|\overline{B})\neq 0$, 故 (B) 选项错误;

在 (C) 选项中, 由概率的加法公式 $P(A\cup B)=P(A)+P(B)-P(AB)$ 可知 $P(A\cup B)=P(A)$, 而 $0< P(A)< 1$, 故 (C) 选项错误;

在 (D) 选项中, $P(B|A)=\dfrac{P(AB)}{P(A)}=\dfrac{P(B)}{P(A)}$, 若 $P(B)< P(A)$, 则 $P(B|A)< 1$, 故 (D) 选项错误.

真题 1.12 (2017 年数学一) 设 A,B 为随机事件, 若 $0< P(A)< 1, 0< P(B)< 1$, 则 $P(A|B)> P(A|\overline{B})$ 的充分必要条件是 ( ).

(A) $P(B|A)> P(B|\overline{A})$ (B) $P(B|A)< P(B|\overline{A})$

(C) $P(\overline{B}|A) > P(B|\overline{A})$ (D) $P(\overline{B}|A) < P(B|\overline{A})$

分析 本题考查条件概率.

解 由条件概率的定义 $P(A|B) = \dfrac{P(AB)}{P(B)}$ 可知

$$P(A|B) > P(A|\overline{B}) \Leftrightarrow \frac{P(AB)}{P(B)} = P(A|B) > P(A|\overline{B})$$

$$= \frac{P(A\overline{B})}{P(\overline{B})} = \frac{P(A-B)}{1-P(B)} = \frac{P(A)-P(AB)}{1-P(B)}$$

$$\Leftrightarrow P(AB) > P(A)P(B).$$

下面根据条件概率的定义计算 $P(B|A) - P(B|\overline{A})$:

$$P(B|A) - P(B|\overline{A}) = \frac{P(AB)}{P(A)} - \frac{P(\overline{A}B)}{P(\overline{A})} = \frac{P(AB) \cdot P(\overline{A}) - P(A) \cdot P(\overline{A}B)}{P(A)P(\overline{A})}$$

$$= \frac{P(AB) \cdot (1-P(A)) - P(A) \cdot [P(B)-P(AB)]}{P(A)P(\overline{A})}$$

$$= \frac{P(AB) - P(A)P(B)}{P(A)P(\overline{A})},$$

由于 $0 < P(A) < 1$, 所以 $P(AB) > P(A)P(B) \Leftrightarrow P(B|A) - P(B|\overline{A}) > 0$, 故 (A) 选项正确.

注 验证 $P(B|A) > P(B|\overline{A})$ 还可以用以下方法: 已证明 $P(A|B) > P(A|\overline{B})$ $\Leftrightarrow P(AB) > P(A)P(B)$, 现将此式中的事件 A 与 B 互换, 得到 $P(B|A) > P(B|\overline{A}) \Leftrightarrow P(BA) > P(B)P(A)$. 因为 $P(AB) = P(BA)$, 由等价的传递性可知 $P(A|B) > P(A|\overline{B}) \Leftrightarrow P(B|A) > P(B|\overline{A})$, 故 (A) 选项正确.

真题 1.13 (2017 年数学三) 设 A, B, C 为三个随机事件, 且 A 与 C 相互独立, B 与 C 相互独立, 则 $A \cup B$ 与 C 相互独立的充要条件是 ( ).

(A) A 与 B 相互独立   (B) A 与 B 互不相容

(C) AB 与 C 相互独立   (D) AB 与 C 互不相容

分析 本题考查事件的独立性.

解 由 A 与 C 相互独立, B 与 C 相互独立可知

$$P(AC) = P(A)P(C), \quad P(BC) = P(B)P(C).$$

真题1.13精讲

那么

$$A \cup B \text{ 与 } C \text{ 相互独立} \Leftrightarrow P[(A \cup B)C] = P(A \cup B)P(C).$$

由事件的分配律、加法公式和独立性可知

$$P[(A \cup B)C] = P(AC \cup BC) = P(AC) + P(BC) - P(ABC)$$

$$= P(A)P(C) + P(B)P(C) - P(ABC),$$

而

$$P(A \cup B)P(C) = [P(A) + P(B) - P(AB)]P(C)$$

$$= P(A)P(C) + P(B)P(C) - P(AB)P(C),$$

所以, $P(ABC) = P(AB)P(C)$, 由此可知事件 AB 与 C 相互独立, 故 (C) 选项正确.

真题 1.14 (2018 年数学一) 设随机事件 A, B 相互独立, A, C 相互独立, $BC = \varnothing$, 若 $P(A) = P(B) = \dfrac{1}{2}$, $P(AC|AB \cup C) = \dfrac{1}{4}$, 则 $P(C) = $ _____.

分析 本题考查事件的运算、条件概率及独立性.

解 由条件概率的定义及事件运算的分配律可知

$$P(AC|AB \cup C) = \frac{P[AC \cap (AB \cup C)]}{P(AB \cup C)} = \frac{P(ABC \cup AC)}{P(AB \cup C)} = \frac{P(AC)}{P(AB \cup C)}.$$

由加法公式可知 $P(AB \cup C) = P(AB) + P(C) - P(ABC)$. 由于事件 A, B 相互独立, A, C 相互独立, 所以, $P(AB) = P(A)P(B) = \dfrac{1}{4}$, $P(AC) = P(A)P(C) = \dfrac{1}{2}P(C)$.

由于 $ABC \subset BC = \varnothing$, 所以 $P(ABC) = 0$, 那么 $P(AB \cup C) = \dfrac{1}{4} + P(C)$, 从而有

$$P(AC|AB \cup C) = \frac{\dfrac{1}{2}P(C)}{\dfrac{1}{4} + P(C)} = \frac{1}{4},$$

解得 $P(C) = \dfrac{1}{4}$.

真题 1.15 (2019 年数学一、数学三) 设 A, B 为随机事件, 则 $P(A) = P(B)$ 的充分必要条件是 (   ).

(A) $P(A \cup B) = P(A) + P(B)$ (B) $P(AB) = P(A)P(B)$

(C) $P(A\overline{B}) = P(\overline{A}B)$ (D) $P(AB) = P(\overline{A}\,\overline{B})$

分析 本题考查事件的运算及概率.

解 由概率的加法公式可知 $P(A \cup B) = P(A) + P(B) - P(AB)$, (A) 选项只能说明 $P(AB) = 0$;

(B) 选项是事件 A 与 B 相互独立的充要条件;

在 (C) 选项中, 由差事件的概率可知 $P(A\overline{B}) = P(A - B) = P(A) - P(AB)$, $P(\overline{A}B) = P(B - A) = P(B) - P(AB)$, 所以, $P(A\overline{B}) = P(\overline{A}B) \Leftrightarrow P(A) = P(B)$, 故 (C) 选项正确;

在 (D) 选项中, 由对立事件的概率可知, $P(AB) = P(\overline{AB}) = 1 - P(AB)$, 所以, $P(AB) = 0.5$. 故 (D) 选项错误.

综上可知, (C) 选项正确.

真题 1.16 (2020 年数学一、数学三) 设 A, B, C 为三个随机事件, $P(A) = P(B) = P(C) = \dfrac{1}{4}$, $P(AB) = 0$, $P(AC) = P(BC) = \dfrac{1}{12}$, 则 A, B, C 中恰有一个事件发生的概率是 (   ).

(A) $\dfrac{3}{4}$ (B) $\dfrac{2}{3}$ (C) $\dfrac{1}{2}$ (D) $\dfrac{5}{12}$

分析 本题考查事件的运算及概率.

解 由于 $ABC \subset AB$, 所以, $0 \leqslant P(ABC) \leqslant P(AB) = 0$, 即 $P(ABC) = 0$. A, B, C 中恰有一个事件发生指的是 $A\overline{B}\,\overline{C} \cup \overline{A}B\overline{C} \cup \overline{A}\,\overline{B}C$, 且它们两两互不相容, 那么由概率的有限可加性可知, 所求的概率为 $P(A\overline{B}\,\overline{C} \cup \overline{A}B\overline{C} \cup \overline{A}\,\overline{B}C) = P(A\overline{B}\,\overline{C}) + P(\overline{A}B\overline{C}) + P(\overline{A}\,\overline{B}C)$. 由事件运算的对偶律、分配律和差事件的概率可以得到

$$P(A\overline{B}\,\overline{C}) = P(A\overline{B \cup C}) = P[A - (B \cup C)]$$
$$= P(A) - P[A(B \cup C)] = P(A) - P(AB \cup AC)$$
$$= P(A) - [P(AB) + P(AC) - P(ABC)] = \frac{1}{4} - \frac{1}{12} = \frac{1}{6},$$
$$P(\overline{A}B\overline{C}) = P(B\overline{A \cup C}) = P[B - (A \cup C)]$$
$$= P(B) - P[B(A \cup C)] = P(B) - P(AB \cup BC)$$
$$= P(B) - [P(AB) + P(BC) - P(ABC)] = \frac{1}{4} - \frac{1}{12} = \frac{1}{6},$$
$$P(\overline{A}\,\overline{B}C) = P(C\overline{A \cup B}) = P[C - (A \cup B)]$$
$$= P(C) - P[C(A \cup B)] = P(C) - P(AC \cup BC)$$

$$= P(C) - [P(AC) + P(BC) - P(ABC)] = \frac{1}{4} - \frac{2}{12} = \frac{1}{12},$$

那么, A, B, C 中恰有一个事件发生的概率为 $\frac{1}{6} + \frac{1}{6} + \frac{1}{12} = \frac{5}{12}$, 故 (D) 选项正确.

真题 1.17 (2021 年数学一、数学三)　设 A, B 为随机事件, 且 $0 < P(B) < 1$, 则下列命题不成立的是 (　　).

(A) 若 $P(A|B) = P(A)$, 则 $P(A|\overline{B}) = P(A)$

(B) 若 $P(A|B) > P(A)$, 则 $P(\overline{A}|\overline{B}) > P(\overline{A})$

(C) 若 $P(A|B) > P(A|\overline{B})$, 则 $P(A|B) > P(A)$

(D) 若 $P(A|A \cup B) > P(\overline{A}|A \cup B)$, 则 $P(A) > P(B)$

真题1.17精讲

分析　本题考查条件概率及其性质.

解　对于 (A) 选项来说, 由于 $P(A|B) = \dfrac{P(AB)}{P(B)} = P(A)$, 所以 $P(AB) = P(A)P(B)$, 即事件 A, B 相互独立, 也就是说, 事件 B 是否发生对事件 A 的发生没有影响, 故 $P(A|\overline{B}) = P(A)$, 该命题正确.

对于 (B) 选项来说, 由于 $P(A|B) = \dfrac{P(AB)}{P(B)} > P(A)$, 所以 $P(AB) > P(A)P(B)$, 那么

$$P(\overline{A}\,\overline{B}) = P(\overline{A \cup B}) = 1 - P(A \cup B) = 1 - [P(A) + P(B) - P(AB)]$$

$$= P(\overline{A}) - [P(B) - P(AB)]$$

$$= P(\overline{A}) - P(B) + P(AB) > P(\overline{A}) - P(B) + P(A)P(B)$$

$$= P(\overline{A}) - P(B)[1 - P(A)]$$

$$= P(\overline{A}) - P(B)P(\overline{A}) = P(\overline{A})[1 - P(B)] = P(\overline{A})P(\overline{B}),$$

所以, $P(\overline{A}|\overline{B}) = \dfrac{P(\overline{A}\,\overline{B})}{P(\overline{B})} > \dfrac{P(\overline{A})P(\overline{B})}{P(\overline{B})} = P(\overline{A})$. 该命题正确.

对于 (C) 选项来说, 由于

$$\frac{P(AB)}{P(B)} = P(A|B) > P(A|\overline{B}) = \frac{P(A\overline{B})}{P(\overline{B})} = \frac{P(A-B)}{P(\overline{B})} = \frac{P(A) - P(AB)}{1 - P(B)},$$

整理得到 $P(AB) > P(A)P(B)$, 所以 $P(A|B) = \dfrac{P(AB)}{P(B)} > P(A)$, 该命题正确.

对于 (D) 选项来说, 由于

$$P(A|A \cup B) = \frac{P[A(A \cup B)]}{P(A \cup B)} = \frac{P(A \cup AB)}{P(A \cup B)} = \frac{P(A)}{P(A \cup B)},$$

$$P(\overline{A}|A \cup B) = \frac{P(\overline{A}(A \cup B))}{P(A \cup B)} = \frac{P(\overline{A}B)}{P(A \cup B)} = \frac{P(B-A)}{P(A \cup B)} = \frac{P(B) - P(AB)}{P(A \cup B)},$$

那么根据 $P(A|A \cup B) > P(\overline{A}|A \cup B)$ 可知, $P(A) > P(B) - P(AB)$, 由于 $P(AB) \geqslant$ 0, 所以 $P(A) > P(B)$ 未必成立, 该命题错误.

综上可知, 命题错误的为 (D) 选项.

真题 1.18 (2022 年数学三) 设 A, B, C 为随机事件, 且 A 与 B 互不相容, A 与 C 互不相容, B 与 C 相互独立, $P(A) = P(B) = P(C) = \frac{1}{3}$, 则 $P(B \cup C | A \cup B \cup C) = \underline{\qquad}$.

分析 本题考查事件的关系和运算、概率的性质以及条件概率公式.

解 由 A 与 B 互不相容, A 与 C 互不相容, B 与 C 相互独立可以得到

$$P(AB) = 0, P(AC) = 0, P(BC) = P(B)P(C) = \frac{1}{9}, P(ABC) = 0.$$

由条件概率公式知

$$P(B \cup C | A \cup B \cup C) = \frac{P[(B \cup C) \cap (A \cup B \cup C)]}{P(A \cup B \cup C)} = \frac{P(B \cup C)}{P(A \cup B \cup C)},$$

真题1.18精讲

由两个事件与三个事件的概率的加法公式可以得到

$$P(B \cup C) = P(B) + P(C) - P(BC) = \frac{1}{3} + \frac{1}{3} - \frac{1}{9} = \frac{5}{9},$$

$P(A \cup B \cup C) = P(A) + P(B) + P(C) - P(AB) - P(AC) - P(BC) + P(ABC) = \frac{1}{3} + \frac{1}{3} + \frac{1}{3} - \frac{1}{9} = \frac{8}{9}$, 那么所求的概率为 $P(B \cup C | A \cup B \cup C) = \frac{5}{8}$.

经典习题选讲 1

1. 设 $P(AB) = 0$, 则下列说法哪些是正确的?
(1) A 和 B 互不相容;
(2) A 和 B 相容;
(3) AB 是不可能事件;

(4) AB 不一定是不可能事件;

(5) $P(A) = 0$ 或 $P(B) = 0$;

(6) $P(A - B) = P(A)$.

解　首先举例说明 "概率为零的事件并不一定是不可能事件": 向边长为 1 的正方形内随机投掷一点, 该点当然可以投掷到正方形的对角线上, 但是投掷的点落在正方形对角线上的概率为 0. 这就说明了 "概率为零的事件并不一定是不可能事件".

(1) 和 (3) 等价于 $AB = \varnothing$, (2) 等价于 $AB \neq \varnothing$.

由于概率为零的事件并不一定是不可能事件, 所以, 由已知 $P(AB) = 0$ 不能确定 $AB = \varnothing$ 是否成立, 也就是 (1)、(2)、(3) 都不正确, (4) 是正确的.

由于 $AB \subset A$, $AB \subset B$, 由 $P(AB) = 0$, 不能推出 $P(A) = 0$ 或 $P(B) = 0$, 所以 (5) 不正确.

因为 $P(A - B) = P(A) - P(AB)$, 而 $P(AB) = 0$, 所以 (6) 是正确的.

2. 按照从小到大顺序排列 $P(A), P(A \cup B), P(AB), P(A) + P(B)$, 并说明理由.

解　因为 $AB \subset A \subset A \cup B$, 且 $P(A \cup B) = P(A) + P(B) - P(AB)$, 所以

$$P(AB) \leqslant P(A) \leqslant P(A \cup B) \leqslant P(A) + P(B).$$

3. 已知事件 A, B 满足 $P(AB) = P(\overline{A}\,\overline{B})$, 记 $P(A) = p$, 试求 $P(B)$.

解　**方法一**　已知 $P(AB) = P(\overline{A}\,\overline{B})$, 利用对偶律及加法公式得到

$$P(AB) = P(\overline{A}\,\overline{B}) = P(\overline{A \cup B}) = 1 - P(A \cup B) = 1 - P(A) - P(B) + P(AB),$$

即

$$P(AB) = 1 - P(A) - P(B) + P(AB),$$

所以

$$P(B) = 1 - P(A) = 1 - p.$$

方法二　因为 $\overline{A}\,\overline{B} = \overline{A} - B$, $\overline{A}B = B - A$, 利用差事件的概率计算公式

$$P(AB) = P(\overline{A}\,\overline{B}) = P(\overline{A} - B) = P(\overline{A}) - P(\overline{A}B) = 1 - P(A) - P(B - A)$$

$$= 1 - P(A) - [P(B) - P(AB)] = 1 - P(A) - P(B) + P(AB),$$

所以 $P(B) = 1 - P(A) = 1 - p$.

4. 已知 $P(A) = 0.7$, $P(A - B) = 0.3$, 试求 $P(\overline{AB})$.

解　因为 $P(A - B) = P(A) - P(AB) = 0.3$, 所以 $P(AB) = P(A) - 0.3$.

又因为 $P(A) = 0.7$, 所以 $P(AB) = 0.7 - 0.3 = 0.4$, 从而有 $P(\overline{AB}) = 1 - P(AB) = 0.6$.

5. 已知 $P(A) = 1/2$, $P(B) = 1/3$, $P(C) = 1/5$, $P(AB) = 1/10$, $P(AC) = 1/15$, $P(BC) = 1/20$, $P(ABC) = 1/30$, 试求 $P(A \cup B)$, $P(\overline{A}\ \overline{B})$, $P(A \cup B \cup C)$, $P(\overline{A}\ \overline{B}\ \overline{C})$.

解 由概率的加法公式可知

$$P(A \cup B) = P(A) + P(B) - P(AB) = \frac{1}{2} + \frac{1}{3} - \frac{1}{10} = \frac{11}{15},$$

由对偶律可得

$$P(\overline{A}\ \overline{B}) = P(\overline{A \cup B}) = 1 - P(A \cup B) = 1 - \frac{11}{15} = \frac{4}{15},$$

由三个事件概率的加法公式可知

$$P(A \cup B \cup C) = P(A) + P(B) + P(C) - P(AB) - P(AC) - P(BC) + P(ABC)$$

$$= \frac{1}{2} + \frac{1}{3} + \frac{1}{5} - \frac{1}{10} - \frac{1}{15} - \frac{1}{20} + \frac{1}{30} = \frac{17}{20},$$

再利用对偶律可得

$$P(\overline{A}\ \overline{B}\ \overline{C}) = P(\overline{A \cup B \cup C}) = 1 - P(A \cup B \cup C) = 1 - \frac{17}{20} = \frac{3}{20}.$$

6. 在房间里有 10 个人, 分别佩戴从 1 号到 10 号的纪念章, 任抽 3 人记录其纪念章的号码. 求:

(1) 最小号码为 5 的概率;

(2) 最大号码为 5 的概率.

解 这是一个古典概型问题. 设事件 A 为 "抽到的三个纪念章的最小号码为 5", 事件 B 为 "抽到的三个纪念章的最大号码为 5".

10 个人中任抽 3 人, 记录其纪念章的号码, 所有的结果有 C_{10}^3 种 (由于我们只关心三个数字中的最小值和最大值, 不需要考虑顺序, 所以这里用到了组合而不是排列), 即样本空间的样本点数 $N(\Omega) = C_{10}^3$. 其中最小号码为 5 的结果有 C_5^2 种 (最小号码为 5, 意味着其他两个数字必须是从大于 5 的 5 个数字中抽出来的), 最大号码为 5 的结果有 C_4^2 种 (最大号码为 5, 意味着其他两个数字必须是从小于 5 的 4 个数字中抽出来的).

(1) 最小号码为 5 的概率为

$$p = \frac{N(A)}{N(\Omega)} = \frac{C_5^2}{C_{10}^3} = \frac{1}{12};$$

(2) 最大号码为 5 的概率为

$$p = \frac{N(B)}{N(\Omega)} = \frac{C_4^2}{C_{10}^3} = \frac{1}{20}.$$

7. 将 3 个小球随机地放入 4 个杯子中去, 求杯子中小球的最大个数分别为 1, 2, 3 的概率.

解　设 M_1, M_2, M_3 表示杯子中小球的最大个数分别为 1, 2, 3 的事件.

由于每个小球都可能被随机放入 4 个杯子的任何一个中, 所以, 3 个小球随机地放入 4 个杯子中去共有 4^3 种不同的结果, 即样本空间的样本点数 $N(\Omega) = 4^3$(注意, 这里小球和杯子都要看成各不相同, 这样我们才可以考虑使用古典概型).

杯子中小球的最大个数为 1 意味着三个球被分别放入了三个杯子, 共有 A_4^3 种不同的结果, 即 $N(M_1) = A_4^3$.

杯子中小球的最大个数为 2 意味着有两个小球被放入同一个杯子, 这两个小球可以是三个小球中的任意两个, 共有 C_3^2 种不同的组合, 第三个球被放入另一个杯子, 三个球共需要两个杯子, 这两个杯子可以是 4 个杯子中的任意两个, 共有 A_4^2 种不同的结果, 所以, 杯子中小球的最大个数为 2 的结果共有 $C_3^2 \times A_4^2$ 种, 即 $N(M_2) = C_3^2 \times A_4^2$.

杯子中小球的最大个数为 3 意味着有三个小球被放入同一个杯子, 这一个杯子可以是 4 个杯子中的任意一个, 共有 A_4^1 种不同的结果, 即 $N(M_3) = A_4^1$. 于是

$$P(M_1) = \frac{N(M_1)}{N(\Omega)} = \frac{A_4^3}{4^3} = \frac{3}{8},$$

$$P(M_2) = \frac{N(M_2)}{N(\Omega)} = \frac{C_3^2 \times A_4^2}{4^3} = \frac{9}{16},$$

$$P(M_3) = \frac{N(M_3)}{N(\Omega)} = \frac{A_4^1}{4^3} = \frac{1}{16}.$$

8. 设 5 个产品中有 3 个合格品, 2 个不合格品, 从中不放回地任取 2 个, 求取出的 2 个中全是合格品, 仅有一个合格品和没有合格品的概率各为多少?

解　设 M_2, M_1, M_0 分别表示事件取出的 2 个球全是合格品、仅有一个合格品和没有合格品.

从 5 个产品中不放回地任取 2 个产品的所有结果共有 C_5^2 种, 即样本空间的样本点数 $N(\Omega) = C_5^2$(由于我们只关心取到的两个产品中合格品的个数, 不需要考虑顺序, 所以这里用到了组合, 而不是排列).

抽到的两个产品全是合格品, 意味着两个产品全来自 3 个合格品, 共有 C_3^2 种不同的结果, 即 $N(M_2) = C_3^2$.

抽到的两个产品中仅有一个合格品, 意味着两个产品中一个来自 3 个合格品, 一个来自 2 个不合格品, 共有 $C_3^1 C_2^1$ 种不同的结果, 即 $N(M_1) = C_3^1 C_2^1$.

抽到的两个产品中没有合格品, 意味着两个产品全来自 2 个不合格品, 共有 C_2^2 种结果, 即 $N(M_0) = C_2^2$. 于是

$$P(M_2) = \frac{N(M_2)}{N(\Omega)} = \frac{C_3^2}{C_5^2} = 0.3, \quad P(M_1) = \frac{N(M_1)}{N(\Omega)} = \frac{C_3^1 C_2^1}{C_5^2} = 0.6,$$

$$P(M_0) = \frac{C_2^2}{C_5^2} = 0.1.$$

9. 口袋中有 5 个白球, 3 个黑球, 从中任取两个, 求取到的两个球颜色相同的概率.

解　设 $M =$ "取到两个球颜色相同", $M_1 =$ "取到两个球均为白球", $M_2 =$ "取到两个球均为黑球", 则 $M = M_1 \cup M_2$, 且 $M_1 M_2 = \varnothing$. 所以由概率的有限可加性知

$$P(M) = P(M_1 \cup M_2) = P(M_1) + P(M_2) = \frac{C_5^2}{C_8^2} + \frac{C_3^2}{C_8^2} = \frac{13}{28}.$$

10. 若在区间 $(0, 1)$ 内任取两个数, 求事件 "两数之和小于 6/5" 的概率.

解　这是一个几何概型问题. 以 x 和 y 表示任取的两个数, 在平面上建立 xOy 直角坐标系, 如图 1.2 所示.

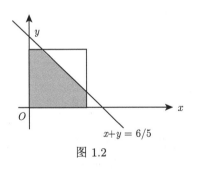

任取两个数的所有结果构成的样本空间 $\Omega = \{(x,y)|0 < x, y < 1\}$ 为图中边长为 1 的正方形内部, 事件 $A =$ "两数之和小于 6/5"$= \{(x, y)| 0 < x, y < 1, x + y < 6/5\}$ 为正方形和直线 $x + y = 6/5$ 的左下方相交的区域, 即图中阴影部分. 根据几何概型的概率计算公式, 事件 A 的概率为

图 1.2

$$P(A) = \frac{A \text{的面积}}{\Omega \text{的面积}} = \frac{1 - \frac{1}{2} \times \left(\frac{4}{5}\right)^2}{1} = \frac{17}{25}.$$

11. 随机地向半圆 $0 < y < \sqrt{2ax - x^2}$ (a 为常数) 内掷一点, 点落在半圆内任何区域的概率与区域的面积成正比, 求原点和该点的连线与 x 轴的夹角小于 $\frac{\pi}{4}$ 的概率.

解 这是一个几何概型问题. 以 x 和 y 表示随机掷一点的坐标, 在平面上建立 xOy 直角坐标系, 如图 1.3 所示.

随机地向半圆内掷一点的所有结果构成的样本空间是图中的半圆, 即

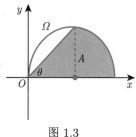

图 1.3

$$\Omega = \{(x,y)|0 < x < 2a, 0 < y < \sqrt{2ax - x^2}\}.$$

事件 $A =$ "原点和投掷点的连线与 x 轴的夹角小于 $\dfrac{\pi}{4}$" 对应几何区域为图中阴影部分, 即 $A = \left\{(x,y)\middle|0 < x < 2a, 0 < y < \sqrt{2ax - x^2}, 0 < \theta < \dfrac{\pi}{4}\right\}$ (其中 θ 表示原点和投掷点的连线与 x 轴的夹角).

$$P(A) = \frac{A\text{的面积}}{\Omega\text{的面积}} = \frac{\dfrac{1}{2}a^2 + \dfrac{1}{4}\pi a^2}{\dfrac{1}{2}\pi a^2} = \frac{1}{\pi} + \frac{1}{2}.$$

12. 已知 $P(A) = \dfrac{1}{4}, P(B\,|\,A) = \dfrac{1}{3}, P(A\,|\,B) = \dfrac{1}{2}$, 求 $P(A \cup B)$.

解 由乘法公式 $P(AB) = P(A)P(B\,|\,A) = P(B)P(A\,|\,B)$ 可知

$$P(AB) = P(A)P(B\,|\,A) = \frac{1}{4} \times \frac{1}{3} = \frac{1}{12}, \quad P(B) = \frac{P(AB)}{P(A|B)} = \frac{1}{12} \div \frac{1}{2} = \frac{1}{6}.$$

由加法公式得到

$$P(A \cup B) = P(A) + P(B) - P(AB) = \frac{1}{4} + \frac{1}{6} - \frac{1}{12} = \frac{1}{3}.$$

13. 设 10 件产品中有 4 件不合格品, 从中任取两件, 已知所取两件产品中有一件是不合格品, 则另一件也是不合格品的概率是多少?

解 题中要求的 "已知所取两件产品中有一件是不合格品, 则另一件也是不合格品的概率" 应理解为求 "已知所取两件产品中至少有一件是不合格品, 则两件均为不合格品的概率".

设 $A =$ "所取两件产品中至少有一件是不合格品", $B =$ "两件均为不合格品", 则

$$P(A) = 1 - P(\overline{A}) = 1 - \frac{C_6^2}{C_{10}^2} = \frac{2}{3}, \quad P(B) = \frac{C_4^2}{C_{10}^2} = \frac{2}{15}.$$

所求的条件概率为

$$P(B|A) = \frac{P(AB)}{P(A)} = \frac{P(B)}{P(A)} = \frac{2}{15} \div \frac{2}{3} = \frac{1}{5}.$$

14. 某人决定去甲、乙、丙三国之一旅游. 注意到这三国此季节下雨的概率分别为 1/2, 2/3, 1/2, 他去这三个国家旅游的概率分别为 1/4, 1/4, 1/2. 据此信息计算他旅游遇上下雨的概率是多少? 如果已知他遇上雨天, 那么他到甲国旅游的概率又是多少?

解 设 $B =$ "这个人旅游时遇上下雨", $A_1 =$ "这个人到甲国旅游", $A_2 =$ "这个人到乙国旅游", $A_3 =$ "这个人到丙国旅游", 则

$$P(A_1) = 1/4, \quad P(A_2) = 1/4, \quad P(A_3) = 1/2,$$

$$P(B|A_1) = 1/2, \quad P(B|A_2) = 2/3, \quad P(B|A_3) = 1/2.$$

由全概率公式, 这个人旅游时遇上下雨的概率为

$$P(B) = \sum_{i=1}^{3} P(A_i)P(B|A_i) = \frac{1}{4} \times \frac{1}{2} + \frac{1}{4} \times \frac{2}{3} + \frac{1}{2} \times \frac{1}{2} = \frac{13}{24}.$$

由贝叶斯公式, 如果已知他遇上雨天, 那么他到甲国旅游的概率为

$$P(A_1|B) = \frac{P(A_1)P(B|A_1)}{P(B)} = \frac{\frac{1}{4} \times \frac{1}{2}}{13/24} = \frac{3}{13}.$$

15. 将两信息分别编码为 a 和 b 传递出去, 接收站收到时, a 被误收作 b 的概率为 0.02, 而 b 被误收作 a 的概率为 0.01, 信息 a 与信息 b 传送的频繁程度为 2:1, 若接收站收到的信息是 a, 问原发信息是 a 的概率是多少?

解 设 $M =$ "原发信息是 a", $N =$ "接收到的信息是 a".
由题意知

$$P(\overline{N}|M) = 0.02, \quad P(N|\overline{M}) = 0.01, \quad P(M) = \frac{2}{3}, \quad P(\overline{M}) = \frac{1}{3},$$

从而

$$P(N|M) = 0.98, \quad P(\overline{N}|\overline{M}) = 0.99.$$

由贝叶斯公式得

$$P(M|N) = \frac{P(M)P(N|M)}{P(M)P(N|M) + P(\overline{M})P(N|\overline{M})} = \frac{\frac{2}{3} \times 0.98}{\frac{2}{3} \times 0.98 + \frac{1}{3} \times 0.01} = \frac{196}{197}.$$

16. 设人群中男女人口之比为 $51:49$, 男性中有 5% 是色盲患者, 女性中有 2.5% 是色盲患者. 仅从人群中随机抽取一人, 恰好是色盲患者, 求此人是男性的概率.

解 设 $B = $ "随机抽取一人是色盲患者", $A_1 = $ "抽到男性", $A_2 = $ "抽到女性". 由题意知

$$P(A_1) = \frac{51}{100}, \quad P(A_2) = \frac{49}{100}, \quad P(B|A_1) = 5\% = 0.05,$$

$$P(B|A_2) = 2.5\% = 0.025.$$

由全概率公式知, 随机抽取一人是色盲患者的概率为

$$P(B) = \sum_{i=1}^{2} P(A_i)P(B|A_i) = \frac{51}{100} \times 0.05 + \frac{49}{100} \times 0.025 = 0.03775.$$

由贝叶斯公式得

$$P(A_1|B) = \frac{P(A_1)P(B|A_1)}{P(B)} = \frac{\dfrac{51}{100} \times 0.05}{0.03775} = \frac{102}{151} \approx 0.6755.$$

17. 三人独立地去破译一份密码, 已知各人能译出的概率分别为 $\frac{1}{5}, \frac{1}{3}, \frac{1}{4}$, 问三人中至少有一人能将此密码译出的概率是多少?

解 设 $A_i = $ "第 i 个人能破译密码", $i = 1,2,3$. 则

$$P(A_1) = \frac{1}{5}, \quad P(A_2) = \frac{1}{3}, \quad P(A_3) = \frac{1}{4},$$

从而

$$P(\overline{A_1}) = \frac{4}{5}, \quad P(\overline{A_2}) = \frac{2}{3}, \quad P(\overline{A_3}) = \frac{3}{4}.$$

事件 "至少有一人能将此密码译出" 可以表示为 $A_1 \cup A_2 \cup A_3$.
由事件运算的对偶律得到

$$P(A_1 \cup A_2 \cup A_3) = 1 - P(\overline{A_1 \cup A_2 \cup A_3}) = 1 - P(\overline{A_1}\,\overline{A_2}\,\overline{A_3}),$$

再由 A_1, A_2, A_3 的相互独立性得到

$$P(A_1 \cup A_2 \cup A_3) = 1 - P(\overline{A_1}\,\overline{A_2}\,\overline{A_3}) = 1 - P(\overline{A_1})P(\overline{A_2})P(\overline{A_2}) = 1 - \frac{4}{5} \times \frac{2}{3} \times \frac{3}{4} = \frac{3}{5}.$$

18. 设事件 A 与 B 相互独立, 已知 $P(A) = 0.4, P(A \cup B) = 0.7$, 求 $P(\overline{B}|A)$.

解 由于 A 与 B 相互独立, 所以 $P(AB) = P(A)P(B)$, 且

$$P(A \cup B) = P(A) + P(B) - P(AB) = P(A) + P(B) - P(A)P(B).$$

将 $P(A) = 0.4$, $P(A \cup B) = 0.7$ 代入上式, 解得 $P(B) = 0.5$.

由于 A 与 B 相互独立, 所以 A 与 $\overline{B}$ 也相互独立, 那么

$$P(\overline{B}|A) = P(\overline{B}) = 1 - P(B) = 1 - 0.5 = 0.5.$$

19. 甲、乙两人独立地对同一目标射击一次, 其命中率分别为 0.6 和 0.5, 现已知目标被命中, 则它是甲射中的概率是多少?

解 设 $A =$ "甲命中目标", $B =$ "乙命中目标", $M =$ "目标被命中", 则 $P(A) = 0.6$, $P(B) = 0.5$. 由于甲、乙两人是独立射击目标, 所以 $P(AB) = P(A)P(B) = 0.6 \times 0.5 = 0.3$, 从而

$$P(M) = P(A \cup B) = P(A) + P(B) - P(AB) = 0.6 + 0.5 - 0.3 = 0.8,$$

$$P(A|M) = \frac{P(AM)}{P(M)} = \frac{P(A)}{P(M)} = \frac{0.6}{0.8} = 0.75.$$

20. 某零件用两种工艺加工, 第一种工艺有三道工序, 各道工序出现不合格品的概率分别为 0.3, 0.2, 0.1; 第二种工艺有两道工序, 各道工序出现不合格品的概率分别为 0.3, 0.2, 假设两种工艺中每道工序均相互独立. 试问:

(1) 用哪种工艺加工得到合格品的概率较大些?

(2) 第二种工艺两道工序出现不合格品的概率都是 0.3 时, 情况又如何?

解 设 $A_i =$ "第一种工艺的第 i 道工序出现合格品", $i = 1, 2, 3$; $B_i =$ "第二种工艺的第 i 道工序出现合格品", $i = 1, 2$.

(1) 根据题意,

$$P(A_1) = 1 - 0.3 = 0.7, \quad P(A_2) = 1 - 0.2 = 0.8, \quad P(A_3) = 1 - 0.1 = 0.9,$$

$$P(B_1) = 1 - 0.3 = 0.7, \quad P(B_2) = 1 - 0.2 = 0.8.$$

由于两种工艺中每道工序均相互独立, 即 A_1, A_2, A_3 相互独立, B_1, B_2 相互独立, 所以第一种工艺加工得到合格品的概率为

$$P(A_1 A_2 A_3) = P(A_1)P(A_2)P(A_3) = 0.7 \times 0.8 \times 0.9 = 0.504,$$

第二种工艺加工得到合格品的概率为

$$P(B_1 B_2) = P(B_1)P(B_2) = 0.7 \times 0.8 = 0.56,$$

可见第二种工艺加工得到合格品的概率大.

(2) 根据题意, 第一种工艺加工得到合格品的概率仍为 0.504, 而 $P(B_1) = P(B_2) = 0.7$, 第二种工艺加工得到合格品的概率为

$$P(B_1B_2) = P(B_1)P(B_2) = 0.7 \times 0.7 = 0.49,$$

此时第一种工艺加工得到合格品的概率大.

第1章测试题

第2章
随机变量及其分布

为了研究与随机试验的某些结果相联系的变量, 引入随机变量的概念. 本章主要归纳梳理随机变量的有关概念、定义、性质和概率计算问题, 以及常用分布的定义和应用, 分析和解答相关典型问题、考研真题与经典习题.

本章基本要求与知识结构图

1. 基本要求

(1) 理解随机变量及其概率分布的概念; 理解分布函数的概念和性质, 会计算与随机变量相联系的事件的概率.

(2) 理解离散型随机变量及其分布律的概念, 掌握 0-1 分布、二项分布、泊松分布及其应用.

(3) 了解泊松定理的结论和应用条件, 会用泊松分布近似二项分布.

(4) 理解连续型随机变量及其概率密度的概念, 掌握均匀分布、正态分布、指数分布及其应用.

(5) 会根据随机变量的概率分布求随机变量函数的概率分布.

2．知识结构图

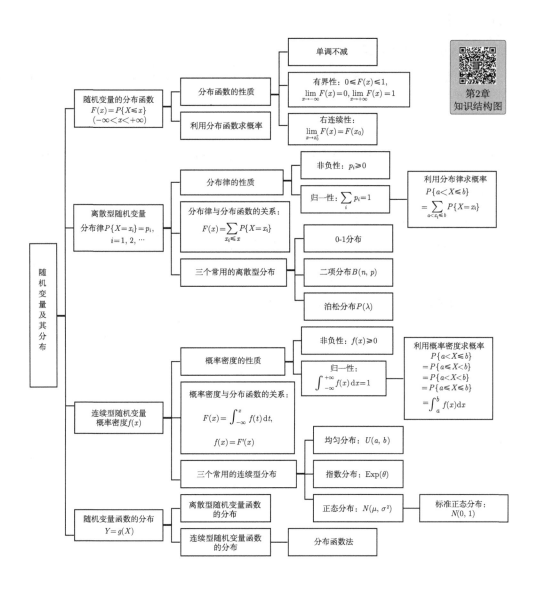

主 要 内 容

2.1 随机变量

2.1.1 随机变量的概念

定义 2.1 设随机试验的样本空间为 $\Omega = \{\omega\}$, $X = X(\omega)$ 是定义在样本空间 Ω 上的实值单值函数, 称 $X = X(\omega)$ 为**随机变量**.

2.1.2 随机变量的分布函数

定义 2.2 设 X 是一个随机变量, 对任意实数 x, 称事件 $\{X \leqslant x\}$ 发生的概率

$$F(x) = P\{X \leqslant x\}, \quad -\infty < x < \infty \tag{2.1}$$

为随机变量 X 的**分布函数**.

分布函数 $F(x)$ 具有以下三条充分且必要的基本性质:

(1) **单调性** $F(x)$ 是定义在整个实数轴 $(-\infty, +\infty)$ 上的单调非减函数, 即对任意的 $x_1 < x_2$, 有 $F(x_1) \leqslant F(x_2)$.

(2) **有界性** 对任意的 x, 有 $0 \leqslant F(x) \leqslant 1$, 且

$$F(-\infty) = \lim_{x \to -\infty} F(x) = 0, \quad F(+\infty) = \lim_{x \to +\infty} F(x) = 1.$$

(3) **右连续性** $F(x)$ 是 x 的右连续函数, 即对任意的 x_0, 有 $\lim_{x \to x_0^+} F(x) = F(x_0)$.

2.2 离散型随机变量

2.2.1 离散型随机变量及其分布律

定义 2.3 设 X 是一个离散型随机变量, 若 X 的全部可能取值为 $x_1, x_2, \cdots, x_i, \cdots$, 则 X 取 x_i 的概率

$$P\{X = x_i\} = p_i, \quad i = 1, 2, \cdots$$

称为 X 的**概率分布**或简称**分布律**.

X 的分布律也可用如下方式表示 (表 2.1):

表 2.1

X	x_1	x_2	$\cdots$	x_i	$\cdots$
P	p_1	p_2	$\cdots$	p_i	$\cdots$

分布律有如下基本性质:

(1) **非负性**　$p_i \geqslant 0, i = 1, 2, \cdots$;

(2) **归一性**　$\sum\limits_{i=1}^{\infty} p_i = 1$.

注意　上述两条性质是一个数列成为某个离散型随机变量的分布律的充要条件.

2.2.2　常用离散型随机变量

1. 0-1 分布

定义 2.4　如果随机变量 X 只可能取 0 与 1 两个值, 它的分布律是

$$P\{X = k\} = (1-p)^{1-k} p^k, \quad k = 0, 1, \quad 0 < p < 1,$$

则称 X **服从参数为** p **的 0-1 分布**或**两点分布**. 0-1 分布的分布律也可写成表 2.2.

表 2.2

X	0	1
P	$1-p$	p

2. 二项分布

定义 2.5　如果随机变量 X 的分布律是

$$P\{X = k\} = \mathrm{C}_n^k p^k (1-p)^{n-k}, \quad k = 0, 1, \cdots, n,$$

则称 X **服从参数为** n, p **的二项分布**, 记为 $X \sim B(n, p)$.

3. 泊松分布

定义 2.6　如果随机变量 X 的分布律为 $P\{X = k\} = \dfrac{\lambda^k}{k!} \mathrm{e}^{-\lambda}, \lambda > 0$ 为参数, $k = 0, 1, 2, \cdots$, 则称 X **服从参数为** λ **的泊松分布**, 记为 $X \sim P(\lambda)$.

定理 2.1 (泊松定理)　设 $\lambda > 0$ 是一个常数, n 是任意正整数, 设 $np = \lambda$ (p 与 n 有关), 则对于任一固定的非负整数 k, 有

$$\lim_{n \to \infty} \mathrm{C}_n^k p^k (1-p)^{n-k} = \frac{\lambda^k}{k!} \mathrm{e}^{-\lambda}.$$

根据泊松定理, 当 n 很大 p 很小时, 有下面近似计算公式:

$$\mathrm{C}_n^k p^k (1-p)^{n-k} \approx \frac{\lambda^k}{k!} \mathrm{e}^{-\lambda}, \quad k = 0, 1, 2, \cdots, \text{其中 } \lambda = np.$$

该公式说明, 在对二项分布 $B(n, p)$ 计算概率时, 如果 n 很大 p 很小, 可以用泊松分布 $P(\lambda)$ 来近似计算, 其中参数为 $\lambda = np$.

2.3 连续型随机变量

2.3.1 连续型随机变量及其概率密度

定义 2.7 如果对于随机变量 X 的分布函数 $F(x)$, 存在非负函数 $f(x)$, 使得对于任意实数 x 有

$$F(x) = \int_{-\infty}^{x} f(t)\mathrm{d}t, \tag{2.2}$$

则称 X 为**连续型随机变量**, 其中函数 $f(x)$ 称为 X 的**概率密度函数**, 简称**概率密度**或**密度函数**.

连续型随机变量的分布函数一定是连续函数, 且在 $F(x)$ 的导数存在的点上有

$$F'(x) = f(x). \tag{2.3}$$

概率密度有如下基本性质:

(1) **非负性** $f(x) \geqslant 0$;

(2) **归一性** $\displaystyle\int_{-\infty}^{+\infty} f(x)\mathrm{d}x = 1$.

注意 以上两条基本性质是判别某个函数能否成为概率密度函数的充要条件. 另外, 连续型随机变量 X 取任一确定常数 a 的概率为 0, 即 $P\{X = a\} = 0$.

2.3.2 常用连续型随机变量

1. 均匀分布

定义 2.8 如果连续型随机变量 X 具有概率密度

$$f(x) = \begin{cases} \dfrac{1}{b-a}, & a < x < b, \\ 0, & \text{其他}, \end{cases} \tag{2.4}$$

其中 a, b $(a < b)$ 为两个常数, 则称 X 在区间 (a, b) 上服从**均匀分布**, 记为 $X \sim U(a, b)$.

均匀分布的分布函数为

$$F(x) = \begin{cases} 0, & x < a, \\ \dfrac{x-a}{b-a}, & a \leqslant x < b, \\ 1, & x \geqslant b. \end{cases} \tag{2.5}$$

2. 指数分布

定义 2.9　如果随机变量 X 的概率密度为

$$f(x) = \begin{cases} \dfrac{1}{\theta} \mathrm{e}^{-\frac{x}{\theta}}, & x > 0, \\ 0, & x \leqslant 0, \end{cases} \tag{2.6}$$

其中 $\theta > 0$ 为常数, 则称 X 服从参数为 θ 的**指数分布**, 记为 $X \sim \mathrm{Exp}(\theta)$.

指数分布的分布函数为

$$F(x) = \begin{cases} 1 - \mathrm{e}^{-\frac{x}{\theta}}, & x > 0, \\ 0, & x \leqslant 0. \end{cases} \tag{2.7}$$

定理 2.2 (指数分布的无记忆性)　设 $X \sim \mathrm{Exp}(\theta)$, 则对任意实数 $s > 0, t > 0$, 有

$$P\{X > s + t \mid X > s\} = P\{X > t\}. \tag{2.8}$$

3. 正态分布

定义 2.10　如果随机变量 X 的概率密度为

$$f(x) = \frac{1}{\sqrt{2\pi}\sigma} \mathrm{e}^{-\frac{(x-\mu)^2}{2\sigma^2}}, \quad -\infty < x < +\infty, \tag{2.9}$$

其中 $\mu, \sigma \ (\sigma > 0)$ 为常数, 则称 X 服从参数为 μ, σ 的**正态分布** (又称为**高斯分布**), 记为 $X \sim N(\mu, \sigma^2)$.

正态分布 $N(\mu, \sigma^2)$ 的分布函数为

$$F(x) = \frac{1}{\sqrt{2\pi}\sigma} \int_{-\infty}^{x} \mathrm{e}^{-\frac{(t-\mu)^2}{2\sigma^2}} \mathrm{d}t, \quad -\infty < x < +\infty. \tag{2.10}$$

特别地, 当 $\mu = 0, \sigma = 1$ 时称 X 服从**标准正态分布**, 记作 $X \sim N(0, 1)$, 其概率密度和分布函数分别用 $\varphi(x)$ 和 $\Phi(x)$ 表示, 即

$$\varphi(x) = \frac{1}{\sqrt{2\pi}} \mathrm{e}^{-\frac{x^2}{2}}, \quad -\infty < x < +\infty,$$

$$\Phi(x) = \frac{1}{\sqrt{2\pi}} \int_{-\infty}^{x} \mathrm{e}^{-\frac{t^2}{2}} \mathrm{d}t, \quad -\infty < x < +\infty.$$

由标准正态分布概率密度的对称性易知

$$\Phi(-x) = 1 - \Phi(x).$$

2.4　随机变量函数的分布

2.4.1　离散型随机变量函数的分布

设 X 是离散型随机变量, X 的分布律为表 2.3.

表 2.3

X	x_1	x_2	$\cdots$	x_i	$\cdots$
P	p_1	p_2	$\cdots$	p_i	$\cdots$

则 $Y = g(X)$ 也是一个离散型随机变量, 由表 2.3 可得表 2.4.

表 2.4

$Y = g(X)$	$g(x_1)$	$g(x_2)$	$\cdots$	$g(x_i)$	$\cdots$
P	p_1	p_2	$\cdots$	p_i	$\cdots$

若 $g(x_1), g(x_2), \cdots, g(x_i), \cdots$ 中有某些值相等, 将相等的值在表中只保留一个, 其对应概率为各相等值对应的概率之和, 这样就得到了 Y 的分布律.

2.4.2　连续型随机变量函数的分布

求连续型随机变量函数的分布常用的方法是**分布函数法**.

设随机变量 X 的概率密度为 $f_X(x)$, 为了求 $Y = g(X)$ 的概率密度 $f_Y(y)$, 可先求其分布函数

$$F_Y(y) = P\{Y \leqslant y\} = P\{g(X) \leqslant y\} = P\{X \in D\},$$

其中 $\{X \in D\}$ 为 $\{g(X) \leqslant y\}$ 的等价事件. 然后, 将分布函数 $F_Y(y)$ 对 y 求导, 即可求出概率密度 $f_Y(y)$.

用分布函数法, 可以证明下述正态分布的重要性质.

定理 2.3　设 $X \sim N(\mu, \sigma^2)$, 则

(1) $Y = aX + b \sim N(a\mu + b, (a\sigma)^2)$, 其中 $a(\neq 0), b$ 为常数;

(2) $Y = \dfrac{X - \mu}{\sigma} \sim N(0, 1)$.

通常称变换 $Y = \dfrac{X - \mu}{\sigma}$ 为对 X 进行的**标准化变换**.

由定理 2.3, 若 $X \sim N(\mu, \sigma^2)$, 则 X 的分布函数可写成

$$F(x) = P\{X \leqslant x\} = P\left\{\frac{X - \mu}{\sigma} \leqslant \frac{x - \mu}{\sigma}\right\} = \Phi\left(\frac{x - \mu}{\sigma}\right).$$

这样, 利用 $\Phi(x)$ 的函数表就能计算服从一般正态分布的随机变量的分布函数值 $F(x)$, 从而, 关于正态分布的概率计算就很方便了.

解 题 指 导

1. 题型归纳及解题技巧

题型 1　随机变量及其分布函数

本节的主要内容是随机变量的定义及其分布函数, 需要掌握分布函数的定义及性质. 在涉及分布函数的题目时, 常常会利用分布函数的定义来求区间概率, 例如本小节的前 3 个例题; 还会考查分布函数的性质, 如例 2.1.4 和例 2.1.5.

例 2.1.1　设随机变量 X 的分布函数为 $F(x) = \begin{cases} 1 - (1+x)\mathrm{e}^{-x}, & x \geqslant 0, \\ 0, & x < 0, \end{cases}$ 则 $P\{X \leqslant 1\} = $ _____.

分析　直接利用分布函数的定义 $F(x) = P\{X \leqslant x\}$ 求该概率.

解　由分布函数的定义可知, $P\{X \leqslant 1\} = F(1) = 1 - 2\mathrm{e}^{-1}$.

例 2.1.2　设随机变量 X 的分布函数为 $F(x) = \begin{cases} 0, & x < 2, \\ (x-2)^2, & 2 \leqslant x < 3, \\ 1, & x \geqslant 3, \end{cases}$ 则 $P\{2.5 < X \leqslant 4\} = $ _____.

分析　本题已知随机变量 X 的分布函数 $F(x)$, 求概率 $P\{a < X \leqslant b\}$, 可以利用分布函数的定义及概率的性质来处理此类问题. 由于事件 $\{a < X \leqslant b\} = \{X \leqslant b\} - \{X \leqslant a\}$, 且 $\{X \leqslant a\} \subset \{X \leqslant b\}$, 由差事件的概率可以得到 $P\{a < X \leqslant b\} = P\{X \leqslant b\} - P\{X \leqslant a\} = F(b) - F(a)$.

解　由分布函数的定义可知

$$P\{2.5 < X \leqslant 4\} = P\{X \leqslant 4\} - P\{X \leqslant 2.5\}$$

$$= F(4) - F(2.5) = 1 - (2.5 - 2)^2 = 0.75.$$

例 2.1.3　设随机变量 X 的分布函数为 $F(x) = \begin{cases} 0, & x < 0, \\ \sin x, & 0 \leqslant x < \dfrac{\pi}{2}, \\ 1, & x \geqslant \dfrac{\pi}{2}, \end{cases}$ 则

$P\left\{X > \dfrac{\pi}{6}\right\} = $ _____.

分析　本题已知随机变量 X 的分布函数 $F(x)$, 求概率 $P\{X > x\}$, 利用分布函数的定义及对立事件的概率可以得到 $P\{X > x\} = 1 - P\{X \leqslant x\} = 1 - F(x)$.

解　由分布函数的定义可知,

$$P\left\{X > \frac{\pi}{6}\right\} = 1 - P\left\{X \leqslant \frac{\pi}{6}\right\} = 1 - F\left(\frac{\pi}{6}\right)$$
$$= 1 - \sin\frac{\pi}{6} = 1 - \frac{1}{2} = 0.5.$$

注 利用分布函数求随机变量落入某个区间的概率时, 要弄清楚区间的形式以及区间端点位于分布函数的哪一个分段区间上.

例 2.1.4 设随机变量 X 的分布函数为 $F(x) = A + B\arctan x$, 则 $A =$ _____, $B =$ _____.

分析 本题已知随机变量 X 的分布函数, 但是分布函数中有待定系数, 所以要利用分布函数的性质来求解待定系数.

解 由分布函数的有界性可以得到 $F(-\infty) = 0$, $F(+\infty) = 1$, 即

$$\begin{cases} A + B \cdot \left(-\frac{\pi}{2}\right) = 0, \\ A + B \cdot \frac{\pi}{2} = 1, \end{cases}$$

解得 $A = \frac{1}{2}, B = \frac{1}{\pi}$.

例 2.1.5 设 $F_1(x)$ 和 $F_2(x)$ 分别为随机变量 X_1 和 X_2 的分布函数, 为使 $F(x) = aF_1(x) - bF_2(x)$ 是某一随机变量的分布函数, 在下列给定的各组数值中应取 ( ).

(A) $a = \frac{3}{5}, b = -\frac{2}{5}$ (B) $a = \frac{2}{3}, b = \frac{2}{3}$

(C) $a = -\frac{1}{2}, b = \frac{3}{2}$ (D) $a = \frac{1}{2}, b = -\frac{3}{2}$

分析 在本题中, $F_1(x)$, $F_2(x)$ 和 $F(x)$ 均为随机变量的分布函数, 所以它们均满足分布函数的单调性、有界性和右连续性. 本题主要使用分布函数的性质 $F(+\infty) = 1$.

解 由于 $F_1(x)$ 和 $F_2(x)$ 分别为随机变量 X_1 和 X_2 的分布函数, 那么由分布函数的性质可知 $F_1(+\infty) = 1$, $F_2(+\infty) = 1$, 要使 $F(x)$ 为某一随机变量的分布函数, 必有 $F(+\infty) = 1$, 即 $a - b = 1$, 在四个选项中, 只有 (A) 选项满足题意.

题型 2　离散型随机变量及其分布律

本节的主要内容为离散型随机变量及其分布律, 需要明确随机变量的所有取值以及取每个值的概率, 分布律的归一性通常是求解分布律中未知参数的重要工具. 另外, 还要熟练掌握二项分布和泊松分布这两个常用的离散型分布.

例 2.2.1 设随机变量 X 的分布律为 $P\{X = k\} = a\lambda^{-k}, k = 1, 2, \cdots$, 其中 $\lambda > 1$, 则 $a =$ _____.

分析　本题已知离散型随机变量的分布律, 但是需要求其中的未知参数, 通常要利用分布律的性质来求解.

解　由离散型随机变量分布律的归一性可知

$$1 = \sum_{k=1}^{\infty} P\{X=k\} = \sum_{k=1}^{\infty} a\lambda^{-k} = a\frac{\dfrac{1}{\lambda}}{1 - \dfrac{1}{\lambda}} = \frac{a}{\lambda - 1},$$

解得 $a = \lambda - 1$.

例 2.2.2　设随机变量 X 的分布律为表 2.5.

表 2.5

X	0	1	2	3	4
P	0.1	0.2	0.3	0.3	0.1

则 (1) X 的分布函数为 $F(x) = $ _____; (2) $P\{1 < X \leqslant 4\} = $ _____.

分析　本题已知离散型随机变量 X 的分布律, 求 X 的分布函数以及落入某个区间的概率, 需要使用分布函数与分布律的关系来求解: 随机变量 X 的分布函数 $F(x) = P\{X \leqslant x\}$, 其中 x 为任意实数, 也就是说, 随机变量 X 的分布函数是 X 落入任意实数 x 左侧的概率函数, 它是一个单调非减函数, 且对于离散型随机变量 X 来说, 其分布函数是一个阶梯形右连续函数, X 的取值就是分布函数的间断点.

解　(1) 由题意可知, 离散型随机变量 X 的所有取值为 0, 1, 2, 3, 4, 由分布函数的定义 $F(x) = P\{X \leqslant x\} = \sum_{x_i \leqslant x} p_i,\ -\infty < x < +\infty$ 可知

$$F(x) = \begin{cases} 0, & x < 0, \\ P\{X=0\}, & 0 \leqslant x < 1, \\ P\{X=0\} + P\{X=1\}, & 1 \leqslant x < 2, \\ P\{X=0\} + P\{X=1\} + P\{X=2\}, & 2 \leqslant x < 3, \\ P\{X=0\} + P\{X=1\} + P\{X=2\} + P\{X=3\}, & 3 \leqslant x < 4, \\ 1, & x \geqslant 4 \end{cases}$$

$$= \begin{cases} 0, & x < 0, \\ 0.1, & 0 \leqslant x < 1, \\ 0.3, & 1 \leqslant x < 2, \\ 0.6, & 2 \leqslant x < 3, \\ 0.9, & 3 \leqslant x < 4, \\ 1, & x \geqslant 4. \end{cases}$$

(2) **方法一**   利用 (1) 中得到的分布函数 $F(x)$ 可知, $P\{1 < X \leqslant 4\} = F(4) - F(1) = 1 - 0.3 = 0.7$.

方法二   在区间 $(1, 4]$ 中, 有 X 的三个取值 $2, 3, 4$ 落入其中, 所以,

$$P\{1 < X \leqslant 4\} = P\{X = 2\} + P\{X = 3\} + P\{X = 4\} = 0.3 + 0.3 + 0.1 = 0.7.$$

例 2.2.3   设随机变量 X 的分布函数为

$$F(x) = \begin{cases} 0, & x < -1, \\ 0.4, & -1 \leqslant x < 1, \\ 0.8, & 1 \leqslant x < 2, \\ 1, & x \geqslant 2, \end{cases}$$

则 X 的分布律为_____.

分析   本题已知离散型随机变量的分布函数, 求其分布律, 需要确定随机变量 X 的所有取值以及取每个值的概率. 注意例 2.2.2 与例 2.2.3 的区别.

解   由于分布函数是一个阶梯形右连续函数, 所以随机变量 X 是一个离散型随机变量, 其分段点 $-1, 1, 2$ 就是 X 的所有取值, 下面只需要计算 X 取每个值的概率. 由分布函数的定义可知, $P\{X = x_0\} = P\{X \leqslant x_0\} - P\{X < x_0\} = F(x_0) - \lim\limits_{x \to x_0^-} F(x) = F(x_0) - F(x_0 - 0)$, 所以

$$P\{X = -1\} = F(-1) - F(-1 - 0) = 0.4 - 0 = 0.4,$$

$$P\{X = 1\} = F(1) - F(1 - 0) = 0.8 - 0.4 = 0.4,$$

$$P\{X = 2\} = F(2) - F(2 - 0) = 1 - 0.8 = 0.2.$$

综上可知, X 的分布律为表 2.6.

表 2.6

X	-1	1	2
P	0.4	0.4	0.2

例 2.2.4   设随机变量 X 的分布律为表 2.7.

表 2.7

X	0	1	2
P	0.25	0.35	0.4

X 的分布函数为 $F(x) = P\{X \leqslant x\}$, 则 $F(\sqrt{2}) = $_____.

分析　本题已知离散型随机变量 X 的分布律, 求其分布函数在某一个点 x_0 的值, 需要找到 X 的所有取值中有哪些值落入了 x_0 的左侧, 将其对应的概率相加. 本题考查离散型随机变量的分布律与分布函数的关系.

解　由离散型随机变量分布律与分布函数的关系可知,

$$F(x) = P\{X \leqslant x\} = \sum_{x_i \leqslant x} p_i, \quad -\infty < x < +\infty.$$

由于 X 的取值中 0 和 1 均落入了 $\sqrt{2}$ 的左侧, 所以

$$F(\sqrt{2}) = P\{X = 0\} + P\{X = 1\} = 0.6.$$

注　本题也可以利用例 2.2.2 中的方法先求出 X 的分布函数 $F(x)$, 然后再将 $F(x)$ 在 $x = \sqrt{2}$ 的值代入.

例 2.2.5　设随机变量 $X \sim B(2, p)$, $Y \sim B(4, p)$, 若 $P\{X < 1\} = \dfrac{4}{9}$, 则 $P\{Y \geqslant 1\} = $ _____.

分析　本题考查常用的离散型分布——二项分布. 由于 X 和 Y 所服从的二项分布中的概率 p 相同, 所以需要根据已知条件先求出 p 的值.

解　当 $X \sim B(n, p)$ 时, X 的分布律为 $P\{X = k\} = C_n^k p^k (1-p)^{n-k}, k = 0, 1, \cdots, n$, 那么由 $X \sim B(2, p)$ 可知, $P\{X < 1\} = P\{X = 0\} = (1-p)^2 = \dfrac{4}{9}$, 解得 $p = \dfrac{1}{3}$. 再根据 $Y \sim B(4, p)$ 可以得到

$$P\{Y \geqslant 1\} = 1 - P\{Y = 0\} = 1 - C_4^0 p^0 (1-p)^4 = 1 - \left(1 - \frac{1}{3}\right)^4 = \frac{65}{81}.$$

例 2.2.6　设随机变量 X 服从参数为 λ 的泊松分布, 且 $P\{X = 1\} = P\{X = 2\}$, 则 $P\{X = 4\} = $ _____.

分析　本题考查常用的离散型分布——泊松分布, 需根据已知条件先求出参数 λ 的值.

解　当 $X \sim P(\lambda)$ 时, X 的分布律为 $P\{X = k\} = \dfrac{\lambda^k}{k!} \mathrm{e}^{-\lambda}, k = 0, 1, \cdots$. 由 $P\{X = 1\} = P\{X = 2\}$ 可知 $\dfrac{\lambda}{1!} \mathrm{e}^{-\lambda} = \dfrac{\lambda^2}{2!} \mathrm{e}^{-\lambda}$, 解得 $\lambda = 2$. 所以

$$P\{X = 4\} = \frac{\lambda^4}{4!} \mathrm{e}^{-\lambda} = \frac{2^4}{4!} \mathrm{e}^{-2} = \frac{2}{3} \mathrm{e}^{-2}.$$

题型 3   连续型随机变量及其概率密度

本节的主要内容为连续型随机变量及其概率密度, 能熟练使用概率密度的归一性来求解其中的未知参数, 要明确分布函数与概率密度的关系, 给出其中一个函数能求出另一个函数. 另外, 还要掌握均匀分布、指数分布和正态分布这三个常用的连续型分布, 有时候也会将二项分布与连续型分布相结合来考查, 综合性较强, 如例 2.3.5 和例 2.3.6.

例 2.3.1   设随机变量 X 的概率密度为 $f(x) = \begin{cases} \dfrac{A}{(1+x)^4}, & x > 0, \\ 0, & x \leqslant 0, \end{cases}$ 则 A $= ($ $)$.

(A) 3   (B) 6   (C) 2.5   (D) 4

分析   已知概率密度的形式求其中的待定系数, 需要用到概率密度的归一性.

解   由概率密度的归一性可得

$$1 = \int_{-\infty}^{+\infty} f(x)\mathrm{d}x = \int_0^{+\infty} \frac{A}{(1+x)^4}\mathrm{d}x = \frac{A}{-3(1+x)^3}\bigg|_0^{+\infty} = \frac{A}{3},$$

解得 $A = 3$. 故 (A) 选项正确.

例 2.3.2   设连续型随机变量 X 的分布函数为 $F(x) = \begin{cases} A + Be^{-\lambda x}, & x > 0, \\ 0, & x \leqslant 0 \end{cases}$ $(\lambda > 0)$, 则 $A = $ _____, $B = $ _____, 且 X 的概率密度为 _____.

分析   本题已知连续型随机变量分布函数的形式, 求其中的待定系数, 需要用到分布函数的性质, 另外, 分布函数在连续点处的导数就是其概率密度.

解   由连续型随机变量分布函数的连续性可得 $\lim\limits_{x \to 0^-} F(x) = \lim\limits_{x \to 0^+} F(x) = F(0)$, 即 $A + B = 0$; 再由分布函数的有界性得到 $F(+\infty) = 1$, 即 $A = 1$, 所以, $A = 1, B = -1$.

另外, 由连续型随机变量分布函数与概率密度的关系可以得到, X 的概率密度为

$$f(x) = F'(x) = \begin{cases} -B\lambda e^{-\lambda x}, & x > 0, \\ 0, & x \leqslant 0 \end{cases} = \begin{cases} \lambda e^{-\lambda x}, & x > 0, \\ 0, & x \leqslant 0. \end{cases}$$

例 2.3.3   已知随机变量 X 的概率密度 $f(x) = \dfrac{1}{2}e^{-|x|}, -\infty < x < +\infty$, 则

X 的分布函数 $F(x) = $ _____.

分析　本题已知连续型随机变量的概率密度, 求其分布函数, 需要用到分布函数与概率密度之间的关系. 注意例 2.3.2 与例 2.3.3 的区别.

解　对于连续型随机变量 X 来说, 其分布函数 $F(x) = \displaystyle\int_{-\infty}^{x} f(t)\mathrm{d}t$, 其中 x 为任意实数.

在本题中, X 的概率密度为 $f(x) = \begin{cases} \dfrac{1}{2}\mathrm{e}^x, & x < 0, \\[2mm] \dfrac{1}{2}\mathrm{e}^{-x}, & x \geqslant 0, \end{cases}$ 所以,

当 $x < 0$ 时, $F(x) = \displaystyle\int_{-\infty}^{x} f(t)\mathrm{d}t = \int_{-\infty}^{x} \frac{1}{2}\mathrm{e}^t\mathrm{d}t = \frac{1}{2}\mathrm{e}^t\Big|_{-\infty}^{x} = \frac{1}{2}\mathrm{e}^x$;

当 $x \geqslant 0$ 时, $F(x) = \displaystyle\int_{-\infty}^{x} f(t)\mathrm{d}t = \int_{-\infty}^{0} \frac{1}{2}\mathrm{e}^t\mathrm{d}t + \int_{0}^{x} \frac{1}{2}\mathrm{e}^{-t}\mathrm{d}t = \frac{1}{2}\mathrm{e}^t\Big|_{-\infty}^{0} -$

$\dfrac{1}{2}\mathrm{e}^{-t}\Big|_{0}^{x} = 1 - \dfrac{1}{2}\mathrm{e}^{-x}$.

综上可知, X 的分布函数为 $F(x) = \begin{cases} \dfrac{1}{2}\mathrm{e}^x, & x < 0, \\[2mm] 1 - \dfrac{1}{2}\mathrm{e}^{-x}, & x \geqslant 0. \end{cases}$

例 2.3.4　设随机变量 X 的密度函数为 $\varphi(x)$, 且 $\varphi(-x) = \varphi(x)$, $F(x)$ 是 X 的分布函数, 则对任意实数 a, 有 (　　).

(A) $F(-a) = 1 - \displaystyle\int_{0}^{a} \varphi(x)\mathrm{d}x$　　　　　　(B) $F(-a) = \dfrac{1}{2} - \displaystyle\int_{0}^{a} \varphi(x)\mathrm{d}x$

(C) $F(-a) = F(a)$　　　　　　　　　(D) $F(-a) = 2F(a) - 1$

分析　本题考查连续型随机变量的概率密度与分布函数之间的关系, 且本题中的概率密度是一个偶函数.

解　由连续型随机变量的概率密度与分布函数的关系以及 $\varphi(x)$ 为偶函数可知,

$$F(-a) = \int_{-\infty}^{-a} \varphi(x)\mathrm{d}x = \int_{a}^{+\infty} \varphi(x)\mathrm{d}x = 1 - \int_{-\infty}^{a} \varphi(x)\mathrm{d}x$$

$$= 1 - \left[\int_{-\infty}^{-a} \varphi(x)\mathrm{d}x + \int_{-a}^{a} \varphi(x)\mathrm{d}x \right]$$

$$= 1 - \left[F(-a) + 2\int_{0}^{a} \varphi(x)\mathrm{d}x \right] = 1 - F(-a) - 2\int_{0}^{a} \varphi(x)\mathrm{d}x,$$

由此可得, $F(-a) = \dfrac{1}{2} - \displaystyle\int_0^a \varphi(x)\mathrm{d}x$. 故 (B) 选项正确.

例 2.3.5 设电子管使用寿命的概率密度为 $f(x) = \begin{cases} \dfrac{100}{x^2}, & x > 100, \\ 0, & x \leqslant 100 \end{cases}$ (单位: 小时), 则在 150 小时内独立使用的三只电子管中恰有一个损坏的概率为 _____.

分析 每一只电子管在使用 150 小时内要么损坏, 要么完好, 所以三只电子管在使用 150 小时内损坏的情况可以看作 3 重伯努利试验, 需要先计算电子管在 150 小时内损坏的概率. 本题将连续型随机变量与伯努利试验对应的离散型分布结合起来进行考查.

解 设 X 表示电子管的使用寿命, 则电子管的使用寿命不超过 150 小时 (即电子管在 150 小时内损坏) 的概率为

$$P\{X \leqslant 150\} = \int_{-\infty}^{150} f(x)\mathrm{d}x = \int_{100}^{150} \frac{100}{x^2}\mathrm{d}x = -\frac{100}{x}\bigg|_{100}^{150} = \frac{1}{3}.$$

设随机变量 Y 表示 "在 150 小时内独立使用的三只电子管损坏的个数", 则 $Y \sim B\left(3, \dfrac{1}{3}\right)$, 那么 "在 150 小时内独立使用的三只电子管中恰有一个损坏" 的概率为

$$P\{Y = 1\} = \mathrm{C}_3^1 \cdot \frac{1}{3} \cdot \left(1 - \frac{1}{3}\right)^2 = \frac{4}{9}.$$

例 2.3.6 设随机变量 X 在 $[1, 4]$ 上服从均匀分布, 现在对 X 进行三次独立观测, 则至少有两次观测值大于 2 的概率为 _____.

分析 对于 X 的每一次观测来说, 观测值要么大于 2, 要么不超过 2, 所以对 X 进行三次独立观测可以看作是 3 重伯努利试验, 需要先计算出 "观测值大于 2" 的概率 $P\{X > 2\}$. 本题将均匀分布与二项分布这个离散型分布结合起来进行考查.

解 由题意可知 $X \sim U[1, 4]$, 则 X 的概率密度为 $f(x) = \begin{cases} \dfrac{1}{3}, & 1 \leqslant x \leqslant 4, \\ 0, & \text{其他}, \end{cases}$ 且 "X 的观测值大于 2" 的概率为 $P\{X > 2\} = \displaystyle\int_2^{+\infty} f(x)\mathrm{d}x = \int_2^4 \frac{1}{3}\mathrm{d}x = \frac{2}{3}$.

设随机变量 Y 表示 "三次独立观测中 X 的观测值大于 2 的次数", 则 $Y \sim$

$B\left(3, \dfrac{2}{3}\right)$，那么"对 X 进行的三次独立观测中至少有两次观测值大于 2"的概率为

$$P\{Y \geqslant 2\} = P\{Y = 2\} + P\{Y = 3\} = C_3^2 \cdot \left(\dfrac{2}{3}\right)^2 \cdot \left(1 - \dfrac{2}{3}\right) + C_3^3 \cdot \left(\dfrac{2}{3}\right)^3 = \dfrac{20}{27}.$$

注 例 2.3.5 和例 2.3.6 是将服从二项分布的离散型随机变量与连续型随机变量相结合的典型例题，一般情况下牵涉两个随机变量，需要弄清楚每个随机变量所服从的分布.

例 2.3.7 设随机变量 X 服从正态分布 $N(2, \sigma^2)$，且 $P\{2 < X < 4\} = 0.3$，则 $P\{X < 0\}=$_____.

分析 本题考查常用的连续型分布——正态分布，其中参数 σ 未知，所以需要利用已知条件 $P\{2 < X < 4\}=0.3$，通常要用到正态分布的标准化变换.

解 由 $X \sim N(2, \sigma^2)$ 和正态分布的标准化变换可知，$\dfrac{X-2}{\sigma} \sim N(0,1)$. 那么 $P\{2 < X < 4\}=P\left\{\dfrac{2-2}{\sigma} < \dfrac{X-2}{\sigma} < \dfrac{4-2}{\sigma}\right\} = \varPhi\left(\dfrac{2}{\sigma}\right) - \varPhi(0) = 0.3$，所以，$\varPhi\left(\dfrac{2}{\sigma}\right) = 0.8$. 从而有

$$P\{X < 0\} = P\left\{\dfrac{X-2}{\sigma} < \dfrac{0-2}{\sigma}\right\} = \varPhi\left(-\dfrac{2}{\sigma}\right) = 1 - \varPhi\left(\dfrac{2}{\sigma}\right) = 0.2.$$

例 2.3.8 设随机变量 X 服从正态分布 $N(\mu, \sigma^2)$，且 $P\{X < 9\} = 0.975$，$P\{X < 2\} = 0.062$，则 $P\{X > 6\} =$_____.

分析 本题考查常用的连续型分布——正态分布，其中参数 μ 和 σ 均未知，所以需要从两个已知条件中先求出这两个未知参数.

解 由 $X \sim N(\mu, \sigma^2)$ 可知，$\dfrac{X-\mu}{\sigma} \sim N(0,1)$. 那么

$$P\{X < 9\} = P\left\{\dfrac{X-\mu}{\sigma} < \dfrac{9-\mu}{\sigma}\right\} = \varPhi\left(\dfrac{9-\mu}{\sigma}\right) = 0.975 = \varPhi(1.96),$$

由分布函数的单调性可知，$\dfrac{9-\mu}{\sigma} = 1.96$;

$$P\{X < 2\} = P\left\{\dfrac{X-\mu}{\sigma} < \dfrac{2-\mu}{\sigma}\right\} = \varPhi\left(\dfrac{2-\mu}{\sigma}\right)$$

$$= \varPhi\left(-\dfrac{\mu-2}{\sigma}\right) = 1 - \varPhi\left(\dfrac{\mu-2}{\sigma}\right) = 0.062,$$

所以 $\Phi\left(\dfrac{\mu-2}{\sigma}\right)=1-0.062=0.938=\Phi(1.54)$, 从而有 $\dfrac{\mu-2}{\sigma}=1.54$, 解得 $\mu=5.08$, $\sigma=2$. 所以,

$$P\{X>6\}=1-P\{X\leqslant 6\}=1-P\left\{\dfrac{X-5.08}{2}<\dfrac{6-5.08}{2}\right\}$$
$$=1-\Phi(0.46)=1-0.6772=0.3228.$$

题型 4　随机变量函数的分布

本节的主要内容为随机变量函数的分布, 也就是已知随机变量 X 的分布, 求其函数 $Y=g(X)$ 的分布问题. 若 X 为离散型随机变量, 需要求出 Y 的所有取值以及取每个值的概率, 通常列表求解较为方便, 注意将相同的值合并, 对应的概率相加, 具体过程见例 2.4.1; 若 X 为连续型随机变量, 则可以使用分布函数法求出 Y 的分布函数, 过程见例 2.4.2 $\sim$ 例 2.4.4.

例 2.4.1　设离散型随机变量 X 的分布律为表 2.8.

表 2.8

X	-1	0	1	2	3
P	0.3	$3a$	a	0.1	0.2

则 (1) 常数 $a=$_____; (2) 函数 $Y=X^2-1$ 的分布律为_____.

分析　本题已知离散型随机变量的分布律, 求其中的待定系数, 需要用到分布律的性质, 另外考查离散型随机变量函数的分布问题.

解　(1) 由离散型随机变量分布律的归一性可知, $0.6+4a=1$, 解得 $a=0.1$;
(2) 由 X 的分布律得到表 2.9.

表 2.9

P	0.3	0.3	0.1	0.1	0.2
X	-1	0	1	2	3
$Y=X^2-1$	0	-1	0	3	8

由此表可得, 随机变量 Y 的分布律为表 2.10.

表 2.10

Y	-1	0	3	8
P	0.3	0.4	0.1	0.2

例 2.4.2 设连续型随机变量 X 的分布函数为 $F(x)$, 则 $Y = 1 - \dfrac{X}{2}$ 的分布函数为 (　　).

(A) $F(2 - 2y)$　　(B) $\dfrac{1}{2}F\left(1 - \dfrac{y}{2}\right)$　　(C) $2F(2 - 2y)$　　(D) $1 - F(2 - 2y)$

分析 本题考查连续型随机变量函数的分布, 使用分布函数法.

解 用随机变量 X 的分布函数来表示随机变量 Y 的分布函数 $F_Y(y)$, 即

$$F_Y(y) = P\{Y \leqslant y\} = P\left\{1 - \frac{X}{2} \leqslant y\right\} = P\{X \geqslant 2 - 2y\}$$

$$= 1 - P\{X < 2 - 2y\} = 1 - F(2 - 2y).$$

故 (D) 选项正确.

例 2.4.3 设随机变量 X 的概率密度为 $f(x)$, 则 $Y = 1 - 2X$ 的概率密度为 (　　).

(A) $\dfrac{1}{2}f\left(\dfrac{1 - y}{2}\right)$　　(B) $1 - f\left(\dfrac{1 - y}{2}\right)$　　(C) $-f\left(\dfrac{1 - y}{2}\right)$　　(D) $2f(2 - 2y)$

分析 本题考查连续型随机变量函数的概率密度, 可以使用分布函数法.

解 先用随机变量 X 的分布函数 $F(x)$ 来表示随机变量 Y 的分布函数 $F_Y(y)$, 即

$$F_Y(y) = P\{Y \leqslant y\} = P\{1 - 2X \leqslant y\} = P\left\{X \geqslant \frac{1 - y}{2}\right\}$$

$$= 1 - P\left\{X < \frac{1 - y}{2}\right\} = 1 - F\left(\frac{1 - y}{2}\right),$$

然后上式两端分别对 y 求导数, 得到

$$f_Y(y) = F_Y'(y) = -f\left(\frac{1 - y}{2}\right)\left(-\frac{1}{2}\right) = \frac{1}{2}f\left(\frac{1 - y}{2}\right).$$

故 (A) 选项正确.

例 2.4.4 设随机变量 $X \sim N(0, 1)$, 则 $Y = 2X^2 + 1$ 的概率密度为 _____.

分析 本题考查服从标准正态分布的随机变量函数的概率密度, 可以使用分布函数法先求出 Y 的概率密度, 再代入具体的函数.

解 先用随机变量 X 的分布函数 $\Phi(x)$ 来表示随机变量 Y 的分布函数 $F_Y(y)$, 即

$$F_Y(y) = P\{Y \leqslant y\} = P\{2X^2 + 1 \leqslant y\} = P\left\{X^2 \leqslant \frac{y - 1}{2}\right\}.$$

如果 $y < 1$, 则 $\left\{ X^2 \leqslant \dfrac{y-1}{2} \right\}$ 为不可能事件, 此时 $F_Y(y) = 0$;

如果 $y \geqslant 1$, 则

$$F_Y(y) = P\left\{ -\sqrt{\frac{y-1}{2}} \leqslant X \leqslant \sqrt{\frac{y-1}{2}} \right\} = \Phi\left(\sqrt{\frac{y-1}{2}} \right) - \Phi\left(-\sqrt{\frac{y-1}{2}} \right)$$

$$= 2\Phi\left(\sqrt{\frac{y-1}{2}} \right) - 1.$$

因此,

$$F_Y(y) = \begin{cases} 2\Phi\left(\sqrt{\dfrac{y-1}{2}} \right) - 1, & y \geqslant 1, \\ 0, & y < 1. \end{cases}$$

由于 $X \sim N(0,1)$, 所以 X 的概率密度为 $\varphi(x) = \dfrac{1}{\sqrt{2\pi}} \mathrm{e}^{-\frac{x^2}{2}}$, 上式两端分别对 y 求导数, 得到

$$f_Y(y) = F_Y'(y) = \begin{cases} 2\varphi\left(\sqrt{\dfrac{y-1}{2}} \right) \dfrac{1}{2} \dfrac{1}{\sqrt{\dfrac{y-1}{2}}} \dfrac{1}{2}, & y > 1, \\ 0, & y \leqslant 1 \end{cases}$$

$$= \begin{cases} \dfrac{1}{2\sqrt{\pi(y-1)}} \mathrm{e}^{-\frac{y-1}{4}}, & y > 1, \\ 0, & y \leqslant 1. \end{cases}$$

2. 考研真题解析

真题 2.1 (2002 年数学一)　设随机变量 X 服从正态分布 $N(\mu, \sigma^2)$ ($\sigma > 0$), 且二次方程 $y^2 + 4y + X = 0$ 无实根的概率为 $\dfrac{1}{2}$, 则 $\mu = $ _____.

分析　本题考查正态分布及其标准化变换.

解　当二次方程 $y^2 + 4y + X = 0$ 无实根时, $\Delta = 16 - 4X < 0$, 即 $X > 4$.

方法一　由正态分布的标准化变换可知, 该方程无实根的概率为

真题2.1精讲

$$P\{X > 4\} = 1 - P\{X \leqslant 4\} = 1 - P\left\{ \frac{X-\mu}{\sigma} \leqslant \frac{4-\mu}{\sigma} \right\} = 1 - \Phi\left(\frac{4-\mu}{\sigma} \right) = \frac{1}{2},$$

由此得到 $\Phi\left(\dfrac{4-\mu}{\sigma}\right)=\dfrac{1}{2}=\Phi(0)$, 由分布函数的单调性可知, $\dfrac{4-\mu}{\sigma}=0$, 即 $\mu=4$.

　　方法二　由于正态分布的概率密度关于 $x=\mu$ 对称, 所以, $P\{X\leqslant\mu\}=P\{X\geqslant\mu\}=0.5$, 那么结合 $P\{X>4\}=\dfrac{1}{2}$ 可知 $\mu=4$.

　　真题 2.2 (2002 年数学一)　设 X_1 和 X_2 是任意两个相互独立的连续型随机变量, 它们的概率密度分别为 $f_1(x)$ 和 $f_2(x)$, 分布函数分别为 $F_1(x)$ 和 $F_2(x)$, 则 (　　).

　　(A) $f_1(x)+f_2(x)$ 必为某一随机变量的概率密度

　　(B) $f_1(x)f_2(x)$ 必为某一随机变量的概率密度

　　(C) $F_1(x)+F_2(x)$ 必为某一随机变量的分布函数

　　(D) $F_1(x)F_2(x)$ 必为某一随机变量的分布函数

　　分析　本题考查连续型随机变量的概率密度和分布函数的性质.

　　解　由概率密度的归一性可知

真题2.2精讲

$$\int_{-\infty}^{+\infty}f_1(x)\mathrm{d}x=1,\quad\int_{-\infty}^{+\infty}f_2(x)\mathrm{d}x=1,$$

那么 $\displaystyle\int_{-\infty}^{+\infty}[f_1(x)+f_2(x)]\mathrm{d}x=1+1=2\neq1$, 不满足归一性, 所以, $f_1(x)+f_2(x)$ 不能作为某一随机变量的概率密度, 故 (A) 选项错误.

　　若 $f_1(x)=\begin{cases}1,&0<x<1,\\0,&\text{其他},\end{cases}$ $f_2(x)=\begin{cases}1/2,&0<x<2,\\0,&\text{其他},\end{cases}$ 则 $f_1(x)f_2(x)=$

$\begin{cases}1/2,&0<x<1,\\0,&\text{其他}.\end{cases}$ 由于 $\displaystyle\int_{-\infty}^{+\infty}f_1(x)f_2(x)\mathrm{d}x=\int_0^1\dfrac{1}{2}\mathrm{d}x=\dfrac{1}{2}\neq1$, 不满足归一性,

所以, $f_1(x)f_2(x)$ 不能作为某一随机变量的概率密度, 故 (B) 选项错误.

　　由分布函数的有界性可知, $F_1(+\infty)=1,F_2(+\infty)=1$, 那么 $F_1(+\infty)+F_2(+\infty)=1+1=2\neq1$, 不满足有界性, 所以, $F_1(x)+F_2(x)$ 不能作为某一随机变量的分布函数, 故 (C) 选项错误.

　　函数 $F_1(x)F_2(x)$ 满足单调非减性、有界性和右连续性. 下面逐一进行验证:

　　(1) **单调性**　由于 $F_1(x)$ 和 $F_2(x)$ 均为单调非减函数, 那么 $F_1(x)F_2(x)$ 也为单调非减函数.

　　(2) **有界性**　由于 $0\leqslant F_1(x)\leqslant1,0\leqslant F_2(x)\leqslant1,F_1(-\infty)=0,F_2(-\infty)=0,F_1(+\infty)=1,F_2(+\infty)=1$, 所以 $0\leqslant F_1(x)F_2(x)\leqslant1,F_1(-\infty)F_2(-\infty)=$

$0, F_1(+\infty)F_2(+\infty) = 1$, 也就是说, $F_1(x)F_2(x)$ 满足有界性.

(3) **右连续性** 由于 $\lim\limits_{x \to x_0^+} F_1(x) = F_1(x_0)$, $\lim\limits_{x \to x_0^+} F_2(x) = F_2(x_0)$, 所以,

$$\lim\limits_{x \to x_0^+} F_1(x)F_2(x) = F_1(x_0)F_2(x_0),$$

即 $F_1(x)F_2(x)$ 满足右连续性. 综上所述, $F_1(x)F_2(x)$ 必为某一随机变量的分布函数, 故 (D) 选项正确.

真题 2.3 (2006 年数学一、数学三) 设随机变量 X 服从正态分布 $N(\mu_1, \sigma_1^2)$, Y 服从正态分布 $N(\mu_2, \sigma_2^2)$, 且 $P\{|X - \mu_1| < 1\} > P\{|X - \mu_2| < 1\}$, 则必有 (   ).

(A) $\sigma_1 < \sigma_2$ (B) $\sigma_1 > \sigma_2$

(C) $\mu_1 < \mu_2$ (D) $\mu_1 > \mu_2$

分析 本题考查正态分布的区间概率, 主要使用正态分布的标准化变换.

解 由正态分布的标准化变换可以得到

$$P\{|X - \mu_1| < 1\} = P\left\{\left|\frac{X - \mu_1}{\sigma_1}\right| < \frac{1}{\sigma_1}\right\} = 2\Phi\left(\frac{1}{\sigma_1}\right) - 1,$$

$$P\{|X - \mu_2| < 1\} = P\left\{\left|\frac{X - \mu_2}{\sigma_2}\right| < \frac{1}{\sigma_2}\right\} = 2\Phi\left(\frac{1}{\sigma_2}\right) - 1,$$

由题意可知 $\Phi\left(\frac{1}{\sigma_1}\right) > \Phi\left(\frac{1}{\sigma_2}\right)$, 由于分布函数单调非减, 所以 $\frac{1}{\sigma_1} > \frac{1}{\sigma_2}$, 即 $\sigma_1 < \sigma_2$, 故 (A) 选项正确.

真题 2.4 (2010 年数学一、数学三) 设随机变量 X 的分布函数为

$$F(x) = \begin{cases} 0, & x < 0, \\ \dfrac{1}{2}, & 0 \leqslant x < 1, \\ 1 - \mathrm{e}^{-x}, & x \geqslant 1, \end{cases}$$

则 $P\{X = 1\} = ($ $)$.

(A) 0 (B) $\dfrac{1}{2}$ (C) $\dfrac{1}{2} - \mathrm{e}^{-1}$ (D) $1 - \mathrm{e}^{-1}$

分析 本题考查随机变量的分布函数的性质.

解 由分布函数的定义可知

$$P\{X=1\} = P\{X \leqslant 1\} - P\{X < 1\} = F(1) - \lim_{x \to 1^-} F(x)$$

$$= F(1) - F(1-0) = 1 - \mathrm{e}^{-1} - \frac{1}{2} = \frac{1}{2} - \mathrm{e}^{-1}.$$

故 (C) 选项正确.

真题 2.5 (2010 年数学一、数学三) 设 $f_1(x)$ 为标准正态分布的概率密度, $f_2(x)$ 为 $[-1,3]$ 上均匀分布的概率密度, 若 $f(x) = \begin{cases} af_1(x), & x \leqslant 0, \\ bf_2(x), & x > 0 \end{cases}$ $(a > 0, b > 0)$ 为概率密度, 则 a, b 应满足 (   ).

真题2.5精讲

(A) $2a + 3b = 4$ (B) $3a + 2b = 4$

(C) $a + b = 1$ (D) $a + b = 2$

分析 本题考查概率密度的性质.

解 由题意可知,

$$f_1(x) = \frac{1}{\sqrt{2\pi}}\mathrm{e}^{-\frac{x^2}{2}}, \quad -\infty < x < +\infty, \quad f_2(x) = \begin{cases} \dfrac{1}{4}, & -1 \leqslant x \leqslant 3, \\ 0, & \text{其他.} \end{cases}$$

由于 $f(x)$ 为概率密度, 所以满足归一性, 即

$$1 = \int_{-\infty}^{+\infty} f(x)\mathrm{d}x = a\int_{-\infty}^{0} \frac{1}{\sqrt{2\pi}}\mathrm{e}^{-\frac{x^2}{2}}\mathrm{d}x + b\int_0^3 \frac{1}{4}\mathrm{d}x = \frac{a}{2} + \frac{3}{4}b,$$

整理得到 $2a + 3b = 4$, 即 (A) 选项成立.

真题 2.6 (2013 年数学一、数学三) 设 X_1, X_2, X_3 是随机变量, 且 $X_1 \sim N(0,1), X_2 \sim N(0,2^2), X_3 \sim N(5,3^2), p_i = P\{-2 \leqslant X_i \leqslant 2\}(i = 1,2,3)$, 则 (   ).

(A) $p_1 > p_2 > p_3$ (B) $p_2 > p_1 > p_3$

(C) $p_3 > p_1 > p_2$ (D) $p_1 > p_3 > p_2$

分析 本题考查正态分布及其标准化变换.

解 由 $X_1 \sim N(0,1)$ 可知, $p_1 = P\{-2 \leqslant X_1 \leqslant 2\} = \Phi(2) - \Phi(-2) = 2\Phi(2) - 1$; 由正态分布的标准化变换可以得到

真题2.6精讲

$$p_2 = P\{-2 \leqslant X_2 \leqslant 2\} = P\left\{-1 \leqslant \frac{X_2}{2} \leqslant 1\right\}$$

$$= \varPhi(1) - \varPhi(-1) = 2\varPhi(1) - 1,$$

$$p_3 = P\{-2 \leqslant X_3 \leqslant 2\} = P\left\{-\frac{7}{3} \leqslant \frac{X_3 - 5}{3} \leqslant -1\right\}$$

$$= \varPhi(-1) - \varPhi\left(-\frac{7}{3}\right) = \varPhi\left(\frac{7}{3}\right) - \varPhi(1),$$

所以, $p_1 > p_2 > p_3$, 故 (A) 选项正确.

真题 2.7 (2013 年数学一)   设随机变量 Y 服从参数为 1 的指数分布, a 为常数且大于零, 则 $P\{Y \leqslant a + 1 \mid Y > a\} =$_____.

分析   本题考查指数分布的无记忆性.

解   由于随机变量 $Y \sim \mathrm{Exp}(1)$, 所以其分布函数为 $F(x) = \begin{cases} 1 - \mathrm{e}^{-x}, & x > 0, \\ 0, & x \leqslant 0. \end{cases}$ 由概率的性质及指数分布的无记忆性可知, $P\{Y \leqslant a + 1 \mid Y > a\} = 1 - P\{Y > a + 1 \mid Y > a\} = 1 - P\{Y > 1\} = P\{Y \leqslant 1\} = F(1) = 1 - \mathrm{e}^{-1}$.

真题 2.8 (2015 年数学一)   设随机变量 X 的概率密度为

$$f(x) = \begin{cases} 2^{-x} \ln 2, & x > 0, \\ 0, & x \leqslant 0. \end{cases}$$

对 X 进行独立重复的观测, 直到第 2 个大于 3 的观测值出现时停止, 记 Y 为观测次数. 求 Y 的概率分布.

分析   本题考查连续型随机变量的概率以及二项分布.

解   由题意可知, X 的观测值大于 3 的概率为

$$P\{X > 3\} = \int_3^{+\infty} f(x)\mathrm{d}x = \int_3^{+\infty} 2^{-x} \ln 2 \mathrm{d}x = \ln 2 \cdot \left(-\frac{2^{-x}}{\ln 2}\right)\Big|_3^{+\infty} = 2^{-3} = \frac{1}{8}.$$

设事件 $A =$ "对 X 的前 $n - 1$ 次观测中有一次观测值大于 3", 事件 $B =$ "对 X 的第 n 次观测的观测值大于 3", 则 $\{Y = n\} = AB$. 由于对 X 进行独立重复的观测, 所以该试验为伯努利试验, 事件 A 对应 $p = \frac{1}{8}$ 的 $n - 1$ 重伯努利试验, 所以 $P(A) = \mathrm{C}_{n-1}^1 \cdot \frac{1}{8} \cdot \left(1 - \frac{1}{8}\right)^{n-2}$, 那么 Y 的概率分布为

$$P\{Y = n\} = P(AB) = P(A)P(B) = \mathrm{C}_{n-1}^1 \cdot \frac{1}{8} \cdot \left(1 - \frac{1}{8}\right)^{n-2} \cdot \frac{1}{8}$$

$$= \frac{n-1}{64} \cdot \left(\frac{7}{8}\right)^{n-2} \quad (n = 2, 3, \cdots).$$

真题 2.9 (2016 年数学一)　设随机变量 $X \sim N(\mu, \sigma^2)(\sigma > 0)$, 记 $p = P\{X \leqslant \mu + \sigma^2\}$, 则 (　　).

(A) p 随着 μ 的增加而增加　　　　(B) p 随着 σ 的增加而增加

(C) p 随着 μ 的增加而减少　　　　(D) p 随着 σ 的增加而减少

分析　本题考查正态分布及其标准化变换.

解　由于 $X \sim N(\mu, \sigma^2)$, 所以, $\dfrac{X - \mu}{\sigma} \sim N(0, 1)$, 那么

$$p = P\{X \leqslant \mu + \sigma^2\} = P\left\{\frac{X - \mu}{\sigma} \leqslant \sigma\right\} = \varPhi(\sigma),$$

由于标准正态分布的分布函数 $\varPhi(x)$ 为单调非减函数, 所以, p 随着 σ 的增加而增加, 故 (B) 选项正确.

真题 2.10 (2018 年数学一、数学三)　设 $f(x)$ 为某分布的概率密度, $f(1 + x) = f(1 - x)$, $\displaystyle\int_0^2 f(x)\mathrm{d}x = 0.6$, 则 $P\{X < 0\} = $ (　　).

真题2.10精讲

(A) 0.2　　　　(B) 0.3　　　　(C) 0.4　　　　(D) 0.6

分析　本题考查连续型随机变量的区间概率.

解　由 $f(1 + x) = f(1 - x)$ 可知, 函数 $f(x)$ 以 $x=1$ 为对称轴. 由概率密度函数的归一性可知, $1 = \displaystyle\int_{-\infty}^{+\infty} f(x)\mathrm{d}x = \int_{-\infty}^1 f(x)\mathrm{d}x + \int_1^{+\infty} f(x)\mathrm{d}x$, 所以, $\displaystyle\int_{-\infty}^1 f(x)\mathrm{d}x = \int_1^{+\infty} f(x)\mathrm{d}x = 0.5$.

而 $\displaystyle\int_0^2 f(x)\mathrm{d}x = 0.6 = \int_0^1 f(x)\mathrm{d}x + \int_1^2 f(x)\mathrm{d}x$, 故 $\displaystyle\int_0^1 f(x)\mathrm{d}x = \int_1^2 f(x)\mathrm{d}x = 0.3$, 因此 $P\{X < 0\} = \displaystyle\int_{-\infty}^0 f(x)\mathrm{d}x = \int_{-\infty}^1 f(x)\mathrm{d}x - \int_0^1 f(x)\mathrm{d}x = 0.5 - 0.3 = 0.2$. 故 (A) 选项正确.

真题 2.11 (2020 年数学三)　设某种元件的使用寿命 T 的分布函数为

$$F(t) = \begin{cases} 1 - \mathrm{e}^{-(t/\theta)^m}, & t \geqslant 0, \\ 0, & 其他, \end{cases}$$

其中 θ, m 为参数且均大于零. 求概率 $P\{T > t\}$ 与 $P\{T > s + t | T > s\}$, 其中 $s > 0$, $t > 0$.

分析 本题考查条件概率和利用分布函数求区间概率.

解 由分布函数的定义可知, $P\{T > t\} = 1 - P\{T \leqslant t\} = 1 - F(t) = \mathrm{e}^{-(t/\theta)^m}$. 由条件概率的定义可知

$$P\{T > s + t | T > s\} = \frac{P\{(T > s + t) \cap (T > s)\}}{P\{T > s\}}$$

$$= \frac{P\{T > s + t\}}{P\{T > s\}} = \frac{1 - F(s + t)}{1 - F(s)}$$

$$= \frac{\mathrm{e}^{-(s + t/\theta)^m}}{\mathrm{e}^{-(s/\theta)^m}} = \mathrm{e}^{\left(\frac{s}{\theta}\right)^m - \left(\frac{s+t}{\theta}\right)^m}.$$

经典习题选讲 2

1. 一颗骰子抛掷两次, 以 X 表示两次中所得的最小点数.

(1) 试求 X 的分布律;

(2) 写出 X 的分布函数.

解 (1) 在古典概型下求概率. 一颗骰子抛掷两次, 所有可能的结果共 36 种. 易知, X 所有可能取的值为 1, 2, 3, 4, 5, 6.

如果 $X = 1$, 则表明抛两次骰子至少有一次点数为 1, 其余一个 1 至 6 点均可, 共有 $C_2^1 \times 6 - 1$(这里 C_2^1 指任选某次点数为 1, 6 为另一次有 6 种结果均可取, 减 1 即减去两次均为 1 的情形, 因为 $C_2^1 \times 6$ 多算了一次) 或 $C_2^1 \times 5 + 1$ 种结果, 故

$$P\{X = 1\} = \frac{C_2^1 \times 6 - 1}{36} = \frac{C_2^1 \times 5 + 1}{36} = \frac{11}{36}.$$

如果 $X = 2$, 则表明抛两次骰子至少有一次点数为 2, 另一个 2 至 6 点均可, 共有 $C_2^1 \times 5 - 1$ 或 $C_2^1 \times 4 + 1$ 种结果, 故

$$P\{X = 2\} = \frac{C_2^1 \times 5 - 1}{36} = \frac{C_2^1 \times 4 + 1}{36} = \frac{9}{36}.$$

X 取其他值的概率类似可得. 最终得到 X 的分布律为表 2.11.

表 **2.11**

X	1	2	3	4	5	6
P	$\frac{11}{36}$	$\frac{9}{36}$	$\frac{7}{36}$	$\frac{5}{36}$	$\frac{3}{36}$	$\frac{1}{36}$

(2) X 的分布函数为

$$F(x) = P\{X \leqslant x\}$$

$$= \begin{cases} 0, & x < 1, \\ P\{X = 1\}, & 1 \leqslant x < 2, \\ P\{X = 1\} + P\{X = 2\}, & 2 \leqslant x < 3, \\ P\{X = 1\} + P\{X = 2\} + P\{X = 3\}, & 3 \leqslant x < 4, \\ P\{X = 1\} + P\{X = 2\} + P\{X = 3\} + P\{X = 4\}, & 4 \leqslant x < 5, \\ P\{X = 1\} + P\{X = 2\} + P\{X = 3\} + P\{X = 4\} + P\{X = 5\}, & 5 \leqslant x < 6, \\ 1, & x \geqslant 6 \end{cases}$$

$$= \begin{cases} 0, & x < 1, \\ \dfrac{11}{36}, & 1 \leqslant x < 2, \\ \dfrac{20}{36}, & 2 \leqslant x < 3, \\ \dfrac{27}{36}, & 3 \leqslant x < 4, \\ \dfrac{32}{36}, & 4 \leqslant x < 5, \\ \dfrac{35}{36}, & 5 \leqslant x < 6, \\ 1, & x \geqslant 6. \end{cases}$$

2. 某种抽奖活动规则是这样的: 袋中放红色球及白色球各 5 只, 抽奖者交一元钱后得到一次抽奖的机会, 然后从袋中一次取出 5 只球, 若 5 只球同色, 则获奖 100 元, 否则无奖, 以 X 表示某抽奖者在一次抽取中净赢钱数, 求 X 的分布律.

解　因为抽奖者交一元钱后才得到一次抽奖的机会, 根据题意易知, 抽奖者在一次抽取中净赢钱数 X 取 -1 元或 99 元.

从 10 只球中一次任取 5 只的所有可能的结果有 C_{10}^5 种, 而其中 5 只球颜色相同的结果共有 2 种, 所以赢得 99 元的概率 $P\{X = 99\} = \dfrac{2}{C_{10}^5} = \dfrac{1}{126}$. 从而

$$P\{X = -1\} = 1 - P\{X = 99\} = \dfrac{125}{126}.$$

X 的分布律为表 2.12.

表 2.12

X	-1	99
P	$\dfrac{125}{126}$	$\dfrac{1}{126}$

3. 设随机变量 X 的分布律为表 2.13.

表 2.13

X	-1	1	2
P	$1/4$	$1/2$	$1/4$

(1) 求 X 的分布函数;

(2) 求 $P\left\{X \leqslant \dfrac{1}{2}\right\}$，$P\left\{\dfrac{3}{2} < X \leqslant \dfrac{5}{2}\right\}$，$P\{1 \leqslant X \leqslant 3\}$.

解　(1) 根据分布函数的定义, 对任意实数 x,

$$F(x) = P\{X \leqslant x\} = \begin{cases} 0, & x < -1, \\ P\{X = -1\}, & -1 \leqslant x < 1, \\ P\{X = -1\} + P\{X = 1\}, & 1 \leqslant x < 2, \\ 1, & x \geqslant 2 \end{cases}$$

$$= \begin{cases} 0, & x < -1, \\ \dfrac{1}{4}, & -1 \leqslant x < 1, \\ \dfrac{3}{4}, & 1 \leqslant x < 2, \\ 1, & x \geqslant 2. \end{cases}$$

(2) 根据 X 的分布律

$$P\left\{X \leqslant \frac{1}{2}\right\} = P\{X = -1\} = \frac{1}{4},$$

$$P\left\{\frac{3}{2} < X \leqslant \frac{5}{2}\right\} = P\{X = 2\} = \frac{1}{4},$$

$$P\{1 \leqslant X \leqslant 3\} = P\{X = 1\} + P\{X = 2\} = \frac{3}{4},$$

或者

根据 (1) 中求出的分布函数可以得到

$$P\left\{X \leqslant \frac{1}{2}\right\} = F\left(\frac{1}{2}\right) = \frac{1}{4},$$

$$P\left\{\frac{3}{2} < X \leqslant \frac{5}{2}\right\} = F\left(\frac{5}{2}\right) - F\left(\frac{3}{2}\right) = 1 - \frac{3}{4} = \frac{1}{4},$$

$$P\{1 \leqslant X \leqslant 3\} = P\{1 < X \leqslant 3\} + P\{X = 1\}$$

$$= F(3) - F(1) + P\{X = 1\} = 1 - \frac{3}{4} + \frac{1}{2} = \frac{3}{4}.$$

4. 设随机变量 X 的分布律为 $P\{X = k\} = \dfrac{1}{2^k}, k = 1, 2, \cdots.$ 求:

(1) $P\{X = 偶数\};$

(2) $P\{X \geqslant 5\}.$

解　(1) $P\left\{X = 偶数\right\} = \dfrac{1}{2^2} + \dfrac{1}{2^4} + \cdots + \dfrac{1}{2^{2n}} + \cdots$

$$= \lim_{n \to \infty} \frac{\dfrac{1}{2^2}\left[1 - \left(\dfrac{1}{2^2}\right)^n\right]}{1 - \dfrac{1}{2^2}} = \frac{1}{3}.$$

(2) $P\left\{X \geqslant 5\right\} = 1 - P\left\{X \leqslant 4\right\} = 1 - \left\{\dfrac{1}{2} + \dfrac{1}{2^2} + \dfrac{1}{2^3} + \dfrac{1}{2^4}\right\} = 1 - \dfrac{15}{16} = \dfrac{1}{16}.$

5. 设随机变量 X 的概率密度为 $f(x) = \begin{cases} a\cos x, & |x| \leqslant \dfrac{\pi}{2}, \\ 0, & |x| > \dfrac{\pi}{2}. \end{cases}$　试求:

(1) 系数 a;

(2) X 落在区间 $\left(0, \dfrac{\pi}{4}\right)$ 内的概率.

解　(1) 由归一性知 $1 = \displaystyle\int_{-\infty}^{+\infty} f(x)\mathrm{d}x = \int_{-\frac{\pi}{2}}^{\frac{\pi}{2}} a\cos x\mathrm{d}x = a\sin x\big|_{-\frac{\pi}{2}}^{\frac{\pi}{2}} = 2a,$ 所以 $a = \dfrac{1}{2}.$

(2) $P\left\{0 < X < \dfrac{\pi}{4}\right\} = \displaystyle\int_0^{\frac{\pi}{4}} \dfrac{1}{2}\cos x\mathrm{d}x = \dfrac{1}{2}\sin x\bigg|_0^{\frac{\pi}{4}} = \dfrac{\sqrt{2}}{4}.$

6. 设连续型随机变量 X 的分布函数为

$$F(x) = \begin{cases} 0, & x < 0, \\ Ax^2, & 0 \leqslant x < 1, \\ 1, & x \geqslant 1. \end{cases}$$

试求: (1) 系数 A; (2) X 落在区间 $(0.3, 0.7)$ 内的概率; (3) X 的概率密度.

解 (1) 连续型随机变量的分布函数在整个实轴上是连续的, 由 $F(x)$ 在 $x = 1$ 的连续性可得 $\lim\limits_{x \to 1^-} F(x) = \lim\limits_{x \to 1^+} F(x) = F(1)$, 即 $\lim\limits_{x \to 1^-} Ax^2 = \lim\limits_{x \to 1^+} 1 = 1$, 于是得到 $A = 1$, 从而

$$F(x) = \begin{cases} 0, & x < 0, \\ x^2, & 0 \leqslant x < 1, \\ 1, & x \geqslant 1. \end{cases}$$

(2) 根据分布函数的定义, $P\{0.3 < X < 0.7\} = F(0.7) - F(0.3) = 0.7^2 - 0.3^2 = 0.4$.

(3) 易知, $F(x)$ 在开区间 $(-\infty, 0), (0, 1)$ 和 $(1, +\infty)$ 上可导, 且导数分别为 0, $2x$ 和 0, 所以, X 的概率密度 $f(x) = F'(x) = \begin{cases} 2x, & 0 < x < 1, \\ 0, & \text{其他}. \end{cases}$

说明 由于概率密度不是唯一的, 改变概率密度在个别点上的取值并不影响随机变量的概率分布, $f(0)$ 和 $f(1)$ 的取值可以自行定义, 因此, X 的概率密度也可以写为 $f(x) = \begin{cases} 2x, & 0 \leqslant x \leqslant 1, \\ 0, & \text{其他}. \end{cases}$

7. 设事件 A 在每一次试验中发生的概率为 0.3, 当 A 发生不少于 3 次时, 指示灯发出信号. 现进行 5 次独立试验, 试求指示灯发出信号的概率.

解 设 X 为事件 A 在 5 次独立重复试验中出现的次数, 则 $X \sim B(5, 0.3)$, 且指示灯发出信号的概率为

$$P\{X \geqslant 3\} = 1 - P\{X < 3\} = 1 - (C_5^0 0.3^0 0.7^5 + C_5^1 0.3^1 0.7^4 + C_5^2 0.3^2 0.7^3)$$
$$= 1 - 0.8369 = 0.1631.$$

8. 某公安局在长度为 t 的时间间隔内收到的紧急呼救的次数 X 服从参数为 $0.5t$ 的泊松分布, 而与时间间隔的起点无关 (时间以小时计).

(1) 求某一天中午 12 时至下午 3 时没有收到紧急呼救的概率;

(2) 求某一天中午 12 时至下午 5 时至少收到一次紧急呼救的概率.

解 (1) 中午 12 时至下午 3 时, 时间长度 $t = 3$ 小时, $0.5t = 1.5$, 根据题意, $X \sim P(1.5)$, 于是

$$P\{X = 0\} = \frac{1.5^0}{0!}\mathrm{e}^{-1.5} = \mathrm{e}^{-1.5}.$$

(2) 中午 12 时至下午 5 时, 时间长度 $t = 5$ 小时, $0.5t = 2.5$, 根据题意, $X \sim P(2.5)$, 于是

$$P\{X \geqslant 1\} = 1 - P\{X = 0\} = 1 - \frac{2.5^0}{0!}\mathrm{e}^{-2.5} = 1 - \mathrm{e}^{-2.5}.$$

9. 某人进行射击, 每次射击的命中率为 0.02, 独立射击 400 次, 试求至少击中 2 次的概率 (利用泊松分布近似求解).

解 设射击击中的次数为 X, 由题意知 $X \sim B(400, 0.02)$,

$$P\{X \geqslant 2\} = 1 - P\{X \leqslant 1\} = 1 - \sum_{k=0}^{1} \mathrm{C}_{400}^{k} 0.02^k 0.98^{400-k},$$

由于射击次数 400 较大, 命中率 0.02 较小, X 近似服从泊松分布 $P(\lambda)$, 其中 $\lambda = 400 \times 0.02 = 8$, 所以

$$P\{X \geqslant 2\} = 1 - P\{X \leqslant 1\} \approx 1 - \sum_{k=0}^{1} \frac{8^k}{k!}\mathrm{e}^{-8},$$

查泊松分布表得 $\sum_{k=0}^{1} \frac{8^k}{k!}\mathrm{e}^{-8} = 0.003$, 于是 $P\{X \geqslant 2\} \approx 1 - 0.003 = 0.997$.

10. 设随机变量 X 服从 $(0, 5)$ 上的均匀分布, 求 x 的方程 $4x^2 + 4Xx + X + 2 = 0$ 有实根的概率.

解 因为 X 服从 $(0, 5)$ 上的均匀分布, 所以

$$f(x) = \begin{cases} \dfrac{1}{5}, & 0 < x < 5, \\ 0, & \text{其他.} \end{cases}$$

若方程 $4x^2 + 4Xx + X + 2 = 0$ 有实根, 则 $\Delta = (4X)^2 - 16X - 32 \geqslant 0$, 即 $(X - 2)(X + 1) \geqslant 0$, 得 $X \geqslant 2$ 或 $X \leqslant -1$, 所以方程有实根的概率为

$$P\{X \geqslant 2\} + P\{X \leqslant -1\} = \int_2^5 \frac{1}{5}\mathrm{d}x + \int_{-\infty}^{-1} 0\mathrm{d}x = \frac{1}{5}x \Big|_2^5 = \frac{3}{5}.$$

11. 某种型号的电灯泡使用时间 (单位: 小时) 为一随机变量 X, 其概率密度为

$$f(x) = \begin{cases} \dfrac{1}{5000}\mathrm{e}^{-\frac{x}{5000}}, & x > 0, \\ 0, & x \leqslant 0. \end{cases}$$

求一个这种型号的电灯泡使用了 1000 小时仍可继续使用 5000 小时以上的概率.

解   方法一   根据指数分布的无记忆性, 所求概率为

$$P\{X > 1000 + 5000 | X > 1000\} = P\{X > 5000\}$$

$$= \int_{5000}^{+\infty} f(x)\mathrm{d}x = \int_{5000}^{+\infty} \frac{1}{5000}\mathrm{e}^{-\frac{x}{5000}}\mathrm{d}x$$

$$= -\mathrm{e}^{-\frac{x}{5000}}|_{5000}^{+\infty} = \mathrm{e}^{-1}.$$

方法二   由于指数分布 X 的分布函数为 $F(x) = \begin{cases} 1 - \mathrm{e}^{-\frac{x}{5000}}, & x > 0, \\ 0, & x \leqslant 0. \end{cases}$

根据指数分布的无记忆性, 所求概率为

$$P\{X > 1000 + 5000 | X > 1000\} = P\{X > 5000\} = 1 - F(5000)$$

$$= 1 - \left(1 - \mathrm{e}^{-\frac{5000}{5000}}\right) = \mathrm{e}^{-1}.$$

12. 已知离散随机变量 X 的分布律为表 2.14.

表 2.14

X	-2	-1	0	1	3
P	1/5	1/6	1/5	1/15	11/30

试求 $Y = X^2$ 与 $Z = |X|$ 的分布律.

解   由 X 的分布律可得表 2.15.

表 2.15

P	1/5	1/6	1/5	1/15	11/30
X	-2	-1	0	1	3
$Y = X^2$	4	1	0	1	9
$Z = |X|$	2	1	0	1	3

整理可得 Y 的分布律为表 2.16.

表 2.16

Y	0	1	4	9
P	1/5	7/30	1/5	11/30

Z 的分布律为表 2.17.

表 2.17

Z	0	1	2	3
P	1/5	7/30	1/5	11/30

13. 设随机变量 X 服从正态分布 $N(\mu, \sigma^2)$, 求 $Y = \mathrm{e}^X$ 的概率密度.

解 采用分布函数法. 根据定义, Y 的分布函数为

$$F_Y(y) = P\{Y \leqslant y\} = P\left\{\mathrm{e}^X \leqslant y\right\}.$$

当 $y \leqslant 0$ 时, $F_Y(y) = 0$, 此时 $f_Y(y) = 0$;

当 $y > 0$ 时, $F_Y(y) = P\left\{\mathrm{e}^X \leqslant y\right\} = P\{X \leqslant \ln y\} = F_X(\ln y)$, 此时

$$f_Y(y) = F_Y'(y) = [F_X(\ln y)]' = \frac{1}{y}f_X(\ln y),$$

由 X 服从正态分布 $N(\mu, \sigma^2)$ 可知, $f_X(x) = \dfrac{1}{\sqrt{2\pi}\sigma}\mathrm{e}^{-\frac{(x-\mu)^2}{2\sigma^2}}$, 所以

$$f_Y(y) = \frac{1}{y}f_X(\ln y) = \frac{1}{y}\frac{1}{\sqrt{2\pi}\sigma}\mathrm{e}^{-\frac{(\ln y - \mu)^2}{2\sigma^2}}.$$

综上, Y 的概率密度为 $f_Y(y) = \begin{cases} \dfrac{1}{y}\dfrac{1}{\sqrt{2\pi}\sigma}\mathrm{e}^{-\frac{(\ln y - \mu)^2}{2\sigma^2}}, & y > 0, \\ 0, & y \leqslant 0. \end{cases}$

14. 设 $X \sim U(0, 1)$, 试求 $Y = 1 - X$ 的概率密度.

解 采用分布函数法. 根据定义, Y 的分布函数为

$$F_Y(y) = P\{Y \leqslant y\} = P\{1 - X \leqslant y\} = P\{X \geqslant 1 - y\} = 1 - F_X(1 - y),$$

所以

$$f_Y(y) = F_Y'(y) = [1 - F_X(1 - y)]' = f_X(1 - y).$$

因为 $X \sim U(0, 1)$, 那么 $f_X(x) = \begin{cases} 1, & 0 < x < 1, \\ 0, & \text{其他}, \end{cases}$ 所以

$$f_Y(y) = f_X(1 - y) = \begin{cases} 1, & 0 < 1 - y < 1, \\ 0, & \text{其他} \end{cases} = \begin{cases} 1, & 0 < y < 1, \\ 0, & \text{其他}. \end{cases}$$

15. 设 $X \sim U(1, 2)$, 试求 $Y = \mathrm{e}^{2X}$ 的概率密度.

解 采用分布函数法. 根据定义, Y 的分布函数为 $F_Y(y) = P\{Y \leqslant y\} = P\{\mathrm{e}^{2X} \leqslant y\}$.

当 $y \leqslant 0$ 时, $F_Y(y) = P\{\mathrm{e}^{2X} \leqslant y\} = 0$, 此时 $f_Y(y) = 0$;

当 $y > 0$ 时, $F_Y(y) = P\left\{X \leqslant \dfrac{1}{2}\ln y\right\} = F_X\left(\dfrac{1}{2}\ln y\right)$, 此时

$$f_Y(y) = F_Y'(y) = \left[F_X\left(\frac{1}{2}\ln y\right)\right]' = \frac{1}{2y}f_X\left(\frac{1}{2}\ln y\right),$$

因为 $X \sim U(1, 2)$, 那么 $f_X(x) = \begin{cases} 1, & 1 < x < 2, \\ 0, & \text{其他}, \end{cases}$ 所以

$$f_Y(y) = \frac{1}{2y}f_X\left(\frac{1}{2}\ln y\right) = \begin{cases} \dfrac{1}{2y}, & 1 < \dfrac{1}{2}\ln y < 2, \\ 0, & \text{其他} \end{cases} = \begin{cases} \dfrac{1}{2y}, & \mathrm{e}^2 < y < \mathrm{e}^4, \\ 0, & \text{其他}. \end{cases}$$

综上, $f_Y(y) = \begin{cases} \dfrac{1}{2y}, & \mathrm{e}^2 < y < \mathrm{e}^4, \\ 0, & \text{其他}. \end{cases}$

16. 设随机变量 X 的概率密度为

$$f(x) = \begin{cases} \dfrac{3}{2}x^2, & -1 < x < 1, \\ 0, & \text{其他}. \end{cases}$$

试求下列随机变量的概率密度:

(1) $Y_1 = 3X$;

(2) $Y_2 = 3 - X$.

解 采用分布函数法.

(1) 根据定义, Y_1 的分布函数为

$$F_{Y_1}(y) = P\{Y_1 \leqslant y\} = P\{3X \leqslant y\} = P\left\{X \leqslant \frac{1}{3}y\right\} = F_X\left(\frac{1}{3}y\right),$$

$$f_{Y_1}(y) = F_{Y_1}'(y) = \left[F_X\left(\frac{1}{3}y\right)\right]' = \frac{1}{3}f_X\left(\frac{1}{3}y\right),$$

因为

$$f_X(x) = \begin{cases} \dfrac{3}{2}x^2, & -1 < x < 1, \\ 0, & \text{其他}, \end{cases}$$

所以

$$f_{Y_1}(y) = \frac{1}{3}f_X\left(\frac{1}{3}y\right) = \begin{cases} \frac{1}{18}y^2, & -1 < \frac{1}{3}y < 1, \\ 0, & \text{其他} \end{cases} = \begin{cases} \frac{1}{18}y^2, & -3 < y < 3, \\ 0, & \text{其他}. \end{cases}$$

(2) 根据定义, Y_2 的分布函数为

$$F_{Y_2}(y) = P\{Y_2 \leqslant y\} = P\{3 - X \leqslant y\} = P\{X \geqslant 3 - y\} = 1 - F_X(3 - y),$$

$$f_{Y_2}(y) = F_{Y_2}'(x) = [1 - F_X(3 - y)]' = f_X(3 - y).$$

因为

$$f_X(x) = \begin{cases} \frac{3}{2}x^2, & -1 < x < 1, \\ 0, & \text{其他}, \end{cases}$$

所以

$$f_{Y_2}(y) = f_X(3 - y) = \begin{cases} \frac{3}{2}(3 - y)^2, & -1 < 3 - y < 1 \\ 0, & \text{其他} \end{cases}$$

$$= \begin{cases} \frac{3}{2}(3 - y)^2, & 2 < y < 4, \\ 0, & \text{其他}. \end{cases}$$

17. 设顾客在某银行窗口等待服务的时间 X(以分钟计) 服从参数为 5 的指数分布. 某顾客在窗口等待服务, 若超过 10 分钟, 他就离开. 他一个月要到银行 5 次, 以 Y 表示他未等到服务而离开窗口的次数. 写出 Y 的分布律, 并求 $P\{Y \geqslant 1\}$.

解　**方法一**　因为 X 服从参数为 5 的指数分布, 当 $x > 0$ 时, X 的概率密度 $f(x) = \frac{1}{5}\mathrm{e}^{-\frac{x}{5}}$, 所以他未等到服务而离开窗口的概率为

$$P\{X > 10\} = \int_{10}^{+\infty} \frac{1}{5}\mathrm{e}^{-\frac{x}{5}}\mathrm{d}x = -\mathrm{e}^{-\frac{x}{5}}\Big|_{10}^{+\infty} = \mathrm{e}^{-2},$$

从而

$$Y \sim B\left(5, \mathrm{e}^{-2}\right).$$

Y 的分布律为

$$P\{Y = k\} = \mathrm{C}_5^k(\mathrm{e}^{-2})^k(1 - \mathrm{e}^{-2})^{5-k}, \quad k = 0, 1, \cdots, 5,$$

$$P\{Y \geqslant 1\} = 1 - P\{Y = 0\} = 1 - C_5^0(e^{-2})^0(1-e^{-2})^{5-0} = 1 - (1-e^{-2})^5 = 0.5167.$$

　　方法二　因为 X 服从参数为 5 的指数分布, 当 $x > 0$ 时, X 的分布函数 $F(x) = 1 - e^{-\frac{x}{5}}$, 所以

$$P\{X > 10\} = 1 - F(10) = e^{-2},$$

从而

$$Y \sim B\left(5, e^{-2}\right).$$

Y 的分布律为

$$P\{Y = k\} = C_5^k(e^{-2})^k(1-e^{-2})^{5-k}, \quad k = 0, 1, \cdots, 5.$$

$$P\{Y \geqslant 1\} = 1 - P\{Y = 0\} = 1 - C_5^0(e^{-2})^0(1-e^{-2})^{5-0} = 1 - (1-e^{-2})^5 = 0.5167.$$

　　18. 设 $X \sim N(3, 4)$,

　　(1) 求 $P\{2 < X \leqslant 5\}, P\{-4 < X \leqslant 10\}, P\{|X| > 2\}, P\{X > 3\}$;

　　(2) 设 d 满足 $P\{X > d\} \geqslant 0.9015$, 问 d 至多为多少?

　　解　(1) 因为 $X \sim N(3, 4)$, 所以 $\dfrac{X-3}{2} \sim N(0, 1)$.

$$P\{2 < X \leqslant 5\} = P\left\{\frac{2-3}{2} < \frac{X-3}{2} \leqslant \frac{5-3}{2}\right\} = P\left\{-0.5 < \frac{X-3}{2} \leqslant 1\right\}$$

$$= \Phi(1) - \Phi(-0.5) = \Phi(1) + \Phi(0.5) - 1$$

$$= 0.8413 + 0.6915 - 1 = 0.5328.$$

$$P\{-4 < X \leqslant 10\} = P\left\{\frac{-4-3}{2} < \frac{X-3}{2} \leqslant \frac{10-3}{2}\right\}$$

$$= \Phi\left(\frac{10-3}{2}\right) - \Phi\left(\frac{-4-3}{2}\right)$$

$$= \Phi(3.5) - \Phi(-3.5) = 2\Phi(3.5) - 1$$

$$= 2 \times 0.9998 - 1 = 0.9996.$$

$$P\{|X| > 2\} = 1 - P\{|X| \leqslant 2\} = 1 - P\{-2 \leqslant X \leqslant 2\}$$

$$= 1 - P\left\{\frac{-2-3}{2} < \frac{X-3}{2} \leqslant \frac{2-3}{2}\right\}$$

$$= 1 - [\Phi(-0.5) - \Phi(-2.5)] = 1 - [\Phi(2.5) - \Phi(0.5)]$$

$$= 1 - (0.9938 - 0.6915) = 1 - 0.3023 = 0.6977.$$

$$P\{X > 3\} = 1 - P\{X \leqslant 3\} = 1 - P\left\{\frac{X-3}{2} \leqslant \frac{3-3}{2}\right\} = 1 - \Phi(0) = 1 - 0.5 = 0.5.$$

(2) 因为 $X \sim N(3, 4)$, 所以 $\dfrac{X-3}{2} \sim N(0, 1)$. 于是

$$P\{X > d\} = 1 - P\{X \leqslant d\} = 1 - \Phi\left(\frac{d-3}{2}\right) \geqslant 0.9015,\ \text{即}\ \Phi\left(-\frac{d-3}{2}\right) \geqslant 0.9015,$$

经查表知 $\Phi(1.29) = 0.9015$, 故 $-\dfrac{d-3}{2} \geqslant 1.29$, 即 $d \leqslant 0.42$.

19. 设随机变量 X 服从正态分布 $N(0, \sigma^2)$, 若 $P\{|X| > k\} = 0.1$, 试求 $P\{X < k\}(k > 0)$.

解　**方法一**　由于 $X \sim N(0, \sigma^2)$, 那么 $\dfrac{X}{\sigma} \sim N(0, 1)$. 所以

$$P\{|X| \geqslant k\} = 1 - P\{|X| < k\} = 1 - P\{-k < X < k\}$$

$$= 1 - P\left\{\frac{-k}{\sigma} < \frac{X}{\sigma} < \frac{k}{\sigma}\right\} = 1 - \left[\Phi\left(\frac{k}{\sigma}\right) - \Phi\left(-\frac{k}{\sigma}\right)\right] = 2 - 2\Phi\left(\frac{k}{\sigma}\right).$$

根据题意 $2 - 2\Phi\left(\dfrac{k}{\sigma}\right) = 0.1$, 解得 $\Phi\left(\dfrac{k}{\sigma}\right) = 0.95$. 所以

$$P\{X < k\} = P\left\{\frac{X}{\sigma} < \frac{k}{\sigma}\right\} = \Phi\left(\frac{k}{\sigma}\right) = 0.95.$$

方法二　因为 $X \sim N(0, \sigma^2), P\{|X| \geqslant k\} = 1 - P\{|X| < k\} = 1 - P\{-k < X < k\} = 0.1$, 所以 $P\{-k < X < k\} = 0.9$. 根据正态分布 $N(0, \sigma^2)$ 的对称性,

$$P\{0 < X < k\} = P\{-k < X < 0\} = \frac{0.9}{2} = 0.45,$$

因为 $k > 0, P\{X < k\} = P\{X < 0\} + P\{0 < X < k\} = 0.5 + 0.45 = 0.95$.

20. 测量距离时, 产生的随机误差 X 服从正态分布 $N(10, 5^2)$(单位: m), 做三次独立测量, 求:

(1) 至少有一次误差绝对值不超过 5m 的概率;

(2) 只有一次误差绝对值不超过 5m 的概率.

解　因为 $X \sim N(10, 5^2)$, 所以误差绝对值不超过 5m 的概率为

$$P\{|X| \leqslant 5\} = P\{-5 \leqslant X \leqslant 5\}$$

$$= \Phi\left(\frac{5-10}{5}\right) - \Phi\left(\frac{-5-10}{5}\right) = \Phi(-1) - \Phi(-3)$$

$$= \Phi(3) - \Phi(1) = 0.9987 - 0.8413 = 0.1574.$$

设 Y 表示三次测量中误差绝对值不超过 5m 的次数, 则 $Y \sim B(3, 0.1574)$.

(1) $P\{Y \geqslant 1\} = 1 - P\{Y = 0\} = 1 - \mathrm{C}_3^0 0.1574^0 (1-0.1574)^3 = 1 - 0.8426^3 \approx$ 0.4018.

(2) $P\{Y = 1\} = \mathrm{C}_3^1 \times 0.1574^1 \times 0.8426^2 \approx 0.3353.$

21. 某地抽样调查结果表明, 考生的外语成绩 (百分制) 近似服从正态分布, 平均成绩为 72 分, 84 分以上占考生总数的 2.3%, 试求考生的外语成绩在 60 分至 84 分之间的概率.

解 设考生的外语成绩为 X, 则 $X \sim N(72, \sigma^2)$, 从而 $\dfrac{X-72}{\sigma} \sim N(0,1)$. 由题意 $P\{X > 84\} = 0.023$, 即

$$P\left\{\frac{X-72}{\sigma} > \frac{84-72}{\sigma}\right\} = P\left\{\frac{X-72}{\sigma} > \frac{12}{\sigma}\right\} = 1 - \Phi\left(\frac{12}{\sigma}\right) = 0.023.$$

解得 $\Phi\left(\dfrac{12}{\sigma}\right) = 0.977.$ 所以

$$P\{60 < X < 84\} = P\left\{\frac{60-72}{\sigma} < \frac{X-72}{\sigma} < \frac{84-72}{\sigma}\right\}$$

$$= P\left\{\frac{-12}{\sigma} < \frac{X-72}{\sigma} < \frac{12}{\sigma}\right\}$$

$$= 2\Phi\left(\frac{12}{\sigma}\right) - 1 = 2 \times 0.977 - 1 = 0.954.$$

第2章测试题

第 **3** 章

多维随机变量及其分布

在实际应用中, 有些随机现象需要用两个或两个以上随机变量来描述. 我们既要考虑多个随机变量各自的取值规律, 又要研究它们之间的关系以及联合取值的规律, 即联合分布. 从二维随机变量到 n 维随机变量的推广是直接的、形式上的, 没有本质区别.

本章主要归纳梳理二维随机变量的有关概念、定义和计算, 最后推广到 n 维随机变量; 分析和解答相关典型问题、考研真题与经典习题.

本章基本要求与知识结构图

1. 基本要求

(1) 了解多维随机变量的概念, 了解二维随机变量的概率分布.

(2) 理解二维离散型随机变量的分布律及二维连续型随机变量的概率密度的概念. 会求二维随机变量的边缘分布.

(3) 理解随机变量的独立性概念. 会判断两个变量是否独立.

(4) 会求两个独立随机变量简单函数的分布 (和、最大值、最小值).

2. 知识结构图

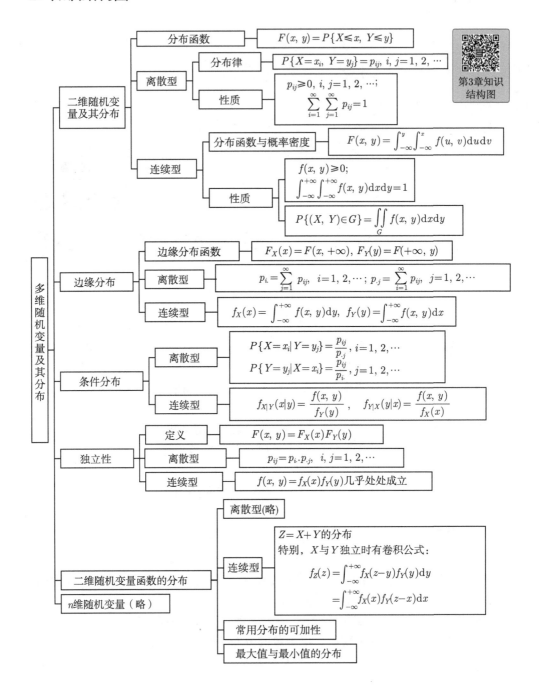

第3章知识
结构图

主 要 内 容

3.1　二维随机变量及其分布

3.1.1　二维随机变量及分布函数

定义 3.1　设 X, Y 是定义在同一个样本空间 $\Omega = \{\omega\}$ 上的两个随机变量,则称 (X, Y) 为**二维随机变量**, 或**二维随机向量**.

定义 3.2　设 (X, Y) 是二维随机变量, 对于任意实数 x, y, 将事件 $\{X \leqslant x\}$,$\{Y \leqslant y\}$ 同时发生的概率

$$F(x, y) = P\{X \leqslant x, Y \leqslant y\} \tag{3.1}$$

称为二维随机变量 (X, Y) 的**分布函数**, 或 X 与 Y 的**联合分布函数**.

二维随机变量分布函数的几何解释: 如果将二维随机变量 (X, Y) 看成是平面上随机点的坐标, 那么其分布函数 $F(x, y)$ 在 (x, y) 处的函数值就是随机点 (X, Y) 落在以 (x, y) 为右上角顶点的无穷矩形区域内的概率 (如图 3.1).

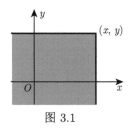

图 3.1

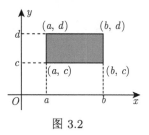

图 3.2

根据以上几何解释, 借助于图 3.2 (这里假设 $a < b, c < d$), 容易得到随机点 (X, Y) 落在矩形区域 $\{a < X \leqslant b, c < Y \leqslant d\}$ 内的概率:

$$P\{a < X \leqslant b, c < Y \leqslant d\} = F(b, d) - F(a, d) - F(b, c) + F(a, c). \tag{3.2}$$

对任意实数 x 和 y, 二维随机变量 (X, Y) 的分布函数 $F(x, y)$ 有如下四条性质.
(1) **单调性**　$F(x, y)$ 分别对 x 或 y 是单调不减的, 即
对任意实数 x_1, x_2, 当 $x_1 < x_2$ 时, 有 $F(x_1, y) \leqslant F(x_2, y)$;
对任意实数 y_1, y_2, 当 $y_1 < y_2$ 时, 有 $F(x, y_1) \leqslant F(x, y_2)$.
(2) **有界性**　$0 \leqslant F(x, y) \leqslant 1$, 且

$$F(-\infty, y) = \lim_{x \to -\infty} F(x, y) = 0,$$

$$F(x, -\infty) = \lim_{y \to -\infty} F(x, y) = 0,$$

$$F(+\infty, +\infty) = \lim_{\substack{x \to +\infty \\ y \to +\infty}} F(x,y) = 1.$$

(3) **右连续性**　$F(x, y)$ 对每个自变量是右连续的, 即

对任意实数 x_0, 有 $\lim\limits_{x \to x_0^+} F(x,y) = F(x_0, y)$;

对任意实数 y_0, 有 $\lim\limits_{y \to y_0^+} F(x,y) = F(x, y_0)$.

(4) 对任意的实数 a, b, c, d, 且 $a < b, c < d$, 有下式成立:

$$F(b,d) - F(a,d) - F(b,c) + F(a,c) \geqslant 0.$$

3.1.2　二维离散型随机变量及分布律

定义 3.3　如果二维随机变量 (X, Y) 只取有限个或可列个数对 (x_i, y_j), 则称 (X, Y) 为**二维离散型随机变量**, 并称

$$P\{X = x_i, Y = y_j\} = p_{ij}, \quad i, j = 1, 2, \cdots \tag{3.3}$$

为 (X, Y) 的**分布律**, 或 X 与 Y 的**联合分布律**. 二维离散型随机变量 (X, Y) 的分布律也可用表 3.1 的形式来表示.

表 3.1

X＼Y	y_1	y_2	$\cdots$	y_j	$\cdots$
x_1	p_{11}	p_{12}	$\cdots$	p_{1j}	$\cdots$
x_2	p_{21}	p_{22}	$\cdots$	p_{2j}	$\cdots$
$\cdots$	$\cdots$	$\cdots$	$\cdots$	$\cdots$	$\cdots$
x_i	p_{i1}	p_{i2}	$\cdots$	p_{ij}	$\cdots$
$\cdots$	$\cdots$	$\cdots$	$\cdots$	$\cdots$	$\cdots$

联合分布律有如下基本性质:

(1) **非负性**　$p_{ij} \geqslant 0, \quad i, j = 1, 2, \cdots$;

(2) **归一性**　$\sum\limits_{i=1}^{+\infty} \sum\limits_{j=1}^{+\infty} p_{ij} = 1.$

3.1.3　二维连续型随机变量及概率密度

定义 3.4　如果存在二元非负函数 $f(x, y)$, 使得二维随机变量 (X, Y) 的分布函数 $F(x, y)$ 可表示为

$$F(x,y) = \int_{-\infty}^{y} \int_{-\infty}^{x} f(u,v) \mathrm{d}u \mathrm{d}v, \tag{3.4}$$

则称 (X, Y) 为**二维连续型随机变量**, 称 $f(x, y)$ 为 (X, Y) 的**概率密度**, 或 X 与 Y 的**联合概率密度**.

联合概率密度具有如下性质:

(1) **非负性**　$f(x, y) \geqslant 0$;

(2) **归一性**　$\displaystyle\int_{-\infty}^{+\infty} \int_{-\infty}^{+\infty} f(x,y)\mathrm{d}x\mathrm{d}y = 1$;

(3) 在 $F(x, y)$ 偏导数存在的点上有

$$f(x,y) = \frac{\partial^2 F(x,y)}{\partial x \partial y}; \tag{3.5}$$

(4) 由于二维随机变量 (X, Y) 可以看成平面上一个随机点的坐标, 对于一个二维连续型随机变量 (X, Y), 随机点 (X, Y) 落在平面上某个区域 G 内的概率为

$$P\{(X, Y) \in G\} = \iint\limits_{G} f(x,y)\mathrm{d}x\mathrm{d}y. \tag{3.6}$$

3.1.4　常用二维分布

1. 二维均匀分布

定义 3.5　设 G 是平面上的一个有界区域, 其面积为 A, 令

$$f(x,y) = \begin{cases} \dfrac{1}{A}, & (x,y) \in G, \\ 0, & 其他, \end{cases} \tag{3.7}$$

称以 $f(x, y)$ 为概率密度的二维连续型随机变量 (X, Y) 服从区域 G 上的**均匀分布**.

2. 二维正态分布

定义 3.6　如果二维连续型随机变量 (X, Y) 的概率密度为

$$f(x,y) = \frac{1}{2\pi\sigma_1\sigma_2\sqrt{1-\rho^2}} \exp\left\{ -\frac{1}{2(1-\rho^2)} \left[\frac{(x-\mu_1)^2}{\sigma_1^2} \right.\right.$$
$$\left.\left. -2\rho\frac{(x-\mu_1)(y-\mu_2)}{\sigma_1\sigma_2} + \frac{(y-\mu_2)^2}{\sigma_2^2} \right] \right\},$$
$$-\infty < x, y < +\infty,$$

则称 (X, Y) 服从**二维正态分布**, 记为 $(X,Y) \sim N(\mu_1, \mu_2, \sigma_1^2, \sigma_2^2, \rho)$, 其中五个参数的取值范围分别为 $-\infty < \mu_1, \mu_2 < +\infty$, $\sigma_1, \sigma_2 > 0$, $-1 < \rho < 1$.

二维正态分布 $N(\mu_1, \mu_2, \sigma_1^2, \sigma_2^2, \rho)$ 的概率密度的图形很像一顶四周无限延伸的草帽, 其中心点在 (μ_1, μ_2) 处, 其等高线是椭圆. 如果用平行于 xOz 平面或者 yOz 平面去截图形, 将显示正态曲线.

3.2 二维随机变量的边缘分布

3.2.1 二维随机变量的边缘分布函数

定义 3.7 设二维随机变量 (X, Y) 具有分布函数 $F(x, y)$. 称

$$F_X(x) = \lim_{y \to +\infty} F(x, y) = F(x, +\infty) \tag{3.8}$$

和

$$F_Y(y) = \lim_{x \to +\infty} F(x, y) = F(+\infty, y) \tag{3.9}$$

分别为二维随机变量 (X, Y) 关于 X 和关于 Y 的**边缘分布函数**.

3.2.2 二维离散型随机变量的边缘分布律

定义 3.8 设二维离散型随机变量 (X, Y) 的分布律为 $P\{X = x_i, Y = y_j\} = p_{ij}, i, j = 1, 2, \cdots$, 称

$$P\{X = x_i\} = \sum_{j=1}^{\infty} p_{ij}, \quad i = 1, 2, \cdots \tag{3.10}$$

与

$$P\{Y = y_j\} = \sum_{i=1}^{\infty} p_{ij}, \quad j = 1, 2, \cdots \tag{3.11}$$

分别为 (X, Y) 关于 X 和关于 Y 的**边缘分布律**.

(X, Y) 关于 X, 关于 Y 的边缘分布律也可分别简单地记作

$$p_{i\cdot} = \sum_{j=1}^{\infty} p_{ij}, \quad i = 1, 2, \cdots, \tag{3.12}$$

$$p_{\cdot j} = \sum_{i=1}^{\infty} p_{ij}, \quad j = 1, 2, \cdots. \tag{3.13}$$

3.2.3 二维连续型随机变量的边缘概率密度

定义 3.9 设二维连续型随机变量 (X, Y) 的概率密度为 $f(x, y)$, 称

$$f_X(x) = \int_{-\infty}^{+\infty} f(x, y) \mathrm{d}y \tag{3.14}$$

与

$$f_Y(y) = \int_{-\infty}^{+\infty} f(x, y) \mathrm{d}x \tag{3.15}$$

分别为 (X, Y) 关于 X 和关于 Y 的**边缘概率密度**.

3.3 二维随机变量的条件分布

3.3.1 二维离散型随机变量的条件分布

定义 3.10 设二维离散型随机变量 (X, Y) 的分布律为

$$P\{X = x_i, Y = y_j\} = p_{ij}, \quad i = 1, 2, \cdots, j = 1, 2, \cdots,$$

对一切使 $P\{Y = y_j\} = p_{\cdot j} = \sum\limits_{i=1}^{+\infty} p_{ij} > 0$ 的 y_j, 称

$$P\{X = x_i | Y = y_j\} = \frac{P\{X = x_i, Y = y_j\}}{P\{Y = y_j\}}, \quad i = 1, 2, \cdots \tag{3.16}$$

为给定 $Y = y_j$ 条件下 X 的**条件分布律**.

同理, 对一切使 $P\{X = x_i\} = p_{i\cdot} = \sum\limits_{j=1}^{+\infty} p_{ij} > 0$ 的 x_i, 称

$$P\{Y = y_j | X = x_i\} = \frac{P\{X = x_i, Y = y_j\}}{P\{X = x_i\}}, \quad j = 1, 2, \cdots \tag{3.17}$$

为给定 $X = x_i$ 条件下 Y 的**条件分布律**.

式 (3.16) 和 (3.17) 也可简单地记作

$$p_{i|j} = \frac{p_{ij}}{p_{\cdot j}}, \quad i = 1, 2, \cdots, \tag{3.18}$$

$$p_{j|i} = \frac{p_{ij}}{p_{i\cdot}}, \quad j = 1, 2, \cdots. \tag{3.19}$$

3.3.2 二维连续型随机变量的条件分布

定义 3.11 设二维随机变量 (X, Y) 的概率密度为 $f(x, y)$, (X, Y) 关于 X, 关于 Y 的边缘概率密度分别为 $f_X(x)$ 和 $f_Y(y)$, 若对于固定的 y, $f_Y(y) > 0$, 则称 $\dfrac{f(x, y)}{f_Y(y)}$ 为在 $Y = y$ 的条件下 X 的**条件概率密度**, 记为

$$f_{X|Y}(x|y) = \frac{f(x, y)}{f_Y(y)}. \tag{3.20}$$

若对于固定的 x, $f_X(x) > 0$, 称 $\dfrac{f(x,y)}{f_X(x)}$ 为在 $X = x$ 的条件下 Y 的**条件概率密度**, 记为

$$f_{Y|X}(y|x) = \frac{f(x,y)}{f_X(x)}. \tag{3.21}$$

3.4   二维随机变量的相互独立性

定义 3.12   设二维随机变量 (X,Y) 的分布函数为 $F(x,y)$, X,Y 的边缘分布函数分别为 $F_X(x)$, $F_Y(y)$, 如果对任意实数 x,y, 都有

$$F(x,y) = F_X(x)F_Y(y) \tag{3.22}$$

成立, 则称 X 与 Y **相互独立**.

特别地, 如果 (X,Y) 是二维离散型随机变量, 其分布律为 $P\{X = x_i, Y = y_j\} = p_{ij}$, $i,j = 1,2,\cdots$, 则 X,Y 相互独立的充要条件可写为

$$P\{X = x_i, Y = y_j\} = P\{X = x_i\}P\{Y = y_j\} \tag{3.23}$$

或者写成

$$p_{ij} = p_{i\cdot}p_{\cdot j}, \quad i = 1,2,\cdots, j = 1,2,\cdots. \tag{3.24}$$

如果 (X,Y) 是二维连续型随机变量, 其概率密度为 $f(x,y)$, 则 X,Y 相互独立的充要条件可写为: 对任意的实数 x,y, 下式几乎处处成立

$$f(x,y) = f_X(x)f_Y(y), \tag{3.25}$$

这里, "几乎处处成立" 是指平面上除去面积为零的点外, 上式处处成立.

3.5   二维随机变量函数的分布

3.5.1   二维离散型随机变量函数的分布

设 (X,Y) 为二维离散型随机变量, 则 $Z = g(X,Y)$ 是一维离散型随机变量. 若已知 (X,Y) 的分布律, 可以得到 $Z = g(X,Y)$ 的分布律.

3.5.2   二维连续型随机变量函数的分布

如果 (X,Y) 为二维连续型随机变量, 其概率密度为 $f(x,y)$, $Z = g(X,Y)$ 为 X,Y 的连续函数, 它也是连续型随机变量, 具有概率密度 $f_Z(z)$.

求 $Z = g(X,Y)$ 的概率密度 $f_Z(z)$ 的一般方法是 (**分布函数法**):

(1) 先求 Z 的分布函数 $F_Z(z)$:

$$F_Z(z) = P\{Z \leqslant z\} = P\{g(X,Y) \leqslant z\} = P\{(X,Y) \in D_Z\} = \iint\limits_{D_Z} f(x,y)\mathrm{d}x\mathrm{d}y,$$

其中 $D_Z = \{(x,y) \,|\, g(x,y) \leqslant z\}$.

(2) 对 $F_Z(z)$ 关于 z 求导数, 即得 Z 的概率密度为

$$f_Z(z) = F_Z'(z) = \frac{\mathrm{d}}{\mathrm{d}z} \iint\limits_{D_Z} f(x,y)\mathrm{d}x\mathrm{d}y.$$

和的分布　设 (X,Y) 的概率密度为 $f(x,y)$, 则 $Z = X + Y$ 的概率密度为

$$f_Z(z) = \int_{-\infty}^{+\infty} f(z-y,y)\mathrm{d}y. \tag{3.26}$$

由 X, Y 的对称性, 有

$$f_Z(z) = \int_{-\infty}^{+\infty} f(x,z-x)\mathrm{d}x. \tag{3.27}$$

特别地, 若记 X, Y 的概率密度分别为 $f_X(x)$ 和 $f_Y(y)$, 则当 X 和 Y 独立时, 有**卷积公式**

$$f_Z(z) = \int_{-\infty}^{+\infty} f_X(z-y)f_Y(y)\mathrm{d}y, \tag{3.28}$$

$$f_Z(z) = \int_{-\infty}^{+\infty} f_X(x)f_Y(z-x)\mathrm{d}x. \tag{3.29}$$

卷积公式可记为 $f_X * f_Y$, 即

$$f_X * f_Y = \int_{-\infty}^{+\infty} f_X(z-y)f_Y(y)\mathrm{d}y = \int_{-\infty}^{+\infty} f_X(x)f_Y(z-x)\mathrm{d}x. \tag{3.30}$$

3.5.3　几种常用分布的可加性

对于服从同一类分布的相互独立的随机变量, 如果其和仍然服从此类分布, 则称此类分布具有**可加性**.

1. 泊松分布具有可加性

设 $X \sim P(\lambda_1), Y \sim P(\lambda_2)$, 且 X 与 Y 独立, 则 $Z = X + Y \sim P(\lambda_1 + \lambda_2)$.

2. 二项分布的可加性

对于二项分布, 在参数 p 相同的情况下, 二项分布也具有可加性:

若 $X \sim B(n,p), Y \sim B(m,p)$, 且 X 与 Y 独立, 则 $Z = X+Y \sim B(n+m,p)$.

推广: 设 k 个相互独立的随机变量 $X_i \sim B(n_i,p), i=1,2,\cdots,k$, 则 $\sum\limits_{i=1}^{k} X_i \sim B\left(\sum\limits_{i=1}^{k} n_i, p\right)$.

特别地, 如果 $X_1, X_2, \cdots, X_n$ 为 n 个相互独立都服从 $B(1,p)$ 分布的随机变量, 则 $\sum\limits_{i=1}^{n} X_i \sim B(n,p)$. 这表明, 服从二项分布 $B(n, p)$ 的随机变量可以分解成 n 个相互独立的都服从 0-1 分布的随机变量之和.

3. 正态分布具有可加性

设 X, Y 相互独立, 且 $X \sim N(\mu_1, \sigma_2^2)$, $Y \sim N(\mu_2, \sigma_2^2)$, 则有 $X + Y \sim N(\mu_1 + \mu_2, \sigma_1^2 + \sigma_2^2)$.

定理 3.1(正态分布的重要性质)   若 $X_1, X_2, \cdots, X_n$ 为相互独立的随机变量, 且 $X_i \sim N(\mu_i, \sigma_i^2), i=1,2,\cdots,n, C_1, C_2, \cdots, C_n$ 为 n 个任意常数, 则

$$\sum_{i=1}^{n} C_i X_i \sim N\left(\sum_{i=1}^{n} C_i \mu_i, \sum_{i=1}^{n} C_i^2 \sigma_i^2\right). \tag{3.31}$$

3.5.4   最大值与最小值的分布

设 $X_1, X_2, \cdots, X_n$ 是相互独立的 n 个随机变量, 分别具有分布函数 $F_i(x)$, $i=1, 2, \cdots, n$, 则 $Z_1 = \max(X_1, X_2, \cdots, X_n)$, $Z_2 = \min(X_1, X_2, \cdots, X_n)$ 的分布函数分别为

$$F_{\max}(z) = \prod_{i=1}^{n} F_i(z), \tag{3.32}$$

$$F_{\min}(z) = 1 - \prod_{i=1}^{n} [1 - F_i(z)]. \tag{3.33}$$

当 $X_1, X_2, \cdots, X_n$ 相互独立, 且具有相同的分布函数 $F(x)$ 时, 有

$$F_{\max}(z) = [F(z)]^n, \tag{3.34}$$

$$F_{\min}(z) = 1 - [1 - F(z)]^n. \tag{3.35}$$

当 $X_1, X_2, \cdots, X_n$ 是连续型随机变量, 且相互独立, 并具有相同的概率密度 $f(x)$ 时, 则有

$$f_{\max}(z) = n[F(z)]^{n-1} f(z), \tag{3.36}$$

$$f_{\min}(z) = n[1 - F(z)]^{n-1} f(z). \tag{3.37}$$

3.6 n 维随机变量

3.6.1 n 维随机变量的概念

如果 $X_1, X_2, \cdots, X_n$ 是定义在同一个样本空间 $\Omega = \{\omega\}$ 上的 n 个随机变量, 则称

$$X = (X_1, X_2, \cdots, X_n)$$

为 n **维随机变量**或 n **维随机向量**.

3.6.2 n 维随机变量的分布函数

设有 n 维随机变量 $(X_1, X_2, \cdots, X_n)$, 如果对任意 n 个实数 $x_1, x_2, \cdots, x_n$, 有

$$F(x_1, x_2, \cdots, x_n) = P\{X_1 \leqslant x_1, X_2 \leqslant x_2, \cdots, X_n \leqslant x_n\}, \qquad (3.38)$$

则称 $F(x_1, x_2, \cdots, x_n)$ 为 $(X_1, X_2, \cdots, X_n)$ 的**分布函数**.

说明: n 维随机变量的分布函数 $F(x_1, x_2, \cdots, x_n)$ 具有类似于二维随机变量分布函数的性质.

3.6.3 n 维离散型随机变量

如果 n 维随机变量 $(X_1, X_2, \cdots, X_n)$ 取有限个或无限可列个数组 $(x_1, x_2, \cdots, x_n) \in \mathbf{R}^n$, 则称 $(X_1, X_2, \cdots, X_n)$ 为 n 维离散型随机变量, 称

$$P\{X_1 = x_1, X_2 = x_2, \cdots, X_n = x_n\} = p(x_1, x_2, \cdots, x_n), (x_1, x_2, \cdots, x_n) \in \mathbf{R}^n$$

为 $(X_1, X_2, \cdots, X_n)$ 的分布律.

说明: n 维离散型随机变量的分布律具有类似于二维离散型随机变量分布律的性质.

3.6.4 n 维连续型随机变量

对 n 维随机变量 $(X_1, X_2, \cdots, X_n)$, 如果存在非负函数 $f(x_1, x_2, \cdots, x_n)$, 使得对任意 n 个实数 $x_1, x_2, \cdots, x_n$, 有

$$F(x_1, x_2, \cdots, x_n) = \int_{-\infty}^{x_n} \cdots \int_{-\infty}^{x_2} \int_{-\infty}^{x_1} f(u_1, u_2, \cdots, u_n) \mathrm{d}u_1 \mathrm{d}u_2 \cdots \mathrm{d}u_n \qquad (3.39)$$

成立, 则称 $(X_1, X_2, \cdots, X_n)$ 为 n **维连续型随机变量**, 称 $f(x_1, x_2, \cdots, x_n)$ 为 $(X_1, X_2, \cdots, X_n)$ 的**概率密度函数**, 简称**概率密度**.

说明: n 维连续型随机变量的概率密度 $f(x_1, x_2, \cdots, x_n)$ 具有类似于二维连续型随机变量概率密度的性质.

3.6.5 n 维随机变量的边缘分布

n 维随机变量 $(X_1, X_2, \cdots, X_n)$ 关于第 $i(i = 1, 2, \cdots, n)$ 个分量 X_i 的**边缘分布函数**定义为

$$F_{X_i}(x_i) = F(+\infty, \cdots, +\infty, x_i, +\infty, \cdots, +\infty), \qquad (3.40)$$

其中 $i = 1, 2, \cdots, n$.

设 n 维连续型随机变量 $(X_1, X_2, \cdots, X_n)$ 具有概率密度 $f(x_1, x_2, \cdots, x_n)$, 那么 $(X_1, X_2, \cdots, X_n)$ 关于第 $i(i = 1, 2, \cdots, n)$ 个分量 X_i 的**边缘概率密度**为

$$f_{X_i}(x_i) = \int_{-\infty}^{+\infty} \cdots \int_{-\infty}^{+\infty} \int_{-\infty}^{+\infty} \cdots \int_{-\infty}^{+\infty} f(x_1, x_2, \cdots, x_n) \mathrm{d}x_1 \cdots \mathrm{d}x_{i-1} \mathrm{d}x_{i+1} \cdots \mathrm{d}x_n,$$
$$(3.41)$$

其中 $i = 1, 2, \cdots, n$.

3.6.6 n 维随机变量的独立性

设 n 维随机变量 $(X_1, X_2, \cdots, X_n)$ 具有分布函数 $F(x_1, x_2, \cdots, x_n)$, $F_{X_i}(x_i)(i = 1, 2, \cdots, n)$ 为关于第 $i(i = 1, 2, \cdots, n)$ 个分量 X_i 的边缘分布函数, 如果对任意 n 个实数 $x_1, x_2, \cdots, x_n$, 都有

$$F(x_1, x_2, \cdots, x_n) = \prod_{i=1}^{n} F_{X_i}(x_i) \qquad (3.42)$$

成立, 则称 $X_1, X_2, \cdots, X_n$ **相互独立**.

在 n 维离散型随机变量的情形, 如果对于任意 n 个取值 $x_1, x_2, \cdots, x_n$, 都有

$$P\{X_1 = x_1, X_2 = x_2, \cdots, X_n = x_n\} = \prod_{i=1}^{n} P\{X_i = x_i\}, \qquad (3.43)$$

则称 $X_1, X_2, \cdots, X_n$ **相互独立**.

在 n 维连续型随机变量的情形, 假设 $(X_1, X_2, \cdots, X_n)$ 具有概率密度 $f(x_1, x_2, \cdots, x_n)$, $f_{X_i}(x_i)(i = 1, 2, \cdots, n)$ 为其关于第 i $(i = 1, 2, \cdots, n)$ 个分量 X_i 的边缘概率密度, 如果对任意 n 个实数 $x_1, x_2, \cdots, x_n$,

$$f(x_1, x_2, \cdots, x_n) = \prod_{i=1}^{n} f_{X_i}(x_i) \qquad (3.44)$$

几乎处处成立, 则称 $X_1, X_2, \cdots, X_n$ **相互独立**. 这里 "几乎处处成立" 是指除去测度为零的点集外处处成立.

解 题 指 导

1. 题型归纳及解题技巧

题型 1　二维随机变量及其分布

例 3.1.1　将一枚均匀的硬币独立抛掷 3 次, 以 X 表示正面向上的次数, Z 表示正面向上的次数与反面向上的次数之差的绝对值, 求 X 与 Z 的联合分布律.

分析　求 X 与 Z 的联合分布律, 首先需要明确 X 与 Z 的取值范围. 本题中, 易知 X 服从二项分布, Z 的取值可由 X 的取值直接决定: $Z = |X - (3 - X)| = |2X - 3|$. 由此, 可先列出 X 与 Z 的取值的对应关系, 再结合 X 的分布即可得到 X 与 Z 的联合分布律.

解　由题意知, $X \sim B(3, 0.5)$, Z 的取值为 1 和 3, 并且 X 与 Z 的取值情况如表 3.2.

表 3.2

X	0	1	2	3
Z	3	1	1	3

因此,

$$P\{X = 0, Z = 3\} = P\{X = 0\} = C_3^0 0.5^3 = 0.125,$$

$$P\{X = 1, Z = 1\} = P\{X = 1\} = C_3^1 0.5^3 = 0.375,$$

$$P\{X = 2, Z = 1\} = P\{X = 2\} = C_3^2 0.5^3 = 0.375,$$

$$P\{X = 3, Z = 3\} = P\{X = 3\} = C_3^3 0.5^3 = 0.125.$$

而 $P\{X = 0, Z = 1\} = P\{X = 1, Z = 3\} = P\{X = 2, Z = 3\} = P\{X = 3, Z = 1\} = 0$.

整理得, X 与 Z 的联合分布律如表 3.3.

表 3.3

X \ Z	1	3
0	0	0.125
1	0.375	0
2	0.375	0
3	0	0.125

例 3.1.2　池塘中有 3 条鱼, 用两张相同的渔网先后去捕鱼, 设每条鱼被捕到的概率均为 p, 各条鱼是否被捕到相互独立. 以 X, Y 分别表示第一、二张网捕到的鱼的条数, 求 X 与 Y 的联合分布律.

分析　本题中, X 的取值范围容易确定. 当 X 取不同值时, Y 的分布将随之变化, 求联合分布律时, 需要利用乘法公式进行计算.

解　由题得, $X \sim B(3, p)$, 即有 $P\{X = k\} = C_3^k p^k (1-p)^{3-k}$, $k = 0, 1, 2, 3$.
当 $X = 0$ 时, $Y \sim B(3, p)$; 当 $X = 1$ 时, $Y \sim B(2, p)$; 当 $X = 2$ 时, $Y \sim B(1, p)$;
当 $X = 3$ 时, $Y = 0$. 于是, 有

$$P\{Y = k | X = 0\} = C_3^k p^k (1-p)^{3-k}, \quad k = 0, 1, 2, 3;$$

$$P\{Y = k | X = 1\} = C_2^k p^k (1-p)^{2-k}, \quad k = 0, 1, 2;$$

$$P\{Y = k | X = 2\} = C_1^k p^k (1-p)^{1-k}, \quad k = 0, 1;$$

$$P\{Y = 0 | X = 3\} = 1.$$

再利用乘法公式, 可得 X 与 Y 的联合分布律, 例如

$$P\{X = 0, Y = 0\} = P\{X = 0\}P\{Y = 0 | X = 0\} = (1-p)^3 (1-p)^3 = (1-p)^6,$$

$$P\{X = 1, Y = 1\} = P\{X = 1\}P\{Y = 1 | X = 1\} = 3p(1-p)^2 \cdot 2p(1-p) = 6p^2(1-p)^3.$$

另外,

$$P\{X = 1, Y = 3\} = 0; \quad P\{X = 2, Y = k\} = 0, k = 2, 3;$$

$$P\{X = 3, Y = k\} = 0, \quad k = 1, 2, 3.$$

整理得, X 与 Y 的联合分布律如表 3.4.

表 3.4

X＼Y	0	1	2	3
0	$(1-p)^6$	$3p(1-p)^5$	$3p^2(1-p)^4$	$p^3(1-p)^3$
1	$3p(1-p)^4$	$6p^2(1-p)^3$	$3p^3(1-p)^2$	0
2	$3p^2(1-p)^2$	$3p^3(1-p)$	0	0
3	p^3	0	0	0

例 3.1.3　设二维随机变量 (X, Y) 的概率密度为

$$f(x, y) = \begin{cases} ax, & 0 \leqslant x \leqslant y \leqslant 1, \\ 0, & \text{其他}, \end{cases}$$

求: (1) a 的值;　(2) $P\{X + Y \leqslant 1\}$.

分析　由概率密度的归一性即可求得未知参数 a; 第 (2) 问可转化为二重积分的计算, 关键在于明确积分区域与概率密度取非零值对应的区域的交集.

解　(1) 由概率密度的归一性, 有

$$1 = \int_{-\infty}^{+\infty} \int_{-\infty}^{+\infty} f(x,y) \mathrm{d}x \mathrm{d}y = \int_0^1 \int_0^y ax \mathrm{d}x \mathrm{d}y = \frac{1}{6}a,$$

因此, $a = 6$,

$$f(x,y) = \begin{cases} 6x, & 0 \leqslant x \leqslant y \leqslant 1, \\ 0, & \text{其他}. \end{cases}$$

(2) 由概率密度的性质知

$$P\{X + Y \leqslant 1\} = \iint\limits_{\{(x,y)|x+y \leqslant 1\}} f(x,y) \mathrm{d}x \mathrm{d}y,$$

区域 $\{(x,y)|x+y \leqslant 1\}$ 与概率密度取非零值对应的区域 $\{(x,y)|0 \leqslant x \leqslant y \leqslant 1\}$ 的交集, 如图 3.3 中阴影部分所示, 所以

$$P\{X + Y \leqslant 1\} = \iint\limits_{\{(x,y)|x+y \leqslant 1\}} f(x,y) \mathrm{d}x \mathrm{d}y$$

$$= \int_0^{\frac{1}{2}} \mathrm{d}x \int_x^{1-x} 6x \mathrm{d}y$$

$$= \int_0^{\frac{1}{2}} 6x(1-2x) \mathrm{d}x = \frac{1}{4}.$$

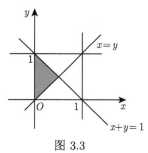

图 3.3

题型 2　边缘分布与独立性

例 3.2.1　设随机变量 X 与 Y 的联合分布律如表 3.5.

表 3.5

X＼Y	0	1	2
0	1/6	1/12	1/12
1	1/3	a	b

若 X 与 Y 相互独立, 求 a, b 的值.

分析　利用离散型随机变量分布律的归一性与相互独立的充要条件求解.

解　首先写出两个边缘分布律, 见表 3.6.

表 3.6

Y X	0	1	2	$p_i.$
0	1/6	1/12	1/12	1/3
1	1/3	a	b	$a+b+1/3$
$p_{.j}$	1/2	$a+1/12$	$b+1/12$	$a+b+2/3=1$

由 X 和 Y 相互独立得 $P\{X=0, Y=1\} = P\{X=0\}P\{Y=1\}$, 即 $1/12 = (1/3)(a+1/12)$, 所以 $a = 1/6$. 又由分布律的归一性知 $a+b+2/3=1$, 解得 $b=1/6$.

例 3.2.2 设随机变量 (X, Y) 的概率密度为

$$f(x,y) = \begin{cases} 8xy, & 0 < x < y < 1, \\ 0, & \text{其他}. \end{cases}$$

(1) 求两个边缘概率密度;

(2) 问 X 与 Y 是否相互独立?

分析 先根据定义求出两个边缘概率密度, 再由连续型随机变量相互独立的充要条件判断独立性.

解 (1) 概率密度 $f(x,y)$ 取非零值对应的区域如图 3.4 所示, 故

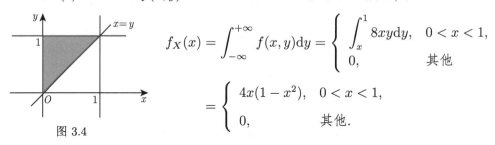

$$f_X(x) = \int_{-\infty}^{+\infty} f(x,y)\mathrm{d}y = \begin{cases} \int_x^1 8xy\mathrm{d}y, & 0 < x < 1, \\ 0, & \text{其他} \end{cases}$$

$$= \begin{cases} 4x(1-x^2), & 0 < x < 1, \\ 0, & \text{其他}. \end{cases}$$

图 3.4

$$f_Y(y) = \int_{-\infty}^{+\infty} f(x,y)\mathrm{d}x = \begin{cases} \int_0^y 8xy\mathrm{d}x, & 0 < y < 1, \\ 0, & \text{其他} \end{cases} = \begin{cases} 4y^3, & 0 < y < 1, \\ 0, & \text{其他}. \end{cases}$$

(2) 显然, 在面积非零的区域上, $f(x,y) \neq f_X(x)f_Y(y)$, 所以 X 与 Y 不相互独立.

题型 3　条件分布

例 3.3.1 设二维随机变量 (X, Y) 的分布律为表 3.7.

表 3.7

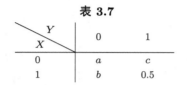

已知 $P\{Y=1|X=0\}=1/2$, $P\{X=1|Y=0\}=1/3$, 求常数 a, b, c 的值.

分析 利用分布律的归一性以及条件概率公式列方程求解.

解 由分布律的归一性得 $a+b+c+0.5=1$, 即 $a+b+c=0.5$. 又

$$P\{Y=1|X=0\}=\frac{P\{X=0,Y=1\}}{P\{X=0\}}=\frac{c}{a+c}=\frac{1}{2},$$

$$P\{X=1|Y=0\}=\frac{P\{X=1,Y=0\}}{P\{Y=0\}}=\frac{b}{a+b}=\frac{1}{3},$$

整理得方程组 $\begin{cases} a+b+c=0.5, \\ a-c=0, \\ a-2b=0, \end{cases}$ 解得 $\begin{cases} a=0.2, \\ b=0.1, \\ c=0.2. \end{cases}$

例 3.3.2 设二维随机变量 (X, Y) 的概率密度为

$$f(x,y)=\begin{cases} \dfrac{1}{x}, & 0<y<x<1, \\ 0, & \text{其他}. \end{cases}$$

求: (1) 条件概率密度 $f_{Y|X}(y|x)$;

(2) 条件概率 $P\left\{Y\leqslant\dfrac{1}{3}\middle|X=\dfrac{1}{2}\right\}$.

分析 要求条件概率密度 $f_{Y|X}(y|x)$, 需要先求出边缘概率密度 $f_X(x)$. (2) 中, 对于连续型随机变量 X 来说, $P\left\{X=\dfrac{1}{2}\right\}=0$, 因此, 不能用 $\dfrac{P\left\{X=\dfrac{1}{2},Y\leqslant\dfrac{1}{3}\right\}}{P\left\{X=\dfrac{1}{2}\right\}}$ 来求解 $P\left\{Y\leqslant\dfrac{1}{3}\middle|X=\dfrac{1}{2}\right\}$, 只能利用 (1) 中求出的条件概率密度来求这个条件概率.

解 (1) 关于 X 的边缘概率密度

$$f_X(x)=\int_{-\infty}^{+\infty}f(x,y)\mathrm{d}y=\begin{cases} \displaystyle\int_0^x\frac{1}{x}\mathrm{d}y, & 0<x<1, \\ 0, & \text{其他} \end{cases}=\begin{cases} 1, & 0<x<1, \\ 0, & \text{其他}. \end{cases}$$

因此, 当 $0 < x < 1$ 时,

$$f_{Y|X}(y|x) = \frac{f(x,y)}{f_X(x)} = \begin{cases} \dfrac{1}{x}, & 0 < y < x, \\ 0, & \text{其他}. \end{cases}$$

(2) 由 (1) 得, $f_{Y|X}\left(y\left|\dfrac{1}{2}\right.\right) = \begin{cases} 2, & 0 < y < \dfrac{1}{2} \\ 0, & \text{其他} \end{cases}$, 因此, $P\left\{Y \leqslant \dfrac{1}{3}\,\middle|\, X = \dfrac{1}{2}\right\} = \int_0^{\frac{1}{3}} 2\mathrm{d}y = \dfrac{2}{3}$.

题型 4 随机变量函数的分布

例 3.4.1 已知二维离散型随机变量的分布律如表 3.8.

表 3.8

X \ Y	-1	0	1
0	0.07	0.18	0.15
1	0.08	0.32	0.2

求: $Z_1 = \max(X, Y)$, $Z_2 = XY$ 的分布律.

分析 先列出 (X, Y) 的分布律以及每对 (X, Y) 对应的 Z_1, Z_2 的取值, 再整理即可得到它们的分布律.

解 将 (X, Y) 的分布律及 Z_1, Z_2 的取值对应到表 3.9 中.

表 3.9

p_{ij}	0.07	0.18	0.15	0.08	0.32	0.2
(X, Y)	$(0, -1)$	$(0, 0)$	$(0, 1)$	$(1, -1)$	$(1, 0)$	$(1, 1)$
Z_1	0	0	1	1	1	1
Z_2	0	0	0	-1	0	1

整理得 Z_1, Z_2 的分布律分别为表 3.10 和表 3.11.

表 3.10

Z_1	0	1
P	0.25	0.75

表 3.11

Z_2	-1	0	1
P	0.08	0.72	0.2

例 3.4.2 设二维随机变量 (X, Y) 的概率密度为

$$f(x,y) = \begin{cases} x+y, & 0<x<1, 0<y<1, \\ 0, & \text{其他}. \end{cases}$$

求: $Z = X + Y$ 的概率密度 $f_Z(z)$.

分析　利用和的概率密度公式求解.

解　$f_Z(z) = \displaystyle\int_{-\infty}^{+\infty} f(x, z-x)\mathrm{d}x$, 其中

$$f(x, z-x) = \begin{cases} x+(z-x), & 0<x<1, 0<z-x<1, \\ 0, & \text{其他} \end{cases}$$

$$= \begin{cases} z, & 0<x<1, 0<z-x<1, \\ 0, & \text{其他}, \end{cases}$$

$f(x, z-x)$ 取非零值对应的区域如图 3.5 中阴影部分所示, 因此,

$$f_Z(z) = \int_{-\infty}^{+\infty} f(x, z-x)\mathrm{d}x$$

$$= \begin{cases} \displaystyle\int_0^z z\,\mathrm{d}x, & 0<z<1, \\ \displaystyle\int_{z-1}^1 z\,\mathrm{d}x, & 1 \leqslant z < 2, \\ 0, & \text{其他} \end{cases}$$

$$= \begin{cases} z^2, & 0<z<1, \\ 2z-z^2, & 1 \leqslant z < 2, \\ 0, & \text{其他}. \end{cases}$$

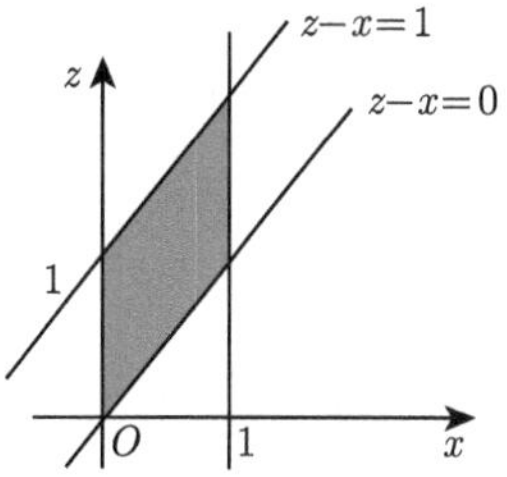

图 3.5

例 3.4.3　设随机变量 X 与 Y 相互独立, 且有相同的分布, 它们的概率密度均为

$$f(x) = \begin{cases} \mathrm{e}^{1-x}, & x>1, \\ 0, & \text{其他}, \end{cases}$$

求 $Z = X + Y$ 的概率密度.

分析　X 与 Y 相互独立时, 利用卷积公式求解 $X+Y$ 的概率密度.

解　利用卷积公式 $f_Z(z) = \displaystyle\int_{-\infty}^{+\infty} f_X(x) f_Y(z-x)\mathrm{d}x$, 其中

$$f_X(x) = \begin{cases} \mathrm{e}^{1-x}, & x>1, \\ 0, & \text{其他}, \end{cases} \qquad f_Y(z-x) = \begin{cases} \mathrm{e}^{1-(z-x)}, & z-x>1, \\ 0, & \text{其他}, \end{cases}$$

仅当 $\begin{cases} x > 1, \\ z - x > 1 \end{cases}$ 时, 卷积公式中的被积函数不为零, 如图 3.6 所示, 故

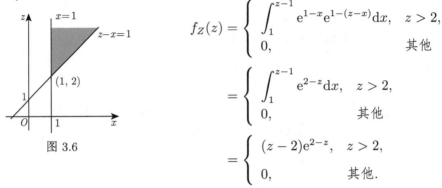

图 3.6

$$f_Z(z) = \begin{cases} \displaystyle\int_1^{z-1} \mathrm{e}^{1-x}\mathrm{e}^{1-(z-x)}\mathrm{d}x, & z > 2, \\ 0, & \text{其他} \end{cases}$$

$$= \begin{cases} \displaystyle\int_1^{z-1} \mathrm{e}^{2-z}\mathrm{d}x, & z > 2, \\ 0, & \text{其他} \end{cases}$$

$$= \begin{cases} (z-2)\mathrm{e}^{2-z}, & z > 2, \\ 0, & \text{其他}. \end{cases}$$

例 3.4.4　设随机变量 X 与 Y 相互独立, 且均服从指数分布 $\mathrm{Exp}(1)$, 求 $U = \max(X, Y)$, $V = \min(X, Y)$ 的概率密度.

分析　由最大值最小值分布的公式先写出 U 和 V 的分布函数, 再求导得概率密度.

解　由题得, X 与 Y 的分布函数均为

$$F(x) = \begin{cases} 1 - \mathrm{e}^{-x}, & x > 0, \\ 0, & \text{其他}, \end{cases}$$

因为 X 与 Y 相互独立, 所以 $U = \max(X, Y)$, $V = \min(X, Y)$ 的分布函数分别为

$$F_U(u) = [F(u)]^2 = \begin{cases} (1 - \mathrm{e}^{-u})^2, & u > 0, \\ 0, & \text{其他}, \end{cases}$$

$$F_V(v) = 1 - [1 - F(v)]^2 = \begin{cases} 1 - \mathrm{e}^{-2v}, & v > 0, \\ 0, & \text{其他}. \end{cases}$$

求导得概率密度为

$$f_U(u) = \begin{cases} 2\mathrm{e}^{-u}(1 - \mathrm{e}^{-u}), & u > 0, \\ 0, & \text{其他}, \end{cases} \qquad f_V(v) = \begin{cases} 2\mathrm{e}^{-2v}, & v > 0, \\ 0, & \text{其他}. \end{cases}$$

例 3.4.5　设二维随机变量 (X, Y) 服从区域 $D = \{(x,y) \mid 0 < x < 1, 0 < y < 1\}$ 上的均匀分布, 求 $Z = X - Y$ 的概率密度.

分析　求 (X, Y) 的函数 $Z = X - Y$ 的概率密度, 可以利用分布函数法, 先求出其分布函数, 再求导即得概率密度.

解 由题得 (X, Y) 的概率密度为

$$f(x,y) = \begin{cases} 1, & 0 < x < 1, 0 < y < 1, \\ 0, & \text{其他}; \end{cases}$$

Z 的分布函数为 $F_Z(z) = P\{X - Y \leqslant z\} = \iint\limits_{G:\{(x,y)|x-y\leqslant z\}} f(x,y)\mathrm{d}x\mathrm{d}y$, 根据 z 的

不同取值, 概率密度 $f(x, y)$ 取非零值对应的区域 D 与区域 G 的交集 (阴影部分) 有如图 3.7 所示的四种情况, 于是

$$F_Z(z) = \iint\limits_{G} f(x,y)\mathrm{d}x\mathrm{d}y = \iint\limits_{D\cap G} \mathrm{d}x\mathrm{d}y = \begin{cases} 0, & z < -1, \\ \dfrac{1}{2}(1+z)^2, & -1 \leqslant z < 0, \\ 1 - \dfrac{1}{2}(1-z)^2, & 0 \leqslant z < 1, \\ 1, & z \geqslant 1. \end{cases}$$

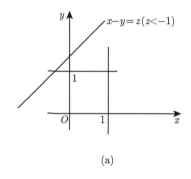

(a)

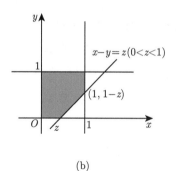

(b)

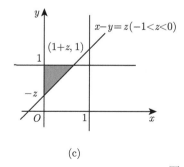

(c)

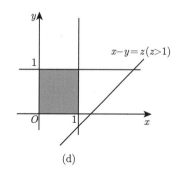

(d)

图 3.7

将 $F_Z(z)$ 关于 z 求导得

$$f_Z(z) = \begin{cases} 1+z, & -1 \leqslant z < 0, \\ 1-z, & 0 \leqslant z < 1, \\ 0, & 其他. \end{cases}$$

2. 考研真题解析

真题 3.1 (2005 年数学一、数学三) 设二维随机变量 (X, Y) 的概率分布为表 3.12.

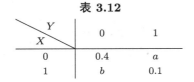

表 3.12

X \ Y	0	1
0	0.4	a
1	b	0.1

若事件 $\{X = 0\}$ 与 $\{X + Y = 1\}$ 相互独立, 则 $a = \underline{\hspace{2cm}}$, $b = \underline{\hspace{2cm}}$.

分析 根据分布律的归一性以及独立的定义列方程求解.

解 由分布律的归一性得 $0.4 + a + b + 0.1 = 1$, 即 $a + b = 0.5$; 又因为事件 $\{X = 0\}$ 与 $\{X + Y = 1\}$ 相互独立, 所以

$$P\{X = 0, X + Y = 1\} = P\{X = 0\}P\{X + Y = 1\},$$

其中,

$$P\{X = 0, X + Y = 1\} = P\{X = 0, Y = 1\} = a,$$

$P\{X = 0\} = 0.4 + a$, $P\{X+Y=1\} = P\{X = 1, Y = 0\} + P\{X=0, Y=1\} = b + a$, 因此 $a = (0.4 + a)(b + a)$, 解得 $a = 0.4, b = 0.1$.

真题 3.2 (2005 年数学一、数学三) 设二维随机变量 (X, Y) 的概率密度为

$$f(x, y) = \begin{cases} 1, & 0 < x < 1, 0 < y < 2x, \\ 0, & 其他. \end{cases}$$

真题3.2精讲

(1) 求边缘概率密度 $f_X(x)$, $f_Y(y)$;

(2) 求 $Z = 2X - Y$ 的概率密度 $f_Z(z)$.

分析 利用定义求边缘概率密度; 用分布函数法求 Z 的分布函数, 再求导得概率密度.

解 (1) $f_X(x) = \int_{-\infty}^{+\infty} f(x,y)\mathrm{d}y = \begin{cases} \int_0^{2x} \mathrm{d}y, & 0<x<1, \\ 0, & \text{其他} \end{cases} = \begin{cases} 2x, & 0<x<1, \\ 0, & \text{其他}, \end{cases}$

$f_Y(y) = \int_{-\infty}^{+\infty} f(x,y)\mathrm{d}x = \begin{cases} \int_{\frac{y}{2}}^1 \mathrm{d}x, & 0<y<2, \\ 0, & \text{其他} \end{cases} = \begin{cases} 1-\dfrac{y}{2}, & 0<y<2, \\ 0, & \text{其他}. \end{cases}$

(2) Z 的分布函数

$$F_Z(z) = P\{Z \leqslant z\} = P\{2X-Y \leqslant z\} = \iint\limits_{\{(x,y)|2x-y\leqslant z\}} f(x,y)\mathrm{d}x\mathrm{d}y,$$

要计算积分 $\iint\limits_{\{(x,y)|2x-y\leqslant z\}} f(x,y)\mathrm{d}x\mathrm{d}y$, 就需要讨论 z 的范围.

当 $z<0$ 时, $F_Z(z)=0$.

当 $0 \leqslant z < 2$ 时, $\{(x,y)|2x-y \leqslant z\}$ 与 $f(x,y)$ 取非零值对应的区域的交集如图 3.8 中阴影部分 D 所示,

$$F_Z(z) = P\{2X-Y \leqslant z\} = \iint\limits_{\{(x,y)|2x-y\leqslant z\}} f(x,y)\mathrm{d}x\mathrm{d}y$$

$$= \iint\limits_D \mathrm{d}x\mathrm{d}y = 1 - \frac{1}{2}\left(1-\frac{z}{2}\right)(2-z) = z - \frac{1}{4}z^2.$$

当 $z \geqslant 2$ 时, $F_Z(z)=1$.

综上,

$$F_Z(z) = \begin{cases} 0, & z<0, \\ z-\dfrac{1}{4}z^2, & 0 \leqslant z < 2, \\ 1, & z \geqslant 2, \end{cases}$$

所求概率密度为

$$f_Z(z) = \begin{cases} 1-\dfrac{1}{2}z, & 0 \leqslant z < 2, \\ 0, & \text{其他}. \end{cases}$$

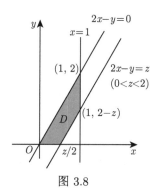

图 3.8

真题 3.3 (2009 年数学一、数学三)   袋中有 1 个红球、2 个黑球与 3 个白球. 现有放回地从袋中取球两次, 每次取一个球, 以 X, Y, Z 分别表示两次取球所得的红球、黑球和白球的个数.

(1) 求 $P\{X = 1 | Z = 0\}$;

(2) 求二维随机变量 (X, Y) 的概率分布.

分析   因为是有放回地取球, 所以两次取球相互独立. 利用条件概率公式及独立性即可求解.

解   有放回地取球, 每次取得红、黑、白球的概率分别为 $1/6, 1/3, 1/2$.

(1) 由条件概率公式,

$$P\{X = 1 | Z = 0\} = \frac{P\{X = 1, \ Z = 0\}}{P\{Z = 0\}}.$$

真题3.3精讲

事件 $\{Z = 0\}$ 表示两次都没有取到白球, 则

$$P\{Z = 0\} = \frac{1}{2} \times \frac{1}{2} = \frac{1}{4}.$$

事件 $\{X = 1, Z = 0\}$ 表示取到的红球个数为 1, 白球个数为 0, 即这两次取球, 其中一次取到红球, 另一次取到黑球, 则

$$P\{X = 1, \ Z = 0\} = \mathrm{C}_2^1 \times \frac{1}{6} \times \frac{1}{3} = \frac{1}{9},$$

故

$$P\{X = 1 | Z = 0\} = \frac{P\{X = 1, \ Z = 0\}}{P\{Z = 0\}} = \frac{4}{9}.$$

(2) 由题得 X, Y 的所有可能取值均为 0, 1, 2, 则二维随机变量 (X, Y) 的所有可能取值为 $(0, 0), (0, 1), (0, 2), (1, 0), (1, 1), (2, 0)$.

当 (X, Y) 的取值为 $(0, 0)$ 时, 表示两次都取到了白球, 则

$$P\{X = 0, Y = 0\} = \frac{1}{2} \times \frac{1}{2} = \frac{1}{4}.$$

当 (X, Y) 的取值为 $(0, 1)$ 时, 表示其中一次取到了黑球, 另一次取到了白球, 则

$$P\{X = 0, Y = 1\} = \mathrm{C}_2^1 \times \frac{1}{3} \times \frac{1}{2} = \frac{1}{3};$$

同理可得,

$$P\{X=0,Y=2\}=\frac{1}{3}\times\frac{1}{3}=\frac{1}{9}, \quad P\{X=1,Y=0\}=\mathrm{C}_2^1\times\frac{1}{6}\times\frac{1}{2}=\frac{1}{6},$$

$$P\{X=1,Y=1\}=\mathrm{C}_2^1\times\frac{1}{6}\times\frac{1}{3}=\frac{1}{9}, \quad P\{X=2,Y=0\}=\frac{1}{6}\times\frac{1}{6}=\frac{1}{36}.$$

因此, (X,Y) 的概率分布如表 3.13.

表 3.13

X \ Y	0	1	2
0	1/4	1/3	1/9
1	1/6	1/9	0
2	1/36	0	0

真题 3.4 (2009 年数学三)　设二维随机变量 (X,Y) 的概率密度为

$$f(x,y)=\begin{cases} \mathrm{e}^{-x}, & 0<y<x, \\ 0, & \text{其他}. \end{cases}$$

(1) 求条件概率密度 $f_{Y|X}(y|x)$;

(2) 求条件概率 $P\{X\leqslant 1|Y\leqslant 1\}$.

分析　求条件概率密度, 首先需要求边缘概率密度, 再代入公式求解.

解　(1) 关于 X 的边缘概率密度为

$$f_X(x)=\int_{-\infty}^{+\infty}f(x,y)\mathrm{d}y=\begin{cases} \int_0^x \mathrm{e}^{-x}\mathrm{d}y, & x>0, \\ 0, & \text{其他} \end{cases} = \begin{cases} x\mathrm{e}^{-x}, & x>0, \\ 0, & \text{其他}. \end{cases}$$

所以, 当 $x>0$ 时, 条件概率密度为

$$f_{Y|X}(y|x)=\frac{f(x,y)}{f_X(x)}=\begin{cases} \dfrac{1}{x}, & 0<y<x, \\ 0, & \text{其他}. \end{cases}$$

(2) 由条件概率公式,

$$P\{X\leqslant 1|Y\leqslant 1\}=\frac{P\{X\leqslant 1,\ Y\leqslant 1\}}{P\{Y\leqslant 1\}},$$

$$P\{X \leqslant 1, Y \leqslant 1\} = \int_{-\infty}^{1} \int_{-\infty}^{1} f(x,y)\mathrm{d}x\mathrm{d}y = \int_{0}^{1} \int_{0}^{x} \mathrm{e}^{-x}\mathrm{d}y\mathrm{d}x$$

$$= \int_{0}^{1} x\mathrm{e}^{-x}\mathrm{d}x = 1 - 2\mathrm{e}^{-1},$$

$$P\{Y \leqslant 1\} = \int_{-\infty}^{1} \int_{-\infty}^{+\infty} f(x,y)\mathrm{d}x\mathrm{d}y = \int_{0}^{1} \int_{y}^{+\infty} \mathrm{e}^{-x}\mathrm{d}x\mathrm{d}y = \int_{0}^{1} \mathrm{e}^{-y}\mathrm{d}y = 1 - \mathrm{e}^{-1},$$

因此,

$$P\{X \leqslant 1 | Y \leqslant 1\} = \frac{P\{X \leqslant 1, Y \leqslant 1\}}{P\{Y \leqslant 1\}} = \frac{1 - 2\mathrm{e}^{-1}}{1 - \mathrm{e}^{-1}} = \frac{\mathrm{e} - 2}{\mathrm{e} - 1}.$$

真题 3.5 (2012 年数学一)   设随机变量 X 与 Y 相互独立, 且分别服从均值为 1 和 1/4 的指数分布, 则 $P\{X < Y\} = ($ $).$

(A) 1/5   (B) 1/3   (C) 2/3   (D) 4/5

分析   求解概率 $P\{X < Y\}$ 就是计算 X 与 Y 的联合概率密度在区域 $\{(x, y)|x < y\}$ 上的积分.

解   由题得, X 和 Y 的概率密度分别为

$$f_X(x) = \begin{cases} \mathrm{e}^{-x}, & x > 0, \\ 0, & x \leqslant 0, \end{cases} \qquad f_Y(y) = \begin{cases} 4\mathrm{e}^{-4y}, & y > 0, \\ 0, & y \leqslant 0. \end{cases}$$

因为 X 与 Y 相互独立, 所以它们的联合概率密度为

$$f(x,y) = \begin{cases} 4\mathrm{e}^{-x-4y}, & x > 0, y > 0, \\ 0, & \text{其他}. \end{cases}$$

记区域 $D = \{(x,y)|x > 0, \ y > 0\}$, $G = \{(x,y)|x < y\}$, 则

$$P\{X < Y\} = \iint\limits_{G} f(x,y)\mathrm{d}x\mathrm{d}y = \iint\limits_{G \cap D} 4\mathrm{e}^{-x-4y}\mathrm{d}x\mathrm{d}y = \int_{0}^{+\infty} \int_{0}^{y} 4\mathrm{e}^{-x-4y}\mathrm{d}x\mathrm{d}y = \frac{1}{5}.$$

本题选 (A).

真题 3.6 (2013 年数学三)   设 (X, Y) 是二维随机变量, X 的边缘概率密度为

$$f_X(x) = \begin{cases} 3x^2, & 0 < x < 1, \\ 0, & \text{其他}, \end{cases}$$

在给定 $X = x(0 < x < 1)$ 的条件下, Y 的条件概率密度为

$$f_{Y|X}(y|x) = \begin{cases} \dfrac{3y^2}{x^3}, & 0 < y < x, \\ 0, & \text{其他}. \end{cases}$$

(1) 求 (X, Y) 的概率密度 $f(x, y)$;

(2) 求 Y 的边缘概率密度 $f_Y(y)$;

(3) 求 $P\{X > 2Y\}$.

分析　根据条件概率密度公式, 利用条件概率密度和边缘概率密度求联合概率密度.

解　(1) 由条件概率密度公式可得

$$f(x,y) = f_X(x)f_{Y|X}(y|x) = \begin{cases} \dfrac{9y^2}{x}, & 0 < y < x < 1, \\ 0, & \text{其他}. \end{cases}$$

(2) Y 的边缘概率密度

$$f_Y(y) = \int_{-\infty}^{+\infty} f(x,y)\mathrm{d}x = \begin{cases} \displaystyle\int_y^1 \dfrac{9y^2}{x}\mathrm{d}x, & 0 < y < 1, \\ 0, & \text{其他} \end{cases} = \begin{cases} -9y^2\ln y, & 0 < y < 1, \\ 0, & \text{其他}. \end{cases}$$

(3) $P\{X > 2Y\} = \displaystyle\iint_{\{(x,y)|x>2y\}} f(x,y)\mathrm{d}x\mathrm{d}y$, 积分区域 $\{(x,y)|x > 2y\}$ 与 $f(x,y)$ 取非零值对应的区域 $\{(x,y)|0 < y < x < 1\}$ 的交集如图 3.9 中阴影部分所示, 因此,

$$P\{X > 2Y\} = \iint_{\{(x,y)|x>2y\}} f(x,y)\mathrm{d}x\mathrm{d}y$$
$$= \int_0^1 \int_0^{\frac{x}{2}} \dfrac{9y^2}{x}\mathrm{d}y\mathrm{d}x = \dfrac{1}{8}.$$

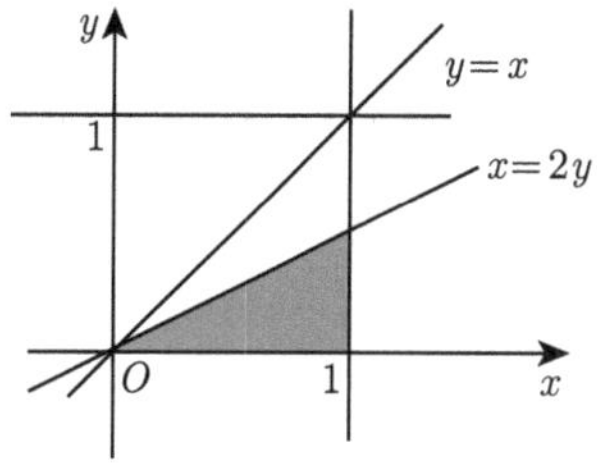

图 3.9

真题 3.7 (2016 年数学一、数学三)　设二维随机变量 (X, Y) 在区域

$$D = \{(x,y) \mid 0 < x < 1, x^2 < y < \sqrt{x}\}$$

上服从均匀分布, 令

$$U = \begin{cases} 1, & X \leqslant Y, \\ 0, & X > Y. \end{cases}$$

(1) 写出 (X, Y) 的概率密度;

(2) U 与 X 是否相互独立?

(3) 求 $Z = U + X$ 的分布函数 $F(z)$.

分析　本题考查二维随机变量的概率密度、随机变量的独立性以及由离散型和连续型混合组成的随机变量的分布函数的求解. 第 (1) 问, 直接根据均匀分布的定义即可得到. 第 (2) 问, 独立性的讨论中, 首先对 U 和 X 的关系作初步的判断, 因为 U 的取值和 X 有关, 容易猜测二者不独立, 所以只需要找到一个例子来说明即可. 第 (3) 问, 求解随机变量 Z 的分布函数时, 根据 U 和 X 的取值, 分成 $z < 0, 0 \leqslant z < 1, 1 \leqslant z < 2, z \geqslant 2$ 四段, 分别讨论 $F(z)$ 的表达式.

解　(1) 区域 D 的面积为

真题3.7精讲

$$S = \int_0^1 \mathrm{d}x \int_{x^2}^{\sqrt{x}} \mathrm{d}y = \frac{1}{3},$$

所以 (X, Y) 的概率密度为

$$f(x, y) = \begin{cases} 3, & (x, y) \in D, \\ 0, & 其他. \end{cases}$$

(2) 设 t 为常数, 且 $0 < t < 1$, 则

$$P\{U \leqslant 0, X \leqslant t\} = P\{X > Y, X \leqslant t\} = \iint\limits_{t \geqslant x > y} f(x, y)\mathrm{d}x\mathrm{d}y = \int_0^t \int_{x^2}^x 3\mathrm{d}y\mathrm{d}x = \frac{3}{2}t^2 - t^3,$$

$$P\{U \leqslant 0\} = P\{X > Y\} = \int_0^1 \int_{x^2}^x 3\mathrm{d}y\mathrm{d}x = \frac{1}{2},$$

$$P\{X \leqslant t\} = \iint\limits_{t \geqslant x} f(x, y)\mathrm{d}x\mathrm{d}y = \int_0^t \int_{x^2}^{\sqrt{x}} 3\mathrm{d}y\mathrm{d}x = 2t^{\frac{3}{2}} - t^3,$$

显然 $P\{U \leqslant 0, X \leqslant t\} \neq P\{U \leqslant 0\}P\{X \leqslant t\}$, 所以 U 与 X 不相互独立.

(3) $F(z) = P\{Z \leqslant z\} = P\{U + X \leqslant z\}$.

当 $z < 0$ 时, $F(z) = 0$.

当 $0 \leqslant z < 1$ 时,

$$F(z) = P\{U + X \leqslant z\} = P\{U = 0, X \leqslant z\} = P\{X > Y, X \leqslant z\}$$

$$= \int_0^z \int_{x^2}^x 3\mathrm{d}y\mathrm{d}x = \frac{3}{2}z^2 - z^3.$$

当 $1 \leqslant z < 2$ 时,

$$F(z) = P\{U + X \leqslant z\} = P\{U = 0, X \leqslant z\} + P\{U = 1, X \leqslant z - 1\}$$

$$= P\{X > Y, X \leqslant z\} + P\{X \leqslant Y, X \leqslant z - 1\} = \int_0^1 \int_{x^2}^x 3\mathrm{d}y\mathrm{d}x + \int_0^{z-1} \int_x^{\sqrt{x}} 3\mathrm{d}y\mathrm{d}x$$

$$= \frac{1}{2} + 2(z - 1)^{\frac{3}{2}} - \frac{3}{2}(z - 1)^2.$$

当 $z \geqslant 2$ 时, $F(z) = P\{U + X \leqslant z\} = 1$.

综上, Z 的分布函数为

$$F(z) = \begin{cases} 0, & z < 0, \\ \dfrac{3}{2}z^2 - z^3, & 0 \leqslant z < 1, \\ \dfrac{1}{2} + 2(z - 1)^{\frac{3}{2}} - \dfrac{3}{2}(z - 1)^2, & 1 \leqslant z < 2, \\ 1, & z \geqslant 2. \end{cases}$$

真题 3.8 (2019 年数学一、数学三)　设随机变量 X 与 Y 相互独立, 都服从正态分布 $N(\mu, \sigma^2)$, 则 $P\{|X - Y| < 1\}$ (　　)

(A) 与 μ 无关, 与 σ^2 有关　　　　(B) 与 μ 有关, 与 σ^2 无关

(C) 与 μ σ^2 都有关　　　　　　　(D) 与 μ σ^2 都无关

分析　本题关键在于利用正态分布的性质写出 $X - Y$ 的分布.

解　因为 X 与 Y 相互独立, 由正态分布的性质知, $X - Y$ 服从正态分布 $N(\mu - \mu, \sigma^2 + \sigma^2)$, 即 $X - Y \sim N(0, 2\sigma^2)$, 故

$$P\{|X - Y| < 1\} = P\left\{\frac{|X - Y|}{\sqrt{2}\sigma} < \frac{1}{\sqrt{2}\sigma}\right\} = 2\Phi\left(\frac{1}{\sqrt{2}\sigma}\right) - 1.$$

因此, $P\{|X - Y| < 1\}$ 与 μ 无关, 与 σ^2 有关, 本题选 (A).

真题 3.9 (2020 年数学三)　设随机变量 (X, Y) 在区域 $D = \{(x, y) | 0 < y < \sqrt{1 - x^2}\}$ 上服从均匀分布, 令

$$Z_1 = \begin{cases} 1, & X - Y > 0, \\ 0, & X - Y \leqslant 0, \end{cases} \qquad Z_2 = \begin{cases} 1, & X + Y > 0, \\ 0, & X + Y \leqslant 0. \end{cases}$$

求二维随机变量 (Z_1, Z_2) 的概率分布.

分析　本题中, (Z_1, Z_2) 为二维离散型随机变量, 有 4 组不同的取值, 每组值对应 (X, Y) 不同的取值范围, 根据 (X, Y) 的分布, 即可求出 (Z_1, Z_2) 取不同值的概率.

解　(X, Y) 在区域 D 上服从均匀分布, 区域 D 是图 3.10 (a) 所示的半圆, 面积为 $\dfrac{\pi}{2}$, 可得二维随机变量 (X, Y) 的概率密度为

$$f(x, y) = \begin{cases} \dfrac{2}{\pi}, & (x, y) \in D, \\ 0, & 其他. \end{cases}$$

根据 Z_1, Z_2 的定义, (Z_1, Z_2) 有 4 组不同的取值, 分别计算其概率如下:

$$P\{Z_1 = 0, Z_2 = 0\} = P\{X - Y \leqslant 0, X + Y \leqslant 0\} = P\{(X, Y) \in D_1\}$$

$$= \iint\limits_{D_1} \frac{2}{\pi} \mathrm{d}x\mathrm{d}y = \frac{2}{\pi} \cdot S_{D_1} = \frac{1}{4},$$

$$P\{Z_1 = 0, Z_2 = 1\} = P\{X - Y \leqslant 0, X + Y > 0\} = P\{(X, Y) \in D_2\}$$

$$= \iint\limits_{D_2} \frac{2}{\pi} \mathrm{d}x\mathrm{d}y = \frac{1}{2},$$

$$P\{Z_1 = 1, Z_2 = 0\} = P\{X - Y > 0, X + Y \leqslant 0\} = P\{(X, Y) \in \varnothing\} = 0,$$

$$P\{Z_1 = 1, Z_2 = 1\} = P\{X - Y > 0, X + Y > 0\} = P\{(X, Y) \in D_3\}$$

$$= \iint\limits_{D_3} \frac{2}{\pi} \mathrm{d}x\mathrm{d}y = \frac{1}{4}.$$

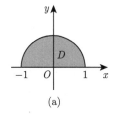

(a)

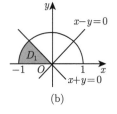

(b)

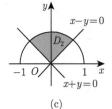

(c)

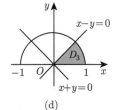

(d)

图 3.10

整理得, (Z_1, Z_2) 的概率分布为表 3.14.

表 3.14

Z_2 $\diagdown$ Z_1	0	1
0	1/4	1/2
1	0	1/4

真题 3.10 (2020 年数学一) 设随机变量 X_1, X_2, X_3 相互独立, 其中 X_1 与 X_2 均服从标准正态分布, X_3 的概率分布为 $P\{X_3 = 0\} = P\{X_3 = 1\} = 1/2$, $Y = X_3 X_1 + (1 - X_3) X_2$.

(1) 求二维随机变量 (X_1, Y) 的分布函数, 结果用标准正态分布函数 $\Phi(x)$ 表示;

(2) 证明随机变量 Y 服从标准正态分布.

分析 本题是一个由连续型和离散型混合组成的随机变量的分布函数问题, 求解此类问题时, 通常先将离散型随机变量的不同取值代入, 获得仅含有连续型随机变量的表达式, 再根据连续型随机变量的已知条件求解.

解 (1) 由二维随机变量分布函数的定义, (X_1, Y) 的分布函数为

$$F(x,y) = P\{X_1 \leqslant x, Y \leqslant y\} = P\{X_1 \leqslant x, X_3 X_1 + (1 - X_3) X_2 \leqslant y\},$$

将 X_3 的不同取值代入得

$$F(x,y) = P\{X_3 = 0, X_1 \leqslant x, X_2 \leqslant y\} + P\{X_3 = 1, X_1 \leqslant x, X_1 \leqslant y\}$$
$$= P\{X_3 = 0, X_1 \leqslant x, X_2 \leqslant y\} + P\{X_3 = 1, X_1 \leqslant \min(x,y)\},$$

又因为 X_1, X_2, X_3 相互独立, 故

$$F(x,y) = P\{X_3 = 0\}P\{X_1 \leqslant x\}P\{X_2 \leqslant y\} + P\{X_3 = 1\}P\{X_1 \leqslant \min(x,y)\}$$

$$= \frac{1}{2}P\{X_1 \leqslant x\}P\{X_2 \leqslant y\} + \frac{1}{2}P\{X_1 \leqslant \min(x,y)\}$$

$$= \begin{cases} \dfrac{1}{2}\Phi(x)\Phi(y) + \dfrac{1}{2}\Phi(y), & x \geqslant y, \\[2mm] \dfrac{1}{2}\Phi(x)\Phi(y) + \dfrac{1}{2}\Phi(x), & x < y. \end{cases}$$

真题3.10精讲

(2) Y 的分布函数为

$$F_Y(y) = P\{X_3X_1+(1-X_3)X_2 \leqslant y\} = P\{X_3 = 0, X_2 \leqslant y\}+P\{X_3 = 1, X_1 \leqslant y\}$$

$$= P\{X_3 = 0\}P\{X_2 \leqslant y\}+P\{X_3 = 1\}\{X_1 \leqslant y\} = \frac{1}{2}\Phi(y) + \frac{1}{2}\Phi(y) = \Phi(y),$$

因此, Y 服从标准正态分布.

经典习题选讲 3

1. 设口袋中有 3 个球, 它们上面依次标有数字 1, 1, 2, 现从口袋中无放回地连续摸出两个球, 以 X, Y 分别表示第一次与第二次摸出的球上标有的数字, 求 (X, Y) 的分布律.

解 (X, Y) 的所有可能取值为 $(1, 1)$, $(1, 2)$, $(2, 1)$, 由于是无放回摸球, 所以事件 $\{X = i\}$ ($i= 1, 2$) 与事件 $\{Y = j\}$ ($j= 1, 2$) 不相互独立, 由乘法公式知

$$P\{X = 1, Y = 1\} = P\{X = 1\}P\{Y = 1|X = 1\} = 2/3 \times 1/2 = 1/3,$$

$$P\{X = 1, Y = 2\} = P\{X = 1\}P\{Y = 2|X = 1\} = 2/3 \times 1/2 = 1/3,$$

$$P\{X = 2, Y = 1\} = P\{X = 2\}P\{Y = 1|X = 2\} = 1/3 \times 2/2 = 1/3.$$

(X, Y) 的分布律用表格表示如下 (表 3.15).

表 3.15

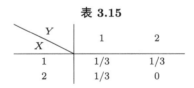

Y\X	1	2
1	1/3	1/3
2	1/3	0

2. 设盒中装有 8 支圆珠笔芯, 其中 3 支是蓝的, 3 支是绿的, 2 支是红的, 现从中随机抽取 2 支, 以 X, Y 分别表示抽取的蓝色与红色笔芯数, 试求:

(1) X 和 Y 的联合分布律;

(2) $P\{X + Y \leqslant 1\}$.

解 X, Y 的所有可能取值都是 0, 1, 2.

(1) $P\{X = i, Y = j\} = \dfrac{C_3^i C_2^j C_3^{2-i-j}}{C_8^2}$, $\quad i, j = 0, 1, 2, \quad i + j \leqslant 2.$

(或者 $P\{X = i, Y = j\} = P\{X = i\}P\{Y = j|X = i\} = \dfrac{C_3^i C_5^{2-i}}{C_8^2} \times \dfrac{C_2^j C_3^{2-i-j}}{C_5^{2-i}}$,

$i, j = 0, 1, 2, i + j \leqslant 2$.) 因此, X 和 Y 的联合分布律用表格表示如下 (表 3.16).

表 3.16

Y X	0	1	2
0	3/28	6/28	1/28
1	9/28	6/28	0
2	3/28	0	0

(2)

$$P\{X+Y \leqslant 1\} = P\{X=0, Y=0\} + P\{X=1, Y=0\} + P\{X=0, Y=1\}$$
$$= 3/28 + 9/28 + 6/28 = 9/14.$$

3. 设二维随机变量 (X, Y) 的概率密度为

$$f(x,y) = \begin{cases} Axy, & 0 < x < 1, 0 < y < 1, \\ 0, & \text{其他}. \end{cases}$$

试求:

(1) 常数 A;

(2) $P\{X = Y\}$;

(3) $P\{X < Y\}$.

解　(1) 由归一性知

$$1 = \int_{-\infty}^{+\infty} \int_{-\infty}^{+\infty} f(x,y)\mathrm{d}x\mathrm{d}y = \int_0^1 \int_0^1 Axy\mathrm{d}x\mathrm{d}y = \frac{A}{4}, \quad \text{故} A = 4.$$

(2) $P\{X = Y\} = \iint\limits_{\{(x,y)|x=y\}} f(x,y)\mathrm{d}x\mathrm{d}y = 0.$

(3) $P\{X < Y\} = \iint\limits_{\{(x,y)|x<y\}} f(x,y)\mathrm{d}x\mathrm{d}y,$

区域 $\{(x,y)|x<y\}$ 与 $f(x,y)$ 取非零值对应的区域 $\{(x,y)|0<x<1, 0<y<1\}$ 的交集如图 3.11 所示, 因此,

$$P\{X < Y\} = \iint\limits_{\{(x,y)|x<y\}} f(x,y)\mathrm{d}x\mathrm{d}y$$
$$= \int_0^1 \int_x^1 4xy\mathrm{d}y\mathrm{d}x$$
$$= \int_0^1 (2x - 2x^3)\mathrm{d}x = \frac{1}{2}.$$

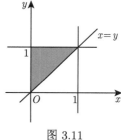

图 3.11

4. 设二维随机变量 (X, Y) 的概率密度为

$$f(x,y) = \begin{cases} x^2 + \dfrac{xy}{3}, & 0 < x < 1,\ 0 < y < 2, \\ 0, & \text{其他}, \end{cases}$$

求 $P\{X + Y \geqslant 1\}$.

解　由联合概率密度的性质知

$$P\{X + Y \geqslant 1\} = \iint\limits_{\{(x,y)|x+y \geqslant 1\}} f(x,y)\mathrm{d}x\mathrm{d}y,$$

区域 $\{(x,y)|x + y \geqslant 1\}$ 与 $f(x,y)$ 取非零值对应的区域的交集如图 3.12 中阴影部分所示, 因此

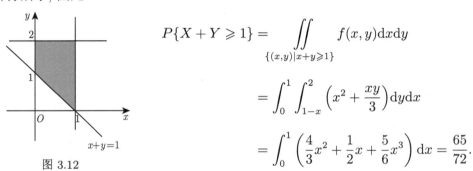

图 3.12

$$P\{X + Y \geqslant 1\} = \iint\limits_{\{(x,y)|x+y \geqslant 1\}} f(x,y)\mathrm{d}x\mathrm{d}y$$

$$= \int_0^1 \int_{1-x}^2 \left(x^2 + \frac{xy}{3}\right)\mathrm{d}y\mathrm{d}x$$

$$= \int_0^1 \left(\frac{4}{3}x^2 + \frac{1}{2}x + \frac{5}{6}x^3\right)\mathrm{d}x = \frac{65}{72}.$$

5. 将一枚硬币掷 3 次, 以 X 表示前 2 次中出现正面的次数, 以 Y 表示 3 次中出现正面的次数, 求 (X, Y) 的分布律及其关于 X 和关于 Y 的边缘分布律.

解　X 的所有可能取值为 0, 1, 2, Y 的所有可能取值为 0, 1, 2, 3.

方法一　$P\{X = 0, Y = 0\} = 0.5^3 = 0.125; P\{X = 0, Y = 1\} = 0.5^3 = 0.125,$

$$P\{X = 1, Y = 1\} = \mathrm{C}_2^1 0.5^2 \times 0.5 = 0.25,$$

$$P\{X = 1, Y = 2\} = \mathrm{C}_2^1 0.5^2 \times 0.5 = 0.25,$$

$$P\{X = 2, Y = 2\} = 0.5^3 = 0.125,$$

$$P\{X = 2, Y = 3\} = 0.5^3 = 0.125.$$

(X, Y) 的分布律及边缘分布律可用表格表示如下 (表 3.17).

表 3.17

Y X	0	1	2	3	$p_i.$
0	0.125	0.125	0	0	0.25
1	0	0.25	0.25	0	0.5
2	0	0	0.125	0.125	0.25
$p._j$	0.125	0.375	0.375	0.125	1

方法二 $P\{X=i, Y=j\} = P\{X=i\}P\{Y=j|X=i\} = C_2^i \left(\frac{1}{2}\right)^i \left(\frac{1}{2}\right)^{2-i} \times \frac{1}{2},$

$$i = 0, 1, 2, \quad j = 0, 1, 2, 3, \quad j - i = 0, 1.$$

6. 设二维离散型随机变量 (X, Y) 的分布律如下 (表 3.18).

表 3.18

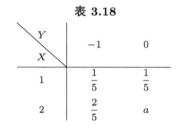

Y X	-1	0
1	$\frac{1}{5}$	$\frac{1}{5}$
2	$\frac{2}{5}$	a

(1) 求 a 的值;

(2) 求 (X, Y) 关于 X 和关于 Y 的边缘分布律与边缘分布函数.

解 (1) 由归一性, $a + 1/5 + 1/5 + 2/5 = 1$, 所以 $a = 1/5$.

(2) (X, Y) 关于 X 和关于 Y 的边缘分布律分别为表 3.19 和表 3.20.

表 3.19

X	1	2
P	2/5	3/5

表 3.20

Y	-1	0
P	3/5	2/5

(X, Y) 关于 X 和关于 Y 的边缘分布函数分别为

$$F_X(x) = \begin{cases} 0, & x < 1, \\ 2/5, & 1 \leqslant x < 2, \\ 1, & x \geqslant 2, \end{cases} \quad F_Y(y) = \begin{cases} 0, & y < -1, \\ 3/5, & -1 \leqslant y < 0, \\ 1, & y \geqslant 0. \end{cases}$$

7. 设二维离散型随机变量 (X, Y) 可能取到的数对分别为 $(0, 0), (-1, 1),$ $(-1, 2), (1, 0)$, 取这些数对对应的概率依次为 $\frac{1}{6}, \frac{1}{3}, \frac{1}{12}, \frac{5}{12}$, 分别求 (X, Y) 关于 X 和关于 Y 的边缘分布律.

解 依题意可将 (X,Y) 的分布律及两个边缘分布律用表格表示如下 (表 3.21).

表 3.21

X \ Y	0	1	2	$P\{X = x_i\}$
-1	0	1/3	1/12	5/12
0	1/6	0	0	1/6
1	5/12	0	0	5/12
$P\{Y = y_j\}$	7/12	1/3	1/12	1

即 (X,Y) 关于 X 和关于 Y 的边缘分布律分别为表 3.22 和表 3.23.

表 3.22

X	-1	0	1
P	5/12	1/6	5/12

表 3.23

Y	0	1	2
P	7/12	1/3	1/12

8. 设二维随机变量 (X, Y) 的概率密度为

$$f(x,y) = \begin{cases} \mathrm{e}^{-y}, & 0 < x < y, \\ 0, & \text{其他}, \end{cases}$$

求 (X, Y) 的分别关于 X 和关于 Y 的边缘概率密度 $f_X(x), f_Y(y)$.

解 由边缘概率密度的定义得

$$f_X(x) = \int_{-\infty}^{+\infty} f(x,y)\mathrm{d}y = \begin{cases} \displaystyle\int_x^{+\infty} \mathrm{e}^{-y}\mathrm{d}y, & x > 0, \\ 0, & x \leqslant 0 \end{cases} = \begin{cases} \mathrm{e}^{-x}, & x > 0, \\ 0, & x \leqslant 0. \end{cases}$$

$$f_Y(y) = \int_{-\infty}^{+\infty} f(x,y)\mathrm{d}x = \begin{cases} \displaystyle\int_0^y \mathrm{e}^{-y}\mathrm{d}x, & y > 0, \\ 0, & y \leqslant 0 \end{cases} = \begin{cases} y\mathrm{e}^{-y}, & y > 0, \\ 0, & y \leqslant 0. \end{cases}$$

9. 设二维随机变量 (X, Y) 的概率密度为

$$f(x,y) = \begin{cases} cx^2y, & 0 < x^2 \leqslant y < 1, \\ 0, & \text{其他}. \end{cases}$$

(1) 确定常数 c.

(2) 分别求 (X, Y) 关于 X 和关于 Y 的边缘概率密度 $f_X(x), f_Y(y)$.

解　(1) 由归一性,

$$1 = \int_{-\infty}^{+\infty}\int_{-\infty}^{+\infty} f(x,y)\mathrm{d}x\mathrm{d}y = \int_{-1}^{1}\int_{x^2}^{1} cx^2y\mathrm{d}y\mathrm{d}x = c\int_{-1}^{1} x^2\frac{1-x^4}{2}\mathrm{d}x = \frac{4c}{21},$$

所以 $c = \dfrac{21}{4}$.

(2)　$f_X(x) = \displaystyle\int_{-\infty}^{+\infty} f(x,y)\mathrm{d}y = \begin{cases} \dfrac{21}{4}\displaystyle\int_{x^2}^{1} x^2y\mathrm{d}y, & 0 < |x| < 1, \\ 0, & \text{其他} \end{cases}$

$$= \begin{cases} \dfrac{21x^2(1-x^4)}{8}, & 0 < |x| < 1, \\ 0, & \text{其他}. \end{cases}$$

$$f_Y(y) = \int_{-\infty}^{+\infty} f(x,y)\mathrm{d}x = \begin{cases} \dfrac{21}{4}\displaystyle\int_{-\sqrt{y}}^{\sqrt{y}} x^2y\mathrm{d}x, & 0 < y < 1, \\ 0, & \text{其他} \end{cases} = \begin{cases} \dfrac{7y^{\frac{5}{2}}}{2}, & 0 < y < 1, \\ 0, & \text{其他}. \end{cases}$$

10. 设平面区域 D 由曲线 $y = \dfrac{1}{x}$ 及直线 $y = 0$, $x = 1$, $x = \mathrm{e}^2$ 围成, 二维随机变量 (X, Y) 在区域 D 上服从均匀分布, 分别求 (X, Y) 关于 X 和关于 Y 的边缘概率密度 $f_X(x)$, $f_Y(y)$.

解　区域 D 的面积 $S_D = \displaystyle\int_{1}^{\mathrm{e}^2} \dfrac{1}{x}\mathrm{d}x = \ln x\big|_1^{\mathrm{e}^2} = 2$, 因为 (X, Y) 在区域 D 上服从均匀分布, 故 (X,Y) 的概率密度为 $f(x,y) = \begin{cases} \dfrac{1}{2}, & (x,y) \in D, \\ 0, & \text{其他}. \end{cases}$

$$f_X(x) = \int_{-\infty}^{+\infty} f(x,y)\mathrm{d}y = \begin{cases} \displaystyle\int_{0}^{\frac{1}{x}} \dfrac{1}{2}\mathrm{d}y, & 1 \leqslant x \leqslant \mathrm{e}^2, \\ 0, & \text{其他} \end{cases} = \begin{cases} \dfrac{1}{2x}, & 1 \leqslant x \leqslant \mathrm{e}^2, \\ 0, & \text{其他}. \end{cases}$$

$$f_Y(y) = \int_{-\infty}^{+\infty} f(x,y)\mathrm{d}x$$

$$= \begin{cases} \displaystyle\int_{1}^{\mathrm{e}^2} \dfrac{1}{2}\mathrm{d}x, & 0 \leqslant y \leqslant \mathrm{e}^{-2}, \\ \displaystyle\int_{1}^{\frac{1}{y}} \dfrac{1}{2}\mathrm{d}x, & \mathrm{e}^{-2} < y \leqslant 1, \\ 0, & \text{其他} \end{cases} = \begin{cases} \dfrac{\mathrm{e}^2-1}{2}, & 0 \leqslant y \leqslant \mathrm{e}^{-2}, \\ \dfrac{1}{2}\left(\dfrac{1}{y}-1\right), & \mathrm{e}^{-2} < y \leqslant 1, \\ 0, & \text{其他}. \end{cases}$$

11. 设二维随机变量 (X, Y) 的概率密度为

$$f(x,y) = \begin{cases} 3x, & 0 < x < 1, 0 < y < x, \\ 0, & \text{其他}. \end{cases}$$

试求条件概率密度 $f_{Y|X}(y|x)$.

解 由条件概率密度的定义,

$$f_{Y|X}(y|x) = \frac{f(x,y)}{f_X(x)} \quad (f_X(x) > 0).$$

$$f_X(x) = \int_{-\infty}^{+\infty} f(x,y)\mathrm{d}y = \begin{cases} \int_0^x 3x\mathrm{d}y = 3x^2, & 0 < x < 1, \\ 0, & \text{其他}. \end{cases}$$

当 $0 < x < 1$ 时, $f_{Y|X}(y|x) = \dfrac{f(x,y)}{f_X(x)} = \begin{cases} \dfrac{3x}{3x^2}, & 0 < y < x, \\ 0, & \text{其他} \end{cases} = \begin{cases} \dfrac{1}{x}, & 0 < y < x, \\ 0, & \text{其他}. \end{cases}$

12. 设二维随机变量 (X, Y) 的概率密度为

$$f(x,y) = \begin{cases} 1, & 0 < x < 1, |y| < x, \\ 0, & \text{其他}, \end{cases}$$

求条件概率密度 $f_{X|Y}(x|y)$.

解 由条件概率密度的定义,

$$f_{X|Y}(x|y) = \frac{f(x,y)}{f_Y(y)} \quad (f_Y(y) > 0).$$

$$f_Y(y) = \int_{-\infty}^{+\infty} f(x,y)\mathrm{d}x = \begin{cases} \int_{-y}^{1} \mathrm{d}x = 1+y, & -1 < y < 0, \\ \int_{y}^{1} \mathrm{d}x = 1-y, & 0 \leqslant y < 1, \\ 0, & \text{其他}. \end{cases}$$

所以, 当 $-1 < y < 1$ 时,

$$f_{X|Y}(x|y) = \frac{f(x,y)}{f_Y(y)} = \begin{cases} \dfrac{1}{1+y}, & 0 < -y < x < 1, \\ \dfrac{1}{1-y}, & 0 \leqslant y < x < 1, \\ 0, & \text{其他} \end{cases}$$

$$= \begin{cases} \dfrac{1}{1-|y|}, & |y| < x < 1, \\ 0, & \text{其他}. \end{cases}$$

13. 已知随机变量 Y 的概率密度为

$$f_Y(y) = \begin{cases} 5y^4, & 0 < y < 1, \\ 0, & \text{其他}, \end{cases}$$

在给定 $Y = y$ 条件下, 随机变量 X 的条件概率密度为

$$f_{X|Y}(x\,|\,y) = \begin{cases} \dfrac{3x^2}{y^3}, & 0 < x < y < 1, \\ 0, & \text{其他}, \end{cases}$$

求概率 $P\{X > 0.5\}$.

解　由 $f_{X|Y}(x|y) = \dfrac{f(x,y)}{f_Y(y)}\ (f_Y(y) > 0)$ 得

$$f(x,y) = f_{X|Y}(x|y)f_Y(y) = \begin{cases} 15yx^2, & 0 < x < y < 1, \\ 0, & \text{其他}. \end{cases}$$

$$P\{X > 0.5\} = \int_{0.5}^{+\infty} \int_{-\infty}^{+\infty} f(x,y)\mathrm{d}y\mathrm{d}x = \int_{0.5}^{1} \int_{x}^{1} 15yx^2 \mathrm{d}y\mathrm{d}x = \frac{47}{64}.$$

14. 对于二维随机变量 (X, Y), 根据第 9 题中定义的概率密度形式, 请结合你计算的常数 c 的结果以及你得到的两个边缘概率密度,

(1) 分别求两个条件概率密度 $f_{X|Y}(x|y)$, $f_{Y|X}(y|x)$;

(2) 求条件概率 $P\left\{Y > \dfrac{3}{4}\,\middle|\, X = \dfrac{1}{2}\right\}$.

解　(1) 由于 $f(x,y) = \begin{cases} 21x^2y/4, & 0 < x^2 \leqslant y < 1, \\ 0, & \text{其他}, \end{cases}$

$$f_X(x) = \begin{cases} \dfrac{21x^2(1-x^4)}{8}, & 0 < |x| < 1, \\ 0, & \text{其他}, \end{cases} \qquad f_Y(y) = \begin{cases} \dfrac{7y^{\frac{5}{2}}}{2}, & 0 < y < 1, \\ 0, & \text{其他}, \end{cases}$$

所以, $0 < y < 1$ 时,

$$f_{X|Y}(x\,|\,y) = \frac{f(x,y)}{f_Y(y)} = \begin{cases} \dfrac{3x^2}{2y^{\frac{3}{2}}}, & -\sqrt{y} \leqslant x \leqslant \sqrt{y}, \\ 0, & \text{其他}. \end{cases}$$

当 $0 < |x| < 1$ 时,

$$f_{Y|X}(y|x) = \frac{f(x,y)}{f_X(x)} = \begin{cases} \dfrac{2y}{1-x^4}, & x^2 \leqslant y < 1, \\ 0, & \text{其他.} \end{cases}$$

(2) $X = \dfrac{1}{2}$ 时, $f_{Y|X}\left(y \Big| \dfrac{1}{2}\right) = \begin{cases} \dfrac{32y}{15}, & \dfrac{1}{4} \leqslant y \leqslant 1, \\ 0, & \text{其他,} \end{cases}$ $P\left\{Y > \dfrac{3}{4} \Big| X = \dfrac{1}{2}\right\} =$

$\displaystyle\int_{\frac{3}{4}}^{1} \frac{32}{15} y \mathrm{d}y = \frac{7}{15}.$

15. 设随机变量 X 和 Y 的联合分布律为表 3.24.

表 3.24

X \ Y	1	2	3
1	$\dfrac{1}{6}$	$\dfrac{1}{9}$	$\dfrac{1}{18}$
2	$\dfrac{1}{3}$	a	b

若 X 与 Y 相互独立, 求参数 a, b 的值.

解　(X, Y) 的分布律及两个边缘分布律如表 3.25.

表 3.25

X \ Y	1	2	3	$P\{X = x_i\}$
1	1/6	1/9	1/18	1/3
2	1/3	a	b	$1/3 + a + b$
$P\{Y = y_j\}$	1/2	$1/9 + a$	$1/18 + b$	$2/3 + a + b = 1$

由 X 和 Y 相互独立得 $P\{X = 1, Y = 2\} = P\{X = 1\}P\{Y = 2\}$, 即 $1/9 = (1/3)(a + 1/9)$, 所以 $a = 2/9$.

又由分布律的归一性知 $a + b + 2/3 = 1$, 解得 $b = 1/9$.

16. 已知二维离散型随机变量 (X, Y) 的分布律如表 3.26.

表 3.26

X \ Y	3	4	5
1	0.1	0.2	0.3
2	0	0.1	0.2
3	0	0	0.1

(1) 分别求 (X, Y) 关于 X 和关于 Y 的边缘分布律;

(2) 判断 X 和 Y 是否相互独立?

解　(1) 由题得表 3.27.

表 3.27

X＼Y	3	4	5	$P\{X = x_i\}$
1	0.1	0.2	0.3	0.6
2	0	0.1	0.2	0.3
3	0	0	0.1	0.1
$P\{Y = y_j\}$	0.1	0.3	0.6	1

所以关于 X 和关于 Y 的边缘分布律分别为表 3.28 和表 3.29.

表 3.28

X	1	2	3
P	0.6	0.3	0.1

表 3.29

Y	3	4	5
P	0.1	0.3	0.6

(2) 由于 $P\{X = 1, Y = 3\} = 0.1 \neq 0.6 \times 0.1 = P\{X = 1\}P\{Y = 3\}$, 所以 X 和 Y 不相互独立.

17. 试判断第 6 题中的随机变量 X 与 Y 的相互独立性.

解　由于 $P\{X = 1, Y = -1\} = 1/5 \neq 2/5 \times 3/5 = P\{X = 1\}P\{Y = -1\}$, 所以 X 和 Y 不相互独立.

18. 试判断第 7 题中的随机变量 X 与 Y 的相互独立性.

解　由于 $P\{X = -1, Y = 0\} = 0 \neq 5/12 \times 7/12 = P\{X = -1\}P\{Y = 0\}$, 所以 X 和 Y 不相互独立.

19. 设二维随机变量 (X, Y) 的分布律如表 3.30 所示.

表 3.30

X＼Y	2	5	8
0.4	0.15	0.30	0.35
0.8	0.05	0.12	0.03

(1) 分别求 (X, Y) 关于 X 和关于 Y 的边缘分布律;

(2) 判断 X 与 Y 是否相互独立?

解　(1) 依题意, 可得表 3.31.

表 3.31

Y \ X	2	5	8	$P\{X=x_i\}$
0.4	0.15	0.30	0.35	0.8
0.8	0.05	0.12	0.03	0.2
$P\{Y=y_j\}$	0.2	0.42	0.38	1

所以 X 和关于 Y 的边缘分布律分别为表 3.32 和表 3.33.

表 3.32

X	0.4	0.8
P	0.8	0.2

表 3.33

Y	2	5	8
P	0.2	0.42	0.38

(2) 由于 $P\{X=0.4,Y=2\}=0.15\neq0.8\times0.2=P\{X=0.4\}P\{Y=2\}$, 所以 X 和 Y 不相互独立.

20. 设二维随机变量 (X,Y) 的概率密度为

$$f(x,y)=\begin{cases}\dfrac{1}{4}, & 0<x<2,|y|<x,\\ 0, & \text{其他}.\end{cases}$$

(1) 分别求 (X,Y) 关于 X 和关于 Y 的边缘概率密度 $f_X(x)$, $f_Y(y)$;

(2) 问 X 与 Y 是否相互独立?

解　(1) $f(x,y)$ 取非零值对应的区域如图 3.13 所示, 因此

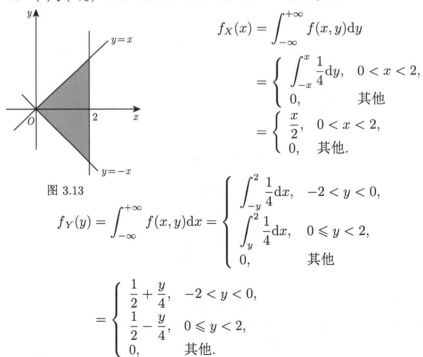

$$f_X(x)=\int_{-\infty}^{+\infty}f(x,y)\mathrm{d}y$$

$$=\begin{cases}\displaystyle\int_{-x}^{x}\frac{1}{4}\mathrm{d}y, & 0<x<2,\\ 0, & \text{其他}\end{cases}$$

$$=\begin{cases}\dfrac{x}{2}, & 0<x<2,\\ 0, & \text{其他}.\end{cases}$$

图 3.13

$$f_Y(y)=\int_{-\infty}^{+\infty}f(x,y)\mathrm{d}x=\begin{cases}\displaystyle\int_{-y}^{2}\frac{1}{4}\mathrm{d}x, & -2<y<0,\\ \displaystyle\int_{y}^{2}\frac{1}{4}\mathrm{d}x, & 0\leqslant y<2,\\ 0, & \text{其他}\end{cases}$$

$$=\begin{cases}\dfrac{1}{2}+\dfrac{y}{4}, & -2<y<0,\\ \dfrac{1}{2}-\dfrac{y}{4}, & 0\leqslant y<2,\\ 0, & \text{其他}.\end{cases}$$

(2) 显然, 在面积非零的区域上, $f(x,y) \neq f_X(x)f_Y(y)$, 所以 X 与 Y 不相互独立.

21. 试判断第 8 题中的随机变量 X 与 Y 的相互独立性.

解 由于

$$f(x,y) = \begin{cases} \mathrm{e}^{-y}, & 0 < x < y, \\ 0, & \text{其他,} \end{cases} \quad f_X(x) = \begin{cases} \mathrm{e}^{-x}, & x > 0, \\ 0, & \text{其他,} \end{cases} \quad f_Y(y) = \begin{cases} y\mathrm{e}^{-y}, & y > 0, \\ 0, & \text{其他,} \end{cases}$$

在面积非零的区域上, $f(x,y) \neq f_X(x)f_Y(y)$, 所以 X 与 Y 不相互独立.

22. 试判断第 9 题中的随机变量 X 与 Y 的相互独立性.

解 由于 $f(x,y) = \begin{cases} 21x^2y/4, & 0 < x^2 \leqslant y < 1, \\ 0, & \text{其他,} \end{cases}$

$$f_X(x) = \begin{cases} \dfrac{21x^2\left(1-x^4\right)}{8}, & 0 < |x| < 1, \\ 0, & \text{其他,} \end{cases} \quad f_Y(y) = \begin{cases} \dfrac{7y^{\frac{5}{2}}}{2} & 0 < y < 1, \\ 0, & \text{其他,} \end{cases}$$

在面积非零的区域上, $f(x,y) \neq f_X(x)f_Y(y)$, 所以 X 与 Y 不相互独立.

23. 试判断第 10 题中的随机变量 X 与 Y 的相互独立性.

解 平面区域 D 由曲线 $y = \dfrac{1}{x}$ 及直线 $y = 0, x = 1, x = \mathrm{e}^2$ 围成,

$$f(x,y) = \begin{cases} \dfrac{1}{2}, & (x,y) \in D, \\ 0, & \text{其他,} \end{cases}$$

$$f_X(x) = \begin{cases} \dfrac{1}{2x}, & 1 \leqslant x \leqslant \mathrm{e}^2, \\ 0, & \text{其他,} \end{cases} \quad f_Y(y) = \begin{cases} \dfrac{\mathrm{e}^2 - 1}{2}, & 0 \leqslant y \leqslant \mathrm{e}^{-2}, \\ \dfrac{1}{2}\left(\dfrac{1}{y} - 1\right), & \mathrm{e}^{-2} < y \leqslant 1, \\ 0, & \text{其他.} \end{cases}$$

在面积非零的区域上, $f(x,y) \neq f_X(x)f_Y(y)$, 所以 X 与 Y 不相互独立.

24. 设二维随机变量 (X, Y) 的分布律为表 3.34.

表 3.34

X \ Y	-1	0	1
0	0.05	0.15	0.2
1	0.07	0.11	0.22
2	0.04	0.07	0.09

试分别求 $Z = \max(X, Y)$ 和 $W = \min(X, Y)$ 的分布律.

解 $Z = \max(X, Y)$, $W = \min(X, Y)$ 的所有可能取值如表 3.35.

表 3.35

P_{ij}	0.05	0.15	0.2	0.07	0.11	0.22	0.04	0.07	0.09
(X, Y)	$(0, -1)$	$(0, 0)$	$(0, 1)$	$(1, -1)$	$(1, 0)$	$(1, 1)$	$(2, -1)$	$(2, 0)$	$(2, 1)$
Z	0	0	1	1	1	1	2	2	2
W	-1	0	0	-1	0	1	-1	0	1

整理得, $Z = \max(X, Y)$, $W = \min(X, Y)$ 的分布律为表 3.36.

表 3.36

Z	0	1	2
P	0.2	0.6	0.2
W	-1	0	1
P	0.16	0.53	0.31

25. 设二维随机变量 (X, Y) 的分布律为表 3.37.

表 3.37

X \ Y	-1	1	2
-1	0.1	0.2	0.3
2	0.2	0.1	0.1

求: (1) $Z_1 = X + Y$ 的分布律;

(2) $Z_2 = \max(X, Y)$ 的分布律.

解 $Z_1 = X + Y$, $Z_2 = \max(X, Y)$ 的所有可能取值如表 3.38.

表 3.38

p_{ij}	0.1	0.2	0.3	0.2	0.1	0.1
(X, Y)	$(-1, -1)$	$(-1, 1)$	$(-1, 2)$	$(2, -1)$	$(2, 1)$	$(2, 2)$
$Z_1 = X + Y$	-2	0	1	1	3	4
$Z_2 = \max(X, Y)$	-1	1	2	2	2	2

(1) $Z_1 = X + Y$ 的分布律为表 3.39.

表 3.39

$Z_1 = X + Y$	-2	0	1	3	4
P	0.1	0.2	0.5	0.1	0.1

(2) $Z_2 = \max(X, Y)$ 的分布律为表 3.40.

表 **3.40**

$Z_2 = \max(X, Y)$	-1	1	2
P	0.1	0.2	0.7

26. 设随机变量 X 和 Y 相互独立, 试在以下情况下求 $Z = X + Y$ 的概率密度.

(1) $X \sim U(0, 1), Y \sim U(0, 1)$;

(2) $X \sim U(0, 1), Y \sim \text{Exp}(1)$.

解　(1) 由题得, X, Y 的概率密度分别为

$$f_X(x) = \begin{cases} 1, & 0 < x < 1, \\ 0, & \text{其他}, \end{cases} \qquad f_Y(y) = \begin{cases} 1, & 0 < y < 1, \\ 0, & \text{其他}, \end{cases}$$

利用卷积公式: $f_Z(z) = \displaystyle\int_{-\infty}^{+\infty} f_X(x) f_Y(z-x) \mathrm{d}x$ 求 $f_Z(z)$.

$$f_X(x) f_Y(z-x) = \begin{cases} 1, & 0 < x < 1, x < z < 1+x, \\ 0, & \text{其他}, \end{cases}$$

它取非零值对应的区域如图 3.14 所示, 因此

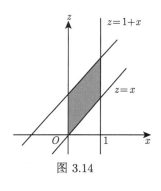

$$\begin{aligned} f_Z(z) &= \int_{-\infty}^{+\infty} f_X(x) f_Y(z-x) \mathrm{d}x \\ &= \begin{cases} \displaystyle\int_0^z \mathrm{d}x, & 0 < z < 1, \\ \displaystyle\int_{z-1}^1 \mathrm{d}x, & 1 \leqslant z < 2, \\ 0, & \text{其他} \end{cases} \\ &= \begin{cases} z, & 0 < z < 1, \\ 2-z, & 1 \leqslant z < 2, \\ 0, & \text{其他}. \end{cases} \end{aligned}$$

图 3.14

(2) $f_X(x) = \begin{cases} 1, & 0 < x < 1, \\ 0, & \text{其他}, \end{cases} \qquad f_Y(y) = \begin{cases} \mathrm{e}^{-y}, & y > 0, \\ 0, & y \leqslant 0, \end{cases}$

利用卷积公式: $f_Z(z) = \displaystyle\int_{-\infty}^{+\infty} f_X(z-y)f_Y(y)\mathrm{d}y$ 计算 $f_Z(z)$.

$$f_X(z-y)f_Y(y) = \begin{cases} \mathrm{e}^{-y}, & y>0, y<z<1+y, \\ 0, & \text{其他}, \end{cases}$$

它取非零值对应的区域如图 3.15 所示, 因此

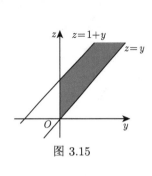

图 3.15

$$f_Z(z) = \int_{-\infty}^{+\infty} f_X(z-y)f_Y(y)\mathrm{d}y$$

$$= \begin{cases} \displaystyle\int_0^z \mathrm{e}^{-y}\mathrm{d}y, & 0<z<1, \\ \displaystyle\int_{z-1}^z \mathrm{e}^{-y}\mathrm{d}y, & z\geqslant 1, \\ 0, & \text{其他} \end{cases}$$

$$= \begin{cases} 1-\mathrm{e}^{-z}, & 0<z<1, \\ (\mathrm{e}-1)\mathrm{e}^{-z}, & z\geqslant 1, \\ 0, & \text{其他}. \end{cases}$$

27. 设 $X \sim N(0,1)$, $Y \sim N(1,1)$, 且 X 与 Y 独立, 求 $P\{X+Y \leqslant 1\}$.

解　由正态分布的性质知 $X+Y \sim N(1,2)$, 故

$$P\{X+Y \leqslant 1\} = P\left\{\frac{X+Y-1}{\sqrt{2}} \leqslant \frac{1-1}{\sqrt{2}}\right\} = \varPhi(0) = 0.5.$$

28. 设随机变量 (X,Y) 的概率密度为

$$f(x,y) = \begin{cases} \dfrac{1}{2}(x+y)\mathrm{e}^{-(x+y)}, & x>0, y>0, \\ 0, & \text{其他}. \end{cases}$$

(1) 问 X 和 Y 是否相互独立?

(2) 求 $Z = X+Y$ 的概率密度.

解　(1)

$$f_X(x) = \int_{-\infty}^{+\infty} f(x,y)\mathrm{d}y = \begin{cases} \displaystyle\int_0^{+\infty} \frac{1}{2}(x+y)\mathrm{e}^{-(x+y)}\mathrm{d}y, & x>0, \\ 0, & \text{其他} \end{cases}$$

$$= \begin{cases} -\dfrac{1}{2}(x+y)\mathrm{e}^{-(x+y)} \Big|_{y=0}^{y=+\infty} + \dfrac{1}{2}\displaystyle\int_0^{+\infty} \mathrm{e}^{-(x+y)}\mathrm{d}y, & x > 0, \\[2mm] 0, & \text{其他} \end{cases}$$

$$= \begin{cases} \dfrac{1}{2}x\mathrm{e}^{-x} - \dfrac{1}{2}\mathrm{e}^{-(x+y)} \Big|_{y=0}^{y=+\infty}, & x > 0, \\[2mm] 0, & \text{其他} \end{cases} = \begin{cases} \dfrac{1}{2}(x+1)\mathrm{e}^{-x}, & x > 0, \\[2mm] 0, & \text{其他}. \end{cases}$$

同理可得

$$f_Y(y) = \begin{cases} \dfrac{1}{2}\mathrm{e}^{-y}(y+1), & y > 0, \\[2mm] 0, & y \leqslant 0. \end{cases}$$

显然, 在面积非零的区域上, $f(x,y) \neq f_X(x)f_Y(y)$, 所以 X 与 Y 不相互独立.

(2) 利用公式 $f_Z(z) = \displaystyle\int_{-\infty}^{+\infty} f(x, z-x)\mathrm{d}x$ 来计算 $f_Z(z)$.

上述积分的被积函数

$$f(x, z-x) = \begin{cases} \dfrac{1}{2}(x+z-x)\mathrm{e}^{-(x+z-x)}, & x > 0, z-x > 0, \\[2mm] 0, & \text{其他} \end{cases} = \begin{cases} \dfrac{1}{2}z\mathrm{e}^{-z}, & 0 < x < z, \\[2mm] 0, & \text{其他}. \end{cases}$$

所以 $f_Z(z) = \displaystyle\int_{-\infty}^{+\infty} f(x, z-x)\mathrm{d}x = \begin{cases} \displaystyle\int_0^z \dfrac{1}{2}z\mathrm{e}^{-z}\mathrm{d}x, & z > 0, \\[2mm] 0, & z \leqslant 0 \end{cases} = \begin{cases} \dfrac{1}{2}z^2\mathrm{e}^{-z}, & z > 0, \\[2mm] 0, & z \leqslant 0. \end{cases}$

29. 设随机变量 X, Y 相互独立, 若 X 和 Y 均服从 $(0, 1)$ 上的均匀分布, 求 $U = \min(X, Y)$ 和 $V = \max(X, Y)$ 的概率密度.

解　因为 X, Y 均服从 $(0, 1)$ 上的均匀分布, 所以 X, Y 的概率密度均为

$$f(x) = \begin{cases} 1, & 0 < x < 1, \\[1mm] 0, & \text{其他}. \end{cases}$$

X, Y 的分布函数均为 $F(x) = \begin{cases} 0, & x < 0, \\[1mm] x, & 0 \leqslant x < 1, \\[1mm] 1, & x \geqslant 1. \end{cases}$　因此 $U = \min(X, Y)$ 的分布

函数为

$$F_U(u) = 1 - [1 - F(u)]^2 = \begin{cases} 0, & u < 0, \\ 1 - (1-u)^2, & 0 \leqslant u < 1, \\ 1, & u \geqslant 1. \end{cases}$$

从而 $U = \min(X, Y)$ 的概率密度为

$$f_U(u) = F'_U(u) = \begin{cases} 2(1-u), & 0 \leqslant u < 1, \\ 0, & \text{其他.} \end{cases}$$

$V = \max(X, Y)$ 的分布函数为

$$F_V(v) = [F(v)]^2 = \begin{cases} 0, & v < 0, \\ v^2, & 0 \leqslant v < 1, \\ 1, & v \geqslant 1. \end{cases}$$

$V = \max(X, Y)$ 的概率密度为

$$f_V(v) = F'_V(v) = \begin{cases} 2v, & 0 \leqslant v < 1, \\ 0, & \text{其他.} \end{cases}$$

第3章测试题

第 **4** 章

随机变量的数字特征

随机变量的概率分布能够完整地描述随机变量的取值规律, 但在许多具体问题中, 有时并不需要全面考察随机变量的概率分布, 仅需知道它的某些数字特征即可.

本章归纳梳理随机变量常用数字特征的概念、计算及有关应用, 包括: 数学期望、方差、协方差、相关系数和矩; 分析和解答相关典型问题、考研真题与经典习题.

本章基本要求与知识结构图

1. 基本要求

(1) 理解随机变量数字特征的概念 (数学期望、方差、标准差、协方差、相关系数和矩) 及性质, 并会运用数字特征的性质计算具体分布的数字特征.

(2) 掌握常用分布 (0-1 分布、二项分布、泊松分布、正态分布、均匀分布和指数分布) 的数学期望与方差.

(3) 会利用随机变量 X 的概率分布求其函数的数学期望.

(4) 会利用二维随机变量 (X,Y) 的概率分布求其函数的数学期望.

2. 知识结构图

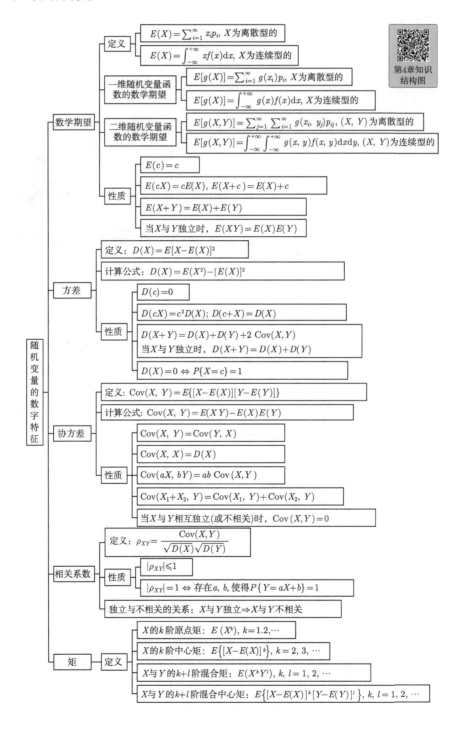

第4章知识结构图

数学期望

- 定义
  - $E(X) = \sum_{i=1}^{\infty} x_i p_i$, X为离散型的
  - $E(X) = \int_{-\infty}^{+\infty} x f(x) \mathrm{d}x$, X为连续型的
- 一维随机变量函数的数学期望
  - $E[g(X)] = \sum_{i=1}^{\infty} g(x_i) p_i$, X为离散型的
  - $E[g(X)] = \int_{-\infty}^{+\infty} g(x) f(x) \mathrm{d}x$, X为连续型的
- 二维随机变量函数的数学期望
  - $E[g(X,Y)] = \sum_{j=1}^{\infty} \sum_{i=1}^{\infty} g(x_i, y_j) p_{ij}$, (X, Y)为离散型的
  - $E[g(X,Y)] = \int_{-\infty}^{+\infty} \int_{-\infty}^{+\infty} g(x, y) f(x, y) \mathrm{d}x\mathrm{d}y$, (X, Y)为连续型的
- 性质
  - $E(c) = c$
  - $E(cX) = cE(X)$, $E(X+c) = E(X) + c$
  - $E(X+Y) = E(X) + E(Y)$
  - 当X与Y独立时，$E(XY) = E(X)E(Y)$

方差

- 定义：$D(X) = E[X - E(X)]^2$
- 计算公式：$D(X) = E(X^2) - [E(X)]^2$
- 性质
  - $D(c) = 0$
  - $D(cX) = c^2 D(X)$; $D(c+X) = D(X)$
  - $D(X+Y) = D(X) + D(Y) + 2\,\mathrm{Cov}(X, Y)$
    当X与Y独立时，$D(X+Y) = D(X) + D(Y)$
  - $D(X) = 0 \Leftrightarrow P\{X = c\} = 1$

协方差

- 定义：$\mathrm{Cov}(X, Y) = E\{[X - E(X)][Y - E(Y)]\}$
- 计算公式：$\mathrm{Cov}(X, Y) = E(XY) - E(X)E(Y)$
- 性质
  - $\mathrm{Cov}(X, Y) = \mathrm{Cov}(Y, X)$
  - $\mathrm{Cov}(X, X) = D(X)$
  - $\mathrm{Cov}(aX, bY) = ab\,\mathrm{Cov}(X, Y)$
  - $\mathrm{Cov}(X_1 + X_2, Y) = \mathrm{Cov}(X_1, Y) + \mathrm{Cov}(X_2, Y)$
  - 当X与Y相互独立(或不相关)时，$\mathrm{Cov}(X, Y) = 0$

相关系数

- 定义：$\rho_{XY} = \dfrac{\mathrm{Cov}(X, Y)}{\sqrt{D(X)}\sqrt{D(Y)}}$
- 性质
  - $|\rho_{XY}| \leqslant 1$
  - $|\rho_{XY}| = 1 \Leftrightarrow$ 存在a, b, 使得$P\{Y = aX + b\} = 1$
- 独立与不相关的关系：X与Y独立$\Rightarrow X$与Y不相关

矩

- 定义
  - X的k阶原点矩：$E(X^k)$, $k = 1, 2, \cdots$
  - X的k阶中心矩：$E\{[X - E(X)]^k\}$, $k = 2, 3, \cdots$
  - X与Y的$k+l$阶混合矩：$E(X^k Y^l)$, $k, l = 1, 2, \cdots$
  - X与Y的$k+l$阶混合中心矩：$E\{[X - E(X)]^k [Y - E(Y)]^l\}$, $k, l = 1, 2, \cdots$

随机变量的数字特征

主 要 内 容

4.1　数学期望

4.1.1　数学期望的概念

1. 离散型随机变量的数学期望

定义 4.1　设离散型随机变量 X 的分布律为 $P\{X = x_i\} = p_i, i = 1, 2, \cdots,$ 如果级数 $\sum\limits_{i=1}^{\infty} x_i p_i$ 绝对收敛, 则称 $\sum\limits_{i=1}^{\infty} x_i p_i$ 为随机变量 X 的**数学期望**或**均值**, 也可以称为该分布的**数学期望**或**均值**, 记为 $E(X)$ 或 EX, 即

$$E(X) = \sum_{i=1}^{\infty} x_i p_i. \tag{4.1}$$

如果级数 $\sum\limits_{i=1}^{\infty} |x_i| p_i$ 发散, 则称随机变量 X 的数学期望不存在.

2. 连续型随机变量的数学期望

定义 4.2　设连续型随机变量 X 的概率密度为 $f(x)$, 若积分 $\displaystyle\int_{-\infty}^{+\infty} x f(x) \mathrm{d}x$ 绝对收敛, 则称其为 X 的**数学期望**或**均值**, 也可以称为该分布的**数学期望**或**均值**, 记为 $E(X)$ 或 EX, 即

$$E(X) = \int_{-\infty}^{+\infty} x f(x) \mathrm{d}x. \tag{4.2}$$

若积分 $\displaystyle\int_{-\infty}^{+\infty} |x| f(x) \mathrm{d}x$ 不收敛, 则称 X 的数学期望不存在.

4.1.2　随机变量函数的数学期望

定理 4.1　设 Y 为随机变量 X 的函数, $Y = g(X)$ (g 是连续函数).

(1) 设 X 是离散型随机变量, 其分布律为 $P\{X = x_i\} = p_i, i = 1, 2, \cdots,$ 则有

$$E(Y) = E[g(X)] = \sum_{i=1}^{\infty} g(x_i) p_i \quad (假设该级数绝对收敛). \tag{4.3}$$

(2) 设 X 是连续型随机变量, 其概率密度为 $f(x)$, 则有

$$E(Y) = E[g(X)] = \int_{-\infty}^{+\infty} g(x) f(x) \mathrm{d}x \quad (假设该积分绝对收敛). \tag{4.4}$$

定理 4.2　设 Z 是随机变量 X, Y 的函数: $Z = g(X, Y)$, g 是连续函数.

(1) 若 (X, Y) 是二维离散型随机变量, 其分布律为

$$P\{X = x_i, Y = y_j\} = p_{ij}, \quad i, j = 1, 2, \cdots,$$

则有

$$E(Z) = E[g(X, Y)] = \sum_{j=1}^{\infty} \sum_{i=1}^{\infty} g(x_i, y_j) p_{ij} \quad (\text{假设该级数绝对收敛}). \tag{4.5}$$

(2) 若 (X, Y) 是二维连续型随机变量, 其概率密度为 $f(x, y)$, 则有

$$E(Z) = E[g(X, Y)] = \int_{-\infty}^{+\infty} \int_{-\infty}^{+\infty} g(x, y) f(x, y) \mathrm{d}x \mathrm{d}y \quad (\text{假设该积分绝对收敛}). \tag{4.6}$$

4.1.3 数学期望的性质

以下均假设所涉及的数学期望是存在的.

(1) 设 c 是任意常数, 则有

$$E(c) = c. \tag{4.7}$$

(2) 设 X 是任一随机变量, c 是任意常数, 则有

$$E(cX) = cE(X), \tag{4.8}$$

$$E(X + c) = E(X) + c. \tag{4.9}$$

(3) 设 X, Y 是任意两个随机变量, 则有

$$E(X + Y) = E(X) + E(Y). \tag{4.10}$$

说明 该性质可推广到有限个随机变量之和的情形.

(4) 设 X, Y 是相互独立的随机变量, 则有

$$E(XY) = E(X)E(Y). \tag{4.11}$$

说明 该性质可推广到有限个相互独立的随机变量之积的情形.

4.2 方差

4.2.1 方差的概念与计算

定义 4.3 设 X 是随机变量, 若 $E\{[X - E(X)]^2\}$ 存在, 则称其为 X 的**方差**, 或者相应分布的方差, 记为 $D(X)$ 或 $\mathrm{Var}(X)$, 即

$$D(X) = \mathrm{Var}(X) = E\{[X - E(X)]^2\}, \tag{4.12}$$

称 $\sqrt{D(X)}$ 为 X 的**标准差**, 或相应分布的标准差.

如果 X 是离散型随机变量, 分布律为 $P\{X = x_i\} = p_i, i = 1, 2, \cdots$, 则

$$D(X) = \sum_{i=1}^{\infty} [x_i - E(X)]^2 p_i. \tag{4.13}$$

如果 X 是连续型随机变量, 其概率密度为 $f(x)$, 则

$$D(X) = \int_{-\infty}^{+\infty} [x - E(X)]^2 f(x)\mathrm{d}x. \tag{4.14}$$

方差的计算公式:

$$D(X) = E(X^2) - [E(X)]^2. \tag{4.15}$$

4.2.2　方差的性质

方差有如下性质 (以下均假设所涉及的随机变量的方差是存在的):

(1) 设 c 是任意常数, 则

$$D(c) = 0. \tag{4.16}$$

(2) 设 c 是任意常数, X 是一个随机变量, 则

$$D(cX) = c^2 D(X), \tag{4.17}$$

$$D(X + c) = D(X). \tag{4.18}$$

(3) 设 X, Y 是任意两个随机变量, 则有

$$D(X + Y) = D(X) + D(Y) + 2E\{[X - E(X)][Y - E(Y)]\}. \tag{4.19}$$

特别地, 当 X, Y 是相互独立的随机变量时, 则有

$$D(X + Y) = D(X) + D(Y). \tag{4.20}$$

(4) 如果随机变量 X 满足 $D(X) = 0$, 则

$$P\{X = c\} = 1, \text{其中 } c \text{ 为常数}. \tag{4.21}$$

若 $X_1, X_2, \cdots, X_n$ 是 n 个相互独立的随机变量, $c_1, c_2, \cdots, c_n$ 为任意 n 个常数, 则

$$D\left(\sum_{i=1}^{n} c_i X_i\right) = \sum_{i=1}^{n} c_i^2 D(X_i). \tag{4.22}$$

4.3 协方差及相关系数、矩

4.3.1 协方差

定义 4.4 设有二维随机变量 (X, Y), 如果 $E\{[X - E(X)][Y - E(Y)]\}$ 存在, 则称其为随机变量 X 与 Y 的**协方差**, 记为 $\text{Cov}(X, Y)$, 即

$$\text{Cov}(X,Y) = E\{[X - E(X)][Y - E(Y)]\}. \tag{4.23}$$

由协方差定义, 不难得到协方差具有如下性质:

(1) $\text{Cov}(X, Y) = \text{Cov}(Y, X)$;

(2) $\text{Cov}(X, X) = D(X)$;

(3) $\text{Cov}(aX, bY) = ab\text{Cov}(X, Y)$, a, b 为常数;

(4) $\text{Cov}(X_1 + X_2, Y) = \text{Cov}(X_1, Y) + \text{Cov}(X_2, Y)$;

(5) 当随机变量 X 与 Y 相互独立时, 有 $\text{Cov}(X, Y) = 0$.

4.3.2 相关系数

定义 4.5 称

$$\rho_{XY} = \frac{\text{Cov}(X,Y)}{\sqrt{D(X)}\sqrt{D(Y)}} \quad (D(X) \neq 0, D(Y) \neq 0) \tag{4.24}$$

为随机变量 X 与 Y 的**相关系数**. 若 $\rho_{XY} = 0$, 则 X 和 Y 不相关.

相关系数的两条性质:

(1) $|\rho_{XY}| \leqslant 1$;

(2) $|\rho_{XY}| = 1$ 的充要条件是, 存在常数 $a(a \neq 0)$, b, 使得

$$P\{Y = aX + b\} = 1. \tag{4.25}$$

特别地, $\rho_{XY} = 1$ 时, $a > 0$; $\rho_{XY} = -1$ 时, $a < 0$.

若 $X_1, X_2, \cdots, X_n$ 是 n 个两两不相关的随机变量, $c_1, c_2, \cdots, c_n$ 为任意 n 个常数, 则

$$D\left(\sum_{i=1}^{n} c_i X_i\right) = \sum_{i=1}^{n} c_i^2 D(X_i). \tag{4.26}$$

定理 4.3 若 X 与 Y 相互独立, 则 $\rho_{XY} = 0$, 即 X 与 Y 不相关, 反之不真.

4.3.3 矩

定义 4.6 设 X 和 Y 是随机变量, 若 $E(X^k)(k = 1, 2, \cdots)$ 存在, 称其为 X 的 k **阶原点矩**, 简称 k **阶矩**.

若 $E\{[X - E(X)]^k\}(k = 2, 3, \cdots)$ 存在, 称其为 X 的 k 阶中心矩.

若 $E(X^k Y^l)(k, l = 1, 2, \cdots)$ 存在, 称其为 X 与 Y 的 $k + l$ 阶混合原点矩.

若 $E\{[X - E(X)]^k[Y - E(Y)]^l\}(k, l = 1, 2, \cdots)$ 存在, 称它为 X 与 Y 的 $k + l$ 阶混合中心矩.

解 题 指 导

1. 题型归纳及解题技巧

题型 1　数学期望

例 4.1.1　设随机变量 X 的分布律为表 4.1.

表 4.1

X	-1	0	1
Y	0.4	0.3	0.3

求 $E(X)$, $E[\ln(X+ 2)]$, $E(2X+ 3)$.

分析　本题考查离散型随机变量的数学期望、离散型随机变量函数的数学期望以及数学期望的性质.

解　$E(X) = -1 \times 0.4 + 0 \times 0.3 + 1 \times 0.3 = -0.1$;

$$E[\ln(X + 2)] = \ln(-1 + 2) \times 0.4 + \ln(0 + 2) \times 0.3 + \ln(1 + 2) \times 0.3 = 0.3 \ln 6.$$

$$E(2X + 3) = 2E(X) + 3 = 2.8.$$

例 4.1.2　设随机变量 X 的概率密度为

$$f(x) = \begin{cases} x, & 0 \leqslant x < 1, \\ 2 - x, & 1 \leqslant x < 2, \\ 0, & \text{其他}, \end{cases}$$

求 $E(X)$, $E(X^2)$.

分析　考查连续型随机变量的数学期望以及函数的数学期望的计算.

解　$E(X) = \displaystyle\int_{-\infty}^{+\infty} x f(x) \mathrm{d}x$

$$= \int_{-\infty}^{0} x \cdot 0 \mathrm{d}x + \int_{0}^{1} x^2 \mathrm{d}x + \int_{1}^{2} x(2 - x) \mathrm{d}x + \int_{2}^{+\infty} x \cdot 0 \mathrm{d}x = 1;$$

$$E(X^2) = \int_{-\infty}^{+\infty} x^2 f(x) \mathrm{d}x = \int_{0}^{1} x^3 \mathrm{d}x + \int_{1}^{2} x^2(2 - x) \mathrm{d}x$$

$$= \frac{1}{4}x^4 \bigg|_0^1 + \left(\frac{2}{3}x^3 - \frac{1}{4}x^4\right)\bigg|_1^2 = \frac{7}{6}.$$

例 4.1.3 设二维随机变量的分布律为表 4.2.

表 4.2

X \ Y	1	2	3
2	0.1	0.3	0.4
3	0.05	0.12	0.03

$Z_1 = \max(X, Y)$, $Z_2 = X + Y$, 求 $E(Z_1)$, $E(Z_2)$.

分析 为了求解方便,可以先将 (X, Y) 的分布律与对应的 Z_1, Z_2 的取值列到同一个表格中,再求数学期望;另外 $E(Z_2)$ 也可以利用数学期望的性质拆成 $E(X) + E(Y)$ 求解.

解 将 (X, Y) 的分布律及 Z_1, Z_2 的值对应到表 4.3 中.

表 4.3

p_{ij}	0.1	0.3	0.4	0.05	0.12	0.03
(X, Y)	(2, 1)	(2, 2)	(2, 3)	(3, 1)	(3, 2)	(3, 3)
Z_1	2	2	3	3	3	3
Z_2	3	4	5	4	5	6

于是, $E(Z_1) = 2 \times 0.4 + 3 \times 0.6 = 2.6$; $E(Z_2) = 3 \times 0.1 + 4 \times 0.35 + 5 \times 0.52 + 6 \times 0.03 = 4.48$.

例 4.1.4 设二维连续型随机变量 (X, Y) 服从区域 D 上的均匀分布 $U(D)$,其中 D 是由 x 轴, y 轴,以及直线 $x + y = 1$ 所围成的区域,求 $E(X)$, $E(Y)$, $E(2X + 3Y)$, $E(XY)$.

分析 考查二维连续型随机变量函数的数学期望以及数学期望的性质,若注意到 X 与 Y 的对称性,则 $E(X)$ 与 $E(Y)$ 只需算一个即可.

解 区域 D 如图 4.1 中阴影部分所示, (X, Y) 的概率密度为

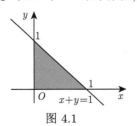

图 4.1

$$f(x, y) = \begin{cases} 2, & (x, y) \in D, \\ 0, & 其他, \end{cases}$$

所以有

$$E(X) = \int_{-\infty}^{+\infty} \int_{-\infty}^{+\infty} x f(x, y) \mathrm{d}x \mathrm{d}y = \int_0^1 \int_0^{1-x} 2x \mathrm{d}y \mathrm{d}x = \int_0^1 2x(1 - x) \mathrm{d}x = \frac{1}{3};$$

$$E(Y) = \int_{-\infty}^{+\infty} \int_{-\infty}^{+\infty} y f(x,y) \mathrm{d}x \mathrm{d}y = \int_{0}^{1} \int_{0}^{1-y} 2y \mathrm{d}x \mathrm{d}y = \int_{0}^{1} 2y(1-y)\mathrm{d}y = \frac{1}{3};$$

$$E(2X + 3Y) = 2E(X) + 3E(Y) = \frac{5}{3};$$

$$E(XY) = \int_{-\infty}^{+\infty} \int_{-\infty}^{+\infty} xy f(x,y) \mathrm{d}x \mathrm{d}y = \int_{0}^{1} \int_{0}^{1-x} 2xy \mathrm{d}y \mathrm{d}x = \int_{0}^{1} x(1-x)^2 \mathrm{d}x = \frac{1}{12}.$$

题型 2　方差

例 4.2.1 设随机变量 X 在区间 $(-1,1)$ 上服从均匀分布, 求 $E[g(X)], D[g(X)]$, 其中,

$$g(X) = \begin{cases} -1, & X < 0, \\ 2, & X \geqslant 0. \end{cases}$$

分析　要求数学期望和方差, 首先需要写出 $g(X)$ 的分布.

解　由题得

$$P\{g(X) = -1\} = P\{X < 0\} = \frac{1}{2}, \quad P\{g(X) = 2\} = P\{X \geqslant 0\} = \frac{1}{2},$$

所以, $g(X)$ 的分布律为表 4.4.

表 4.4

$g(X)$	-1	2
P	0.5	0.5

于是,

$$E[g(X)] = -1 \times 0.5 + 2 \times 0.5 = 0.5;$$

$$E[g(X)]^2 = (-1)^2 \times 0.5 + 2^2 \times 0.5 = 2.5;$$

$$D[g(X)] = 2.5 - 0.5^2 = 2.25.$$

例 4.2.2 设随机变量 X 与 Y 相互独立, X 服从参数为 1 的指数分布, Y 服从参数为 9 的泊松分布, 求 $D(2X - Y + 1), D(XY)$.

分析　结合常用分布的数学期望和方差, 利用数学期望和方差的性质计算, 切记不要将 $D(XY)$ 等于 $D(X)D(Y)$.

解 因为 X 服从参数为 1 的指数分布, Y 服从参数为 9 的泊松分布, 所以 $E(X) = D(X) = 1$, $E(Y) = D(Y) = 9$, 由方差的性质得 $D(2X - Y + 1) = 4D(X) + D(Y) = 13$.

又因为 X 与 Y 相互独立, 所以有

$$E(XY) = E(X)E(Y), \quad E(X^2Y^2) = E(X^2)E(Y^2),$$

$$D(XY) = E(X^2Y^2) - [E(XY)]^2 = E(X^2)E(Y^2) - [E(X)E(Y)]^2$$

而

$$E(X^2) = D(X) + [E(X)]^2 = 1 + 1 = 2, \quad E(Y^2) = D(Y) + [E(Y)]^2 = 9 + 81 = 90,$$

所以 $D(XY) = 99$.

例 4.2.3 设随机变量 (X, Y) 的概率密度为

$$f(x, y) = \begin{cases} 12y^2, & 0 \leqslant y \leqslant x \leqslant 1, \\ 0, & \text{其他}, \end{cases}$$

求 $D(X)$.

分析 利用 $E[g(X, Y)] = \displaystyle\int_{-\infty}^{+\infty} \int_{-\infty}^{+\infty} g(x, y) f(x, y) \mathrm{d}x\mathrm{d}y$ 求数学期望, 再代入方差的计算公式求解.

解 记概率密度取非零值对应的区域为 D, 如图 4.2 中阴影部分所示, 则

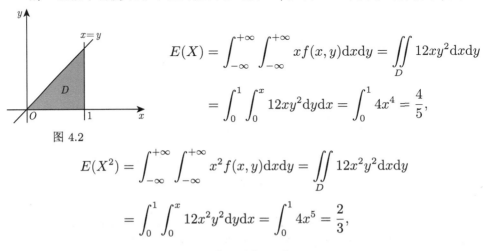

图 4.2

$$E(X) = \int_{-\infty}^{+\infty} \int_{-\infty}^{+\infty} xf(x, y)\mathrm{d}x\mathrm{d}y = \iint\limits_{D} 12xy^2 \mathrm{d}x\mathrm{d}y$$

$$= \int_0^1 \int_0^x 12xy^2 \mathrm{d}y\mathrm{d}x = \int_0^1 4x^4 = \frac{4}{5},$$

$$E(X^2) = \int_{-\infty}^{+\infty} \int_{-\infty}^{+\infty} x^2 f(x, y)\mathrm{d}x\mathrm{d}y = \iint\limits_{D} 12x^2y^2 \mathrm{d}x\mathrm{d}y$$

$$= \int_0^1 \int_0^x 12x^2y^2 \mathrm{d}y\mathrm{d}x = \int_0^1 4x^5 = \frac{2}{3},$$

因此, $D(X) = E(X^2) - [E(X)]^2 = \dfrac{2}{3} - \dfrac{16}{25} = \dfrac{2}{75}$.

题型 3　协方差、相关系数

例 4.3.1　以下各选项与 "X 与 Y 不相关" 不等价的是 (　　).

(A) $E(XY) = E(X)E(Y)$　　　　　(B) $\text{Cov}(X, Y) = 0$

(C) $D(XY) = D(X)D(Y)$　　　　　(D) $D(X + Y) = D(X) + D(Y)$

分析　X 与 Y 不相关即相关系数为 0, 由相关系数以及协方差的定义, 有

$$\rho = \frac{\text{Cov}(X, Y)}{\sqrt{D(X)}\sqrt{D(Y)}} = 0 \Leftrightarrow \text{Cov}(X, Y) = 0 \Leftrightarrow E(XY) - E(X)E(Y) = 0,$$

又由方差的性质知 $D(X + Y) = D(X) + D(Y) + 2\text{Cov}(X, Y)$, 所以

$$D(X + Y) = D(X) + D(Y) \Leftrightarrow \text{Cov}(X, Y) = 0.$$

解　由分析得

$$X 与 Y \text{ 不相关} \Leftrightarrow \rho = 0 \Leftrightarrow \text{Cov}(X, Y) = 0$$

$$\Leftrightarrow E(XY) - E(X)E(Y) = 0 \Leftrightarrow D(X + Y) = D(X) + D(Y).$$

本题选 (C).

例 4.3.2　设随机变量 X 与 Y 的相关系数为 $\rho = -0.5$, $E(X) = E(Y) = 0$, $E(X^2) = E(Y^2) = 2$, 求 $D(X + Y)$.

分析　利用方差的性质以及相关系数的定义求解.

解　$D(X) = E(X^2) - [E(X)]^2 = 2, D(Y) = E(Y^2) - [E(Y)]^2 = 2$, 又由相关系数的计算公式得

$$\text{Cov}(X, Y) = \rho\sqrt{D(X)}\sqrt{D(Y)} = -1,$$

所以, $D(X + Y) = D(X) + D(Y) + 2\text{Cov}(X, Y) = 2 + 2 - 2 = 2$.

例 4.3.3　设二维随机变量 (X, Y) 的概率密度为

$$f(x, y) = \begin{cases} 8xy, & 0 \leqslant y \leqslant x \leqslant 1, \\ 0, & \text{其他}, \end{cases}$$

求协方差 $\text{Cov}(X, Y)$ 和相关系数 ρ.

分析　由协方差和相关系数的定义知, 它们的计算最终归结于数学期望的计算, 本题中利用 $E[g(X, Y)] = \displaystyle\int_{-\infty}^{+\infty} \int_{-\infty}^{+\infty} g(x, y)f(x, y)\mathrm{d}x\mathrm{d}y$ 求数学期望.

解 记概率密度取非零值对应的区域为 D, 如图 4.3 中阴影部分所示,

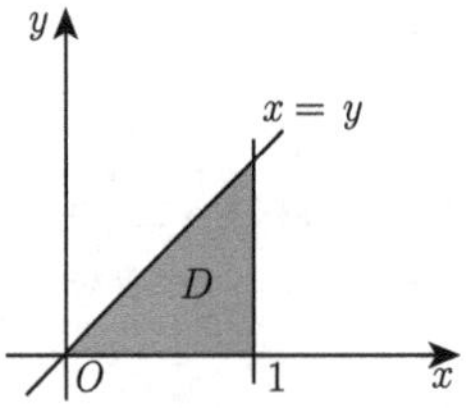

图 4.3

$$E(X) = \int_{-\infty}^{+\infty} \int_{-\infty}^{+\infty} x f(x,y) \mathrm{d}x \mathrm{d}y = \iint\limits_{D} 8x^2 y \mathrm{d}x \mathrm{d}y$$

$$= \int_0^1 \int_0^x 8x^2 y \mathrm{d}y \mathrm{d}x = \int_0^1 4x^4 \mathrm{d}x = \frac{4}{5},$$

$$E(Y) = \int_{-\infty}^{+\infty} \int_{-\infty}^{+\infty} y f(x,y) \mathrm{d}x \mathrm{d}y = \iint\limits_{D} 8x y^2 \mathrm{d}x \mathrm{d}y$$

$$= \int_0^1 \int_0^x 8x y^2 \mathrm{d}y \mathrm{d}x = \int_0^1 \frac{8}{3} x^4 \mathrm{d}x = \frac{8}{15},$$

$$E(XY) = \int_{-\infty}^{+\infty} \int_{-\infty}^{+\infty} xy f(x,y) \mathrm{d}x \mathrm{d}y = \iint\limits_{D} 8x^2 y^2 \mathrm{d}x \mathrm{d}y$$

$$= \int_0^1 \int_0^x 8x^2 y^2 \mathrm{d}y \mathrm{d}x = \int_0^1 \frac{8}{3} x^5 \mathrm{d}x = \frac{4}{9},$$

故 $\mathrm{Cov}(XY) = E(XY) - E(X)E(Y) = \frac{4}{225}.$

又

$$E(X^2) = \int_{-\infty}^{+\infty} \int_{-\infty}^{+\infty} x^2 f(x,y) \mathrm{d}x \mathrm{d}y = \iint\limits_{D} 8x^3 y \mathrm{d}x \mathrm{d}y = \int_0^1 \int_0^x 8x^3 y \mathrm{d}y \mathrm{d}x$$

$$= \int_0^1 4x^5 \mathrm{d}x = \frac{2}{3},$$

$$E(Y^2) = \int_{-\infty}^{+\infty} \int_{-\infty}^{+\infty} y^2 f(x,y) \mathrm{d}x \mathrm{d}y = \iint\limits_{D} 8x y^3 \mathrm{d}x \mathrm{d}y = \int_0^1 \int_0^x 8x y^3 \mathrm{d}y \mathrm{d}x$$

$$= \int_0^1 2x^5 \mathrm{d}x = \frac{1}{3},$$

$$D(X) = E(X^2) - [E(X)]^2 = \frac{2}{3} - \left(\frac{4}{5}\right)^2 = \frac{2}{75},$$

$$D(Y) = E(Y^2) - [E(Y)]^2 = \frac{1}{3} - \left(\frac{8}{15}\right)^2 = \frac{11}{225},$$

故

$$\rho = \frac{\mathrm{Cov}(X,Y)}{\sqrt{D(X)}\sqrt{D(Y)}} = \frac{2\sqrt{66}}{33}.$$

2. 考研真题解析

真题 4.1 (2000 年数学三)　设随机变量 X 在区间 $[-1,2]$ 上服从均匀分布, 随机变量

$$Y = \begin{cases} 1, & X > 0, \\ 0, & X = 0, \\ -1, & X < 0, \end{cases}$$

则方差 $D(Y) = $ _____.

分析　本题需要先根据 X 的分布写出 Y 的概率分布, 再进行计算.

解　由 $X \sim U[-1,2]$ 知, X 的概率密度为

$$f(x) = \begin{cases} \dfrac{1}{3}, & -1 \leqslant x \leqslant 2, \\ 0, & \text{其他}, \end{cases}$$

所以

$$P\{Y=1\} = P\{X>0\} = \frac{2}{3}, \quad P\{Y=0\} = P\{X=0\} = 0,$$

$$P\{Y=-1\} = P\{X<0\} = \frac{1}{3},$$

因此

$$E(Y) = 1 \times \frac{2}{3} + 0 \times 0 - 1 \times \frac{1}{3} = \frac{1}{3}, \quad E(Y^2) = 1 \times \frac{2}{3} + 1 \times \frac{1}{3} = 1,$$

从而 $D(Y) = E(Y^2) - [E(Y)]^2 = 1 - \dfrac{1}{9} = \dfrac{8}{9}$.

真题 4.2 (2011 年数学一)　设随机变量 X 与 Y 相互独立, 且 $E(X)$ 与 $E(Y)$ 存在, 记 $U = \max(X,Y)$, $V = \min(X,Y)$, 则 $E(UV) = ($　　$)$.

(A) $E(U)E(V)$　　(B) $E(X)E(Y)$　　(C) $E(U)E(Y)$　　(D) $E(X)E(V)$

解 因为

$$UV = \max(X,Y) \cdot \min(X,Y) = \begin{cases} XY, & X \geqslant Y, \\ YX, & X < Y, \end{cases}$$

且 X 与 Y 相互独立, 所以 $E(UV) = E(XY) = E(X)E(Y)$, 本题选 (B).

真题 4.3 (2011 年数学三)   设二维随机变量 (X,Y) 服从正态分布 $N(\mu,\mu; \sigma^2,\sigma^2;0)$, 则 $E(XY^2) = $ _____.

分析   本题主要用到关于二维正态分布的两个结论: 二维正态分布的两个边缘分布都是一维正态分布; 对于二维正态随机变量 (X,Y), X 与 Y 不相关等价于 X 与 Y 相互独立.

解   由 $(X,Y) \sim N(\mu,\mu;\sigma^2,\sigma^2;0)$ 知 $X \sim N(\mu,\sigma^2), Y \sim N(\mu,\sigma^2)$ 且 $\rho_{XY} = 0$, 故 X 与 Y 不相关, 从而相互独立, 则 X 与 Y^2 也相互独立, 因此,

$$E(XY^2) = E(X)E(Y^2) = E(X)\{D(Y) + [E(Y)]^2\} = \mu(\sigma^2 + \mu^2).$$

真题 4.4 (2013 年数学三)   设随机变量 X 服从正态分布 $N(0,1)$, 则 $E(Xe^{2X}) = $ _____.

分析   本题是求随机变量函数的数学期望, 结合正态分布的性质计算.

解   由于 $X \sim N(0,1)$, 所以 X 的概率密度为 $\varphi(x) = \dfrac{1}{\sqrt{2\pi}}e^{-\frac{x^2}{2}}, -\infty < x < +\infty$, 则

$$E(Xe^{2X}) = \int_{-\infty}^{+\infty} xe^{2x}\varphi(x)\mathrm{d}x = \int_{-\infty}^{+\infty} \frac{1}{\sqrt{2\pi}}xe^{2x-\frac{x^2}{2}}\mathrm{d}x$$

$$= \int_{-\infty}^{+\infty} \frac{1}{\sqrt{2\pi}}xe^{-\frac{1}{2}(x-2)^2+2}\mathrm{d}x = e^2\int_{-\infty}^{+\infty} x\frac{1}{\sqrt{2\pi}}e^{-\frac{1}{2}(x-2)^2}\mathrm{d}x,$$

由于 $\int_{-\infty}^{+\infty} x\dfrac{1}{\sqrt{2\pi}}e^{-\frac{1}{2}(x-2)^2}\mathrm{d}x$ 是正态分布 $N(2,1)$ 的数学期望, 值为 2, 故

$$E(Xe^{2X}) = e^2\int_{-\infty}^{+\infty} x\frac{1}{\sqrt{2\pi}}e^{-\frac{1}{2}(x-2)^2}\mathrm{d}x = 2e^2.$$

真题 4.5 (2014 年数学三)   设随机变量 X,Y 的概率分布相同, X 的概率分布为 $P\{X=0\} = \dfrac{1}{3}, P\{X=1\} = \dfrac{2}{3}$, 且 X 与 Y 的相关系数为 $\rho_{XY} = \dfrac{1}{2}$.

(1) 求 (X,Y) 的概率分布.

(2) 求 $P\{X+Y\} \leqslant 1$.

分析 先设出 (X, Y) 的概率分布, 再根据已知条件列方程求解.

解 (1) 设 (X, Y) 的概率分布为表 4.5.

表 4.5

X \ Y	0	1
0	a	b
1	c	d

根据题意, 计算得

$$E(X) = E(Y) = \frac{2}{3}, D(X) = D(Y) = \frac{2}{9}, \mathrm{Cov}(XY) = E(XY) - E(X)E(Y) = d - \frac{4}{9},$$

由

$$\rho_{XY} = \frac{\mathrm{Cov}(X,Y)}{\sqrt{D(X)}\sqrt{D(Y)}} = \frac{d - \dfrac{4}{9}}{\dfrac{2}{9}} = \frac{1}{2}.$$

解得 $d = P\{X = 1, Y = 1\} = \dfrac{5}{9}$. 又由 $E(X) = c + d = \dfrac{2}{3}$ 得 $c = \dfrac{2}{3} - d = \dfrac{1}{9}$. 同理, $b = \dfrac{1}{9}$. 因此, $a = 1 - b - c - d = \dfrac{2}{9}$.

综上, (X, Y) 的概率分布为表 4.6.

表 4.6

X \ Y	0	1
0	2/9	1/9
1	1/9	5/9

(2) $P\{X + Y \leqslant 1\} = 1 - P\{X = 1, Y = 1\} = \dfrac{4}{9}$.

真题 4.6 (2016 年数学三) 设随机变量 X 与 Y 相互独立, 且 $X \sim N(1, 2)$, $Y \sim N(1, 4)$, 则 $D(XY) = ($ $)$.

(A) 6   (B) 8   (C) 14   (D) 15

分析 利用方差的计算公式以及数学期望的性质计算, 注意不要把 $D(XY)$ 等于 $D(X)D(Y)$.

解 由题得 $E(X) = E(Y) = 1, D(X) = 2, D(Y) = 4.$

$$D(XY) = E(X^2Y^2) - [E(XY)]^2,$$

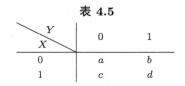

真题4.6精讲

又由 X 与 Y 相互独立得

$$E(X^2Y^2) = E(X^2)E(Y^2), E(XY) = E(X)E(Y),$$

所以

$$\begin{aligned}
D(XY) &= E(X^2)E(Y^2) - [E(X)E(Y)]^2 \\
&= \{D(X) + [E(X)]^2\}\{D(Y) + [E(Y)]^2\} - [E(X)E(Y)]^2 \\
&= (2+1)(4+1) - 1 = 14.
\end{aligned}$$

本题选 (C).

真题 4.7 (2017 年数学一)   设随机变量 X 的分布函数为

$$F(x) = 0.5\,\Phi(x) + 0.5\,\Phi\left(\frac{x-4}{2}\right),$$

其中 $\Phi(x)$ 为标准正态分布函数, 则 $E(X) = $ _____.

分析   本题中, 随机变量 X 的分布函数是用标准正态分布函数 $\Phi(x)$ 来表示的, 要求 X 的数学期望, 首先求出 X 的概率密度, 用标准正态分布的概率密度 $\varphi(x)$ 表示, 再利用性质 $\displaystyle\int_{-\infty}^{+\infty} x\varphi(x)\mathrm{d}x = 0$ (标准正态分布的数学期望) 和 $\displaystyle\int_{-\infty}^{+\infty} \varphi(x)\mathrm{d}x = 1$ (概率密度的归一性) 求 X 的数学期望.

解 X 的概率密度为

$$f(x) = F'(x) = 0.5\varphi(x) + 0.25\varphi\left(\frac{x-4}{2}\right),$$

则

$$\begin{aligned}
E(X) &= \int_{-\infty}^{+\infty} xf(x)\mathrm{d}x = 0.5\int_{-\infty}^{+\infty} x\varphi(x)\mathrm{d}x + 0.25\int_{-\infty}^{+\infty} x\varphi\left(\frac{x-4}{2}\right)\mathrm{d}x \\
&= 0.25\int_{-\infty}^{+\infty} x\varphi\left(\frac{x-4}{2}\right)\mathrm{d}x,
\end{aligned}$$

令 $\dfrac{x-4}{2} = t$, 则 $x = 2t + 4$,

$$\begin{aligned}
E(X) &= 0.25\int_{-\infty}^{+\infty} x\varphi\left(\frac{x-4}{2}\right)\mathrm{d}x = 0.5\int_{-\infty}^{+\infty} (2t+4)\varphi(t)\mathrm{d}t \\
&= \int_{-\infty}^{+\infty} t\varphi(t)\mathrm{d}t + 2\int_{-\infty}^{+\infty} \varphi(t)\mathrm{d}t = 2.
\end{aligned}$$

真题 4.8 (2019 年数学一、数学三)   设随机变量 X 的概率密度为

$$f(x) = \begin{cases} \dfrac{x}{2}, & 0 < x < 2, \\ 0, & \text{其他}, \end{cases}$$

$F(x)$ 为 X 的分布函数, $E(X)$ 为 X 的数学期望, 则 $P\{F(X) > E(X) - 1\}$ = _____.

分析　由连续型随机变量分布函数与概率密度的关系, 可以求出 X 的分布函数 $F(X)$, 再由数学期望的定义计算 $E(X)$, 最后根据 $E(X) - 1$ 的值选取 $F(X)$ 中合适的部分进行计算.

解　X 的分布函数为

$$F(x) = \int_{-\infty}^{x} f(t)\mathrm{d}t = \begin{cases} 0, & x < 0, \\ \int_0^x \dfrac{t}{2}\mathrm{d}t, & 0 \leqslant x < 2, = \\ 1, & x \geqslant 2 \end{cases} \begin{cases} 0, & x < 0, \\ \dfrac{x^2}{4}, & 0 \leqslant x < 2, \\ 1, & x \geqslant 2, \end{cases}$$

数学期望为

$$E(X) = \int_{-\infty}^{+\infty} x f(x)\mathrm{d}x = \int_0^2 \dfrac{x^2}{2}\mathrm{d}x = \dfrac{4}{3},$$

真题4.8精讲

所以,

$$\begin{aligned} P\{F(X) > E(X) - 1\} &= P\left\{F(X) > \dfrac{1}{3}\right\} \\ &= P\left\{0 \leqslant X < 2, \dfrac{X^2}{4} > \dfrac{1}{3}\right\} + P\left\{X \geqslant 2, 1 > \dfrac{1}{3}\right\} \\ &= P\left\{X > \dfrac{2}{\sqrt{3}}\right\} = \int_{\frac{2}{\sqrt{3}}}^2 \dfrac{x}{2}\mathrm{d}x = \dfrac{2}{3}. \end{aligned}$$

真题 4.9 (2019 年数学一、数学三)　设随机变量 X 与 Y 相互独立, X 服从参数为 1 的指数分布, Y 的概率分布为 $P\{Y = -1\} = p, P\{Y = 1\} = 1 - p(0 < p < 1)$. 令 $Z = XY$.

(1) 求 Z 的概率密度;

(2) p 为何值时, X 与 Z 不相关;

(3) X 与 Z 是否相互独立?

分析　先求出 Z 的分布函数, 再求导即得概率密度; 要看 p 为何值时, X 与 Z 不相关, 即判断 p 为何值时, X 与 Z 的协方差为 0; Z 的取值与 X 有关, 可初步判断 X 与 Z 不独立, 因此只需举例说明; 另外, 本题也说明了由不相关得不到独立.

解 (1) 由题得, X 的分布函数为 $F_X(x) = \begin{cases} 1 - \mathrm{e}^{-x}, & x > 0, \\ 0, & \text{其他}. \end{cases}$

Z 的分布函数为

$$F_Z(z) = P\{Z \leqslant z\} = P\{XY \leqslant z\} = P\{Y = -1, X \geqslant -z\} + P\{Y = 1, X \leqslant z\}$$
$$= P\{X \geqslant -z\}P\{Y = -1\} + P\{X \leqslant z\}P\{Y = 1\}$$
$$= p[1 - F_X(-z)] + (1-p)F_X(z).$$

当 $z < 0$ 时,
$$F_Z(z) = p[1 - (1 - \mathrm{e}^z)] + 0 = p\mathrm{e}^z;$$

当 $z \geqslant 0$ 时,
$$F_Z(z) = p \cdot 1 + (1-p)(1 - \mathrm{e}^{-z}) = 1 - (1-p)\mathrm{e}^{-z}.$$

综上,
$$F_Z(z) = \begin{cases} p\mathrm{e}^z, & z < 0, \\ 1 - (1-p)\mathrm{e}^{-z}, & z \geqslant 0, \end{cases}$$

求导得, Z 的概率密度为 $f_Z(z) = \begin{cases} p\mathrm{e}^z, & z < 0, \\ (1-p)\mathrm{e}^{-z}, & z \geqslant 0. \end{cases}$

(2) X 与 Z 的协方差为

$$\mathrm{Cov}(X, Z) = E(XZ) - E(X)E(Z) = E(X^2Y) - E(X)E(XY)$$
$$= E(X^2)E(Y) - [E(X)]^2E(Y) = D(X)E(Y) = E(Y) = 1 - 2p,$$

令 $\mathrm{Cov}(X, Y) = 0$ 得 $p = \dfrac{1}{2}$, 因此当 $p = \dfrac{1}{2}$ 时, X 与 Z 不相关.

(3) 因为 $P\{X \leqslant 1, Z \leqslant -2\} = P\{X \leqslant 1, XY \leqslant -2\} = 0$,

$$P\{X \leqslant 1\} = F_X(1) = 1 - \mathrm{e}^{-1} > 0, P\{Z \leqslant -2\} = F_Z(-2) = p\mathrm{e}^{-2} > 0,$$

所以 $P\{X \leqslant 1, Z \leqslant -2\} \neq P\{X \leqslant 1\}P\{Z \leqslant -2\}$, 故 X 与 Z 不相互独立.

真题 4.10 (2020 年数学三) 设随机变量 X 的概率分布为

$$P\{X = k\} = \frac{1}{2^k}, \quad k = 1, 2, 3, \cdots,$$

Y 表示 X 被 3 除的余数, 求 $E(Y)$.

分析 本题的关键在于确定 Y 与 X 的关系. Y 表示 X 被 3 除的余数, 故 Y 的可能取值为 0, 1, 2, 并且 Y 取 0 对应 $X = 3n$ (n 为正整数), Y 取 1 对应 $X =$

$3n + 1$ (n 为非负整数), Y 取 2 对应 $X = 3n + 2$ (n 为非负整数), 根据 X 的分布即可得到 Y 的概率分布.

解　Y 的所有可能取值为 0, 1 2.

$$P\{Y = 0\} = \sum_{n=1}^{\infty} P\{X = 3n\} = \sum_{n=1}^{\infty} \frac{1}{2^{3n}} = \sum_{n=1}^{\infty} \frac{1}{8^n} = \frac{1}{7},$$

$$P\{Y = 1\} = \sum_{n=0}^{\infty} P\{X = 3n + 1\} = \sum_{n=0}^{\infty} \frac{1}{2^{3n+1}} = \frac{1}{2} \sum_{n=0}^{\infty} \frac{1}{8^n} = \frac{4}{7},$$

$$P\{Y = 2\} = \sum_{n=0}^{\infty} P\{X = 3n + 2\} = \sum_{n=0}^{\infty} \frac{1}{2^{3n+2}} = \frac{1}{4} \sum_{n=0}^{\infty} \frac{1}{8^n} = \frac{2}{7},$$

因此, $E(Y) = 0 \times \dfrac{1}{7} + 1 \times \dfrac{4}{7} + 2 \times \dfrac{2}{7} = \dfrac{8}{7}$.

真题 4.11 (2020 年数学一)　设 X 服从区间 $\left(-\dfrac{\pi}{2}, \dfrac{\pi}{2}\right)$ 上的均匀分布, $Y = \sin X$, 则 $\mathrm{Cov}(X, Y) = $_____.

分析　由协方差的计算公式, 本题最终归结于随机变量的数学期望以及函数的数学期望的计算.

解　由题得, X 的概率密度为

$$f(x) = \begin{cases} \dfrac{1}{\pi}, & -\dfrac{\pi}{2} < x < \dfrac{\pi}{2}, \\ 0, & \text{其他}, \end{cases}$$

则

$$\mathrm{Cov}(X, Y) = E(XY) - E(X)E(Y) = E(X \cdot \sin X) - E(X)E(\sin X)$$

$$= \int_{-\frac{\pi}{2}}^{\frac{\pi}{2}} x \sin x \cdot \frac{1}{\pi} \mathrm{d}x - \int_{-\frac{\pi}{2}}^{\frac{\pi}{2}} x \cdot \frac{1}{\pi} \mathrm{d}x \cdot \int_{-\frac{\pi}{2}}^{\frac{\pi}{2}} \sin x \cdot \frac{1}{\pi} \mathrm{d}x$$

$$= \frac{2}{\pi} \int_0^{\frac{\pi}{2}} x \sin x \mathrm{d}x - 0 = \frac{2}{\pi}.$$

真题 4.12 (2021年数学一、数学三)　甲乙两个盒子中均装有 2 个红球和 2 个白球, 先从甲盒中任取一球, 观察颜色后放入乙盒中, 再从乙盒中任取一球, 令 X 和 Y 分别表示从甲盒和乙盒中取到的红球个数, 则 X 和 Y 的相关系数为_____.

分析　先求出 (X, Y) 的概率分布, 再计算相关系数.

解　(X,Y) 的所有可能取值为 $(0,0)$, $(0,1)$, $(1,0)$, $(1,1)$

$$P\{X=0,Y=0\}=P\{X=0\}P\{Y=0|X=0\}=\frac{1}{2}\cdot\frac{3}{5}=\frac{3}{10},$$

$$P\{X=0,Y=1\}=P\{X=0\}P\{Y=1|X=0\}=\frac{1}{2}\cdot\frac{2}{5}=\frac{1}{5},$$

$$P\{X=1,Y=0\}=P\{X=1\}P\{Y=0|X=1\}=\frac{1}{2}\cdot\frac{2}{5}=\frac{1}{5},$$

$$P\{X=1,Y=1\}=P\{X=1\}P\{Y=1|X=1\}=\frac{1}{2}\cdot\frac{3}{5}=\frac{3}{10}.$$

所以, (X,Y) 的概率分布为表 4.7.

表 **4.7**

X ＼ Y	0	1	$p_{i\cdot}$
0	0.3	0.2	0.5
1	0.2	0.3	0.5
$p_{\cdot j}$	0.5	0.5	1

$$E(X)=E(Y)=0.5,\quad E(X^2)=E(Y^2)=0.5,\quad D(X)=D(Y)=0.25,\quad E(XY)=0.3,$$

$$\text{Cov}(X,Y)=E(XY)-E(X)E(Y)=0.05,\quad \rho_{XY}=\frac{\text{Cov}(X,Y)}{\sqrt{D(X)}\sqrt{D(Y)}}=0.2.$$

真题 4.13 (2022 年数学一)　设随机变量 $X\sim N(0,1)$, 在 $X=x$ 的条件下, 随机变量 $Y\sim N(x,1)$, 则 X 与 Y 的相关系数为 (　　).

(A) $\dfrac{1}{4}$ 　　　(B) $\dfrac{1}{2}$ 　　　(C) $\dfrac{\sqrt{3}}{3}$ 　　　(D) $\dfrac{\sqrt{2}}{2}$

分析　首先, 根据 X 的分布和 $X=x$ 的条件下 Y 的条件分布, 可以写出 X 的数学期望和方差, 以及 X 与 Y 的联合概率密度; 从而进一步求出 Y 的概率密度, 写出 Y 的数学期望和方差, 并计算 $E(XY)$; 最后代入相关系数的公式求解. 在整个过程中, 注意灵活运用正态分布的性质简化计算.

解　由题得 $E(X)=0$, $D(X)=1$, X 的概率密度为

$$f_X(x)=\frac{1}{\sqrt{2\pi}}\mathrm{e}^{-\frac{x^2}{2}},\quad -\infty<x<+\infty;$$

真题4.13精讲

在 $X=x(-\infty<x<+\infty)$ 的条件下, Y 的条件概率密度为

$$f_{Y|X}(y|x) = \frac{1}{\sqrt{2\pi}}\mathrm{e}^{-\frac{(y-x)^2}{2}}, \quad -\infty < y < +\infty.$$

于是, X 与 Y 的联合概率密度为

$$f(x,y) = f_{Y|X}(y|x) \cdot f_X(x) = \frac{1}{2\pi}\mathrm{e}^{-\frac{x^2+(y-x)^2}{2}}, \quad -\infty < x < +\infty, -\infty < y < +\infty.$$

(X, Y) 关于 Y 的边缘概率密度为

$$f_Y(y) = \int_{-\infty}^{+\infty} f(x,y)\mathrm{d}x = \int_{-\infty}^{+\infty} \frac{1}{2\pi}\mathrm{e}^{-\frac{x^2+(y-x)^2}{2}}\mathrm{d}x = \frac{1}{2\sqrt{\pi}}\mathrm{e}^{-\frac{y^2}{4}}\int_{-\infty}^{+\infty} \frac{1}{\sqrt{\pi}}\mathrm{e}^{-\left(x-\frac{y}{2}\right)^2}\mathrm{d}x,$$

其中 $\frac{1}{\sqrt{\pi}}\mathrm{e}^{-\left(x-\frac{y}{2}\right)^2}$ 是正态分布 $N\left(\frac{y}{2}, \frac{1}{2}\right)$ 的概率密度, 由归一性可知 $\int_{-\infty}^{+\infty} \frac{1}{\sqrt{\pi}}$

$\cdot \mathrm{e}^{-\left(x-\frac{y}{2}\right)^2}\mathrm{d}x = 1$, 因此

$$f_Y(y) = \frac{1}{2\sqrt{\pi}}\mathrm{e}^{-\frac{y^2}{4}}\int_{-\infty}^{+\infty} \frac{1}{\sqrt{\pi}}\mathrm{e}^{-\left(x-\frac{y}{2}\right)^2}\mathrm{d}x = \frac{1}{2\sqrt{\pi}}\mathrm{e}^{-\frac{y^2}{4}}, \quad -\infty < y < +\infty,$$

即 $Y \sim N(0, 2), E(Y) = 0, D(Y) = 2$.

$$E(XY) = \int_{-\infty}^{+\infty}\int_{-\infty}^{+\infty} xyf(x,y)\mathrm{d}x\mathrm{d}y = \int_{-\infty}^{+\infty}\int_{-\infty}^{+\infty} xy\frac{1}{2\pi}\mathrm{e}^{-\frac{x^2+(y-x)^2}{2}}\mathrm{d}x\mathrm{d}y$$

$$= \int_{-\infty}^{+\infty} x \cdot \frac{1}{\sqrt{2\pi}}\mathrm{e}^{-\frac{x^2}{2}}\mathrm{d}x \int_{-\infty}^{+\infty} y \cdot \frac{1}{\sqrt{2\pi}}\mathrm{e}^{-\frac{(y-x)^2}{2}}\mathrm{d}y,$$

由于 $\int_{-\infty}^{+\infty} y \cdot \frac{1}{\sqrt{2\pi}}\mathrm{e}^{-\frac{(y-x)^2}{2}}\mathrm{d}y$ 是正态分布 $N(x, 1)$ 的数学期望, 值为 x, 因此

$$E(XY) = \int_{-\infty}^{+\infty} x^2 \cdot \frac{1}{\sqrt{2\pi}}\mathrm{e}^{-\frac{x^2}{2}}\mathrm{d}x = E(X^2) = D(X) + [E(X)]^2 = 1,$$

$$\mathrm{Cov}(X, Y) = E(XY) - E(X)E(Y) = 1.$$

从而, X 与 Y 的相关系数为

$$\rho_{XY} = \frac{\mathrm{Cov}(X,Y)}{\sqrt{D(X)}\sqrt{D(Y)}} = \frac{1}{\sqrt{2}} = \frac{\sqrt{2}}{2}.$$

本题选 (D).

真题 4.14 (2022 年数学三) 设二维随机变量 (X, Y) 的概率分布为表 4.8.

表 4.8

X \ Y	0	1	2
-1	0.1	0.1	b
1	a	0.1	0.1

若事件 $\{\max(X, Y) = 2\}$ 与事件 $\{\min(X, Y) = 1\}$ 相互独立, 则 $\mathrm{Cov}(X, Y)$ $= (\quad)$.

(A) -0.6 (B) -0.36 (C) 0   (D) 0.48

分析 首先利用归一性以及事件 $\{\max(X, Y) = 2\}$ 与 $\{\min(X, Y) = 1\}$ 的独立性求出 a 与 b 的值, 再根据 (X, Y) 的概率分布计算协方差.

解 由 (X, Y) 的概率分布可得

$$P\{\max(X, Y) = 2\} = P\{Y = 2\} = b + 0.1,$$

$$P\{\min(X, Y) = 1\} = P\{X = 1, Y = 1\} + P\{X = 1, Y = 2\} = 0.1 + 0.1 = 0.2,$$

$$P\{\max(X, Y) = 2, \min(X, Y) = 1\} = P\{X = 1, Y = 2\} = 0.1.$$

因为事件 $\{\max(X, Y) = 2\}$ 与事件 $\{\min(X, Y) = 1\}$ 相互独立, 所以有

$$P\{\max(X, Y) = 2, \min(X, Y) = 1\} = P\{\max(X, Y) = 2\}P\{\min(X, Y) = 1\},$$

即 $0.1 = (b + 0.1) \times 0.2$, 解得 $b = 0.4$. 又由归一性知 $a + b + 0.4 = 1$, 于是 $a = 0.2$, (X, Y) 的概率分布为表 4.9.

表 4.9

X \ Y	0	1	2
-1	0.1	0.1	0.4
1	0.2	0.1	0.1

从而

$$E(X) = -1 \times (0.1 + 0.1 + 0.4) + 1 \times (0.2 + 0.1 + 0.1) = -0.2,$$

$$E(Y) = 1 \times (0.1 + 0.1) + 2 \times (0.4 + 0.1) = 1.2,$$

$$E(XY) = -1 \times 0.1 - 2 \times 0.4 + 1 \times 0.1 + 2 \times 0.1 = -0.6,$$

$$\mathrm{Cov}(X,Y) = E(XY) - E(X)E(Y) = -0.6 + 0.24 = -0.36.$$

本题选 (B).

真题 4.15 (2023 年数学一、数学三)　设随机变量 X 服从参数为 1 的泊松分布, 则 $E\,|X - E(X)| = ($　　$)$.

(A) $\dfrac{1}{\mathrm{e}}$　　　　　(B) $\dfrac{1}{2}$　　　　　(C) $\dfrac{2}{\mathrm{e}}$　　　　　(D) 1

分析　本题考查数学期望的计算, 过程中需要借助高等数学中指数函数的幂级数展开式.

解　由题得, X 的分布律为

$$P\{X = k\} = \frac{1^k}{k!}\mathrm{e}^{-1} = \frac{\mathrm{e}^{-1}}{k!}, \quad k = 0, 1, 2, \cdots,$$

真题4.15精讲

X 的数学期望为 $E(X) = 1$, 则

$$E\,|X - E(X)| = \sum_{k=0}^{\infty} |k-1| \cdot \frac{\mathrm{e}^{-1}}{k!} = |0-1| \cdot \frac{\mathrm{e}^{-1}}{0!} + |1-1| \cdot \frac{\mathrm{e}^{-1}}{1!} + \sum_{k=2}^{\infty} (k-1) \cdot \frac{\mathrm{e}^{-1}}{k!}$$

$$= \mathrm{e}^{-1} + \mathrm{e}^{-1} \sum_{k=2}^{\infty} (k-1) \cdot \frac{1}{k!} = \mathrm{e}^{-1} + \mathrm{e}^{-1} \sum_{k=2}^{\infty} k \cdot \frac{1}{k!} - \mathrm{e}^{-1} \sum_{k=2}^{\infty} \frac{1}{k!}$$

$$= \mathrm{e}^{-1} + \mathrm{e}^{-1} \sum_{k=2}^{\infty} \frac{1}{(k-1)!} - \mathrm{e}^{-1} \sum_{k=2}^{\infty} \frac{1}{k!}.$$

根据高等数学中幂级数的知识知

$$\mathrm{e}^x = \sum_{n=0}^{\infty} \frac{x^n}{n!} \ (-\infty < x < +\infty), \quad \mathrm{e} = \sum_{n=0}^{\infty} \frac{1}{n!},$$

因此

$$\sum_{k=2}^{\infty} \frac{1}{(k-1)!} = \mathrm{e} - \frac{1}{0!} = \mathrm{e} - 1, \quad \sum_{k=2}^{\infty} \frac{1}{k!} = \mathrm{e} - \frac{1}{0!} - \frac{1}{1!} = \mathrm{e} - 2,$$

从而

$$E\,|X - E(X)| = \mathrm{e}^{-1} + \mathrm{e}^{-1}(\mathrm{e}-1) - \mathrm{e}^{-1}(\mathrm{e}-2) = 2\mathrm{e}^{-1} = \frac{2}{\mathrm{e}}.$$

本题选 (C).

真题 4.16 (2023 年数学三)　已知随机变量 X, Y 相互独立, 且 $X \sim B(1, p)$, $Y \sim B(2, p)$, 其中 $p \in (0, 1)$, 则 $X + Y$ 与 $X - Y$ 的相关系数为＿＿＿＿＿＿.

分析   本题考查常用分布的方差、协方差与方差的性质, 以及相关系数的计算.

解   由题中已知条件可知

$$\text{Cov}(X, Y) = 0, D(X) = p(1-p), D(Y) = 2p(1-p).$$

根据协方差的性质,

$$\text{Cov}(X+Y, X-Y) = \text{Cov}(X, X) - \text{Cov}(X, Y) + \text{Cov}(Y, X) - \text{Cov}(Y, Y)$$

$$= D(X) - D(Y) = p(1-p) - 2p(1-p) = p(p-1).$$

又由方差的性质,

$$D(X \pm Y) = D(X) + D(Y) \pm 2\text{Cov}(X, Y) = D(X) + D(Y) = 3p(1-p).$$

因此, $X+Y$ 与 $X-Y$ 的相关系数为

$$\rho = \frac{\text{Cov}(X+Y, X-Y)}{\sqrt{D(X+Y)}\sqrt{D(X-Y)}} = \frac{p(p-1)}{3p(1-p)} = -\frac{1}{3}.$$

经典习题选讲 4

1. 随机变量 X 的分布律如表 4.10.

表 4.10

X	0	1	2	3
P	$\frac{1}{2}$	$\frac{1}{4}$	$\frac{1}{8}$	$\frac{1}{8}$

求 $E(X), E(4X+1), E(X^2)$.

解 $E(X) = 1 \times \dfrac{1}{4} + 2 \times \dfrac{1}{8} + 3 \times \dfrac{1}{8} = \dfrac{7}{8}$,

$$E(4X+1) = 4E(X) + 1 = 4 \times \frac{7}{8} + 1 = \frac{9}{2},$$

$$E(X^2) = 1^2 \times \frac{1}{4} + 2^2 \times \frac{1}{8} + 3^2 \times \frac{1}{8} = \frac{15}{8}.$$

2. 设 X 的分布律为表 4.11.

表 4.11

X	-3	0	4
P	0.8	0.1	0.1

求 $E(X), E(3X-4), E(X^2)$.

解 $E(X) = -3 \times 0.8 + 0 \times 0.1 + 4 \times 0.1 = -2$,

$$E(3X - 4) = 3E(X) - 4 = 3 \times (-2) - 4 = -10,$$

$$E(X^2) = 9 \times 0.8 + 0 \times 0.1 + 16 \times 0.1 = 8.8.$$

3. 某银行开展定期定额储蓄, 定期一年, 定额 60 元, 按规定 10000 个户头中, 一等奖一个, 奖金 500 元; 二等奖 10 个, 各奖 100 元; 三等奖 100 个, 各奖 10 元; 四等奖 1000 个, 各奖 2 元. 某人买了 5 个户头, 他期望得奖多少元?

解 假设一个户头, 预期可得奖金 X 元, 依题意, X 的分布律为表 4.12.

表 **4.12**

X	500	100	10	2
P	$\dfrac{1}{10000}$	$\dfrac{1}{1000}$	$\dfrac{1}{100}$	$\dfrac{1}{10}$

$$E(X) = 500 \times \frac{1}{10000} + 100 \times \frac{1}{1000} + 10 \times \frac{1}{100} + 2 \times \frac{1}{10} = \frac{9}{20}, E(5X) = 5E(X) = \frac{9}{4}.$$

即, 某人买了 5 个户头, 他期望得奖 9/4 元.

4. 某图书馆的读者借阅甲种图书的概率为 p_1, 借阅乙种图书的概率为 p_2, 设每人借阅甲、乙图书的行为相互独立, 读者之间的行为也是相互独立的.

(1) 某天恰有 n 个读者, 求借阅甲种图书的人数的数学期望.

(2) 某天恰有 n 个读者, 求至少借阅甲、乙两种图书其中一种的人数的数学期望.

解 (1) 设借阅甲种图书的人数为 X, 则 $X \sim B(n, p_1)$, 所以 $E(X) = np_1$.

(2) 设事件 $A =$ "借阅甲种图书", $B =$ "借阅乙种图书", 则由题得 $P(A) = p_1$, $P(B) = p_2$, 至少借阅其中一种图书的概率为 $p = P(A \cup B) = P(A) + P(B) - P(AB) = p_1 + p_2 - p_1 p_2$. 用 Y 表示至少借阅其中一种图书的人数, 则 $Y \sim B(n, p)$, $E(Y) = np = n(p_1 + p_2 - p_1 p_2)$.

5. 设 $X \sim P(\lambda)$, 且 $P\{X = 5\} = P\{X = 6\}$, 求 $E(X)$.

解 由题意知 $X \sim P(\lambda)$, 则 X 的分布律 $P\{X = k\} = \dfrac{\lambda^k}{k!} e^{-\lambda}, k = 0, 1, 2, \cdots$, 又 $P\{X = 5\} = P\{X = 6\}$, 所以 $\dfrac{\lambda^5}{5!} e^{-\lambda} = \dfrac{\lambda^6}{6!} e^{-\lambda}$, 解得 $\lambda = 6$, 所以 $E(X) = 6$.

6. 同时掷八枚骰子, 求八枚骰子所掷出的点数和的数学期望.

解 记掷一枚骰子所掷出的点数为 X, 则 X 的分布律为

$$P\{X = i\} = 1/6, \quad i = 1, 2, \cdots, 6,$$

$$E(X) = 1/6 \times (1 + 2 + 3 + 4 + 5 + 6) = 21/6 = 7/2.$$

记掷八枚骰子所掷出的点数和为 Y, 则

$$E(Y) = 8E(X) = 8 \times 7/2 = 28.$$

7. 设随机变量 X 的分布律为 $P\{X = k\} = \dfrac{6}{\pi^2 k^2}, k = 1, -2, 3, -4, \cdots$, 问 X 的数学期望是否存在? 若存在, 试求出来; 若不存在, 说明理由.

解 因为级数

$$\sum_{k=1}^{\infty} \left[(-1)^{k+1} k \times \frac{6}{\pi^2 k^2} \right] = \sum_{k=1}^{\infty} \left[(-1)^{k+1} \frac{6}{\pi^2 k} \right] = \frac{6}{\pi^2} \sum_{k=1}^{\infty} (-1)^{k+1} \frac{1}{k},$$

而 $\displaystyle\sum_{k=1}^{\infty} \left| (-1)^{k+1} \frac{1}{k} \right| = \sum_{k=1}^{\infty} \frac{1}{k}$ 发散, 所以 X 的数学期望不存在.

8. 设随机变量 X 的分布律为 $P\left\{ X = (-1)^i \dfrac{2^i}{i} \right\} = \dfrac{1}{2^i} (i = 1, 2, \cdots)$, 问 $E(X)$ 是否存在? 若存在, 试求出来; 若不存在, 说明理由.

解 因为级数 $\displaystyle\sum_{i=1}^{\infty} \left[(-1)^i \frac{2^i}{i} \frac{1}{2^i} \right] = \sum_{i=1}^{\infty} \left[(-1)^i \frac{1}{i} \right]$, 而 $\displaystyle\sum_{i=1}^{\infty} \left| (-1)^i \frac{1}{i} \right| = \sum_{i=1}^{\infty} \frac{1}{i}$ 发散, 所以 X 的数学期望不存在.

9. 某厂推土机发生故障后的维修时间 T 是一个随机变量 (单位: h), 其概率密度为

$$f(t) = \begin{cases} 0.02 \mathrm{e}^{-0.02t}, & t > 0, \\ 0, & t \leqslant 0, \end{cases}$$

求平均维修时间.

解 由题得 $T \sim \mathrm{Exp}\left(\dfrac{1}{0.02} \right)$, 所以 $E(T) = \dfrac{1}{0.02} = 50$. 即平均维修时间为 50h.

10. 设随机变量 X 的概率密度为

$$f(x) = \begin{cases} \dfrac{3}{2}(1 + x)^2, & -1 \leqslant x \leqslant 0, \\ \dfrac{3}{2}(1 - x)^2, & 0 < x \leqslant 1, \\ 0, & \text{其他}, \end{cases}$$

求 $E(X)$.

解 $E(X) = \displaystyle\int_{-\infty}^{+\infty} x f(x) \mathrm{d}x = \int_{-1}^{0} x \frac{3}{2}(1 + x)^2 \mathrm{d}x + \int_{0}^{1} x \frac{3}{2}(1 - x)^2 \mathrm{d}x = 0.$

11. 某新产品在未来市场上的占有率 X 是仅在区间 $(0,1)$ 上取值的随机变量, 其概率密度为

$$f(x) = \begin{cases} k(1-x)^2, & 0 < x < 1, \\ 0, & 其他, \end{cases}$$

(1) 确定参数 k 的值;

(2) 求该产品的平均市场占有率.

解　(1) 由归一性,

$$1 = \int_{-\infty}^{+\infty} f(x)\mathrm{d}x = \int_0^1 k(1-x)^2\mathrm{d}x = \frac{1}{3}k,$$

所以 $k= 3$.

(2) 该产品的平均市场占有率为

$$E(X) = \int_0^1 3x(1-x)^2\mathrm{d}x = \frac{1}{4}.$$

12. 设连续型随机变量 X 的分布函数为

$$F(x) = \begin{cases} 0, & x \leqslant 0, \\ \dfrac{x}{4}, & 0 < x \leqslant 4. \\ 1, & x > 4, \end{cases}$$

求 $E(X)$.

解　X 的概率密度为

$$f(x) = F'(x) = \begin{cases} \dfrac{1}{4}, & 0 < x \leqslant 4, \\ 0, & 其他, \end{cases}$$

所以 $E(X) = \int_{-\infty}^{+\infty} xf(x)\mathrm{d}x = \int_0^4 \frac{1}{4}x\mathrm{d}x = 2.$

13. 设连续型随机变量 X 的分布函数为

$$F(x) = \begin{cases} 1 - \dfrac{8}{x^3}, & x \geqslant 2, \\ 0, & x < 2, \end{cases}$$

求 $E(X)$.

解 X 的概率密度为

$$f(x) = F'(x) = \begin{cases} 24x^{-4}, & x \geqslant 2, \\ 0, & x < 2, \end{cases}$$

所以 $E(X) = \int_{-\infty}^{+\infty} xf(x)\mathrm{d}x = \int_{2}^{+\infty} x \cdot 24x^{-4}\mathrm{d}x = 3.$

14. 设随机变量 X 的概率密度 $f(x) = \begin{cases} ax+b, & 0 \leqslant x \leqslant 1, \\ 0, & 其他, \end{cases}$ 且 $E(X) = 7/12$, 求参数 a, b 的值.

解 由归一性, $1 = \int_{0}^{1}(ax+b)\mathrm{d}x = \frac{1}{2}a+b$, 又 $E(X) = 7/12 = \int_{0}^{1}x(ax+b)\mathrm{d}x$ $= \frac{1}{3}a + \frac{1}{2}b$, 所以, $a = 1$, $b = 0.5$.

15. 设随机变量 X 与 Y 的联合分布律为表 4.13.

表 4.13

X \ Y	-1	0	1
1	0.2	0.1	0.1
2	0.1	0	0.1
3	0	0.3	0.1

分别求 $E(X)$, $E(Y)$, $E(X^2)$, $E(Y^2)$, $E(XY)$.

解 依题意, 可求得边缘分布律, 如表 4.14.

表 4.14

X \ Y	-1	0	1	$P\{X = x_i\}$
1	0.2	0.1	0.1	0.4
2	0.1	0	0.1	0.2
3	0	0.3	0.1	0.4
$P\{Y = y_j\}$	0.3	0.4	0.3	1

$E(X) = 1 \times 0.4 + 2 \times 0.2 + 3 \times 0.4 = 2, \quad E(Y) = -1 \times 0.3 + 0 \times 0.4 + 1 \times 0.3 = 0,$

$E(X^2) = 1 \times 0.4 + 4 \times 0.2 + 9 \times 0.4 = 4.8, \quad E(Y^2) = 1 \times 0.3 + 0 \times 0.4 + 1 \times 0.3 = 0.6,$

$E(XY) = -1 \times 0.2 + 1 \times 0.1 + (-2) \times 0.1 + 2 \times 0.1 + 3 \times 0.1 = 0.2.$

16. 在经典习题选讲 4 第 1 题中, 已知随机变量 X 的分布律为表 4.15.

表 4.15

X	0	1	2	3
P	$\frac{1}{2}$	$\frac{1}{4}$	$\frac{1}{8}$	$\frac{1}{8}$

求 $D(X)$, $D(4X-2)$.

解　由于 $E(X)=1\times\dfrac{1}{4}+2\times\dfrac{1}{8}+3\times\dfrac{1}{8}=\dfrac{7}{8}$, $E(X^2)=1\times\dfrac{1}{4}+4\times\dfrac{1}{8}+9\times\dfrac{1}{8}=\dfrac{15}{8}$,
所以

$$D(X)=E(X^2)-[E(X)]^2=\frac{15}{8}-\left(\frac{7}{8}\right)^2=\frac{71}{64}, D(4X-2)=16D(X)=16\times\frac{71}{64}=\frac{71}{4}.$$

17. 甲、乙两台机床生产同一种零件, 在一天内生产的次品数分别记为 X 和 Y. 已知 X 和 Y 的分布律如表 4.16 和表 4.17.

表 4.16

X	0	1	2	3
P	0.4	0.3	0.2	0.1

表 4.17

Y	0	1	2	3
P	0.3	0.5	0.2	0

如果两台机床的产量相同, 你认为哪台机床生产的零件质量较好? 请你通过计算结果说明原因.

解　$E(X)=0\times0.4+1\times0.3+2\times0.2+3\times0.1=1$,
$E(Y)=0\times0.3+1\times0.5+2\times0.2+3\times0=0.9$,

$$E(X^2)=0\times0.4+1\times0.3+4\times0.2+9\times0.1=2,$$

$$E(Y^2)=0\times0.3+1\times0.5+4\times0.2+9\times0=1.3,$$

$$D(X)=E(X^2)-[E(X)]^2=2-1=1, D(Y)=E(Y^2)-[E(Y)]^2=1.3-0.81=0.49.$$

可见, X 的数学期望比 Y 的数学期望稍大, X 的方差比 Y 的方差大得多, 综合考虑, 认为乙机床生产的零件质量更稳定, 更好.

18. 对于第 11 题中的随机变量 X, 求方差 $D(X)$.

解　由第 11 题计算结果知

$$f(x)=\begin{cases} 3(1-x)^2, & 0<x<1, \\ 0, & \text{其他}, \end{cases}$$

$$E(X)=\int_0^1 3x(1-x)^2\mathrm{d}x=\frac{1}{4}, \quad E(X^2)=\int_0^1 3x^2(1-x)^2\mathrm{d}x=\frac{1}{10},$$

所以, $D(X) = E(X^2) - [E(X)]^2 = \dfrac{1}{10} - \left(\dfrac{1}{4}\right)^2 = \dfrac{3}{80}$.

19. 对于第 12 题中的随机变量 X, 求方差 $D(X)$.

解　由 12 题得 $f(x) = \begin{cases} \dfrac{1}{4}, & 0 < x \leqslant 4, \\ 0, & 其他, \end{cases}$　所以

$$E(X) = \int_0^4 \frac{1}{4}x\,\mathrm{d}x = 2, \quad E(X^2) = \int_0^4 \frac{1}{4}x^2\,\mathrm{d}x = \frac{16}{3},$$

$$D(X) = E(X^2) - [E(X)]^2 = \frac{16}{3} - 2^2 = \frac{4}{3}.$$

20. 对于第 13 题中的随机变量 X, 求方差 $D(X)$.

解　由于 X 的概率密度为 $f(x) = \begin{cases} 24x^{-4}, & x \geqslant 2, \\ 0, & x < 2, \end{cases}$　在第 13 题已经求出 $E(X) = 3$. 所以

$$E(X^2) = \int_2^\infty 24x^2 x^{-4}\,\mathrm{d}x = 24\int_2^\infty x^{-2}\,\mathrm{d}x = 12,$$

$$D(X) = E(X^2) - [E(X)]^2 = 12 - 3^2 = 3.$$

21. 对于第 14 题中的随机变量 X, 求方差 $D(X)$.

解　在第 14 题已经求出 $a = 1$, $b = 0.5$, 所以 $f(x) = \begin{cases} x + 0.5, & 0 \leqslant x \leqslant 1, \\ 0, & 其他. \end{cases}$

$$E(X^2) = \int_0^1 x^2(x + 0.5)\,\mathrm{d}x = \frac{1}{4} + \frac{0.5}{3} = \frac{5}{12},$$

又 $E(X) = 7/12$, 因此 $D(X) = E(X^2) - [E(X)]^2 = \dfrac{5}{12} - \left(\dfrac{7}{12}\right)^2 = \dfrac{11}{144}$.

22. 设随机变量 X 与 Y 的联合分布律为表 4.18.

表 4.18

X \ Y	0	1	2
0	0.2	0.3	0.2
1	0.1	0	0.1
2	0	0.1	0

分别求 $E(X), E(Y), E(X^2), E(Y^2), E(XY), E(X-Y), D(X), D(Y)$.

解　依题意, 可求得 X 与 Y 的边缘分布律 (表 4.19).

表 4.19

X \ Y	0	1	2	$P\{X = x_i\}$
0	0.2	0.3	0.2	0.7
1	0.1	0	0.1	0.2
2	0	0.1	0	0.1
$P\{Y = y_j\}$	0.3	0.4	0.3	1

因此

$$E(X) = 0 \times 0.7 + 1 \times 0.2 + 2 \times 0.1 = 0.4,$$

$$E(Y) = 0 \times 0.3 + 1 \times 0.4 + 2 \times 0.3 = 1,$$

$$E(X^2) = 0 \times 0.7 + 1 \times 0.2 + 4 \times 0.1 = 0.6,$$

$$E(Y^2) = 0 \times 0.3 + 1 \times 0.4 + 4 \times 0.3 = 1.6,$$

$$E(XY) = 1 \times 1 \times 0 + 1 \times 2 \times 0.1 + 2 \times 1 \times 0.1 + 2 \times 2 \times 0 = 0.4,$$

$$E(X-Y) = E(X) - E(Y) = 0.4 - 1 = -0.6,$$

$$D(X) = E(X^2) - [E(X)]^2 = 0.6 - 0.4^2 = 0.44,$$

$$D(Y) = E(Y^2) - [E(Y)]^2 = 1.6 - 1 = 0.6.$$

23. 设二维连续型随机变量 (X, Y) 的概率密度为

$$f(x, y) = \begin{cases} 1, & 0 < x < 1, |y| < x, \\ 0, & \text{其他,} \end{cases}$$

分别求 $E(X), E(Y), D(X), D(Y)$.

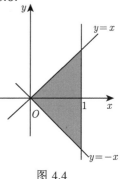

图 4.4

解　记 $D = \{(x, y) \mid |y| < x, 0 < x < 1\}$, 如图 4.4 所示, 则

$$E(X) = \iint\limits_{D} x f(x, y) \mathrm{d}x \mathrm{d}y = \int_0^1 \int_{-x}^x x \mathrm{d}y \mathrm{d}x = \int_0^1 2x^2 \mathrm{d}x = \frac{2}{3},$$

$$E(Y) = \iint\limits_{D} y f(x, y) \mathrm{d}x \mathrm{d}y = \int_0^1 \int_{-x}^x y \mathrm{d}y \mathrm{d}x = 0,$$

$$E(X^2) = \iint\limits_{D} x^2 f(x,y)\mathrm{d}x\mathrm{d}y = \int_0^1 \int_{-x}^x x^2 \mathrm{d}y\mathrm{d}x = \int_0^1 2x^3 \mathrm{d}x = \frac{1}{2},$$

$$E(Y^2) = \iint\limits_{D} y^2 f(x,y)\mathrm{d}x\mathrm{d}y = \int_0^1 \int_{-x}^x y^2 \mathrm{d}y\mathrm{d}x = \int_0^1 \frac{2}{3}x^3 \mathrm{d}x = \frac{1}{6},$$

$$D(X) = E(X^2) - [E(X)]^2 = \frac{1}{2} - \left(\frac{2}{3}\right)^2 = \frac{1}{18},$$

$$D(Y) = E(Y^2) - [E(Y)]^2 = \frac{1}{6} - 0 = \frac{1}{6}.$$

24. 设随机变量 X 与 Y 的联合分布律为表 4.20.

表 4.20

X \ Y	-1	0	1
0	0.07	0.18	0.15
1	0.08	0.32	0.20

求 X 与 Y 的相关系数.

解　依题意, 可求得 X 与 Y 的边缘分布律 (表 4.21).

表 4.21

X \ Y	-1	0	1	$P\{X=x_i\}$
0	0.07	0.18	0.15	0.4
1	0.08	0.32	0.20	0.6
$P\{Y=y_j\}$	0.15	0.5	0.35	1

$$E(X) = 1 \times 0.6 = 0.6, \quad E(Y) = -1 \times 0.15 + 0 \times 0.5 + 1 \times 0.35 = 0.2,$$

$$E(XY) = -1 \times 0.08 + 1 \times 0.2 = 0.12,$$

$$E(X^2) = 0.6, \quad E(Y^2) = 1 \times 0.15 + 0 \times 0.5 + 1 \times 0.35 = 0.5,$$

$$D(X) = E(X^2) - [E(X)]^2 = 0.6 - 0.6^2 = 0.24,$$

$$D(Y) = E(Y^2) - [E(Y)]^2 = 0.5 - 0.04 = 0.46,$$

$$\mathrm{Cov}(X,Y) = E(XY) - E(X)E(Y) = 0.12 - 0.6 \times 0.2 = 0, \quad \rho = 0.$$

25. 设二维离散型随机变量 (X, Y) 的分布律为表 4.22.

表 4.22

Y X	-1	0	1
-1	1/8	1/8	1/8
0	1/8	0	1/8
1	1/8	1/8	1/8

问 X 与 Y 是否相关? 是否独立?

解　依题意, 可求得两个边缘分布律 (表 4.23).

表 4.23

Y X	-1	0	1	$P\{X = x_i\}$
-1	1/8	1/8	1/8	3/8
0	1/8	0	1/8	2/8
1	1/8	1/8	1/8	3/8
$P\{Y = y_j\}$	3/8	2/8	3/8	1

$$E(X) = -1 \times \frac{3}{8} + 1 \times \frac{3}{8} = 0, \quad E(Y) = -1 \times \frac{3}{8} + 0 \times \frac{2}{8} + 1 \times \frac{3}{8} = 0,$$

$$E(XY) = 1 \times \frac{1}{8} - 1 \times \frac{1}{8} - 1 \times \frac{1}{8} + 1 \times \frac{1}{8} = 0,$$

$$\mathrm{Cov}(X,Y) = E(XY) - E(X)E(Y) = 0, \quad \rho = 0.$$

所以 X 与 Y 不相关. 而 $P\{X = -1, Y = -1\} = \frac{1}{8} \neq \frac{3}{8} \times \frac{3}{8} = P\{X = -1\}P\{Y = -1\}$, 所以 X 与 Y 不相互独立.

26. 对于习题 4 第 22 题中的二维离散型随机变量 (X, Y), 求 $\mathrm{Cov}(X, Y)$, ρ_{XY}.

解　由于 $E(X) = 0.4, E(Y) = 1, E(X^2) = 0.6, E(Y^2) = 1.6, E(XY) = 0.4$, 所以 $\mathrm{Cov}(X,Y) = E(XY) - E(X)E(Y) = 0.4 - 0.4 \times 1 = 0$, 进而 $\rho_{XY} = 0$.

27. 对于习题 4 第 23 题中的二维连续型随机变量 (X, Y), 求 $\mathrm{Cov}(X, Y)$, ρ_{XY}.

解　由于 $E(X) = \frac{2}{3}, E(Y) = 0, E(XY) = \int_0^1 \int_{-x}^x xy\mathrm{d}y\mathrm{d}x = 0$, 所以

$$\mathrm{Cov}(X,Y) = E(XY) - E(X)E(Y) = 0, \quad \rho_{XY} = 0.$$

28. 对于随机变量 X, Y, Z, 已知 $E(X) = E(Y) = 1, E(Z) = -1$,

$$D(X) = D(Y) = D(Z) = 1, \rho_{XY} = 0, \rho_{XZ} = \frac{1}{2}, \rho_{YZ} = -\frac{1}{2},$$

求 $E(X+Y+Z), D(X+Y+Z)$.

解　$E(X+Y+Z) = E(X)+E(Y)+E(Z) = 1+1-1 = 1$.

$$D(X+Y+Z) = D(X) + D(Y+Z) + 2\text{Cov}(X, Y+Z)$$

$$= D(X)+D(Y)+D(Z)+2\text{Cov}(Y,Z)+2\text{Cov}(X,Y)+2\text{Cov}(X,Z)$$

$$= 1+1+1+2\rho_{YZ}\sqrt{D(Y)}\sqrt{D(Z)}+2\rho_{XY}\sqrt{D(X)}\sqrt{D(Y)}+2\rho_{XZ}\sqrt{D(X)}\sqrt{D(Z)}$$

$$= 3+2\times\left(-\frac{1}{2}\right)\times1\times1+0+2\times\frac{1}{2}\times1\times1 = 3.$$

29. 设随机变量 (X, Y) 具有 $D(X) = 9, D(Y) = 4, \rho_{XY} = -\dfrac{1}{6}$，求 $D(X+Y)$, $D(X-3Y+4)$.

解　因为 $\rho_{XY} = \dfrac{\text{Cov}(X,Y)}{\sqrt{D(X)}\sqrt{D(Y)}}$，所以

$$\text{Cov}(X,Y) = \rho_{XY}\sqrt{D(X)}\sqrt{D(Y)} = -\frac{1}{6}\times3\times2 = -1,$$

$$D(X+Y) = D(X)+D(Y)+2\text{Cov}(X,Y) = 9+4-2 = 11,$$

$$D(X-3Y+4) = D(X)+9D(Y)+2\text{Cov}(X,-3Y) = 9+36-6(-1) = 51.$$

30. 设随机变量 (X, Y) 具有概率密度

$$f(x,y) = \begin{cases} 6 & x^2 \leqslant y \leqslant x, \\ 0, & \text{其他}, \end{cases}$$

求 $\text{Cov}(X, Y), D(X+Y)$.

解　由于 $f(x,y)$ 取非零值对应的区域为 $D = \{(x,y)|x^2 \leqslant y \leqslant x\}$，所以

$$E(X) = \iint\limits_{D} xf(x,y)\mathrm{d}x\mathrm{d}y = \int_0^1\int_{x^2}^x 6x\mathrm{d}y\mathrm{d}x = \int_0^1 6x(x-x^2)\mathrm{d}x = \frac{1}{2},$$

$$E(X^2) = \iint\limits_{D} x^2f(x,y)\mathrm{d}x\mathrm{d}y = \int_0^1\int_{x^2}^x 6x^2\mathrm{d}y\mathrm{d}x = \int_0^1 6x^2(x-x^2)\mathrm{d}x = \frac{3}{10},$$

$$E(Y) = \iint\limits_{D} yf(x,y)\mathrm{d}x\mathrm{d}y = \int_0^1\int_{x^2}^x 6y\mathrm{d}y\mathrm{d}x = \int_0^1 3(x-x^2)\mathrm{d}x = \frac{2}{5},$$

$$E(Y^2) = \iint\limits_{D} y^2f(x,y)\mathrm{d}x\mathrm{d}y = \int_0^1\int_{x^2}^x 6y^2\mathrm{d}y\mathrm{d}x = \int_0^1 2(x^3-x^6)\mathrm{d}x = \frac{3}{14},$$

$$E(XY) = \iint\limits_{D} xyf(x,y)\mathrm{d}x\mathrm{d}y = \int_0^1 \int_{x^2}^x 6xy\mathrm{d}y\mathrm{d}x = \int_0^1 3(x^3 - x^5)\mathrm{d}x = \frac{1}{4}.$$

所以

$$\mathrm{Cov}(X,Y) = E(XY) - E(X)E(Y) = \frac{1}{4} - \frac{1}{2} \times \frac{2}{5} = \frac{1}{20},$$

$$D(X) = E(X^2) - [E(X)]^2 = \frac{3}{10} - \left(\frac{1}{2}\right)^2 = \frac{1}{20},$$

$$D(Y) = E(Y^2) - [E(Y)]^2 = \frac{3}{14} - \left(\frac{2}{5}\right)^2 = \frac{19}{350}.$$

$$D(X+Y) = D(X) + D(Y) + 2\mathrm{Cov}(X,Y) = \frac{1}{20} + \frac{19}{350} + 2 \times \frac{1}{20} = \frac{143}{700}.$$

31. 设二维随机变量 (X,Y) 的概率密度为

$$f(x,y) = \begin{cases} \dfrac{1}{2}, & |y| < 2x, 0 < x < 1, \\ 0, & \text{其他}. \end{cases}$$

验证 X 和 Y 是不相关的, 但 X 和 Y 不是相互独立的.

　　解　$f(x,y)$ 取非零值对应的区域为 $D = \{(x,y)||y| < 2x, 0 < x < 1\}$, 如图 4.5 所示.

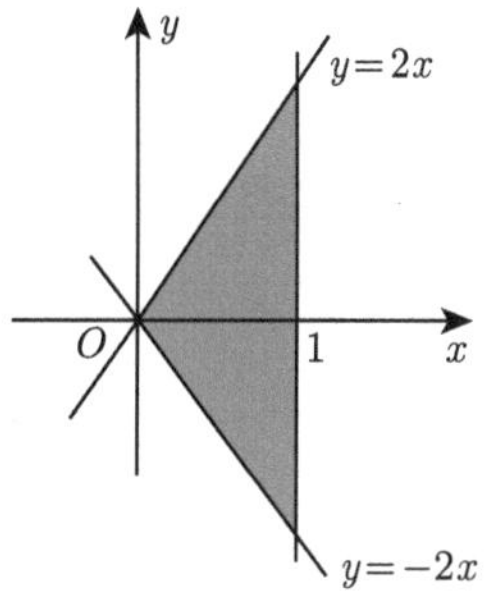

$$E(X) = \iint\limits_{D} xf(x,y)\mathrm{d}x\mathrm{d}y = \int_0^1 \int_{-2x}^{2x} \frac{1}{2}x\mathrm{d}y\mathrm{d}x$$

$$= \int_0^1 2x^2\mathrm{d}x = \frac{2}{3},$$

$$E(Y) = \iint\limits_{D} yf(x,y)\mathrm{d}x\mathrm{d}y = \int_0^1 \int_{-2x}^{2x} \frac{1}{2}y\mathrm{d}y\mathrm{d}x = 0,$$

图 4.5

$$E(XY) = \iint\limits_{D} xyf(x,y)\mathrm{d}x\mathrm{d}y = \int_0^1 \int_{-2x}^{2x} \frac{1}{2}xy\mathrm{d}y\mathrm{d}x = 0,$$

所以 $\mathrm{Cov}(X,Y) = 0$, 从而 $\rho_{XY} = \dfrac{\mathrm{Cov}(X,Y)}{\sqrt{D(X)}\sqrt{D(Y)}} = 0$, 因此 X 与 Y 不相关.

$$f_X(x) = \int_{-\infty}^{+\infty} f(x,y)\mathrm{d}y = \begin{cases} \displaystyle\int_{-2x}^{2x} \frac{1}{2}\mathrm{d}y = 2x, & 0 < x < 1 \\ 0, & \text{其他}, \end{cases}$$

$$f_Y(y) = \int_{-\infty}^{+\infty} f(x,y)\mathrm{d}x = \begin{cases} \int_{-\frac{y}{2}}^{1} \frac{1}{2}\mathrm{d}x, & -2 < y < 0, \\ \int_{\frac{y}{2}}^{1} \frac{1}{2}\mathrm{d}x, & 0 \leqslant y < 2, \\ 0, & \text{其他} \end{cases} = \begin{cases} \frac{1}{2} + \frac{y}{4}, & -2 < y < 0, \\ \frac{1}{2} - \frac{y}{4}, & 0 \leqslant y < 2, \\ 0, & \text{其他}, \end{cases}$$

显然, 在面积非零的区域上, $f(x,y) \neq f_X(x)f_Y(y)$, 所以 X 和 Y 不是相互独立的.

32. 已知随机变量 $X \sim N(1,9), Y \sim N(0,16)$, 它们的相关系数为 $-\frac{1}{2}$, 设 $Z = \frac{X}{3} + \frac{Y}{2}$, 求 $E(Z), D(Z), \mathrm{Cov}(X,Z)$.

解　$E(Z) = E\left(\frac{X}{3} + \frac{Y}{2}\right) = \frac{1}{3}E(X) + \frac{1}{2}E(Y) = \frac{1}{3} \times 1 + \frac{1}{2} \times 0 = \frac{1}{3}$,

$$\mathrm{Cov}(X,Y) = \rho_{XY}\sqrt{D(X)}\sqrt{D(Y)} = -\frac{1}{2} \times 3 \times 4 = -6,$$

$$D(Z) = D\left(\frac{X}{3} + \frac{Y}{2}\right) = \frac{1}{9}D(X) + \frac{1}{4}D(Y) + 2 \times \frac{1}{3} \times \frac{1}{2}\mathrm{Cov}(X,Y)$$

$$= \frac{1}{9} \times 9 + \frac{1}{4} \times 16 + 2 \times \frac{1}{3} \times \frac{1}{2} \times (-6) = 3,$$

$$E(XZ) = E\left[X\left(\frac{X}{3} + \frac{Y}{2}\right)\right] = \frac{1}{3}E(X^2) + \frac{1}{2}E(XY)$$

$$= \frac{1}{3}\{D(X) + [E(X)]^2\} + \frac{1}{2}[\mathrm{Cov}(XY) + E(X)E(Y)]$$

$$= \frac{1}{3} \times 10 + \frac{1}{2}[-6 + 1 \times 0] = \frac{1}{3}.$$

所以

$$\mathrm{Cov}(X,Z) = E(XZ) - E(X)E(Z) = \frac{1}{3} - 1 \times \frac{1}{3} = 0.$$

第4章测试题

第 **5** 章
大数定律和中心极限定理

大数定律和中心极限定理是概率论中的基本定理, 在理论上和应用上都非常重要. 本章归纳梳理大数定律和中心极限定理的几个常用的基本结论, 分析和解答有关典型问题、考研真题与经典习题.

本章基本要求与知识结构图

1. 基本要求

(1) 了解切比雪夫不等式、切比雪夫大数定律、伯努利大数定律及其与概率的统计定义的关系, 理解辛钦大数定律及其重要性.

(2) 理解独立同分布的中心极限定理, 了解棣莫弗–拉普拉斯中心极限定理及其在实际问题中的应用.

2. 知识结构图

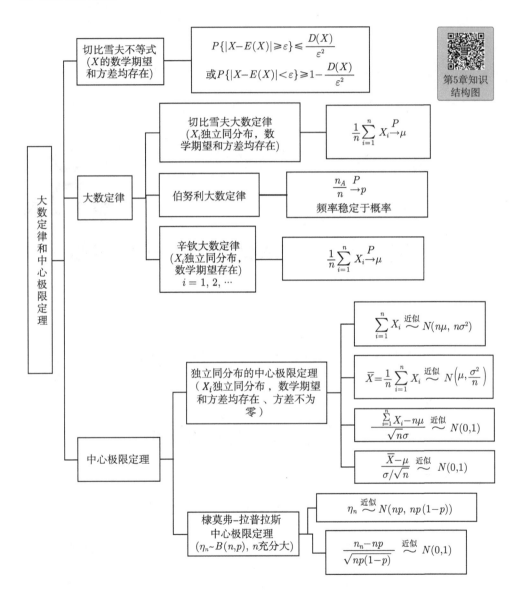

第5章知识
结构图

主 要 内 容

5.1 大数定律

5.1.1 切比雪夫不等式

定理 5.1 设随机变量 X 的数学期望 $E(X)$ 及方差 $D(X)$ 都存在, 则对于任意正数 ε, 有不等式

$$P\{|X - E(X)| \geqslant \varepsilon\} \leqslant \frac{D(X)}{\varepsilon^2}, \tag{5.1}$$

即

$$P\{|X - E(X)| < \varepsilon\} \geqslant 1 - \frac{D(X)}{\varepsilon^2} \tag{5.2}$$

成立. 称上述不等式为**切比雪夫不等式**.

5.1.2 几个常用的大数定律

定义 5.1 设 $X_1, X_2, \cdots, X_n, \cdots$ 是一个随机变量序列, a 为任一常数, 若对任意正数 ε, 有

$$\lim_{n \to \infty} P\{|X_n - a| < \varepsilon\} = 1, \tag{5.3}$$

则称序列 $X_1, X_2, \cdots, X_n, \cdots$ 依概率收敛于 a, 记为

$$X_n \xrightarrow{P} a \quad (n \to \infty). \tag{5.4}$$

1. 切比雪夫大数定律

定理 5.2 (切比雪夫大数定律) 设 $X_1, X_2, \cdots, X_n, \cdots$ 是相互独立、服从同一分布的随机变量序列, 且具有数学期望 $E(X_i) = \mu$ 及方差 $D(X_i) = \sigma^2$, $(i = 1, 2, \cdots)$, 则 $\frac{1}{n} \sum_{i=1}^{n} X_i$ 依概率收敛于 μ, 即对于任意正数 ε, 有

$$\lim_{n \to \infty} P\left\{\left|\frac{1}{n} \sum_{i=1}^{n} X_i - \mu\right| < \varepsilon\right\} = 1. \tag{5.5}$$

即

$$\frac{1}{n} \sum_{i=1}^{n} X_i \xrightarrow{P} \mu \quad (n \to \infty). \tag{5.6}$$

2. 伯努利大数定律

定理 5.3 (伯努利大数定律)   设 n_A 是 n 重伯努利试验中事件 A 发生的次数, p 是事件 A 在每次试验中发生的概率, 则对于任意正数 ε, 有

$$\lim_{n \to \infty} P\left\{ \left| \frac{n_A}{n} - p \right| < \varepsilon \right\} = 1, \tag{5.7}$$

即

$$\frac{n_A}{n} \xrightarrow{P} p \quad (n \to \infty). \tag{5.8}$$

3. 辛钦大数定律

定理 5.4 (辛钦大数定律)   设 $X_1, X_2, \cdots, X_n, \cdots$ 是相互独立、服从同一分布的随机变量序列, 且具有数学期望 $E(X_i) = \mu (i = 1, 2, \cdots)$, 则 $\frac{1}{n} \sum\limits_{i=1}^{n} X_i$ 依概率收敛于 μ, 即对任意 $\varepsilon > 0$, 有

$$\lim_{n \to \infty} P\left\{ \left| \frac{1}{n} \sum_{i=1}^{n} X_i - \mu \right| < \varepsilon \right\} = 1, \tag{5.9}$$

或者

$$\frac{1}{n} \sum_{i=1}^{n} X_i \xrightarrow{P} \mu \quad (n \to \infty). \tag{5.10}$$

推论 5.1   设随机变量 $X_1, X_2, \cdots, X_n$ 相互独立、服从同一分布, 且 X_i $(i = 1, 2, \cdots)$ 的 k 阶矩 $E(X_i^k) = \mu_k (i = 1, 2, \cdots, n)$ 存在, 令

$$A_k = \frac{1}{n} \sum_{i=1}^{n} X_i^k \quad (k = 1, 2, \cdots), \tag{5.11}$$

则

$$A_k \xrightarrow{P} \mu_k \quad (k = 1, 2, \cdots). \tag{5.12}$$

5.2 中心极限定理

5.2.1 独立同分布的中心极限定理

定理 5.5 (独立同分布的中心极限定理)   设 $X_1, X_2, \cdots, X_n, \cdots$ 为相互独立、服从同一分布的随机变量序列, 且 $E(X_i) = \mu, D(X_i) = \sigma^2 \neq 0 (i = 1, 2, \cdots)$, 则对于任意实数 x, 有

$$\lim_{n \to \infty} P\left\{ \frac{\sum\limits_{i=1}^{n} X_i - n\mu}{\sqrt{n}\sigma} \leqslant x \right\} = \int_{-\infty}^{x} \frac{1}{\sqrt{2\pi}} \mathrm{e}^{-\frac{t^2}{2}} \mathrm{d}t = \Phi(x). \tag{5.13}$$

推论 5.2　设 $X_1, X_2, \cdots, X_n, \cdots$ 为相互独立、服从同一分布的随机变量序列, 且 $E(X_i) = \mu, D(X_i) = \sigma^2 \neq 0 (i = 1, 2, \cdots)$, 则当 n 充分大时, 有

$$\frac{\sum\limits_{i=1}^{n} X_i - n\mu}{\sqrt{n}\sigma} \overset{\text{近似}}{\sim} N(0, 1), \tag{5.14}$$

$$\sum_{i=1}^{n} X_i \overset{\text{近似}}{\sim} N(n\mu, n\sigma^2). \tag{5.15}$$

推论 5.3　设 $X_1, X_2, \cdots, X_n, \cdots$ 为相互独立、服从同一分布的随机变量序列, 且 $E(X_i) = \mu, D(X_i) = \sigma^2 \neq 0 (i = 1, 2, \cdots)$, 则当 n 充分大时, 有

$$\overline{X} \overset{\text{近似}}{\sim} N\left(\mu, \frac{\sigma^2}{n}\right), \tag{5.16}$$

$$\frac{\overline{X} - \mu}{\sigma/\sqrt{n}} \overset{\text{近似}}{\sim} N(0, 1), \tag{5.17}$$

其中 $\overline{X} = \dfrac{1}{n} \sum\limits_{i=1}^{n} X_i$.

5.2.2　二项分布的正态近似

定理 5.6 (棣莫弗–拉普拉斯中心极限定理)　设 $\eta_n (n = 1, 2, \cdots)$ 服从参数为 $n, p(0 < p < 1)$ 的二项分布, 则对于任意实数 x, 有

$$\lim_{n \to \infty} P\left\{ \frac{\eta_n - np}{\sqrt{np(1-p)}} \leqslant x \right\} = \int_{-\infty}^{x} \frac{1}{\sqrt{2\pi}} \mathrm{e}^{-\frac{t^2}{2}} \mathrm{d}t = \Phi(x). \tag{5.18}$$

推论 5.4　设随机变量 $\eta_n \sim B(n, p)$, 则当 n 充分大时, 有

$$\frac{\eta_n - np}{\sqrt{np(1-p)}} \overset{\text{近似}}{\sim} N(0, 1), \tag{5.19}$$

$$\eta_n \overset{\text{近似}}{\sim} N(np, np(1-p)). \tag{5.20}$$

解 题 指 导

1. 题型归纳及解题技巧

题型 1   切比雪夫不等式及大数定律

例 5.1.1   某车间生产一种电子器件, 月均产量为 9500 个, 标准差为 100 个, 试估计车间月产量为 9000~10000 个的概率.

分析   本题考查切比雪夫不等式的应用. 由于切比雪夫不等式

$$P\{|X - E(X)| < \varepsilon\} \geqslant 1 - \frac{D(X)}{\varepsilon^2}$$

含有随机变量的数学期望和方差, 所以首先需要设出随机变量、明确其数学期望和方差, 再将待估计概率写成切比雪夫不等式左端的形式.

解   设车间月产量为随机变量 X, 由已知可得 $E(X)=9500$, $D(X)=10000$. 根据切比雪夫不等式, 有

$$P\{9000 < X < 10000\} = P\{|X - 9500| < 500\} \geqslant 1 - \frac{10000}{500^2} = 0.96.$$

例 5.1.2   设随机变量 X 和 Y 的数学期望分别为 -2 和 2, 方差分别为 1 和 4, 相关系数为 -0.5, 试用切比雪夫不等式估计 $P\{|X + Y| \geqslant 6\}$.

分析   本题考查切比雪夫不等式. 将 X 与 Y 的和作为一个新的随机变量, 需要先求出其数学期望和方差, 然后再利用公式求解.

解   利用期望、方差的性质, 结合已知条件得

$$E(X + Y) = E(X) + E(Y) = -2 + 2 = 0,$$

$$D(X + Y) = D(X) + D(Y) + 2\mathrm{Cov}(X, Y).$$

又因为

$$\mathrm{Cov}(X, Y) = \rho_{XY}\sqrt{D(X)D(Y)} = -0.5 \times \sqrt{4} = -1,$$

所以

$$D(X + Y) = 1 + 4 - 2 = 3.$$

由切比雪夫不等式可得

$$P\{|X + Y| \geqslant 6\} = P\{|X + Y - E(X + Y)| \geqslant 6\} \leqslant \frac{D(X + Y)}{6^2} = \frac{1}{12}.$$

例 5.1.3　设 $X_1, X_2, \cdots, X_n$ 是相互独立且同分布的随机变量序列, $E(X_i) = \mu, D(X_i) = \sigma^2 (i = 1, 2, 3, \cdots, n)$, 令 $Y_n = \dfrac{2}{n(n+1)} \sum\limits_{i=1}^{n} (iX_i)$, 证明随机变量序列 $\{Y_n\}$ 依概率收敛于 μ.

分析　本题考查切比雪夫不等式以及依概率收敛的定义.

证明　要对随机变量序列 $\{Y_n\}$ 运用切比雪夫不等式, 需要先求出其数学期望和方差.

$$
\begin{aligned}
E(Y_n) &= \frac{2}{n(n+1)} \sum_{i=1}^{n} [iE(X_i)] = \frac{2\mu}{n(n+1)} \sum_{i=1}^{n} i \\
&= \frac{2\mu}{n(n+1)} \frac{n(n+1)}{2} = \mu,
\end{aligned}
$$

$$
\begin{aligned}
D(Y_n) &= \frac{4}{n^2(n+1)^2} \sum_{i=1}^{n} [i^2 D(X_i)] = \frac{4\sigma^2}{n^2(n+1)^2} \sum_{i=1}^{n} i^2 \\
&= \frac{4\sigma^2}{n^2(n+1)^2} \frac{1}{6} n(n+1)(2n+1) = \frac{2(2n+1)\sigma^2}{3n(n+1)}.
\end{aligned}
$$

根据切比雪夫不等式, 对 $\forall \varepsilon > 0$ 有

$$
\begin{aligned}
P\{|Y_n - \mu| < \varepsilon\} &= P\{|Y_n - E(Y_n)| < \varepsilon\} \\
&\geqslant 1 - \frac{D(Y_n)}{\varepsilon^2} = 1 - \frac{2(2n+1)\sigma^2}{3n(n+1)\varepsilon^2}.
\end{aligned}
$$

又 $P\{|Y_n - \mu| < \varepsilon\} \leqslant 1$, 所以有

$$
1 - \frac{2(2n+1)\sigma^2}{3n(n+1)\varepsilon^2} \leqslant P\{|Y_n - \mu| < \varepsilon\} \leqslant 1.
$$

故有 $\lim\limits_{n \to \infty} P\{|Y_n - \mu| < \varepsilon\} = 1$, 即随机变量序列 $\{Y_n\}$ 依概率收敛于 μ.

例 5.1.4　将 n 个带有号码 1 至 n 的球放入编有号码 1 至 n 的匣子, 并限制每一个匣子只能放进一个球, 设球与匣子号码一致的只数是 S_n, 试证 $\dfrac{S_n}{n} \xrightarrow{P} \dfrac{E(S_n)}{n}$.

分析　本题考查切比雪夫不等式及依概率收敛的定义.

解　令

$$
X_i = \begin{cases} 1, & \text{第 } i \text{ 号球投入第 } i \text{ 号匣子}, \\ 0, & \text{其他}, \end{cases} \qquad i = 1, 2, 3, \cdots, n.
$$

易知 $S_n = X_1 + X_2 + \cdots + X_n$, 且有

$$E(X_i) = P\{X_i = 1\} = \frac{1}{n}, \quad E(X_i^2) = \frac{1}{n},$$

$$E(X_i X_j) = P\{X_i = 1, X_j = 1\} = \frac{1}{n(n-1)}.$$

所以

$$D(X_i) = E(X_i^2) - [E(X_i)]^2 = \frac{1}{n} - \frac{1}{n^2},$$

$$\mathrm{Cov}(X_i, X_j) = E(X_i X_j) - E(X_i)E(X_j) = \frac{1}{n(n-1)} - \frac{1}{n^2}, \quad i \neq j.$$

因此

$$D(S_n) = D\left[X_1 + \sum_{i=2}^{n} X_i\right] = D(X_1) + D\left[\sum_{i=2}^{n} X_i\right] + 2\mathrm{Cov}\left(X_1, \sum_{i=2}^{n} X_i\right)$$

$$= D(X_1) + D\left[\sum_{i=2}^{n} X_i\right] + 2\sum_{i=2}^{n} \mathrm{Cov}(X_1, X_i)$$

$$= D(X_1) + D(X_2) + D\left[\sum_{i=3}^{n} X_i\right] + 2\sum_{i=3}^{n} \mathrm{Cov}(X_2, X_i) + 2\sum_{i=2}^{n} \mathrm{Cov}(X_1, X_i)$$

$$= \sum_{i=1}^{n} D(X_i) + 2\sum_{1 \leqslant i < j \leqslant n} \mathrm{Cov}(X_i, X_j)$$

$$= nD(X_i) + 2\frac{n(n-1)}{2}\mathrm{Cov}(X_1, X_2)$$

$$= n\left(\frac{1}{n} - \frac{1}{n^2}\right) + n(n-1)\left[\frac{1}{n(n-1)} - \frac{1}{n^2}\right] = 1.$$

根据切比雪夫不等式, 对任意的 $\varepsilon > 0$, 有

$$P\left\{\left|\frac{S_n - E(S_n)}{n}\right| < \varepsilon\right\} = P\left\{|S_n - E(S_n)| < n\varepsilon\right\} \geqslant 1 - \frac{D(S_n)}{n^2 \varepsilon^2} = 1 - \frac{1}{n^2 \varepsilon^2}.$$

又 $P\left\{\left|\dfrac{S_n - E(S_n)}{n}\right| < \varepsilon\right\} \leqslant 1$, 所以 $\displaystyle\lim_{n \to \infty} P\left\{\left|\dfrac{S_n - E(S_n)}{n}\right| < \varepsilon\right\} = 1$, 即 $\dfrac{S_n}{n} \xrightarrow{P} \dfrac{E(S_n)}{n}$.

例 5.1.5 设 $n_A \sim B(n,p)$, $p \in (0,1)$, 当 $n \to \infty$ 时, 下列选项不正确的是 ( ).

(A) $\dfrac{n_A}{n}$ 依概率收敛于 p

(B) $n_A \sim N(np, np(1-p))$

(C) $\dfrac{n_A}{n} \sim N\left(p, \dfrac{p(1-p)}{n}\right)$

(D) $\dfrac{n_A - np}{\sqrt{p(1-p)}} \sim N(0,1)$

分析 本题考查伯努利大数定律以及棣莫弗–拉普拉斯中心极限定理 (二项分布的正态近似).

解 根据伯努利大数定律可直接得选项 (A) 正确; 根据棣莫弗–拉普拉斯中心极限定理可得 $\dfrac{n_A - np}{\sqrt{np(1-p)}} \sim N(0,1)$, 故选项 (D) 错误; 结合正态分布的性质可得选项 (B) 和 (C) 均正确.

本题符合题意的选项为 (D).

题型 2 中心极限定理

例 5.2.1 设某品牌汽车的尾气中氮氧化物排放量的数学期望是 0.9g/kg, 标准差为 1.9g/kg, 某出租车公司有这种车 100 辆, 以 $\overline{X}$ 表示这些车辆的氮氧化物排放量的算术平均, 问当 L 取何值时, $\overline{X} > L$ 的概率不超过 0.01?

分析 本题考查独立同分布的中心极限定理, 即林德伯格–莱维中心极限定理.

解 设 X_i 表示第 i 辆车的氮氧化物排放量, $i = 1, 2, 3, \cdots, 100$, 则

$$E(X_i) = 0.9, \quad D(X_i) = 1.9^2.$$

由林德伯格–莱维中心极限定理得 $\overline{X} = \dfrac{1}{100} \sum\limits_{i=1}^{100} X_i$ 近似服从 $N\left(0.9, \dfrac{1.9^2}{100}\right)$, 所以要使

$$P\{\overline{X} > L\} = 1 - P\{\overline{X} \leqslant L\} \approx 1 - \Phi\left(\frac{L - 0.9}{0.19}\right) \leqslant 0.01,$$

需要 $\Phi\left(\dfrac{L-0.9}{0.19}\right) \geqslant 0.99 \approx \Phi(2.33)$, 即 $\dfrac{L-0.9}{0.19} \geqslant 2.33$. 从而得 $L \geqslant 1.3427(\text{g/kg})$.

例 5.2.2 有一批建筑房屋用的木柱, 其中 80% 的长度不小于 3m, 现从这批木柱中随机取 100 根, 求其中至少有 30 根短于 3m 的概率.

分析 本题考查棣莫弗–拉普拉斯中心极限定理的理解及应用. 根据题意和常识, 我们认为 100 根木柱是从为数甚多的木柱中抽取的, 因此可当作放回抽样

来看待. 将检查一根木柱是否短于 3m 看成为一次试验, 检查 100 根木柱相当于做 100 重伯努利试验. 那么每次试验中木柱长度短于 3m 的概率为 $1 - 0.8 = 0.2$.

解 设 X 表示被抽取的 100 根木柱中长度短于 3m 的根数, 由题意知 $X \sim B(100, 0.2)$. 根据棣莫弗–拉普拉斯中心极限定理, 有

$$P\{X \geqslant 30\} = 1 - P\{X < 30\} \approx 1 - \Phi\left(\frac{30 - 100 \times 0.2}{\sqrt{100 \times 0.2 \times 0.8}}\right) = 1 - \Phi(2.5) \approx 0.062.$$

所以 100 根木柱中至少有 30 根短于 3m 的概率为 0.062.

例 5.2.3 预获取某种化合物的 pH, 现随机选取两组学生, 每组 80 人, 分别在两个实验室里进行测量, 各人测量的结果是随机变量, 它们相互独立, 服从同一分布, 数学期望为 5, 方差为 0.3, 以 $\overline{X}, \overline{Y}$ 分别表示第一组和第二组所得结果的算术平均, 试求两组测量结果的偏差小于 0.1 的概率 $P\{-0.1 < \overline{X} - \overline{Y} < 0.1\}$.

分析 本题考查林德伯格–莱维中心极限定理.

解 根据题意, 由林德伯格–莱维中心极限定理可得 $\overline{X} \overset{近似}{\sim} N\left(5, \frac{3}{800}\right)$, $\overline{Y} \overset{近似}{\sim} N\left(5, \frac{3}{800}\right)$, 又 $E(\overline{X} - \overline{Y}) = E(\overline{X}) - E(\overline{Y}) = 0$, $D(\overline{X} - \overline{Y}) = D(\overline{X}) + D(\overline{Y}) = \frac{3}{400}$, 得 $\overline{X} - \overline{Y} \overset{近似}{\sim} N\left(0, \frac{3}{400}\right)$. 所以

$$P\{-0.1 < \overline{X} - \overline{Y} < 0.1\} = P\left\{\frac{-0.1 - 0}{\sqrt{3/400}} < \frac{\overline{X} - \overline{Y} - 0}{\sqrt{3/400}} < \frac{0.1 - 0}{\sqrt{3/400}}\right\}$$
$$\approx 2\Phi\left(\frac{0.1 - 0}{\sqrt{3/400}}\right) - 1 \approx 2\Phi(1.15) - 1 \approx 0.7498.$$

2. 考研真题解析

真题 5.1 (2001 年数学一)　设随机变量 X 的方差为 2, 则根据切比雪夫不等式有估计 $P\{|X - E(X)| \geqslant 2\} \leqslant$＿＿＿＿＿.

分析 本题考查切比雪夫不等式.

解 根据切比雪夫不等式

$$P\{|X - E(X)| \geqslant \varepsilon\} \leqslant \frac{D(X)}{\varepsilon^2},$$

取 $\varepsilon = 2$, 得 $P\{|X - E(X)| \geqslant 2\} \leqslant \frac{D(X)}{2^2} = \frac{2}{2^2} = \frac{1}{2}$.

真题 5.2 (2001 年数学三)　一生产线生产的产品成箱包装, 每箱的重量是随机的. 假设每箱平均重 50 千克, 标准差为 5 千克. 若用最大载重量为 5 吨的汽车承运. 试利用中心极限定理说明每辆车最多可以装多少箱, 才能保障不超载的概率大于 0.977. ($\Phi(2)$=0.977, 其中 $\Phi(x)$ 是标准正态分布函数.)

分析　本题考查独立同分布的中心极限定理, 即林德伯格–莱维中心极限定理.

解　记该生产线装运的第 i 箱的重量为随机变量 X_i (i=1,2,$\cdots$, n) (单位: 千克), n 是所求箱数. 根据题意可以将 X_1, X_2,$\cdots$, X_n 视为独立同分布的随机变量, 设 n 箱的总重量为 S_n 千克, 则有 $S_n = X_1 + X_2 + \cdots + X_n$.

真题5.2精讲

由已知条件得 $E(X_i)$=50, $D(X_i)$=25, 所以

$$E(S_n) = E(X_1 + X_2 + \cdots + X_n) = E(X_1) + E(X_2) + \cdots + E(X_n) = 50n,$$

$$D(S_n) = D(X_1 + X_2 + \cdots + X_n) = D(X_1) + D(X_2) + \cdots + D(X_n) = 25n.$$

根据林德伯格–莱维中心极限定理得 $S_n \overset{\text{近似}}{\sim} N(50n, 25n)$.

要保障车辆不超载的概率大于 0.977, 必须满足

$$P\{S_n \leqslant 5000\} = P\left\{\frac{S_n - 50n}{5\sqrt{n}} \leqslant \frac{5000 - 50n}{5\sqrt{n}}\right\}$$
$$\approx \Phi\left(\frac{5000 - 50n}{5\sqrt{n}}\right) > 0.977.$$

又 $\Phi(2)$=0.977, 所以 $\dfrac{1000 - 10n}{\sqrt{n}} > 2$, 计算得 n<98.0199, 所以每辆车最多可以装 98 箱, 才能保障不超载的概率大于 0.977.

真题 5.3 (2003 年数学三)　设总体 X 服从均值为 $\dfrac{1}{2}$ 的指数分布, X_1, X_2, $\cdots$, X_n 是来自总体 X 的简单随机样本. 则当 $n \to \infty$ 时, $Y_n = \dfrac{1}{n}\sum\limits_{i=1}^{n} X_i^2$ 依概率收敛于_____.

分析　本题考查辛钦大数定律.

解　由题意得, X_1, X_2, $\cdots$, X_n 独立, 且均服从均值为 $\dfrac{1}{2}$ 的指数分布, 所以 X_1^2, X_2^2, $\cdots$, X_n^2 独立同分布, 且有

$$E(X_i^2) = D(X_i) + [E(X_i)]^2 = \frac{1}{4} + \left(\frac{1}{2}\right)^2 = \frac{1}{2}.$$

根据辛钦大数定律知 $Y_n = \frac{1}{n}\sum\limits_{i=1}^{n} X_i^2$ 依概率收敛于 $E(X_i^2)$, 即 Y_n 依概率收敛于 $\frac{1}{2}$.

真题 5.4 (2022 年数学一) 设随机变量 $X_1, X_2, \cdots, X_n$ 独立同分布, 且 X_1 的 4 阶矩存在, 设 $\mu_k = E(X_1^k)(k=1,2,3,4)$, 则根据切比雪夫不等式, 对任意 $\varepsilon > 0$, 有 $P\left\{\left|\frac{1}{n}\sum\limits_{i=1}^{n} X_i^2 - \mu_2\right| \geqslant \varepsilon\right\} \leqslant ($ $)$.

(A) $\dfrac{\mu_4 - \mu_2^2}{n\varepsilon^2}$

(B) $\dfrac{\mu_4 - \mu_2^2}{\sqrt{n}\varepsilon^2}$

(C) $\dfrac{\mu_2 - \mu_1^2}{n\varepsilon^2}$

(D) $\dfrac{\mu_2 - \mu_1^2}{\sqrt{n}\varepsilon^2}$

分析 本题考查切比雪夫不等式. 将 $\frac{1}{n}\sum\limits_{i=1}^{n} X_i^2$ 作为一个新的随机变量, 需要先求出其数学期望和方差, 然后再利用公式求解.

真题5.4精讲

解 令 $Y = \frac{1}{n}\sum\limits_{i=1}^{n} X_i^2$, 则由已知可得

$$E(Y) = E\left(\frac{1}{n}\sum_{i=1}^{n} X_i^2\right) = \frac{1}{n}\sum_{i=1}^{n} E\left(X_i^2\right) = \mu_2,$$

$$D(Y) = D\left(\frac{1}{n}\sum_{i=1}^{n} X_i^2\right) = \frac{1}{n^2}\sum_{i=1}^{n} D\left(X_i^2\right) = \frac{1}{n} D\left(X_1^2\right)$$

$$= \frac{1}{n}\left[E\left(X_1^4\right) - \left(E\left(X_1^2\right)\right)^2\right] = \frac{1}{n}\left(\mu_4 - \mu_2^2\right).$$

根据切比雪夫不等式可得

$$P\left\{\left|\frac{1}{n}\sum_{i=1}^{n} X_i^2 - \mu_2\right| \geqslant \varepsilon\right\} = P\left\{|Y - E(Y)| \geqslant \varepsilon\right\} \leqslant \frac{D(Y)}{\varepsilon^2} = \frac{\mu_4 - \mu_2^2}{n\varepsilon^2}.$$

本题正确选项为 (A).

真题 5.5 (2022 年数学三) 设随机变量 $X_1, X_2, \cdots, X_n$ 独立同分布, 且 X_1 的概率密度为 $f(x) = \begin{cases} 1 - |x|, & |x| < 1, \\ 0, & \text{其他}, \end{cases}$ 则当 $n \to \infty$ 时, $\frac{1}{n}\sum\limits_{i=1}^{n} X_i^2$ 依概率收敛于 ( ).

(A) $\dfrac{1}{8}$

(B) $\dfrac{1}{6}$

(C) $\dfrac{1}{3}$

(D) $\dfrac{1}{2}$

分析 本题考查辛钦大数定律.

解 由于随机变量 $X_1, X_2, \cdots, X_n$ 独立同分布可知, $X_1^2, X_2^2, \cdots, X_n^2$ 亦独立同分布, 则根据辛钦大数定律, 当 $n \to \infty$ 时, $\frac{1}{n}\sum_{i=1}^{n} X_i^2$ 依概率收敛于 $E(X_i^2)$.

计算得

$$E\left(X_i^2\right) = E\left(X_1^2\right) = \int_{-\infty}^{+\infty} x^2 f(x)\mathrm{d}x$$

$$= \int_{-1}^{1} x^2(1-|x|)\mathrm{d}x = 2\int_{0}^{1} x^2(1-x)\mathrm{d}x = \frac{1}{6}.$$

本题正确选项为 (B).

经典习题选讲 5

1. 设随机变量 $X_1, X_2, \cdots, X_n$ 独立同分布, 且 $X \sim P(\lambda), \overline{X} = \frac{1}{n}\sum_{i=1}^{n} X_i$, 试利用切比雪夫不等式估计 $P\{|\overline{X} - \lambda| < 2\sqrt{\lambda}\}$ 的下界.

解 因为 $X \sim P(\lambda)$, 所以

$$E(\overline{X}) = E\left(\frac{1}{n}\sum_{i=1}^{n} X_i\right) = \frac{1}{n}\sum_{i=1}^{n} E(X_i) = \frac{1}{n} \cdot n\lambda = \lambda,$$

$$D(\overline{X}) = D\left(\frac{1}{n}\sum_{i=1}^{n} X_i\right) = \frac{1}{n^2}\sum_{i=1}^{n} D(X_i) = \frac{1}{n^2}n\lambda = \frac{1}{n}\lambda.$$

由切比雪夫不等式可得

$$P\{|\overline{X} - \lambda| < 2\sqrt{\lambda}\} \geqslant 1 - \frac{\lambda/n}{4\lambda} = 1 - \frac{1}{4n}.$$

2. 设 $E(X) = -1, E(Y) = 1, D(X) = 1, D(Y) = 9, \rho_{XY} = -0.5$, 试根据切比雪夫不等式估计 $P\{|X + Y| \geqslant 3\}$ 的上界.

解 由题知

$$E(X + Y) = E(X) + E(Y) = -1 + 1 = 0,$$

$$\mathrm{Cov}(X, Y) = \rho_{XY} \cdot \sqrt{D(X)} \cdot \sqrt{D(Y)} = (-0.5) \times \sqrt{1} \times \sqrt{9} = -1.5,$$

$$D(X + Y) = D(X) + D(Y) + 2\mathrm{Cov}(X, Y) = 1 + 9 + 2 \times (-1.5) = 7,$$

所以

$$P\{|X+Y| \geqslant 3\} = P\{|(X+Y)-0| \geqslant 3\} \leqslant \frac{7}{9}.$$

3. 设 $X_1, X_2, \cdots, X_{100}$ 是独立同服从参数为 9 的泊松分布的随机变量序列，$\overline{X} = \frac{1}{n}\sum_{i=1}^{n} X_i$，试计算 $P\{\overline{X} \leqslant 9.588\}$.

解　依题意，$\overline{X} \overset{近似}{\sim} N\left(9, \frac{9}{100}\right)$，所以

$$P\{\overline{X} \leqslant 9.588\} = P\left\{\frac{\overline{X}-9}{3/10} \leqslant \frac{9.588-9}{3/10}\right\} \approx \Phi(1.96) = 0.975.$$

4. 据以往经验，某种电器元件的寿命服从均值为 100 h 的指数分布. 现随机地取 16 只，设它们的寿命是相互独立的. 求这 16 只元件的寿命的总和大于 1920 h 的概率.

解　设第 i 个元件的寿命为 X_i 小时，$i = 1, 2, \cdots, 16$，则 $X_1, X_2, \cdots, X_{16}$ 独立同分布，且 $E(X_i)=100, D(X_i)=10000, i = 1, 2, \cdots, 16$，

$$E\left(\sum_{i=1}^{16} X_i\right) = 1600, \quad D\left(\sum_{i=1}^{16} X_i\right) = 16 \times 10000.$$

由独立同分布的中心极限定理可知，$\sum_{i=1}^{16} X_i$ 近似服从 $N(1600, 16\times10000)$，所以

$$P\left\{\sum_{i=1}^{16} X_i > 1920\right\} = 1 - P\left\{\sum_{i=1}^{16} X_i \leqslant 1920\right\}$$

$$= 1 - P\left\{\frac{\sum\limits_{i=1}^{16} X_i - 1600}{\sqrt{16 \times 10000}} \leqslant \frac{1920 - 1600}{\sqrt{16 \times 10000}}\right\}$$

$$\approx 1 - \Phi(0.8) = 1 - 0.7881 = 0.2119.$$

5. 某营业厅的柜台为每位顾客服务的时间（单位: min) 是相互独立的随机变量，且服从同一分布，其均值为 1.5，方差为 1. 求对 100 位顾客的总服务时间不多于 3 小时的概率.

解　设柜台替第 i 位顾客服务的时间为 X_i，$i = 1, 2, 3, \cdots, 100$. 则 X_i 彼此独立且同分布，且 $E(X_i) = 1.5, D(X_i) = 1$，由独立同分布中心极限定理，

$$\sum_{i=1}^{100} X_i \overset{\text{近似}}{\sim} N(150, 100),$$

$$P\left\{\sum_{i=1}^{100} X_i \leqslant 180\right\} = P\left\{\frac{\sum_{i=1}^{100} X_i - 150}{\sqrt{100}} \leqslant \frac{180 - 150}{\sqrt{100}}\right\} \approx \Phi(3) = 0.9987.$$

即对 100 位顾客的服务时间不多于 3 个小时的概率为 0.9987.

6. 一枚硬币连抛 100 次, 则出现正面次数大于 65 的概率大约为多少?

解　设 X 表示正面朝上的次数, 则 $X \sim B(100, 0.5)$, 根据二项分布的正态近似, $X \overset{\text{近似}}{\sim} N(50, 25)$, 所以

$$P\{X > 65\} = 1 - P\{X \leqslant 65\} \approx 1 - \Phi\left(\frac{65 - 50}{5}\right) = 1 - \Phi(3) = 0.0013.$$

7. 某种难度很大的手术成功率为 0.9, 现对 100 个病人进行这种手术, 用 X 记手术成功的人数, 求 $P\{84 < X < 95\}$.

解　依题意, $X \sim B(100, 0.9)$, 则 $E(X) = 90$, $D(X) = 9$, 根据二项分布的正态近似, $X \overset{\text{近似}}{\sim} N(90, 9)$, 所以

$$
\begin{aligned}
P\{84 < X < 95\} &= P\left\{\frac{84 - 90}{3} < \frac{X - 90}{3} < \frac{95 - 90}{3}\right\} \\
&\approx \Phi\left(\frac{5}{3}\right) - \Phi(-2) = \Phi\left(\frac{5}{3}\right) - 1 + \Phi(2) \\
&= 0.9525 - 1 + 0.9772 = 0.9297.
\end{aligned}
$$

8. 在天平上反复称量一质量为 a 的物品, 假设各次称量结果相互独立且同服从 $N(a, 0.04)$, 若以 $\overline{X}_n$ 表示 n 次称量结果的算术平均值, 为使 $P\{|\overline{X}_n - a| < 0.1\} \geqslant 0.95$, 则 n 最少取多少?

解　因为 $\overline{X}_n \overset{\text{近似}}{\sim} N\left(a, \dfrac{0.04}{n}\right)$, 依题意,

$$P\{|\overline{X}_n - a| < 0.1\} = P\left\{\left|\frac{\overline{X}_n - a}{0.2/\sqrt{n}}\right| < \left|\frac{0.1}{0.2/\sqrt{n}}\right|\right\} \approx 2\Phi\left(\frac{\sqrt{n}}{2}\right) - 1 \geqslant 0.95,$$

即 $\Phi\left(\dfrac{\sqrt{n}}{2}\right) \geqslant 0.975 = \Phi(1.96)$. 所以 $\dfrac{\sqrt{n}}{2} \geqslant 1.96$, 即 $n \geqslant 15.3664$, 所以 n 最小取 16.

9. 某公司 A 分理处负责供应某地区 10000 个客户某种商品, 假设该种商品在一段时间内每个客户需要用一件的概率为 0.5, 并假定在这一时间段内各个客户购买与否彼此独立. 问该公司 A 分理处应预备多少件这种商品, 才能至少以 99.7% 的概率保证不会脱销 (假定该种商品在某一时间段内每个客户最多可以购买一件).

解 设 X 表示 10000 个客户中需要该商品的客户数, 并假设需要预备 n 件该产品才能至少以 99.7% 的概率保证不会脱销, 则 $X \sim B(10000, 0.5)$, 根据二项分布的正态近似, $X \overset{\text{近似}}{\sim} N(5000, 2500)$, 依题意有

$$P\{X \leqslant n\} = P\left\{\frac{X - 5000}{50} \leqslant \frac{n - 5000}{50}\right\} \approx \Phi\left(\frac{n - 5000}{50}\right) \geqslant 0.997 = \Phi(2.75),$$

所以, $\dfrac{n - 5000}{50} \geqslant 2.75, n \geqslant 5137.5$, 取 $n = 5138$, 即该公司 A 分理处应预备 5138 件这种商品, 才能至少以 99.7% 的概率保证不会脱销.

10. 已知一本 250 页的书中, 每页的印刷错误的个数服从参数为 0.1 的泊松分布, 试求整书中的印刷错误总数不多于 30 个的概率.

解 记每页印刷错误个数为 X_i, $i = 1, 2, 3, \cdots, 250$, 它们独立同服从参数为 0.1 的泊松分布, 所以 $E(X_i) = 0.1$, $D(X_i) = 0.1$. 根据独立同分布的中心极限定理, 有

$$\sum_{i=1}^{250} X_i \overset{\text{近似}}{\sim} N(250 \times 0.1, 250 \times 0.1), \ 即 \sum_{i=1}^{250} X_i \overset{\text{近似}}{\sim} N(25, 25),$$

$$P\left\{\sum_{i=1}^{250} X_i \leqslant 30\right\} = -P\left\{\frac{\sum\limits_{i=1}^{250} X_i - 25}{5} \leqslant \frac{30 - 25}{5}\right\} \approx \Phi(1) = 0.8413.$$

即整书中的印刷错误总数不多于 30 个的概率约为 0.8413.

11. 设车间有 100 台机床, 假定每台机床是否开工是独立的, 每台机器平均开工率为 0.64, 开工时需消耗电能 a kW, 问发电机只需供给该车间多少千瓦的电能就能以概率 0.99 保证车间正常生产?

解 设发电机只需供给该车间 m kW 的电能就能以概率 0.99 保证车间正常生产, 记 X 为 100 台机床中需开工的机床数, 则

$$X \sim B(100, 0.64), \quad E(X) = 64, \quad D(X) = 100 \times 0.64 \times 0.36 = 23.04.$$

由二项分布的正态近似知 X 近似服从 $N(64, 23.04)$, 所以

$$P\{aX \leqslant m\} = P\left\{X \leqslant \frac{m}{a}\right\} = P\left\{\frac{X-64}{\sqrt{23.04}} \leqslant \frac{\frac{m}{a}-64}{\sqrt{23.04}}\right\} \approx \varPhi\left(\frac{\frac{m}{a}-64}{4.8}\right).$$

依题意, 应使 $\varPhi\left(\dfrac{\frac{m}{a}-64}{4.8}\right) \geqslant 0.99 = \varPhi(2.33)$, 所以 $\dfrac{\frac{m}{a}-64}{4.8} \geqslant 2.33$, 从而 $m \geqslant$

$64a + 2.33 \times 4.8a = 75.184a$. 即发电机只需供给该车间 $75.184a$kW 的电能就能以概率 0.99 保证车间正常生产.

12. 某保险公司的老年人寿保险有 1 万人参加, 每人每年交保费 200 元. 若老人在该年内死亡, 公司付给家属 1 万元. 假定老年人死亡率为 0.017, 试求保险公司在一年内的这项保险中亏本的概率.

解　设当年内投保老人的死亡数为 X, 则 $X \sim B(10000, 0.017)$, 根据中心极限定理 X 近似服从 $N(10000 \times 0.017, 10000 \times 0.017 \times 0.983)$.

公司在一年内的保险亏本的概率为

$$P\{10000X > 10000 \times 200\}$$

$$= P\{X > 200\} = 1 - P\{X \leqslant 200\}$$

$$\approx 1 - \varPhi\left\{\frac{200 - 10000 \times 0.017}{\sqrt{10000 \times 0.017 \times 0.983}}\right\} = 1 - \varPhi(2.32) \approx 0.0102.$$

所以保险公司在一年内的这项保险中亏本的概率是 0.0102.

13. 据调查, 某地区一对夫妻无孩子、有 1 个孩子、有 2 个孩子的概率分别为 0.05, 0.8, 0.15. 若该地区共有 400 对夫妻, 试求:

(1) 这 400 对夫妻的孩子总数超过 450 的概率;

(2) 这 400 对夫妻中, 只有 1 个孩子的夫妻数不多于 340 的概率.

解　(1) 设第 k 对夫妻孩子数为 X_k, 则 X_k 的分布律为

X_k	0	1	2
P	0.05	0.8	0.15

则

$$E(X_k) = 0 \times 0.05 + 1 \times 0.8 + 2 \times 0.15 = 1.1,$$

$$E(X_k^2) = 0 \times 0.05 + 1 \times 0.8 + 4 \times 0.15 = 1.4,$$

$$D(X_k) = E(X_k^2) - E(X_k)^2 = 0.19.$$

根据独立同分布的中心极限定理, 有

$$\sum_{k=1}^{400} X_k \overset{\text{近似}}{\sim} N(400 \times 1.1, 400 \times 0.19),$$

即

$$\sum_{k=1}^{400} X_k \overset{\text{近似}}{\sim} N(440, 76).$$

所以

$$P\left\{\sum_{k=1}^{400} X_k > 450\right\} = P\left\{\frac{\sum\limits_{k=1}^{400} X_k - 440}{\sqrt{76}} > \frac{450 - 440}{\sqrt{76}}\right\}$$

$$\approx 1 - \Phi\left(\frac{10}{8.7178}\right) = 1 - \Phi(1.147) = 0.1251.$$

即 400 对夫妻的孩子总数超过 450 的概率为 0.1251.

(2) 设 Y 为只有一个孩子的夫妻对数, 则 $Y \sim B(400, 0.8)$, 根据二项分布的正态近似, $Y \overset{\text{近似}}{\sim} N(320, 64)$.

$$P\{Y \leqslant 340\} = P\left\{\frac{Y - 320}{\sqrt{64}} \leqslant \frac{340 - 320}{\sqrt{64}}\right\}$$

$$\approx \Phi(2.5) = 0.9938.$$

即只有 1 个孩子的夫妻对数不多于 340 的概率为 0.9938.

第5章测试题

第6章
数理统计基础

前面几章的概率论内容主要是研究随机变量的概率分布, 以及在已知随机变量服从某种分布的条件下, 研究它的性质、数字特征及其应用. 本章开始的数理统计内容是以概率论为基础, 根据试验和观测得到的数据来研究随机现象, 对研究对象的客观规律性做出合理的估计和推断.

本章归纳梳理总体、样本、统计量、抽样分布等基本概念与重要定理, 分析和解答相关典型问题、考研真题与经典习题.

本章基本要求与知识结构图

1. 基本要求

(1) 理解总体、简单随机样本、样本均值、样本方差及样本矩的概念.

(2) 理解统计量和抽样分布的概念.

(3) 掌握解 χ^2 分布、t 分布、F 分布的定义, 了解上侧分位数的概念并会查表计算.

(4) 掌握单个和两个正态总体的抽样分布定理.

2. 知识结构图

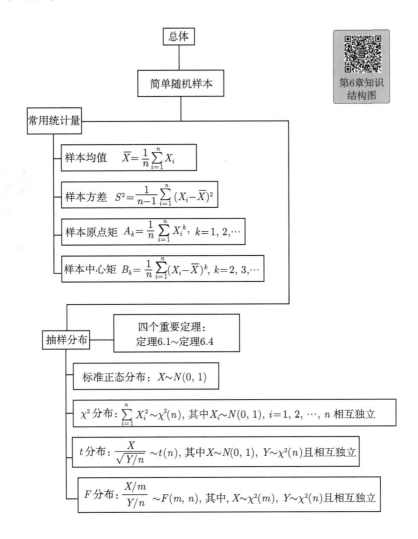

总体

简单随机样本

第6章知识结构图

常用统计量

样本均值 $\overline{X} = \dfrac{1}{n}\sum\limits_{i=1}^{n}X_i$

样本方差 $S^2 = \dfrac{1}{n-1}\sum\limits_{i=1}^{n}(X_i - \overline{X})^2$

样本原点矩 $A_k = \dfrac{1}{n}\sum\limits_{i=1}^{n}X_i^{\,k},\ k=1,2,\cdots$

样本中心矩 $B_k = \dfrac{1}{n}\sum\limits_{i=1}^{n}(X_i - \overline{X})^k,\ k=2,3,\cdots$

抽样分布

四个重要定理：
定理6.1~定理6.4

标准正态分布：$X \sim N(0,1)$

χ^2 分布：$\sum\limits_{i=1}^{n}X_i^2 \sim \chi^2(n)$，其中 $X_i \sim N(0,1)$，$i=1,2,\cdots,n$ 相互独立

t 分布：$\dfrac{X}{\sqrt{Y/n}} \sim t(n)$，其中 $X \sim N(0,1)$，$Y \sim \chi^2(n)$ 且相互独立

F 分布：$\dfrac{X/m}{Y/n} \sim F(m,n)$，其中，$X \sim \chi^2(m)$，$Y \sim \chi^2(n)$ 且相互独立

主 要 内 容

6.1　总体和样本

6.1.1　总体与个体

总体或**母体**指我们研究对象的全体构成的集合, **个体**指总体中包含的每个成员.

根据总体中包含个体的数量, 可以将总体分为**有限总体**和**无限总体**, 当总体中包含个体的数量很大时, 我们可以把有限总体看成是无限总体.

6.1.2　样本与抽样

我们把从总体中抽出的部分个体称为**样本**, 把样本中包含个体的数量称为**样本容量**, 把对样本的观察或试验的过程称为**抽样**, 把观察或试验得到的数据称为**样本观测值**, 或称**样本值**.

定义 6.1　一种抽样方法若满足下面两点, 称其为**简单随机抽样**:

(1) 总体中每个个体被抽到的机会是均等的;

(2) 样本中的个体相互独立.

由简单随机抽样得到的样本称为**简单随机样本**.

设 $X_1, X_2, \cdots, X_n$ 是从总体 X 中抽出的简单随机样本, 由定义可知, $X_1, X_2, \cdots, X_n$ 有下面两个特性:

(1) **代表性**　$X_1, X_2, \cdots, X_n$ 均与 X 同分布, 即若 $X \sim F(x)$, 则对每一个 X_i 都有

$$X_i \sim F(x), \quad i = 1, 2, \cdots, n.$$

(2) **独立性**　$X_1, X_2, \cdots, X_n$ 相互独立.

6.2　统计量与抽样分布

6.2.1　统计量

定义 6.2　设 $X_1, X_2, \cdots, X_n$ 为来自总体 X 的样本, 称不含未知参数的样本的函数 $g(X_1, X_2, \cdots, X_n)$ 为统计量. 若 $x_1, x_2, \cdots, x_n$ 为样本观测值, 则称 $g(x_1, x_2, \cdots, x_n)$ 为统计量 $g(X_1, X_2, \cdots, X_n)$ 的观测值.

1. 有关一维总体的统计量

设 $X_1, X_2, \cdots, X_n$ 为总体 X 的样本, $x_1, x_2, \cdots, x_n$ 为样本观测值, 下面给出几个常用的有关一维总体的统计量:

(1) 样本均值

$$\overline{X} = \frac{1}{n}\sum_{i=1}^{n} X_i.$$

(2) 样本方差

$$S^2 = \frac{1}{n-1}\sum_{i=1}^{n}(X_i - \overline{X})^2.$$

(3) 样本标准差

$$S = \sqrt{S^2}.$$

(4) 样本 k 阶原点矩 (简称样本 k 阶矩)

$$A_k = \frac{1}{n}\sum_{i=1}^{n} X_i^k \quad (k = 1, 2, \cdots).$$

(5) 样本 k 阶中心矩

$$B_k = \frac{1}{n}\sum_{i=1}^{n}(X_i - \overline{X})^k \quad (k = 2, 3, \cdots).$$

显然

$$A_1 = \overline{X}, \quad B_2 = \frac{1}{n}\sum_{i=1}^{n}(X_i - \overline{X})^2.$$

定理 6.1 设总体 X 的期望 $E(X) = \mu$, 方差 $D(X) = \sigma^2$, $X_1, X_2, \cdots, X_n$ 为总体 X 的样本, $\overline{X}, S^2$ 分别为样本均值和样本方差, 则

$$E(\overline{X}) = E(X) = \mu,$$

$$D(\overline{X}) = \frac{D(X)}{n} = \frac{\sigma^2}{n},$$

$$E(S^2) = D(X) = \sigma^2.$$

定理 6.2 设总体 X 的 k 阶原点矩 $E(X^k) = \mu_k$ 存在 $(k = 1, 2, \cdots, m)$, $X_1, X_2, \cdots, X_n$ 为总体 X 的样本, $g(t_1, t_2, \cdots, t_m)$ 是 m 元连续函数, 则 $A_k = \frac{1}{n}\sum_{i=1}^{n} X_i^k$ 依概率收敛于 μ_k, $g(A_1, A_2, \cdots, A_n)$ 依概率收敛于 $g(\mu_1, \mu_2, \cdots, \mu_n)$. 即

$$A_k = \frac{1}{n}\sum_{i=1}^{n} X_i^k \xrightarrow{P} E(X^k) = \mu_k \quad (n \to \infty, k = 1, 2, \cdots, m),$$

$$g(A_1, A_2, \cdots, A_n) \xrightarrow{P} g(\mu_1, \mu_2, \cdots, \mu_n) \quad (n \to \infty).$$

特别有

$$\overline{X} \xrightarrow{P} E(X),$$
$$B_2 = \frac{1}{n} \sum_{i=1}^{n} (X_i - \overline{X})^2 = \frac{1}{n} \left(\sum_{i=1}^{n} X_i^2 - n\overline{X}^2 \right) = A_2 - A_1^2 \xrightarrow{P} \mu_2 - \mu_1^2 = D(X).$$

定理 6.1 和定理 6.2 在后面的估计理论中将作为求总体参数矩估计量的依据.

　2. 有关二维总体的统计量

　设 $(X_1, Y_1), (X_2, Y_2), \cdots, (X_n, Y_n)$ 为二维总体 (X, Y) 的样本, 其观测值为 $(x_1, y_1), (x_2, y_2), \cdots, (x_n, y_n)$, 下面给出两个常用的二维总体的统计量及其观测值:

　(1) **样本协方差**

$$S_{XY} = \frac{1}{n-1} \sum_{i=1}^{n} (X_i - \overline{X})(Y_i - \overline{Y}).$$

　(2) **样本相关系数**

$$R_{XY} = \frac{S_{XY}}{S_X S_Y},$$

其中

$$S_X^2 = \frac{1}{n-1} \sum_{i=1}^{n} (X_i - \overline{X})^2, \quad S_Y^2 = \frac{1}{n-1} \sum_{i=1}^{n} (Y_i - \overline{Y})^2.$$

　S_{XY} 和 R_{XY} 常分别用来作为总体 X 和 Y 的协方差 $\mathrm{Cov}(X, Y)$ 与相关系数 ρ_{XY} 的估计量. 其观测值分别为

$$s_{xy} = \frac{1}{n-1} \sum_{i=1}^{n} (x_i - \overline{x})(y_i - \overline{y}), \quad r_{xy} = \frac{s_{xy}}{s_x s_y},$$

其中

$$s_x^2 = \frac{1}{n-1} \sum_{i=1}^{n} (x_i - \overline{x})^2, \quad s_y^2 = \frac{1}{n-1} \sum_{i=1}^{n} (y_i - \overline{y})^2.$$

6.2.2　抽样分布

1. χ^2 分布

定义 6.3　设 X_1, X_2, $\cdots$, X_n 为相互独立的随机变量, 它们都服从标准正态分布 $N(0, 1)$, 则称随机变量

$$\chi^2 = \sum_{i=1}^{n} X_i^2$$

服从**自由度为** n **的** χ^2 **分布**, 记为 $\chi^2 \sim \chi^2(n)$.

χ^2 分布有如下性质:

(1) (可加性) 设 χ_1^2, χ_2^2 是两个相互独立的随机变量, 且 $\chi_1^2 \sim \chi^2(n_1)$, $\chi_2^2 \sim \chi^2(n_2)$, 则

$$\chi_1^2 + \chi_2^2 \sim \chi^2(n_1 + n_2).$$

(2) 设 $\chi^2 \sim \chi^2(n)$, 则 $E(\chi^2) = n$, $D(\chi^2) = 2n$.

2. t 分布

定义 6.4　设 $X \sim N(0,1)$, $Y \sim \chi^2(n)$, X 与 Y 独立, 则称随机变量

$$T = \frac{X}{\sqrt{Y/n}}$$

服从**自由度为** n **的** t **分布**, 又称为**学生氏分布** (Student distribution), 记为 $T \sim t(n)$.

t 分布具有下面性质:

$$f_t(x) \to \frac{1}{\sqrt{2\pi}} \mathrm{e}^{-\frac{x^2}{2}}, \quad n \to \infty \text{ (这里} f_t(x) \text{为} t \text{分布的概率密度)}.$$

即当 n 趋向无穷时, $t(n)$ 近似于标准正态分布 $N(0, 1)$.

3. F 分布

定义 6.5　设 $X \sim \chi^2(n_1)$, $Y \sim \chi^2(n_2)$, 且 X 与 Y 独立, 则称随机变量

$$F = \frac{X/n_1}{Y/n_2}$$

服从**自由度为** (n_1, n_2) **的** F **分布**, 记为 $F \sim F(n_1, n_2)$.

由 F 分布的定义容易看出, 若 $F \sim F(n_1, n_2)$, 则 $1/F \sim F(n_2, n_1)$.

4. 正态总体的抽样分布定理

定理 6.3　设 X_1, X_2, $\cdots$, X_n 为来自正态总体 $N(\mu, \sigma^2)$ 的样本, $\overline{X}$, S^2 分别为样本均值和样本方差, 则有

(1) $\overline{X} \sim N\left(\mu, \dfrac{\sigma^2}{n}\right)$;

(2) $\dfrac{(n-1)S^2}{\sigma^2} \sim \chi^2(n-1)$;

(3) $\overline{X}$ 与 S^2 相互独立;

(4) $\dfrac{\overline{X} - \mu}{S/\sqrt{n}} \sim t(n-1)$.

定理 6.4 设 $X_1, X_2, \cdots, X_{n_1}, Y_1, Y_2, \cdots, Y_{n_2}$ 分别为来自 $N(\mu_1, \sigma_1^2)$ 和 $N(\mu_2, \sigma_2^2)$ 的样本, 且它们相互独立, 设 $\overline{X}, S_1^2, \overline{Y}, S_2^2$ 分别为相应的样本均值和样本方差, 则

(1) $\dfrac{\overline{X} - \overline{Y} - (\mu_1 - \mu_2)}{\sqrt{\dfrac{\sigma_1^2}{n_1} + \dfrac{\sigma_2^2}{n_2}}} \sim N(0,\ 1)$;

(2) $\dfrac{S_1^2/\sigma_1^2}{S_2^2/\sigma_2^2} \sim F(n_1 - 1,\ n_2 - 1)$;

(3) 当 $\sigma_1^2 = \sigma_2^2 = \sigma^2$ 时, $\dfrac{(\overline{X} - \overline{Y}) - (\mu_1 - \mu_2)}{S_w \sqrt{\dfrac{1}{n_1} + \dfrac{1}{n_2}}} \sim t(n_1 + n_2 - 2)$,

其中 $S_w^2 = \dfrac{(n_1 - 1)S_1^2 + (n_2 - 1)S_2^2}{n_1 + n_2 - 2}, S_w = \sqrt{S_w^2}$.

6.3 分位数

定义 6.6 设 X 为随机变量, 若对给定的 $\alpha \in (0,\ 1)$, 存在一个实数 x_α 满足

$$P\{X > x_\alpha\} = \alpha,$$

则称 x_α 为 X 的上 α **分位数** (点).

易知, X 的上 α 分位数 x_α 是关于 α 的减函数, 即 α 增大时 x_α 减少.

几种常用分布 $N(0,1)$, $\chi^2(n)$, $t(n)$ 和 $F(n_1,\ n_2)$ 的上 α 分位数及性质见表 6.1.

表 6.1 常用分布的上 α 分位数及性质

分布	分位数	性质
$N(0,1)$	z_α	$z_{1-\alpha} = -z_\alpha$
$\chi^2(n)$	$\chi_\alpha^2(n)$	当 n 较大时, $\chi_\alpha^2(n) \approx \dfrac{1}{2}(z_\alpha + \sqrt{2n-1})^2$
$t(n)$	$t_\alpha(n)$	$t_{1-\alpha}(n) = -t_\alpha(n)$, 当 n 较大时, $t_\alpha(n) \approx z_\alpha$
$F(n_1, n_2)$	$F_\alpha(n_1, n_2)$	$F_{1-\alpha}(n_1, n_2) = \dfrac{1}{F_\alpha(n_2, n_1)}$

解 题 指 导

1. 题型归纳及解题技巧

题型 1   统计量及抽样分布

例 6.1.1   设 $X_1, X_2, \cdots, X_n$ $(n \geqslant 2)$ 是来自总体 $N(\mu, \sigma^2)$ 的简单随机样本, 其中 μ 已知, σ^2 未知, 判断下列哪些是统计量.

$$\frac{1}{n}\sum_{i=1}^{n}X_i, \quad \frac{1}{n-1}\sum_{i=1}^{n}(X_i - \overline{X})^2, \quad \frac{1}{\sigma^2}\sum_{i=1}^{n}X_i^2,$$

$$\frac{1}{n}\sum_{i=1}^{n}(X_i - \mu)^2, \quad \frac{1}{\sigma^2}\sum_{i=1}^{n}(X_i - \mu)^2.$$

分析   本题考查统计量的定义, 即统计量为不含有任何未知参数的样本的函数.

解   由于 μ 已知, σ^2 未知, 所以可直接根据统计量的定义得

$$\frac{1}{n}\sum_{i=1}^{n}X_i, \quad \frac{1}{n-1}\sum_{i=1}^{n}(X_i - \overline{X})^2, \quad \frac{1}{n}\sum_{i=1}^{n}(X_i - \mu)^2$$

是统计量.

例 6.1.2   设 X_1, X_2, X_3, X_4 是来自正态总体 $N(0, 2^2)$ 的简单随机样本,

$$X = a(X_1 - 2X_2)^2 + b(3X_3 - 4X_4)^2, \quad ab \neq 0,$$

则当 $a = \underline{\qquad\qquad}$, $b = \underline{\qquad\qquad}$ 时, 统计量 X 服从 χ^2 分布, 其自由度为 $\underline{\qquad\qquad}$.

分析   本题考查正态变量的性质, 多个相互独立的正态变量的线性组合仍为正态变量; 以及 χ^2 分布的定义, n 个相互独立的标准正态变量的平方和服从自由度为 n 的 χ^2 分布.

解   由题意知 $X_1 - 2X_2 \sim N(0, 20), 3X_3 - 4X_4 \sim N(0, 100)$, 于是有

$$\frac{X_1 - 2X_2}{\sqrt{20}} \sim N(0, 1), \quad \frac{3X_3 - 4X_4}{10} \sim N(0, 1).$$

根据 χ^2 分布的定义可知 $\left(\dfrac{X_1 - 2X_2}{\sqrt{20}}\right)^2 + \left(\dfrac{3X_3 - 4X_4}{10}\right)^2 \sim \chi^2(2).$

所以 $a = \dfrac{1}{20}$, $b = \dfrac{1}{100}$, 自由度为 2.

例 6.1.3　设 X_1, X_2, X_3, X_4 是来自正态总体 $N(1, \sigma^2)$ 的简单随机样本, 其中 $\sigma > 0$, 则统计量 $\dfrac{X_1 - X_2}{|X_3 + X_4 - 2|}$ 的分布为 (　　).

(A) $N(0, 1)$　　　　(B) $t(1)$　　　　(C) $\chi^2(1)$　　　　(D) $F(1, 1)$

分析　本题考查 t 分布的定义.

解　由已知得 X_1, X_2, X_3, X_4 相互独立, 且均服从 $N(1, \sigma^2)$, 所以

$$X_1 - X_2 \sim N(0, 2\sigma^2), \quad X_3 + X_4 \sim N(2, 2\sigma^2).$$

于是有

$$\frac{X_1 - X_2}{\sqrt{2}\sigma} \sim N(0, 1), \quad \frac{X_3 + X_4 - 2}{\sqrt{2}\sigma} \sim N(0, 1).$$

根据 χ^2 分布的定义, 有 $\dfrac{(X_3 + X_4 - 2)^2}{2\sigma^2} \sim \chi^2(1)$. 所以, 由 t 分布的定义可得

$$\frac{(X_1 - X_2)/\sqrt{2}\sigma}{\sqrt{(X_3 + X_4 - 2)^2/2\sigma^2}} \sim t(1),$$

即

$$\frac{X_1 - X_2}{|X_3 + X_4 - 2|} \sim t(1).$$

本题正确选项为 (B).

例 6.1.4　设 $X_1, X_2, \cdots, X_{15}$ 是来自正态总体 $N(0, 9)$ 的简单随机样本, 求统计量 $Y = \dfrac{\displaystyle\sum_{i=1}^{10} X_i^2}{2\displaystyle\sum_{i=11}^{15} X_i^2}$ 的分布.

分析　本题考查 F 分布的定义.

解　由已知得 $\dfrac{X_i}{3} \sim N(0, 1)$, $i = 1, 2, \cdots, 15$. 根据 χ^2 分布的定义, 有

$$\frac{1}{9}\sum_{i=1}^{10} X_i^2 \sim \chi^2(10), \quad \frac{1}{9}\sum_{i=11}^{15} X_i^2 \sim \chi^2(5).$$

再由二者的相互独立性以及 F 分布的定义可得

$$\frac{\frac{1}{9}\sum\limits_{i=1}^{10}X_i^2/10}{\frac{1}{9}\sum\limits_{i=11}^{15}X_i^2/5}\sim F(10,5),$$

即 $Y=\dfrac{\sum\limits_{i=1}^{10}X_i^2}{2\sum\limits_{i=11}^{15}X_i^2}\sim F(10,5).$

题型 2 分位数

例 6.2.1 设随机变量 X 服从标准正态分布, 对给定的 $\alpha(0<\alpha<1)$, 数 z_α 满足 $P\{X>z_\alpha\}=\alpha$, 若 $P\{|X|<x\}=\alpha$, 则 x 等于 (   ).

(A) $z_{\alpha/2}$ (B) $z_{1-\alpha/2}$ (C) $z_{(1-\alpha)/2}$ (D) $z_{1-\alpha}$

分析 本题考查标准正态变量的上分位数, 可以利用标准正态分布的概率密度曲线的对称性直观地写出结果为 $x=z_{(1-\alpha)/2}$. 下面给出另一种求解方法.

解 由于 $\alpha=P\{|X|<x\}=P\{-x<X<x\}=2\Phi(x)-1$, 所以 $\Phi(x)=\dfrac{1+\alpha}{2}$. 又因为 $P\{X>x\}=1-\Phi(x)=\dfrac{1-\alpha}{2}$, 所以 $x=z_{(1-\alpha)/2}$.

本题正确选项为 (C).

例 6.2.2 在总体 $N(\mu,\sigma^2)$ 中抽取一容量为 21 的简单随机样本, μ,σ^2 均未知, 求 $P\left\{\dfrac{S^2}{\sigma^2}\leqslant 1.7085\right\}$.

分析 本题考查样本函数 $\dfrac{(n-1)S^2}{\sigma^2}$ 的分布以及分位数的概念.

解 由 $\dfrac{(n-1)S^2}{\sigma^2}\sim\chi^2(n-1)$ 得 $\dfrac{20S^2}{\sigma^2}\sim\chi^2(20)$, 于是

$$P\left\{\frac{S^2}{\sigma^2}\leqslant 1.7085\right\}=P\left\{\frac{20S^2}{\sigma^2}\leqslant 20\times 1.7085\right\}$$

$$=P\left\{\frac{20S^2}{\sigma^2}\leqslant 34.17\right\}=1-P\left\{\frac{20S^2}{\sigma^2}>34.17\right\}.$$

查 χ^2 分布分位数表得 $x_{0.025}^2(20) = 34.17$, 即 $P\left\{\dfrac{20S^2}{\sigma^2} > 34.17\right\} = 0.025$, 所以

$$P\left\{\frac{S^2}{\sigma^2} \leqslant 1.7085\right\} = 1 - 0.025 = 0.975.$$

题型 3　统计量的数字特征

例 6.3.1　设总体 X 的概率密度为 $f(x) = \dfrac{1}{2}\mathrm{e}^{-|x|}(-\infty < x < +\infty), X_1,$ $X_2, \cdots, X_n$ 为总体的简单随机样本, 其样本方差为 S^2, 则 $E(S^2) = \underline{\hspace{2cm}}$.

分析　本题考查样本方差的数学期望, 即 $E(S^2) = D(X)$. 亦可利用第 7 章 "样本方差 S^2 是总体方差 $D(X)$ 的无偏估计量" 这一重要结论进行求解.

解　根据样本方差与总体方差的关系可得 $E(S^2) = D(X) = E(X^2) - [E(X)]^2$. 而

$$E(X) = \int_{-\infty}^{+\infty} x f(x)\mathrm{d}x = \frac{1}{2}\int_{-\infty}^{+\infty} x\mathrm{e}^{-|x|}\mathrm{d}x = 0,$$

$$E(X^2) = \int_{-\infty}^{+\infty} x^2 f(x)\mathrm{d}x = \int_{-\infty}^{+\infty} x^2 \frac{1}{2}\mathrm{e}^{-|x|}\mathrm{d}x$$

$$= 2\int_{0}^{+\infty} x^2 \frac{1}{2}\mathrm{e}^{-|x|}\mathrm{d}x = \int_{0}^{+\infty} x^2 \mathrm{e}^{-x}\mathrm{d}x = -\int_{0}^{+\infty} x^2 \mathrm{d}(\mathrm{e}^{-x})$$

$$= -\left. x^2\mathrm{e}^{-x}\right|_{0}^{+\infty} + \int_{0}^{+\infty} \mathrm{e}^{-x}\mathrm{d}(x^2) = 0 + 2\int_{0}^{+\infty} x\mathrm{e}^{-x}\mathrm{d}x$$

$$= -2\int_{0}^{+\infty} x\mathrm{d}(\mathrm{e}^{-x}) = -2x\mathrm{e}^{-x}\Big|_{0}^{+\infty} + 2\int_{0}^{+\infty} \mathrm{e}^{-x}\mathrm{d}x$$

$$= 0 - 2\mathrm{e}^{-x}\Big|_{0}^{+\infty} = 2.$$

所以 $D(X) = E(X^2) - [E(X)]^2 = 2 - 0 = 2$, 所以 $E(S^2) = D(X) = 2$.

例 6.3.2　设总体 X 的数学期望 $E(X) = \mu$, $D(X) = \sigma^2$, $X_1, X_2, \cdots, X_n$ $(n>1)$ 为总体的简单随机样本, 求: (1) $E(X_1\overline{X})$; (2) $\mathrm{Cov}(X_1 + X_2, \overline{X})$; (3) $D(X_1 - \overline{X})$.

分析　本题除了考查 "简单随机样本的个体彼此相互独立" 这一重要知识点, 还考查期望、方差及协方差的性质.

解 (1) $E(X_1\overline{X}) = \dfrac{1}{n}E\left[X_1\left(\sum_{i=1}^{n}X_i\right)\right] = \dfrac{1}{n}E\left[\left(\sum_{i=1}^{n}X_1X_i\right)\right]$

$$= \dfrac{1}{n}\left[E(X_1^2)\right] + \dfrac{1}{n}\sum_{i=2}^{n}E(X_1X_i).$$

由于 $X_1,\ X_2,\ \cdots,\ X_n$ 相互独立且与总体同分布, 所以

$$\sum_{i=2}^{n}E(X_1X_i) = \sum_{i=2}^{n}E(X_1)E(X_i) = \sum_{i=2}^{n}\mu^2 = (n-1)\mu^2,$$

又

$$E(X_1^2) = D(X_1) + [E(X_1)]^2 = \sigma^2 + \mu^2,$$

所以 $E(X_1\overline{X}) = \dfrac{1}{n}(\sigma^2 + \mu^2) + \dfrac{n-1}{n}\mu^2 = \dfrac{1}{n}\sigma^2 + \mu^2.$

(2) $\mathrm{Cov}(X_1 + X_2, \overline{X}) = \mathrm{Cov}(X_1, \overline{X}) + \mathrm{Cov}(X_2, \overline{X})$

$$= \dfrac{1}{n}\mathrm{Cov}\left(X_1, \sum_{i=1}^{n}X_i\right) + \dfrac{1}{n}\mathrm{Cov}\left(X_2, \sum_{i=1}^{n}X_i\right)$$

$$= \dfrac{1}{n}\sum_{i=1}^{n}\mathrm{Cov}(X_1, X_i) + \dfrac{1}{n}\sum_{i=1}^{n}\mathrm{Cov}(X_2, X_i).$$

又 $\mathrm{Cov}(X_i, X_j) = \begin{cases} 0, & i \neq j, \\ D(X_i), & i = j, \end{cases}$ 所以

$$\mathrm{Cov}(X_1 + X_2, \overline{X}) = \dfrac{1}{n}[D(X_1) + D(X_2)] = \dfrac{2}{n}\sigma^2.$$

(3) 由 (2) 得 $\mathrm{Cov}(X_1, \overline{X}) = \dfrac{1}{n}\sigma^2$, 所以

$$D(X_1 - \overline{X}) = D(X_1) + D(\overline{X}) - 2\mathrm{Cov}(X_1, \overline{X})$$

$$= \sigma^2 + \dfrac{1}{n^2}\sum_{i=1}^{n}D(X_i) - \dfrac{2}{n}\sigma^2$$

$$= \sigma^2 + \dfrac{1}{n}\sigma^2 - \dfrac{2}{n}\sigma^2 = \dfrac{n-1}{n}\sigma^2.$$

2. 考研真题解析

真题 6.1 (2013 年数学一) 设随机变量 $X \sim t(n)$, $Y \sim F(1, n)$, 给定 α $(0 < \alpha < 0.5)$, 常数 c 满足 $P\{X > c\} = \alpha$, 则 $P\{Y > c^2\} = ($).

(A) α (B) $1 - \alpha$ (C) 2α (D) $1 - 2\alpha$

分析 本题考查 t 分布的定义和性质, 以及 F 分布的定义. 由于已知 $P\{x > c\} = \alpha$, 因此为了求解 $P\{Y > c^2\}$, 我们可以尝试用含有 x 的式子去表示事件 $\{Y > c^2\}$.

解 由于 $X \sim t(n)$, 所以 X 可表示为 $X = \dfrac{X_1}{\sqrt{Y_1/n}}$, 其中 $X_1 \sim N(0, 1)$, $Y_1 \sim \chi^2(n)$, 且 X_1, Y_1 相互独立. 因为 t 分布的概率密度是偶函数, 所以由 $P\{X > c\} = \alpha(0 < \alpha < 0.5)$ 可得 $P\{X < -c\} = P\{X > c\} = \alpha$.

又 $X^2 = \dfrac{X_1^2}{Y_1/n} = \dfrac{X_1^2/1}{Y_1/n}$, 且 $X_1^2 \sim \chi^2(1), Y_1 \sim \chi^2(n), X_1^2, Y_1$ 相互独立, 所以根据 F 分布的定义可知 $X^2 \sim F(1, n)$, 因此 Y 与 X^2 同分布, 故有

$$P\{Y > c^2\} = P\{X^2 > c^2\} = P\{X > c\} + P\{X < -c\} = 2\alpha.$$

本题正确选项为 (C).

真题 6.2 (2014 年数学三) 设 X_1, X_2, X_3 为来自正态总体 $N(0, \sigma^2)$ 的简单随机样本, 则统计量 $S = \dfrac{X_1 - X_2}{\sqrt{2}\,|X_3|}$ 服从的分布为 ( ).

(A) $F(1, 1)$ (B) $F(2, 1)$ (C) $t(1)$ (D) $t(2)$

分析 本题考查 t 分布及 χ^2 分布的定义.

解 由于 $X_i \sim N(0, \sigma^2)$, $i=1,2$, 且 X_1, X_2 相互独立, 所以 $X_1 - X_2 \sim N(0, 2\sigma^2)$, 于是有

真题6.2精讲

$$\frac{X_1 - X_2}{\sqrt{2}\sigma} \sim N(0,1).$$

又 $\dfrac{X_3}{\sigma} \sim N(0,1)$, 则 $\dfrac{X_3^2}{\sigma^2} \sim \chi^2(1)$. 根据 t 分布的定义可知

$$\frac{\dfrac{X_1 - X_2}{\sqrt{2}\sigma}}{\sqrt{\dfrac{X_3^2}{\sigma^2}\Big/1}} = \frac{X_1 - X_2}{\sqrt{2}\,|X_3|} \sim t(1).$$

本题正确选项为 (C).

真题 6.3 (2014 年数学三) 设总体 X 的概率密度为

$$f(x) = \begin{cases} \dfrac{2x}{3\theta^2}, & \theta < x < 2\theta, \\ 0, & \text{其他}. \end{cases}$$

其中 θ 是未知参数, $X_1, X_2, \cdots, X_n$ 为来自总体 X 的简单随机样本. 若 $E\left(c\displaystyle\sum_{i=1}^{n} X_i^2\right) = \theta^2$, 则 $c = $ _____.

分析 本题考查简单随机样本的特点, 即样本个体彼此相互独立, 且均与总体同分布. 另外, 本题还考查数学期望的性质及随机变量函数的数学期望的求法.

解 由已知得

$$E\left(X^2\right) = \int_{-\infty}^{+\infty} x^2 f(x)\mathrm{d}x = \int_{\theta}^{2\theta} x^2 \frac{2x}{3\theta^2}\mathrm{d}x = \frac{2}{3\theta^2}\int_{\theta}^{2\theta} x^3\mathrm{d}x = \frac{2}{3\theta^2}\cdot\frac{15}{4}\theta^4 = \frac{5}{2}\theta^2.$$

于是有

$$E\left(c\sum_{i=1}^{n} X_i^2\right) = cE\left(\sum_{i=1}^{n} X_i^2\right) = c\sum_{i=1}^{n} E(X_i^2) = c\sum_{i=1}^{n} E(X^2) = c\frac{5n}{2}\theta^2.$$

又 $E\left(c\displaystyle\sum_{i=1}^{n} X_i^2\right) = \theta^2$, 可求得 $c = \dfrac{2}{5n}$.

真题 6.4 (2015 年数学三) 设总体 $X \sim B(m, \theta), X_1, X_2, \cdots, X_n$ 为来自该总体的简单随机样本, $\overline{X}$ 为样本均值, 则 $E\left[\displaystyle\sum_{i=1}^{n}(X_i - \overline{X})^2\right] = ($ $)$.

(A) $(m-1)n\theta(1-\theta)$ (B) $m(n-1)\theta(1-\theta)$
(C) $(m-1)(n-1)\theta(1-\theta)$ (D) $mn\theta(1-\theta)$

分析 本题考查样本方差及其数学期望.

解 由已知可得 $D(X) = m\theta(1-\theta)$, 记 $S^2 = \dfrac{1}{n-1}\displaystyle\sum_{i=1}^{n}(X_i - \overline{X})^2$, 则有 $E\left(S^2\right) = D(X) = m\theta(1-\theta)$, 即

$$E\left[\frac{1}{n-1}\sum_{i=1}^{n}(X_i - \overline{X})^2\right] = \frac{1}{n-1}E\left[\sum_{i=1}^{n}(X_i - \overline{X})^2\right] = m\theta(1-\theta).$$

所以 $E\left[\displaystyle\sum_{i=1}^{n}(X_i - \overline{X})^2\right] = (n-1)m\theta(1-\theta) = m(n-1)\theta(1-\theta)$.

本题正确选项为 (B).

真题 6.5 (2016 年数学三) 设总体 X 的概率密度为

$$f(x) = \begin{cases} \dfrac{3x^2}{\theta^3}, & 0 < x < \theta, \\ 0, & \text{其他}. \end{cases}$$

其中 $\theta \in (0, +\infty)$ 为未知参数, X_1, X_2, X_3 为来自总体 X 的简单随机样本. 令 $T = \max\{X_1, X_2, X_3\}$.

(1) 求 T 的概率密度; (2) 确定 a, 使得 $E(aT) = \theta$.

分析 本题考查随机变量最大值的分布. 当 $X_1, X_2, \cdots, X_n$ 是相互独立的连续型随机变量, 且具有相同的概率密度 $f(x)$ 时, $X_1, X_2, \cdots, X_n$ 的最大值的概率密度 $f_{\max}(z) = n[F(z)]^{n-1} f(z)$.

解 (1) 由已知得 X_1, X_2, X_3 相互独立, 且与总体 X 具有相同的概率密度

$$f(x) = \begin{cases} \dfrac{3x^2}{\theta^3}, & 0 < x < \theta, \\ 0, & \text{其他}. \end{cases}$$

直接计算得总体 X 的分布函数为

$$F(x) = \begin{cases} 0, & x < 0, \\ \dfrac{x^3}{\theta^3}, & 0 \leqslant x < \theta, \\ 1, & x \geqslant \theta. \end{cases}$$

记 T 的概率密度为 $f_T(z)$, 则有

$$f_T(z) = 3[F(z)]^2 f(z) = \begin{cases} 0, & z < 0, \\ 3\left(\dfrac{z^3}{\theta^3}\right)^2 \dfrac{3z^2}{\theta^3}, & 0 \leqslant z < \theta, \\ 0, & z \geqslant \theta \end{cases} = \begin{cases} \dfrac{9z^8}{\theta^9}, & 0 \leqslant z < \theta, \\ 0, & \text{其他}. \end{cases}$$

(2) 由于 $E(T) = \displaystyle\int_{-\infty}^{+\infty} z f_T(z) \mathrm{d}z = \int_0^\theta z \dfrac{9z^8}{\theta^9} \mathrm{d}z = \dfrac{9}{10}\theta$, 所以 $E(aT) = a\dfrac{9}{10}\theta$. 令 $E(aT) = \theta$, 则 $a = \dfrac{10}{9}$. 所以当 $a = \dfrac{10}{9}$ 时, 有 $E(aT) = \theta$.

真题 6.6 (2017 年数学一、数学三) 设 $X_1, X_2, \cdots, X_n$ $(n \geqslant 2)$ 是来自总体 $N(\mu, 1)$ 的简单随机样本. 记 $\overline{X} = \dfrac{1}{n}\sum_{i=1}^n X_i$, 则下列结论中不正确的是 (   ).

(A) $\sum_{i=1}^n (X_i - \mu)^2$ 服从 χ^2 分布   (B) $2(X_n - X_1)^2$ 服从 χ^2 分布

(C) $\sum\limits_{i=1}^{n}(X_i-\overline{X})^2$ 服从 χ^2 分布   (D) $n(\overline{X}-\mu)^2$ 服从 χ^2 分布

分析 本题考查 χ^2 分布的定义, 以及本书 "主要内容" 部分的定理 6.3.

解 由于样本与总体 $N(\mu,1)$ 同分布可得 $X_i\sim N(\mu,1)$, 所以

$$\overline{X}\sim N\left(\mu,\frac{1}{n}\right),\quad X_n-X_1\sim N(0,2),$$

$$\frac{\overline{X}-\mu}{1/\sqrt{n}}=\sqrt{n}(\overline{X}-\mu)\sim N(0,1),\quad \frac{X_n-X_1}{\sqrt{2}}\sim N(0,1).$$

根据 χ^2 分布的定义及定理 6.3 得

$$\sum_{i=1}^{n}(X_i-\mu)^2\sim\chi^2(n),\quad (n-1)S^2=\sum_{i=1}^{n}(X_i-\overline{X})^2\sim\chi^2(n-1),$$

$$n(\overline{X}-\mu)^2\sim\chi^2(1),\quad \frac{(X_n-X_1)^2}{2}\sim\chi^2(1).$$

符合题意的选项为 (B).

真题 6.7 (2018 年数学三) 设 X_1, X_2, $\cdots$, X_n $(n\geqslant 2)$ 是来自总体 $N(\mu,\sigma^2)$ 的简单随机样本. 令 $\overline{X}=\dfrac{1}{n}\sum\limits_{i=1}^{n}X_i$, $S=\sqrt{\dfrac{1}{n-1}\sum\limits_{i=1}^{n}(X_i-\overline{X})^2}$, $S^*=\sqrt{\dfrac{1}{n}\sum\limits_{i=1}^{n}(X_i-\mu)^2}$, 则 (   ).

(A) $\dfrac{\sqrt{n}(\overline{X}-\mu)}{S}\sim t(n)$ (B) $\dfrac{\sqrt{n}(\overline{X}-\mu)}{S}\sim t(n-1)$

(C) $\dfrac{\sqrt{n}(\overline{X}-\mu)}{S^*}\sim t(n)$ (D) $\dfrac{\sqrt{n}(\overline{X}-\mu)}{S^*}\sim t(n-1)$

分析 本题考查正态总体的抽样分布定理, 并注意区分样本方差与样本二阶中心矩.

解 根据定理 6.3 的第 4 条结论可直接得 $\dfrac{\sqrt{n}(\overline{X}-\mu)}{S}\sim t(n-1)$. 所以答案选 (B).

真题 6.8 (2020 年数学一) 设 X_1, X_2, $\cdots$, X_{100} 为来自总体 X 的简单随机样本. 其中 $P\{X=0\}=P\{X=1\}=\dfrac{1}{2}$, $\Phi(x)$ 表示标准正态分布函数, 则利用中心极限定理可得 $P\left\{\sum\limits_{i=1}^{100}X_i\leqslant 55\right\}$ 的近似值为 (   ).

(A) $1-\Phi(1)$ (B) $\Phi(1)$ (C) $1-\Phi(0.2)$ (D) $\Phi(0.2)$

分析 本题考查简单随机样本的定义, 以及中心极限定理的应用.

解 对于 $i=1, 2, 3, \cdots, 100$, 由已知得 $E(X_i) = E(X) = 0 \cdot \dfrac{1}{2} + 1 \cdot \dfrac{1}{2} = \dfrac{1}{2}$,

$$E(X_i^2) = E(X^2) = \frac{1}{2}, \quad D(X_i) = D(X) = \frac{1}{4}.$$

所以 $E\left(\displaystyle\sum_{i=1}^{100} X_i\right) = 100E(X_i) = 50, D\left(\displaystyle\sum_{i=1}^{100} X_i\right) = 100D(X_i) = 25.$ 根据中心极

限定理得 $\dfrac{\displaystyle\sum_{i=1}^{100} X_i - 50}{5} \overset{\text{近似}}{\sim} N(0,1).$ 因此

$$P\left\{\sum_{i=1}^{100} X_i \leqslant 55\right\} = P\left\{\frac{\displaystyle\sum_{i=1}^{100} X_i - 50}{5} \leqslant \frac{55-50}{5}\right\}$$

$$= P\left\{\frac{\displaystyle\sum_{i=1}^{100} X_i - 50}{5} \leqslant 1\right\} \approx \Phi(1).$$

本题正确选项为 (B).

真题 6.9 (2021 年数学三) 设 $(X_1, Y_1), (X_2, Y_2), \cdots, (X_n, Y_n)$ 为来自总体 $N(\mu_1, \mu_2; \sigma_1^2, \sigma_2^2; \rho)$ 的简单随机样本, 令 $\theta = \mu_1 - \mu_2, \overline{X} = \dfrac{1}{n}\displaystyle\sum_{i=1}^{n} X_i, \overline{Y} = \dfrac{1}{n}\displaystyle\sum_{i=1}^{n} Y_i,$ $\hat{\theta} = \overline{X} - \overline{Y},$ 则 (　　).

(A) $E(\hat{\theta}) = \theta, D(\hat{\theta}) = \dfrac{\sigma_1^2 + \sigma_2^2}{n}$ (B) $E(\hat{\theta}) = \theta, D(\hat{\theta}) = \dfrac{\sigma_1^2 + \sigma_2^2 - 2\rho\sigma_1\sigma_2}{n}$

(C) $E(\hat{\theta}) \neq \theta, D(\hat{\theta}) = \dfrac{\sigma_1^2 + \sigma_2^2}{n}$ (D) $E(\hat{\theta}) \neq \theta, D(\hat{\theta}) = \dfrac{\sigma_1^2 + \sigma_2^2 - 2\rho\sigma_1\sigma_2}{n}$

分析 本题考查简单随机样本的定义、二维正态分布的协方差, 以及样本均值的数字特征.

解 记二维正态总体为 (X, Y), 则由已知得

真题6.9精讲

$$E(X) = \mu_1, \quad E(Y) = \mu_2, \quad D(X) = \sigma_1^2,$$

$$D(Y) = \sigma_2^2, \quad \text{Cov}(X, Y) = \rho\sigma_1\sigma_2.$$

根据简单随机样本的定义, 有

$$E(X_i) = \mu_1, \quad E(Y_i) = \mu_2, \quad D(X_i) = \sigma_1^2, \quad D(Y_i) = \sigma_2^2, \quad i = 1, 2, 3, \cdots, n.$$

$$\mathrm{Cov}(X_i, Y_j) = \begin{cases} 0, & i \neq j, \\ \rho \sigma_1 \sigma_2, & i = j. \end{cases}$$

所以

$$E(\hat{\theta}) = E(\overline{X} - \overline{Y}) = \mu_1 - \mu_2 = \theta.$$

$$D(\hat{\theta}) = D(\overline{X} - \overline{Y}) = D(\overline{X}) + D(\overline{Y}) - 2\mathrm{Cov}(\overline{X}, \overline{Y})$$

$$= \frac{\sigma_1^2 + \sigma_2^2}{n} - \frac{2}{n^2} \sum_{i=1}^{n} \mathrm{Cov}(X_i, Y_i) = \frac{\sigma_1^2 + \sigma_2^2}{n} - \frac{2}{n^2} \sum_{i=1}^{n} \rho \sigma_1 \sigma_2$$

$$= \frac{\sigma_1^2 + \sigma_2^2 - 2\rho \sigma_1 \sigma_2}{n}.$$

本题正确选项为 (B).

真题 6.10 (2023 年数学一、数学三) 设 $X_1, X_2, \cdots, X_n$ 为来自总体 $N(\mu_1, \sigma^2)$ 的简单随机样本, $Y_1, Y_2, \cdots, Y_m$ 为来自总体 $N(\mu_2, 2\sigma^2)$ 的简单随机样本, 且两样本相互独立, 记 $\overline{X} = \dfrac{1}{n} \sum\limits_{i=1}^{n} X_i, \overline{Y} = \dfrac{1}{m} \sum\limits_{i=1}^{m} Y_i, S_1^2 = \dfrac{1}{n-1} \sum\limits_{i=1}^{n} (X_i - \overline{X})^2, S_2^2 = \dfrac{1}{m-1} \sum\limits_{i=1}^{m} (Y_i - \overline{Y})^2$, 则 (   ).

(A) $\dfrac{S_1^2}{S_2^2} \sim F(n, m)$ (B) $\dfrac{S_1^2}{S_2^2} \sim F(n-1, m-1)$

(C) $\dfrac{2S_1^2}{S_2^2} \sim F(n, m)$ (D) $\dfrac{2S_1^2}{S_2^2} \sim F(n-1, m-1)$

分析 本题考查正态总体抽样分布定理, 可直接利用定理 4 得出结论. 我们也可以利用定理 6.3 及 F 分布的定义来求解.

解 根据正态总体的抽样分布定理 6.3 可得

$$\frac{(n-1)S_1^2}{\sigma^2} \sim \chi^2(n-1), \quad \frac{(m-1)S_2^2}{2\sigma^2} \sim \chi^2(m-1).$$

又因为两样本相互独立, 所以根据 F 分布的定义可得

$$\frac{\dfrac{(n-1)S_1^2}{\sigma^2}/(n-1)}{\dfrac{(m-1)S_2^2}{2\sigma^2}/(m-1)} = \frac{2S_1^2}{S_2^2} \sim F(n-1, m-1).$$

本题正确选项为 (D).

真题 6.11 (2023 年数学一、数学三) 设 X_1, X_2 为来自总体 $N(\mu, \sigma^2)$ 的简单随机样本, 其中 $\sigma(\sigma > 0)$ 是未知参数, 记 $\hat{\sigma} = a|X_1 - X_2|$, 若 $E(\hat{\sigma}) = \sigma$, 则 $a=$ (   ).

(A) $\dfrac{\sqrt{\pi}}{2}$ (B) $\dfrac{\sqrt{2\pi}}{2}$ (C) $\sqrt{\pi}$ (D) $\sqrt{2\pi}$

分析 本题考查简单随机样本的定义及正态变量的性质.

解 因为 X_1, X_2 为来自总体 $N(\mu, \sigma^2)$ 的简单随机样本, 因此 $X_i \sim N(\mu, \sigma^2), i = 1, 2$. 记 $Y = X_1 - X_2$, 则 $Y \sim N(0, 2\sigma^2)$, 于是 Y 的概率密度为

真题6.11精讲

$$f(y) = \frac{1}{\sqrt{2\pi}\sqrt{2}\sigma} \mathrm{e}^{-\frac{y^2}{4\sigma^2}}, \quad -\infty < y < +\infty.$$

所以

$$E(\hat{\sigma}) = a \int_{-\infty}^{+\infty} |y| \frac{1}{2\sqrt{\pi} \cdot \sigma} \mathrm{e}^{-\frac{y^2}{4\sigma^2}} \mathrm{d}y = \frac{a}{\sigma\sqrt{\pi}} \int_0^{+\infty} y \mathrm{e}^{-\frac{y^2}{4\sigma^2}} \mathrm{d}y$$

$$= -\frac{2a\sigma}{\sqrt{\pi}} \int_0^{+\infty} \mathrm{e}^{-\frac{y^2}{4\sigma^2}} \mathrm{d}\left(-\frac{y^2}{4\sigma^2}\right) = \frac{2a\sigma}{\sqrt{\pi}}.$$

又 $E(\hat{\sigma}) = \sigma$, 于是有 $\dfrac{2a\sigma}{\sqrt{\pi}} = \sigma$, 所以 $a = \dfrac{\sqrt{\pi}}{2}$.

本题正确选项为 (A).

经典习题选讲 6

1. 已知总体 $X \sim P(\lambda)$, 写出来自总体 X 的样本 $X_1, X_2, \cdots, X_n$ 的联合分布律.

解 总体 X 的分布律为 $P\{X = x\} = \dfrac{\lambda^x}{x!}\mathrm{e}^{-\lambda}, x = 0, 1, 2, \cdots$.

由于 $X_1, X_2, \cdots, X_n$ 相互独立且均与 X 同分布, $X_i(1, 2, \cdots, n)$ 的分布律可以表示为

$$P\{X = x_i\} = \frac{\lambda^{x_i}}{x_i!}\mathrm{e}^{-\lambda}, \quad x_i = 0, 1, 2, \cdots, i = 1, 2, \cdots, n.$$

所以, $X_1, X_2, \cdots, X_n$ 的联合分布律为

$$P\{X_1 = x_1, X_2 = x_2, \cdots, X_n = x_n\} = \frac{\lambda^{\sum\limits_{i=1}^{n} x_i}}{\prod\limits_{i=1}^{n} x_i!}\mathrm{e}^{-n\lambda}, \quad x_i = 0, 1, 2, \cdots, i = 1, 2, \cdots, n.$$

2. 已知总体 $X \sim \mathrm{Exp}(\theta)$, 写出来自总体 X 的样本 $X_1, X_2, \cdots, X_n$ 的联合概率密度.

解　总体 X 的概率密度为 $f(x) = \begin{cases} \dfrac{1}{\theta}\mathrm{e}^{\frac{-x}{\theta}}, & x > 0, \\ 0, & \text{其他}. \end{cases}$

由于 $X_1, X_2, \cdots, X_n$ 相互独立且均与 X 同分布, $X_i(i = 1, 2, \cdots, n)$ 的概率密度可表示为

$$f(x_i) = \begin{cases} \dfrac{1}{\theta}\mathrm{e}^{\frac{-x_i}{\theta}}, & x_i > 0, \\ 0, & \text{其他}, \end{cases} \qquad i = 1, 2, \cdots, n.$$

因此, $X_1, X_2, \cdots, X_n$ 的联合概率密度为

$$f(x_1, x_2, \cdots, x_n) = \begin{cases} \dfrac{1}{\theta^n}\mathrm{e}^{-\frac{\sum\limits_{i=1}^{n} x_i}{\theta}}, & x_1, x_2, \cdots, x_n > 0, \\ 0, & \text{其他}. \end{cases}$$

3. 已知总体 $X \sim B(1, p)$, $X_1, X_2, \cdots, X_n$ 是 X 的一个样本, 其样本均值和样本方差分别为 $\overline{X}$ 和 S^2, 求 $E(\overline{X}), D(\overline{X}), E(S^2)$.

解　因为 $X \sim B(1, p)$, 所以 $E(X) = p, D(X) = p(1 - p)$. 由定理 6.1 得到

$$E(\overline{X}) = E(X) = p, \quad E(\overline{X}) = \frac{D(X)}{n} = \frac{p(1 - p)}{n}, \quad E(S^2) = D(X) = p(1 - p).$$

4. 设总体 X 的概率密度为 $f(x) = \dfrac{1}{2}\mathrm{e}^{-|x|}(-\infty < x < +\infty)$, $X_1, X_2, \cdots, X_n$ 是 X 的一个样本, 其样本均值和样本方差分别为 $\overline{X}$ 和 S^2, 计算 $E(\overline{X}), E(S^2)$.

解　由于 X 的概率密度为 $f(x) = \dfrac{1}{2}\mathrm{e}^{-|x|}(-\infty < x < +\infty)$, 所以

$$\begin{aligned} E(X) &= \int_{-\infty}^{+\infty} x\frac{1}{2}\mathrm{e}^{-|x|}\mathrm{d}x = \int_{-\infty}^{0} x\frac{1}{2}\mathrm{e}^{x}\mathrm{d}x + \int_{0}^{+\infty} x\frac{1}{2}\mathrm{e}^{-x}\mathrm{d}x \\ &= \frac{1}{2}\left(\int_{-\infty}^{0} x\mathrm{d}\mathrm{e}^{x} - \int_{0}^{+\infty} x\mathrm{d}\mathrm{e}^{-x} \right) \\ &= \frac{1}{2}\left(x\mathrm{e}^{x}\big|_{-\infty}^{0} - \int_{-\infty}^{0} \mathrm{e}^{x}\mathrm{d}x - x\mathrm{e}^{-x}\big|_{0}^{+\infty} + \int_{0}^{+\infty} \mathrm{e}^{-x}\mathrm{d}x \right) \\ &= \frac{1}{2}\left(0 - 1 - 0 + 1 \right) = 0, \end{aligned}$$

$$D(X) = E(x^2) - [E(x)]^2 = \int_{-\infty}^{+\infty} x^2 \frac{1}{2} e^{-|x|} dx = 2 \int_{0}^{+\infty} x^2 \frac{1}{2} e^{-x} dx = -\int_{0}^{+\infty} x^2 de^{-x}$$

$$= -x^2 e^{-x}|_{0}^{+\infty} + 2 \int_{0}^{+\infty} x e^{-x} dx = -2 \int_{0}^{+\infty} x de^{-x}$$

$$= -2 \left[x e^{-x}|_{0}^{+\infty} - \int_{0}^{+\infty} e^{-x} dx \right] = -2 e^{-x}|_{0}^{+\infty} = 2.$$

由定理 6.1 知

$$E(\overline{X}) = E(X) = 0, \quad E(S^2) = D(X) = 2.$$

5. 已知离散型总体 X 的分布律为 $P\{X = i\} = 1/3$, $i = 2, 4, 6$. 抽取 $n = 54$ 的简单随机样本, 求其和介于区间 $(216, 252)$ 内的概率 (利用中心极限定理近似计算).

解 总体 X 的均值和方差分别为

$$E(X) = \frac{1}{3}(2 + 4 + 6) = 4,$$

$$D(X) = E(X^2) - [E(X)]^2 = \frac{1}{3}(2^2 + 4^2 + 6^2) - 4^2 = \frac{8}{3}.$$

由于 $X_1, X_2, \cdots, X_{54}$ 均与总体 X 同分布, 且相互独立, 由均值和方差的性质知

$$E\left(\sum_{i=1}^{54} X_i\right) = 54 E(X) = 216, \quad D\left(\sum_{i=1}^{54} X_i\right) = 54 D(X) = 54 \times \frac{8}{3} = 144.$$

根据中心极限定理

$$\sum_{i=1}^{54} X_i \overset{近似}{\sim} N(216, 144), \quad \frac{\sum_{i=1}^{54} X_i - 216}{\sqrt{144}} \overset{近似}{\sim} N(0, 1),$$

所以

$$P\left\{216 < \sum_{i=1}^{54} X_i < 252\right\} = P\left\{\frac{216 - 216}{\sqrt{144}} < \frac{\sum_{i=1}^{54} X_i - 216}{\sqrt{144}} < \frac{252 - 216}{\sqrt{144}}\right\}$$

$$= P\left\{0 < \frac{\sum_{i=1}^{54} X_i - 216}{\sqrt{144}} < 3\right\}$$

$$\approx \Phi(3) - \Phi(0) \approx 0.9987 - 0.5 = 0.4987.$$

6. 从总体 $N(52, 6.3^2)$ 中随机抽取一个容量为 36 的样本, 计算样本均值 $\overline{X}$ 落在 50.8 到 53.8 之间的概率.

解 因为 $X \sim N(52, 6.3^2)$, 所以 $\overline{X} \sim N\left(52, \dfrac{6.3^2}{36}\right)$, $\dfrac{\overline{X} - 52}{6.3/\sqrt{36}} \sim N(0, 1)$, 于是

$$
\begin{aligned}
P\{50.8 < \overline{X} < 53.8\} &= P\left\{\frac{50.8 - 52}{6.3/\sqrt{36}} < \frac{\overline{X} - 52}{6.3/\sqrt{36}} < \frac{53.8 - 52}{6.3/\sqrt{36}}\right\} \\
&= P\left\{-1.14 < \frac{\overline{X} - 52}{6.3/\sqrt{36}} < 1.71\right\} = \Phi(1.71) - \Phi(-1.14) \\
&= \Phi(1.71) - 1 + \Phi(1.14) = 0.9564 - 1 + 0.8729 = 0.8293.
\end{aligned}
$$

7. 某种灯管的寿命 X(单位: h) 服从正态分布 $X \sim N(\mu, \sigma^2)$, $\overline{X}$ 为来自总体 X 的样本均值. 若 μ 未知, $\sigma^2 = 100$, 现随机取 100 只这种灯管, 求 $\overline{X}$ 与 μ 的偏差小于 1 的概率.

解 因为 $\overline{X} \sim N(\mu, \sigma^2)$, 所以 $\overline{X} \sim N\left(\mu, \dfrac{\sigma^2}{n}\right)$, $\dfrac{\overline{X} - \mu}{\sigma/\sqrt{n}} \sim N(0, 1)$, 又因为 $\sigma^2 = 100$, $n = 100$, $\sigma/\sqrt{n} = 1$, 所以

$$
\begin{aligned}
P\{|\overline{X} - \mu| < 1\} &= P\left\{\left|\frac{\overline{X} - \mu}{\sigma/\sqrt{n}}\right| < \frac{1}{\sigma/\sqrt{n}}\right\} \\
&= P\left\{\left|\frac{\overline{X} - \mu}{\sigma/\sqrt{n}}\right| < 1\right\} = P\left\{-1 < \frac{\overline{X} - \mu}{\sigma/\sqrt{n}} < 1\right\} \\
&= \Phi(1) - \Phi(-1) = 2\Phi(1) - 1 = 2 \times 0.8413 - 1 = 0.6826.
\end{aligned}
$$

8. 某种电器的寿命 X(单位: h) 服从正态分布 $X \sim N(\mu, \sigma^2)$, $\overline{X}$ 为来自总体 X 的样本均值. 求 $\overline{X}$ 与 μ 的偏差大于 $\dfrac{2\sigma}{\sqrt{n}}$ 的概率.

解 因为 $X \sim N(\mu, \sigma^2)$, $\overline{X} \sim N\left(\mu, \dfrac{\sigma^2}{n}\right)$, $\dfrac{\overline{X} - \mu}{\sigma/\sqrt{n}} \sim N(0, 1)$, 所以

$$
\begin{aligned}
P\left\{|\overline{X} - \mu| \geqslant \frac{2\sigma}{\sqrt{n}}\right\} &= P\left\{\left|\frac{\overline{X} - \mu}{\sigma/\sqrt{n}}\right| \geqslant 2\right\} \\
&= 1 - P\left\{\left|\frac{\overline{X} - \mu}{\sigma/\sqrt{n}}\right| < 2\right\} = 1 - P\left\{-2 < \frac{\overline{X} - \mu}{\sigma/\sqrt{n}} < 2\right\}
\end{aligned}
$$

$$= 1 - [\varPhi(2) - \varPhi(-2)]$$

$$= 2 - 2\varPhi(2) = 2 - 2 \times 0.9772 = 0.0456.$$

9. 在天平上反复称量重量为 w 的物体, 每次称量结果独立同服从 $N(w, 0.04)$, 若以 $\overline{X}$ 表示 n 次称重的算术平均, 则为使 $P\{|\overline{X} - w| < 0.1\} > 0.95$, n 至少应该是多少?

解　设 $X_1, X_2, \cdots, X_n$ 为称重的结果, 则 $X_1, X_2, \cdots, X_n$ 相互独立且均服从 $N(w, 0.04)$.

由定理 6.3 知

$$\overline{X} \sim N\left(w, \frac{0.04}{n}\right), \quad \text{即} \quad \frac{\overline{X} - w}{0.2/\sqrt{n}} \sim N(0, 1).$$

欲使 $P\{|\overline{X} - w| < 0.1\} > 0.95$, 须使 $P\left\{\left|\dfrac{\overline{X} - w}{0.2/\sqrt{n}}\right| < \dfrac{0.1}{0.2/\sqrt{n}}\right\} > 0.95$, 即

$$P\left\{\left|\frac{\overline{X} - w}{0.2/\sqrt{n}}\right| < 0.5\sqrt{n}\right\} = 2\varPhi(0.5\sqrt{n}) - 1 > 0.95,$$

解得

$$\varPhi(0.5\sqrt{n}) > 0.975,$$

查表得 $\varPhi(1.96) = 0.975$, 由于 $\varPhi(x)$ 是递增函数, 须使 $0.5\sqrt{n} > 1.96$, 解得 $n > 15.366$, 故 n 至少为 16.

10. 从正态总体 $X \sim N(0, 0.5^2)$ 中抽取样本 $X_1, X_2, \cdots, X_{10}$, 求 $P\left\{\sum\limits_{i=1}^{10} X_i^2 \geqslant 4\right\}$.

解　因为 $X_1, X_2, \cdots, X_n$ 相互独立且均服从 $N(0, 0.5^2)$, 所以

$$\frac{X_i - 0}{0.5} \sim N(0, 1), \quad \text{即} \quad 2X_i \sim N(0, 1), \quad i = 1, 2, \cdots, n.$$

令

$$\chi^2 = \sum_{i=1}^{10} (2X_i)^2, \quad \text{则} \quad \chi^2 \sim \chi^2(10).$$

由于

$$P\left\{\sum_{i=1}^{10} X_i^2 \geqslant 4\right\} = P\left\{\sum_{i=1}^{10} (2X_i)^2 \geqslant 16\right\} = P\left\{\chi^2 \geqslant 16\right\}.$$

查表知 $\chi_{0.1}^2(10) = 16$, 所以 $P\{\chi^2 \geqslant 16\} = 0.1$, 即 $P\left\{\sum\limits_{i=1}^{10} X_i^2 \geqslant 4\right\} = 0.1$.

11. 从正态总体 $N(\mu, 0.5^2)$ 中抽取样本 $X_1, X_2, \cdots, X_{10}$, μ 未知, 求

$$P\left\{\sum_{i=1}^{10} (X_i - \overline{X})^2 \geqslant 0.675\right\}.$$

解   因为 $X_i \sim N(\mu, 0.5^2)$, 由定理 6.3(2) 知 $\sum\limits_{i=1}^{10} \left(\dfrac{X_i - \overline{X}}{0.5}\right)^2 \sim \chi^2(9)$.

$$P\left\{\sum_{i=1}^{10} (X_i - \overline{X})^2 \geqslant 0.675\right\} = P\left\{\sum_{i=1}^{10} \left(\frac{X_i - \overline{X}}{0.5}\right)^2 \geqslant \frac{0.675}{0.25}\right\}$$
$$= P\left\{\sum_{i=1}^{10} \left(\frac{X_i - \overline{X}}{0.5}\right)^2 \geqslant 2.7\right\},$$

查表知 $\chi_{0.975}^2(9) \approx 2.7$, 所以

$$P\left\{\sum_{i=1}^{10} (X_i - \overline{X})^2 \geqslant 0.675\right\} = 0.975.$$

第6章测试题

第7章
参数估计

所谓参数估计就是根据样本观测值估计总体分布中的未知参数, 未知参数往往是总体的某个数字特征, 如数学期望、方差和相关系数等, 也可能是总体分布中其他未知量. 参数估计常用的方法有点估计和区间估计两种.

本章归纳梳理参数估计的有关概念、理论和方法, 分析和解答典型问题、考研真题与经典习题.

本章基本要求与知识结构图

1. 基本要求

(1) 理解参数的点估计、估计量与估计值的概念.

(2) 掌握矩估计法 (一阶、二阶矩) 和最大似然估计法.

(3) 了解估计量的无偏性、有效性 (最小方差性)、一致性 (相合性) 的概念, 并会验证估计量的无偏性和有效性.

(4) 理解区间估计的概念, 会求单个正态总体均值与方差的置信区间, 会求两个正态总体均值差与方差比的置信区间.

2. 知识结构图

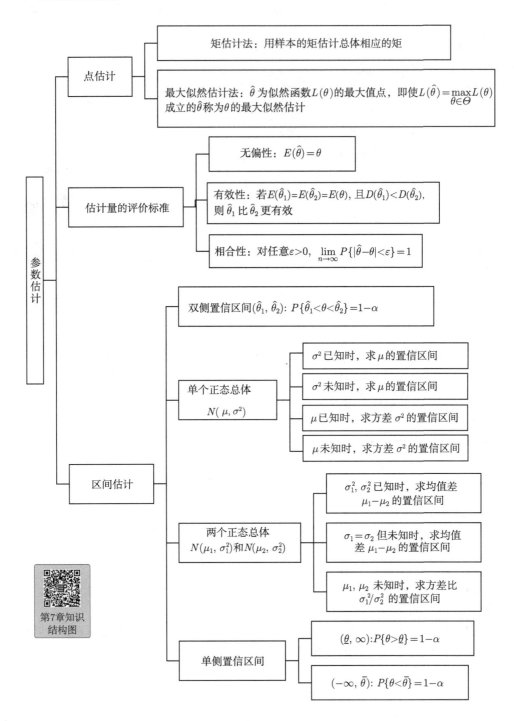

矩估计法：用样本的矩估计总体相应的矩

最大似然估计法：$\hat{\theta}$ 为似然函数 $L(\theta)$ 的最大值点，即使 $L(\hat{\theta})=\max\limits_{\theta\in\Theta}L(\theta)$ 成立的 $\hat{\theta}$ 称为 θ 的最大似然估计

点估计

无偏性：$E(\hat{\theta})=\theta$

有效性：若 $E(\hat{\theta}_1)=E(\hat{\theta}_2)=E(\theta)$，且 $D(\hat{\theta}_1)<D(\hat{\theta}_2)$，则 $\hat{\theta}_1$ 比 $\hat{\theta}_2$ 更有效

相合性：对任意 $\varepsilon>0$，$\lim\limits_{n\to\infty}P\{|\hat{\theta}-\theta|<\varepsilon\}=1$

估计量的评价标准

双侧置信区间 $(\hat{\theta}_1,\hat{\theta}_2)$：$P\{\hat{\theta}_1<\theta<\hat{\theta}_2\}=1-\alpha$

单个正态总体 $N(\mu,\sigma^2)$

σ^2 已知时，求 μ 的置信区间

σ^2 未知时，求 μ 的置信区间

μ 已知时，求方差 σ^2 的置信区间

μ 未知时，求方差 σ^2 的置信区间

两个正态总体 $N(\mu_1,\sigma_1^2)$ 和 $N(\mu_2,\sigma_2^2)$

σ_1^2,σ_2^2 已知时，求均值差 $\mu_1-\mu_2$ 的置信区间

$\sigma_1=\sigma_2$ 但未知时，求均值差 $\mu_1-\mu_2$ 的置信区间

μ_1,μ_2 未知时，求方差比 σ_1^2/σ_2^2 的置信区间

单侧置信区间

$(\underline{\theta},\infty)$：$P\{\theta>\underline{\theta}\}=1-\alpha$

$(-\infty,\bar{\theta})$：$P\{\theta<\bar{\theta}\}=1-\alpha$

区间估计

参数估计

第7章知识结构图

主 要 内 容

7.1 参数的点估计

7.1.1 点估计的概念

定义 7.1 设总体 X 的分布函数为 $F(x; \theta_1, \theta_2, \cdots, \theta_m)$, 其中含有一个或多个未知参数: $\theta_1, \theta_2, \cdots, \theta_m$, 又设 $X_1, X_2, \cdots, X_n$ 为总体的一个样本, $x_1, x_2, \cdots, x_n$ 是样本观测值, 构造 m 个统计量:

$$\hat{\theta}_i(X_1, X_2, \cdots, X_n), \quad i = 1, 2, \cdots, m,$$

用 $\hat{\theta}_i(X_1, X_2, \cdots, X_n)$ 的观测值 $\hat{\theta}_i(x_1, x_2, \cdots, x_n)$ 作为未知参数 θ_i 的近似值的方法称为**点估计法**. 称 $\hat{\theta}_i(X_1, X_2, \cdots, X_n)$ 为未知参数 θ_i 的**估计量**, 称 $\hat{\theta}_i(x_1, x_2, \cdots, x_n)$ 为未知参数 θ_i 的**估计值**.

常用的点估计方法有矩估计法和最大似然估计法.

7.1.2 矩估计法

定义 7.2 用样本矩估计总体相应的矩, 用样本矩的连续函数估计总体矩相应的连续函数, 进而得到未知参数的估计量. 这种估计方法称为**矩估计法**, 所得估计量称为**矩估计量**.

注意 由矩估计法的定义知道, 若待估参数本身就是总体的某个矩 (这里既指原点矩也指中心矩), 直接用样本相应的矩作为它的矩估计量就可以了. 根据这种方法, 立刻知道, 对于任意总体 X, 其均值和方差的矩估计量分别为

$$\hat{E}(X) = \overline{X} = \frac{1}{n} \sum_{i=1}^{n} X_i,$$

$$\hat{D}(X) = B_2 = \frac{1}{n} \sum_{i=1}^{n} (X_i - \overline{X})^2.$$

根据上面均值和方差的矩估计量, 容易得到下面几个常用分布中参数的矩估计量:

(1) $X \sim N(\mu, \sigma^2)$, 参数 μ 和 σ^2 的矩估计量分别为 $\hat{\mu} = \overline{X}$ 和 $\hat{\sigma}^2 = B_2$.

(2) $X \sim \text{Exp}(\theta)$, 参数 θ 的矩估计量为 $\hat{\theta} = \overline{X}$.

(3) $X \sim P(\lambda)$, 参数 λ 的矩估计量为 $\hat{\lambda} = \overline{X}$.

(4) $X \sim U(0, b)$, 参数 b 的矩估计量为 $\hat{b} = 2\overline{X}$.

(5) $X \sim B(n, p)$, 参数 p 的矩估计量为 $\hat{p} = \overline{X}/n$.

求参数的矩估计量的一般步骤:

(1) 若总体分布中有 m 个待估的参数 $\theta_1, \theta_2, \cdots, \theta_m$, 写出总体的 1 至 m 阶原点矩, 构成关于未知参数的方程或方程组

$$\begin{cases} \mu_1 = \mu_1(\theta_1, \theta_2, \cdots, \theta_m), \\ \qquad\cdots\cdots \\ \mu_m = \mu_m(\theta_1, \theta_2, \cdots, \theta_m). \end{cases}$$

(2) 从方程或方程组中解出待估参数: $\theta_i = \theta_i(\mu_1, \mu_2, \cdots, \mu_m), i = 1, 2, \cdots, m$.

(3) 按照用样本矩近似总体相应矩的原则, 用样本矩 $A_1, A_2, \cdots, A_m$ 分别替换总体相应的矩 $\mu_1, \mu_2, \cdots, \mu_m$ 便可得到 θ_i 的估计量

$$\hat{\theta}_i = \theta_i(A_1, A_2, \cdots, A_m), i = 1, 2, \cdots, m.$$

说明 (1) 由于 $A_1, A_2, \cdots, A_m$ 均为样本 $X_1, X_2, \cdots, X_n$ 的函数, θ_i 的估计量常记为

$$\hat{\theta}_i = \hat{\theta}_i(X_1, X_2, \cdots, X_n), \quad i = 1, 2, \cdots, m.$$

(2) 如果有样本观测值为 $x_1, x_2, \cdots, x_n$, 便可得到 θ_i 的**矩估计值** $\hat{\theta}_i(x_1, x_2, \cdots, x_n)$.

7.1.3 最大似然估计法

最大似然估计的基本思想:

若 $X_1, X_2, \cdots, X_n$ 为总体 X 的一个样本, $\theta(\theta \in \Theta, \Theta$ 为 θ 的取值范围) 为总体 X 中的未知参数, 当样本观测值 $x_1, x_2, \cdots, x_n$ 出现时, 若要估计未知参数 θ, 自然要在 Θ 中选取使 $x_1, x_2, \cdots, x_n$ 出现的可能性达到最大的 $\hat{\theta}$ 作为 θ 的估计值.

似然函数的定义:

若 X 是离散型总体, 其分布律为 $P\{X = x\} = p(x; \theta)$, 基于样本观测值 $x_1, x_2, \cdots, x_n$ 的似然函数为

$$L(\theta) = L(x_1, x_2, \cdots, x_n; \theta) = \prod_{i=1}^{n} p(x_i; \theta). \tag{7.1}$$

若 X 是连续型总体, 其概率密度为 $f(x; \theta)$, 基于样本观测值 $x_1, x_2, \cdots, x_n$ 的似然函数为

$$L(\theta) = L(x_1, x_2, \cdots, x_n; \theta) = \prod_{i=1}^{n} f(x_i; \theta). \tag{7.2}$$

注意 若 $x_1, x_2, \cdots, x_n$ 是任意样本观测值, 由 (7.1) 式和 (7.2) 式定义的函数实际上分别是 $X_1, X_2, \cdots, X_n$ 的联合概率函数 (即联合分布律) 和联合概率密度.

定义 7.3 对任意给定样本观测值 $x_1, x_2, \cdots, x_n$, 若存在 $\hat{\theta} = \hat{\theta}(x_1, x_2, \cdots, x_n)$ 使似然函数 $L(\theta)$ 达到最大值, 则称 $\hat{\theta} = \hat{\theta}(x_1, x_2, \cdots, x_n)$ 为 θ 的**最大似然估计值**, 称 $\hat{\theta}(X_1, X_2, \cdots, X_n)$ 为 θ 的**最大似然估计量**.

求参数的最大似然估计的一般步骤:

(1) 根据总体分布写出基于样本观测值 $x_1, x_2, \cdots, x_n$ 的似然函数 $L(\theta) = L(x_1, x_2, \cdots, x_n; \theta)$.

(2) 求 $L(\theta) = L(x_1, x_2, \cdots, x_n; \theta)$ 或 $\ln L(\theta) = \ln L(x_1, x_2, \cdots, x_n; \theta)$ 的最大值点. 这时往往需要解方程

$$\frac{\mathrm{d}L(\theta)}{\mathrm{d}\theta} = \frac{\mathrm{d}L(x_1, x_2, \cdots, x_n; \theta)}{\mathrm{d}\theta} = 0 \tag{7.3}$$

或

$$\frac{\mathrm{d}\ln L(\theta)}{\mathrm{d}\theta} = \frac{\mathrm{d}\ln L(x_1, x_2, \cdots, x_n; \theta)}{\mathrm{d}\theta} = 0. \tag{7.4}$$

求出驻点, 然后经判断得到 $L(\theta)$ 的最大值点 $\hat{\theta}(x_1, x_2, \cdots, x_n)$, 即为参数 θ 的最大似然估计值.

(3) 若要写出 θ 的最大似然估计量, 只需将 $\hat{\theta}(x_1, x_2, \cdots, x_n)$ 改写为 $\hat{\theta}(X_1, X_2, \cdots, X_n)$ 即可.

方程 (7.3) 和 (7.4) 分别称为**似然方程**和**对数似然方程**.

说明 (1) 上述方法同样适用于总体分布中含有多个未知参数 $\theta_1, \theta_2, \cdots, \theta_m$ 的情形. 此时, 只需要求出似然函数

$$L(\theta_1, \theta_2, \cdots, \theta_m) = L(x_1, x_2, \cdots, x_n; \theta_1, \theta_2, \cdots, \theta_m)$$

或者对数似然函数

$$\ln L(\theta_1, \theta_2, \cdots, \theta_m) = \ln L(x_1, x_2, \cdots, x_n; \theta_1, \theta_2, \cdots, \theta_m)$$

的最大值点 $(\hat{\theta}_1, \hat{\theta}_2, \cdots, \hat{\theta}_m)$ 就可以了.

(2) 有时不需要经过上述步骤 (2), 根据似然函数 $L(\theta)$ 的单调性即可方便得到其最大值点.

7.1.4 估计量的评价标准

估计量的评价标准包括无偏性、有效性和相合性三个概念.

1. 无偏性

定义 7.4　设 $\hat{\theta} = \hat{\theta}(X_1, X_2, \cdots, X_n)$ 是参数 θ 的一个估计量, 若 $E(\hat{\theta}) = \theta$, 则称 $\hat{\theta}$ 是 θ 的**无偏估计量**.

2. 有效性

定义 7.5　设 $\hat{\theta}_1 = \hat{\theta}_1(X_1, X_2, \cdots, X_n)$ 和 $\hat{\theta}_2 = \hat{\theta}_2(X_1, X_2, \cdots, X_n)$ 都是参数 θ 的无偏估计, 若

$$D(\hat{\theta}_1) < D(\hat{\theta}_2),$$

则称无偏估计 $\hat{\theta}_1$ 比 $\hat{\theta}_2$ 有效.

3. 相合性

定义 7.6　设 $\hat{\theta} = \hat{\theta}(X_1, X_2, \cdots, X_n)$ 是参数 θ 的一个估计量, 若 $\hat{\theta}$ 依概率收敛于 θ, 即对任意的 $\varepsilon > 0$, 有

$$\lim_{n \to \infty} P\{|\hat{\theta} - \theta| < \varepsilon\} = 1,$$

则称 $\hat{\theta}$ 是参数 θ 的**相合估计量**, 或者**一致估计量**.

7.2　参数的区间估计

7.2.1　区间估计的概念

定义 7.7　设 $X_1, X_2, \cdots, X_n$ 为总体 X 的一个样本, θ 为总体 X 的未知参数, 对给定的 $\alpha \in (0, 1)$, 如果有两个统计量 $\hat{\theta}_1(X_1, X_2, \cdots, X_n)$ 和 $\hat{\theta}_2(X_1, X_2, \cdots, X_n)$, 满足

$$P\{\hat{\theta}_1 < \theta < \hat{\theta}_2\} = 1 - \alpha, \tag{7.5}$$

则称区间 $(\hat{\theta}_1, \hat{\theta}_2)$ 是 θ 的一个**置信区间**, $\hat{\theta}_1, \hat{\theta}_2$ 分别称作**置信下限**, **置信上限**, $1 - \alpha$ 称为**置信水平**或**置信度**.

求置信区间的一般步骤:

设 $X_1, X_2, \cdots, X_n$ 为总体 X 的一个样本, θ 为总体 X 的未知参数.

(1) 确定一个含有样本 $X_1, X_2, \cdots, X_n$ 和待估参数 θ(不包含其他未知参数) 的函数 $g = g(X_1, X_2, \cdots, X_n; \theta)$, 且其分布已知 (该函数称为**枢轴量**);

(2) 对给定的置信水平 $1 - \alpha$, 确定常数 a, b 使得

$$P\{a < g(X_1, X_2, \cdots, X_n; \theta) < b\} = 1 - \alpha;$$

(3) 将上式改写为

$$P\{\hat{\theta}_1(X_1, X_2, \cdots, X_n) < \theta < \hat{\theta}_2(X_1, X_2, \cdots, X_n)\} = 1 - \alpha.$$

于是得到 θ 的置信水平为 $1 - \alpha$ 的置信区间 $(\hat{\theta}_1(X_1, X_2, \cdots, X_n), \hat{\theta}_2(X_1, X_2, \cdots, X_n))$. 如果已获得样本观测值 $x_1, x_2, \cdots, x_n$, 通过计算, 可以得到 θ 的置信水平为 $1 - \alpha$ 的具体的置信区间 $(\hat{\theta}_1(x_1, x_2, \cdots, x_n), \hat{\theta}_2(x_1, x_2, \cdots, x_n))$.

定义 7.8 设 $X_1, X_2, \cdots, X_n$ 为总体 X 的一个样本, θ 是总体 X 的未知参数, 对于给定的 $\alpha \in (0, 1)$,

(1) 如果有统计量 $\overline{\theta} = \overline{\theta}(X_1, X_2, \cdots, X_n)$, 满足

$$P\{\theta < \overline{\theta}\} = 1 - \alpha,$$

则称区间 $(-\infty, \overline{\theta})$ 是 θ 的一个置信水平为 $1 - \alpha$ 的单侧置信区间, 称 $\overline{\theta}$ 为**单侧置信上限**.

(2) 如果有统计量 $\underline{\theta} = \underline{\theta}(X_1, X_2, \cdots, X_n)$, 满足

$$P\{\theta > \underline{\theta}\} = 1 - \alpha,$$

则称区间 $(\underline{\theta}, +\infty)$ 是 θ 的一个置信水平为 $1 - \alpha$ 的单侧置信区间, 称 $\underline{\theta}$ 为**单侧置信下限**.

7.2.2 正态总体均值的区间估计

设 $X_1, X_2, \cdots, X_n$ 为 $X \sim N(\mu, \sigma^2)$ 的样本, 对给定的置信水平 $1 - \alpha$, $0 < \alpha < 1$, 均值 μ 的置信区间与单侧置信限一并放入表 7.1.

表 7.1 正态总体均值的置信区间与单侧置信限

条件	枢轴量及其分布	均值 μ 的置信区间	μ 的单侧置信限
σ^2 已知	$Z = \dfrac{\overline{X} - \mu}{\sigma/\sqrt{n}} \sim N(0, 1)$	$\left(\overline{X} \pm Z_{\alpha/2} \dfrac{\sigma}{\sqrt{n}}\right)$	$\overline{\mu} = \overline{X} + z_\alpha \dfrac{\sigma}{\sqrt{n}}$ $\underline{\mu} = \overline{X} - z_\alpha \dfrac{\sigma}{\sqrt{n}}$
σ^2 未知	$T = \dfrac{\overline{X} - \mu}{S/\sqrt{n}} \sim t(n-1)$	$\left(\overline{X} \pm t_{\alpha/2}(n-1) \dfrac{S}{\sqrt{n}}\right)$	$\overline{\mu} = \overline{X} + t_\alpha(n-1) \dfrac{S}{\sqrt{n}}$ $\underline{\mu} = \overline{X} - t_\alpha(n-1) \dfrac{S}{\sqrt{n}}$

7.2.3 正态总体方差的区间估计

设 $X_1, X_2, \cdots, X_n$ 为来自 $X \sim N(\mu, \sigma^2)$ 的样本, 对给定的置信水平 $1 - \alpha$, $0 < \alpha < 1$, 方差 σ^2 和标准差 σ 的置信区间与 σ^2 的单侧置信限一并放入表 7.2.

表 7.2   正态总体方差与标准差的置信区间与单侧置信限

条件	枢轴量及其分布	方差 σ^2 的置信区间	标准差 σ 的置信区间	方差的单侧置信限
μ 已知	$\chi^2=\sum_{i=1}^{n}\left(\frac{X_i-\mu}{\sigma}\right)^2$ $\sim\chi^2(n)$	$\left(\dfrac{\sum_{i=1}^{n}(X_i-\mu)^2}{\chi^2_{\alpha/2}(n)},\right.$ $\left.\dfrac{\sum_{i=1}^{n}(X_i-\mu)^2}{\chi^2_{1-\alpha/2}(n)}\right)$	$\left(\sqrt{\dfrac{\sum_{i=1}^{n}(X_i-\mu)^2}{\chi^2_{\alpha/2}(n)}},\right.$ $\left.\sqrt{\dfrac{\sum_{i=1}^{n}(X_i-\mu)^2}{\chi^2_{1-\alpha/2}(n)}}\right)$	$\overline{\sigma^2}=\dfrac{\sum_{i=1}^{n}(X_i-\mu)^2}{\chi^2_{1-\alpha}(n)}$ $\underline{\sigma^2}=\dfrac{\sum_{i=1}^{n}(X_i-\mu)^2}{\chi^2_{\alpha}(n)}$
μ 未知	$\chi^2=\dfrac{(n-1)S^2}{\sigma^2}$ $=\sum_{i=1}^{n}\left(\dfrac{X_i-\overline{X}}{\sigma}\right)^2$ $\sim\chi^2(n-1)$	$\left(\dfrac{\sum_{i=1}^{n}(X_i-\overline{X})^2}{\chi^2_{\alpha/2}(n-1)},\right.$ $\left.\dfrac{\sum_{i=1}^{n}(X_i-\overline{X})^2}{\chi^2_{1-\alpha/2}(n-1)}\right)$	$\left(\sqrt{\dfrac{\sum_{i=1}^{n}(X_i-\overline{X})^2}{\chi^2_{\alpha/2}(n-1)}},\right.$ $\left.\sqrt{\dfrac{\sum_{i=1}^{n}(X_i-\overline{X})^2}{\chi^2_{1-\alpha/2}(n-1)}}\right)$	$\overline{\sigma^2}=\dfrac{\sum_{i=1}^{n}(X_i-\overline{X})^2}{\chi^2_{1-\alpha}(n-1)}$ $\underline{\sigma^2}=\dfrac{\sum_{i=1}^{n}(X_i-\overline{X})^2}{\chi^2_{\alpha}(n-1)}$

注意 μ 未知时, σ^2 的置信区间也可表示为 $\left(\dfrac{(n-1)S^2}{\chi^2_{\alpha/2}(n-1)},\dfrac{(n-1)S^2}{\chi^2_{1-\alpha/2}(n-1)}\right)$, σ 的置信区间也可表示为 $\left(\dfrac{\sqrt{(n-1)}S}{\sqrt{\chi^2_{\alpha/2}(n-1)}},\dfrac{\sqrt{(n-1)}S}{\sqrt{\chi^2_{1-\alpha/2}(n-1)}}\right)$.

7.2.4   两正态总体均值差的区间估计

设 $X_1,X_2,\cdots,X_{n_1}$ 为来自总体 $X\sim N(\mu_1,\sigma_1^2)$ 的样本, $Y_1,Y_2,\cdots,Y_{n_2}$ 为来自总体 $Y\sim N(\mu_2,\sigma_2^2)$ 的样本, 且两样本相互独立, 其样本均值分别记为 $\overline{X}$ 和 $\overline{Y}$, 其样本方差分别记为 S_1^2 和 S_2^2. 对给定的置信水平 $1-\alpha,0<\alpha<1$, 两正态总体均值差 $\mu_1-\mu_2$ 的置信区间与单侧置信限一并放入表 7.3.

注意   两个总体的方差未知时, 在两个样本容量都比较大的情况下 $(n_1,n_2\geqslant 30)$, 一般可采用两个样本方差 S_1^2 和 S_2^2 近似代替 σ_1^2 和 σ_2^2, 于是, $\mu_1-\mu_2$ 的一个置信水平为 $1-\alpha$ 的置信区间也可以由 $\left(\overline{X}-\overline{Y}\pm z_{\alpha/2}\sqrt{\dfrac{S_1^2}{n_1}+\dfrac{S_2^2}{n_2}}\right)$ 近似得到.

7.2.5   两正态总体方差比的区间估计

设 $X_1,X_2,\cdots,X_{n_1}$ 为来自总体 $X\sim N(\mu_1,\sigma_1^2)$ 的样本, $Y_1,Y_2,\cdots,Y_{n_2}$ 为来自总体 $Y\sim N(\mu_2,\sigma_2^2)$ 的样本, 两个样本相互独立, 又设 $\overline{X}$ 和 $\overline{Y}$ 分别为两

个样本的样本均值, S_1^2 和 S_2^2 分别为两个样本的样本方差. 对给定的置信水平 $1-\alpha, 0<\alpha<1, \mu_1, \mu_2$ 均未知的情况下. σ_1^2/σ_2^2 的置信区间与单侧置信限一并放入表 7.4.

表 7.3 两正态总体均值差的置信区间与单侧置信限

条件	枢轴量及其分布	$\mu_1 - \mu_2$ 的置信区间	单侧置信限
两样本独立,σ_1^2, σ_2^2 已知	$Z = \dfrac{\overline{X} - \overline{Y} - (\mu_1 - \mu_2)}{\sqrt{\dfrac{\sigma_1^2}{n_1} + \dfrac{\sigma_2^2}{n_2}}}$ $\sim N(0,1)$	$\left(\overline{X} - \overline{Y} \pm z_{\alpha/2} \right.$ $\left. \cdot \sqrt{\dfrac{\sigma_1^2}{n_1} + \dfrac{\sigma_2^2}{n_2}} \right)$	$\overline{\mu_1 - \mu_2}$ $= \overline{X} - \overline{Y} + z_\alpha \sqrt{\dfrac{\sigma_1^2}{n_1} + \dfrac{\sigma_2^2}{n_2}}$ $\underline{\mu_1 - \mu_2}$ $= \overline{X} - \overline{Y} - z_\alpha \sqrt{\dfrac{\sigma_1^2}{n_1} + \dfrac{\sigma_2^2}{n_2}}$
两样本独立,$\sigma_1^2 = \sigma_2^2 = \sigma^2$ 未知	$T = \dfrac{\overline{X} - \overline{Y} - (\mu_1 - \mu_2)}{S_w \sqrt{\dfrac{1}{n_1} + \dfrac{1}{n_2}}}$ $\sim t(n_1 + n_2 - 2)$ 其中, $S_w =$ $\sqrt{\dfrac{(n_1-1)S_1^2 + (n_2-1)S_2^2}{n_1 + n_2 - 2}}$	$\left(\overline{X} - \overline{Y} \pm t_{\alpha/2}(n_1 + \right.$ $\left. n_2 - 2) \cdot S_w \sqrt{\dfrac{1}{n_1} + \dfrac{1}{n_2}} \right)$	$\overline{\mu_1 - \mu_2}$ $= \overline{X} - \overline{Y} + t_\alpha(n_1 + n_2 - 2)$ $\cdot S_w \sqrt{\dfrac{1}{n_1} + \dfrac{1}{n_2}}$ $\underline{\mu_1 - \mu_2} = \overline{X} - \overline{Y} -$ $t_\alpha(n_1 + n_2 - 2)$ $\cdot S_w \sqrt{\dfrac{1}{n_1} + \dfrac{1}{n_2}}$

表 7.4 两正态总体方差比 σ_1^2/σ_2^2 的置信区间与单侧置信限

条件	枢轴量及其分布	σ_1^2/σ_2^2 的置信区间	单侧置信限
两样本独立,μ_1, μ_2 未知	$F = \dfrac{S_1^2/\sigma_1^2}{S_2^2/\sigma_2^2}$ $\sim F(n_1 - 1, n_2 - 1)$	$\left(\dfrac{S_1^2}{S_2^2} \dfrac{1}{F_{\alpha/2}(n_1-1, n_2-1)}, \right.$ $\left. \dfrac{S_1^2}{S_2^2} \dfrac{1}{F_{1-\alpha/2}(n_1-1, n_2-1)} \right)$	$\overline{\left(\dfrac{\sigma_1^2}{\sigma_2^2} \right)} = \dfrac{S_1^2}{S_2^2} \dfrac{1}{F_{1-\alpha}(n_1-1, n_2-1)}$ $\underline{\left(\dfrac{\sigma_1^2}{\sigma_2^2} \right)} = \dfrac{S_1^2}{S_2^2} \dfrac{1}{F_\alpha(n_1-1, n_2-1)}$

解 题 指 导

1. 题型归纳及解题技巧

题型 1   矩估计与最大似然估计

例 7.1.1 设总体 X 的概率分布为表 7.5.

表 7.5

X	0	1	2	3
p	θ^2	$2\theta(1-\theta)$	θ^2	$1-2\theta$

其中, $\theta(0 < \theta < 1/2)$ 是未知参数, 利用总体 X 的如下样本值 3, 1, 3, 0, 3, 1, 2, 3, 求 θ 的矩估计和最大似然估计值.

分析 本题考查参数的矩估计法和最大似然估计法. 本题总体是离散型, 且分布中只有一个未知参数. 对于矩估计, 应先由所给的分布律求出总体一阶矩, 从中解出参数, 再用样本一阶矩代替总体一阶矩即可求得到参数的矩估计量. 对于最大似然估计, 先由分布律写出基于样本值的似然函数 (或对数似然函数), 再求得似然函数 (或对数似然函数) 的最大值点就是所求参数的最大似然估计值.

解 先求矩估计值.

由 $E(X) = 0 \times \theta^2 + 1 \times 2\theta(1-\theta) + 2 \times \theta^2 + 3 \times (1-2\theta) = 3 - 4\theta$, 解得 $\theta = \dfrac{3 - E(X)}{4}$, 由 $\overline{X}$ 代替 $E(X)$ 得到 θ 的矩估计量 $\hat{\theta} = \dfrac{3 - \overline{X}}{4}$.

由于 $\overline{x} = \dfrac{3+1+3+0+3+1+2+3}{8} = 2$, 所以矩估计值为 $\hat{\theta} = \dfrac{3-2}{4} = \dfrac{1}{4}$.

再求最大似然估计值.

对给定的样本值, 似然函数为

$$L(\theta) = \prod_{i=1}^{8} P\{X_i = x_i\} = P\{X_1 = 3\} P\{X_2 = 1\} \cdots P\{X_8 = 3\}$$

$$= (1-2\theta) \times 2\theta(1-\theta) \times (1-2\theta) \times \theta^2 \times (1-2\theta) \times 2\theta(1-\theta) \times \theta^2 \times (1-2\theta)$$

$$= 4\theta^6 (1-\theta)^2 (1-2\theta)^4,$$

$$\ln L(\theta) = \ln 4 + 6 \ln \theta + 2 \ln(1-\theta) + 4 \ln(1-2\theta).$$

$$\frac{\mathrm{d} \ln L(\theta)}{\mathrm{d}\theta} = \frac{6}{\theta} - \frac{2}{1-\theta} - \frac{8}{1-2\theta} = \frac{6 - 28\theta + 24\theta^2}{\theta(1-\theta)(1-2\theta)}.$$

令 $\dfrac{\mathrm{d} \ln L(\theta)}{\mathrm{d}\theta} = 0$, 解得 $\theta_{1,2} = \dfrac{7 \pm \sqrt{13}}{12}$. 因 $\theta = \dfrac{7 + \sqrt{13}}{12} > \dfrac{1}{2}$ 不合题意, 取 $\theta = \dfrac{7 - \sqrt{13}}{12}$, 考虑到 $\dfrac{\mathrm{d}^2 \ln L(\theta)}{\mathrm{d}\theta^2} = -\dfrac{6}{\theta^2} - \dfrac{2}{(1-\theta)^2} - \dfrac{16}{(1-2\theta)^2} < 0$, 所以 θ 的最大似然估计值为 $\hat{\theta} = \dfrac{7 - \sqrt{13}}{12}$.

例 7.1.2 设总体 X 的概率密度为 $f(x) = \begin{cases} \lambda^2 x \mathrm{e}^{-\lambda x}, & x > 0, \\ 0, & \text{其他,} \end{cases}$ 其中参数 $\lambda(\lambda > 0)$ 未知, $X_1, X_2, \cdots, X_n$ 为来自总体 X 的简单随机样本. 求

(1) 参数 λ 的矩估计量;

(2) 参数 λ 的最大似然估计量.

分析 本题考查参数的矩估计法和最大似然估计法. 本题总体 X 是连续型的, 且分布中只有一个未知参数 λ. 求 λ 的矩估计时, 应先由密度函数求出总体一阶矩, 从中解出参数, 再用样本一阶矩代替总体一阶矩即可求得矩估计量. 求 λ 的最大似然估计时, 先写出基于样本值的似然函数 (或对数似然函数), 再求得似然函数 (或对数似然函数) 的最大值点就是所求最大似然估计值.

解 (1) $E(x) = \int_{-\infty}^{+\infty} x f(x) \mathrm{d}x = \int_{0}^{+\infty} x \lambda^2 x e^{-\lambda x} \mathrm{d}x = \dfrac{2}{\lambda}$. 解得 $\lambda = \dfrac{2}{E(X)}$,

用样本一阶矩 $\overline{X}$ 代替 $E(X)$ 得 λ 的矩估计量为 $\hat{\lambda} = \dfrac{2}{\overline{X}}$.

(2) 设 $x_1, x_2, \cdots, x_n (x_i > 0, i=1, 2, \cdots, n)$ 为样本观测值, 则似然函数

$$L(x_1, x_2, \cdots, x_n; \lambda) = \lambda^{2n} e^{-\lambda \sum\limits_{i=1}^{n} x_i} \prod_{i=1}^{n} x_i,$$

$$\ln L(x_1, x_2, \cdots, x_n; \lambda) = 2n \ln \lambda - \lambda \sum_{i=1}^{n} x_i + \sum_{i=1}^{n} \ln x_i.$$

令 $\dfrac{\mathrm{d} \ln L(\lambda)}{\mathrm{d}\lambda} = \dfrac{2n}{\lambda} - \sum\limits_{i=1}^{n} x_i = 0$, 解得

$$\lambda = \frac{2n}{\sum\limits_{i=1}^{n} x_i} = \frac{2}{\dfrac{1}{n} \sum\limits_{i=1}^{n} x_i} = \frac{2}{\overline{X}},$$

考虑到 $\dfrac{\mathrm{d}^2 \ln L(\lambda)}{\mathrm{d}\lambda^2} = \dfrac{-2n}{\lambda^2} < 0$, 所以, λ 的最大似然估计量为 $\hat{\lambda} = \dfrac{2}{\overline{X}}$.

例 7.1.3 设随机变量 X 的分布函数为 $F(x, \alpha, \beta) = \begin{cases} 1 - \left(\dfrac{\alpha}{x}\right)^{\beta}, & x > \alpha, \\ 0, & x \leqslant \alpha, \end{cases}$

其中参数 $\alpha > 0, \beta > 1$, 设 $X_1, X_2, \cdots, X_n$ 为来自总体 X 的简单随机样本, 求:

(1) 当 $\alpha = 1$ 时, 未知参数 β 的矩估计量;

(2) 当 $\alpha = 1$ 时, 未知参数 β 的最大似然估计量;

(3) 当 $\beta = 2$ 时, 未知参数 α 的最大似然估计量.

分析 本题主要考查参数的矩估计方法和最大似然估计方法. 本题给出的是随机变量 X 的分布函数, 无论是求矩估计量还是求最大似然估计量都需先由分布函数求导得到密度函数. 然后类似例 7.1.2 步骤求解.

解 当 $\alpha = 1$ 时, X 的概率密度函数为 $f(x, \beta) = \begin{cases} \dfrac{\beta}{x^{\beta+1}}, & x > 1, \\ 0, & x \leqslant 1. \end{cases}$

(1) 由于 $E(X) = \int_{-\infty}^{+\infty} x f(x;\beta)\mathrm{d}x = \int_{1}^{+\infty} x \cdot \dfrac{\beta}{x^{\beta+1}}\mathrm{d}x = \dfrac{\beta}{\beta-1}$, 解得 $\beta = \dfrac{E(X)}{E(X)-1}$. 以 $\overline{X}$ 代替 $E(X)$ 得到参数 β 的矩估计量为 $\hat{\beta} = \dfrac{\overline{X}}{\overline{X}-1}$.

(2) 对于总体 X 的样本值 $x_1, x_2, \cdots, x_n$, 似然函数

$$L(\beta) = \prod_{i=1}^{n} f(x_i;\beta) = \begin{cases} \dfrac{\beta^n}{(x_1 x_2 \cdots x_n)^{\beta+1}}, & x_i > 1 (i=1,2,\cdots,n), \\ 0, & \text{其他}. \end{cases}$$

当 $x_i > 1 (i=1,2,\cdots,n)$ 时, 对数似然函数为

$$\ln L(\beta) = n\ln\beta - (\beta+1)\sum_{i=1}^{n}\ln x_i.$$

令 $\dfrac{\mathrm{d}\ln L(\beta)}{\mathrm{d}\beta} = \dfrac{n}{\beta} - \sum_{i=1}^{n}\ln x_i = 0$, 可得 $\beta = \dfrac{n}{\displaystyle\sum_{i=1}^{n}\ln x_i}$.

考虑到 $\dfrac{\mathrm{d}^2\ln L(\beta)}{\mathrm{d}\beta^2} = -\dfrac{n}{\beta^2} < 0$, 所以 β 的最大似然估计量为 $\hat{\beta} = \dfrac{n}{\displaystyle\sum_{i=1}^{n}\ln X_i}$.

(3) 当 $\beta = 2$ 时, X 的概率密度函数为

$$f(x,\alpha) = \begin{cases} \dfrac{2\alpha^2}{x^3}, & x > \alpha, \\ 0, & x \leqslant \alpha. \end{cases}$$

对于总体 X 的样本值 $x_1, x_2, \cdots, x_n$, 似然函数

$$L(\alpha) = \prod_{i=1}^{n} f(x_i;\alpha) = \begin{cases} \dfrac{2^n \alpha^{2n}}{(x_1 x_2 \cdots x_n)^3}, & x_i > \alpha (i=1,2,\cdots,n), \\ 0, & \text{其他}. \end{cases}$$

当 $x_i > \alpha (i=1,2,\cdots,n)$ 时, α 越大, $L(\alpha)$ 越大, 即 α 的最大似然估计值为

$$\hat{\alpha} = \min\{x_1, x_2, \cdots, x_n\},$$

对应的最大似然估计量为 $\hat{\alpha} = \min\{X_1, X_2, \cdots, X_n\}$.

例 7.1.4 设总体 X 的概率密度为 $f(x;\alpha,\beta)=\begin{cases}\alpha, & -1<x<0,\\ \beta, & 0\leqslant x<1,\\ 0, & \text{其他},\end{cases}$ 其中 α,β 是未知参数, 利用总体 X 的如下样本值: $-0.5,0.3,-0.2,-0.6,-0.1,0.4,$ $0.5,-0.8$, 求 α 的矩估计值和最大似然估计值.

分析 本题考查参数的矩估计和最大似然估计. 本题总体是连续型的, 密度函数虽然含有两个参数 α 和 β, 但是可用密度函数的归一性, 找到 α 和 β 的关系, 所以可以看作密度函数中只有一个未知参数 α.

解 因为 $f(x,\alpha,\beta)\geqslant 0$, 所以 $\alpha\geqslant 0,\beta\geqslant 0$. 又

$$\int_{-\infty}^{+\infty}f(x;\alpha,\beta)\mathrm{d}x=\int_{-1}^{0}\alpha\mathrm{d}x+\int_{0}^{1}\beta\mathrm{d}x=\alpha+\beta=1,$$

因此 $\beta=1-\alpha$, X 的概率密度可写成

$$f(x;\alpha)=\begin{cases}\alpha, & -1<x<0,\\ 1-\alpha, & 0\leqslant x<1,\\ 0, & \text{其他}.\end{cases}$$

(1) $E(X)=\int_{-\infty}^{+\infty}xf(x;\alpha)\mathrm{d}x=\int_{-1}^{0}x\alpha\mathrm{d}x+\int_{0}^{1}x(1-\alpha)\mathrm{d}x=\dfrac{1}{2}-\alpha.$ 因此, $\alpha=\dfrac{1}{2}-E(x)$, 用 $\overline{X}$ 代替 $E(x)$ 得到 α 的矩估计量为 $\hat{\alpha}=\dfrac{1}{2}-\overline{X}.$

矩估计值为 $\hat{\alpha}=\dfrac{1}{2}-\overline{x}=\dfrac{1}{2}-\left(-\dfrac{1}{8}\right)=\dfrac{5}{8}.$

(2) 基于观测值的似然函数

$$L(\alpha)=f(-0.5;\alpha)\cdot f(0.3;\alpha)\cdots f(-0.8;\alpha)=\alpha^{5}(1-\alpha)^{3},$$

因此

$$\ln L(\alpha)=5\ln\alpha+3\ln(1-\alpha).$$

令 $\dfrac{\mathrm{d}\ln L(\alpha)}{\mathrm{d}\alpha}=\dfrac{5}{\alpha}-\dfrac{3}{1-\alpha}=0,$ 解得 $\alpha=\dfrac{5}{8}.$ 考虑到 $\dfrac{\mathrm{d}^{2}\ln L(\alpha)}{\mathrm{d}\alpha^{2}}=-\dfrac{5}{\alpha^{2}}-\dfrac{3}{(1-\alpha)^{2}}<0,$ 因此 α 的最大似然估计值为 $\hat{\alpha}=\dfrac{5}{8}.$

题型 2   点估计的评价标准

例 7.2.1 设 X_1, X_2 是从正态总体 $N(\mu, \sigma^2)$ 中抽取的样本,

$$\hat{\mu}_1 = X_3, \quad \hat{\mu}_2 = \frac{1}{4}X_1 + \frac{3}{4}X_2, \quad \hat{\mu}_3 = \frac{1}{2}X_1 + \frac{1}{2}X_2.$$

试证: $\hat{\mu}_1, \hat{\mu}_2, \hat{\mu}_3$ 是 μ 的无偏估计量, 并比较 $\hat{\mu}_1, \hat{\mu}_2, \hat{\mu}_3$ 哪个更有效.

分析 本题考查估计量的评价标准: 无偏性和有效性. 根据无偏估计量定义, 需求出 $\hat{\mu}_1, \hat{\mu}_2, \hat{\mu}_3$ 的期望, 如果它们的期望和参数 μ 相等, $\hat{\mu}_1, \hat{\mu}_2, \hat{\mu}_3$ 就是无偏估计量. 根据有效性定义, 需求出 $\hat{\mu}_1, \hat{\mu}_2, \hat{\mu}_3$ 的方差, 方差最小的估计量最有效.

解 因为

$$E(\hat{\mu}_1) = E(X_3) = \mu,$$

$$E(\hat{\mu}_2) = E\left(\frac{1}{4}X_1 + \frac{3}{4}X_2\right) = \frac{1}{4}E(X_1) + \frac{3}{4}E(X_2) = \mu,$$

$$E(\hat{\mu}_3) = E\left(\frac{1}{2}X_1 + \frac{1}{2}X_2\right) = \frac{1}{2}E(X_1) + \frac{1}{2}E(X_2) = \mu.$$

所以 $\hat{\mu}_1, \hat{\mu}_2, \hat{\mu}_3$ 均是 μ 的无偏估计量.

$$D(\hat{\mu}_1) = D(X_3) = \sigma^2,$$

$$D(\hat{\mu}_2) = D\left(\frac{1}{4}X_1 + \frac{3}{4}X_2\right) = \frac{1}{16}D(X_1) + \frac{9}{16}D(X_2) = \frac{5\sigma^2}{8},$$

$$D(\hat{\mu}_3) = D\left(\frac{1}{2}X_1 + \frac{1}{2}X_2\right) = \frac{1}{4}D(X_1) + \frac{1}{4}D(X_2) = \frac{\sigma^2}{2}.$$

因为 $D(\hat{\mu}_3) < D(\hat{\mu}_2) < D(\hat{\mu}_1)$, 所以 $\hat{\mu}_3$ 更有效.

例 7.2.2 设 $\hat{\theta}$ 是参数 θ 的无偏估计, 且有 $\lim\limits_{n \to \infty} D(\hat{\theta}) = 0$, 则 $\hat{\theta}$ (   )

(A) 是 θ 的一致估计量   (B) 是 θ 的有效估计

(C) 是 θ 的矩估计   (D) 以上都不对

分析 本题考查估计量的评价标准: 一致性 (相合性). $\hat{\theta}$ 虽然是参数 θ 的无偏估计, 但不一定是参数 θ 的矩估计和有效估计. 通过切比雪夫不等式可得 $\hat{\theta}$ 是参数 θ 的一致估计 (相合估计) 量.

解 对任意 $\varepsilon > 0$, 若 $E(\hat{\theta}) = \theta$, 则由切比雪夫不等式知

$$0 \leqslant P\{|\hat{\theta} - \theta| \geqslant \varepsilon\} = P\{|\hat{\theta} - E(\hat{\theta})| \geqslant \varepsilon\} \leqslant \frac{D(\hat{\theta})}{\varepsilon^2}.$$

所以, 当 $n \to \infty$ 时, 只要 $D(\hat{\theta}) \to 0$, 就有 $\lim\limits_{n\to\infty} P\{|\hat{\theta} - \theta| \geqslant \varepsilon\} = 0$. 即 $\hat{\theta}$ 依概率收敛于 θ. 因此, $\hat{\theta}$ 是 θ 的一致估计量.

本题正确选项为 (A).

例 7.2.3 设总体 X 的概率分布为表 7.6.

表 7.6

X	1	2	3
P	$1-\theta$	$\theta-\theta^2$	θ^2

其中, $\theta \in (0, 1)$ 是未知参数, 以 N_i 表示来自总体 X 的简单随机样本 (样本容量为 n) 中等于 i 的个数 ($i=1, 2, 3$), 试求常数 a_1, a_2, a_3, 使 $T = \sum\limits_{i=1}^{3} a_i N_i$ 为 θ 的无偏估计量, 并求 T 的方差.

分析 本题考查估计量的评价标准: 无偏性. 由无偏估计量的定义, 只需要令 $E(T) = \theta$, 即可求得常数 a_1, a_2, a_3.

解 根据题意 $N_1 \sim B(n, 1-\theta)$, $N_2 \sim B(n, \theta-\theta^2)$, $N_3 \sim B(n, \theta^2)$,

$$E(T) = E\left(\sum_{i=1}^{3} a_i N_i\right) = \sum_{i=1}^{3} a_i E(N_i) = a_1 n(1-\theta) + a_2 n(\theta-\theta^2) + a_3 n\theta^2$$
$$= na_1 + n(a_2 - a_1)\theta + n(a_3 - a_2)\theta^2.$$

因为 T 是 θ 的无偏估计量, 所以 $E(T) = \theta$, 即得

$$\begin{cases} na_1 = 0, \\ n(a_2 - a_1) = 1, \\ n(a_3 - a_2) = 0, \end{cases}$$

整理得到

$$a_1 = 0, \quad a_2 = a_3 = \frac{1}{n}.$$

因为 $N_1 + N_2 + N_3 = n$, $N_2 + N_3 = n - N_1$, 所以

$$D(T) = D\left(\sum_{i=1}^{3} a_i N_i\right) = D\left(\frac{1}{n}N_2 + \frac{1}{n}N_3\right) = \frac{1}{n^2}D(N_2 + N_3) = \frac{1}{n^2}D(n - N_1)$$
$$= \frac{1}{n^2}D(N_1) = \frac{1}{n^2}n(1-\theta)\theta = \frac{1}{n}(1-\theta)\theta.$$

题型 3 区间估计

例 7.3.1 设一批零件的长度服从正态分布 $N(\mu, \sigma^2)$，其中 μ, σ^2 均未知. 现从中随机抽取 16 个零件，测得样本均值 $\overline{x} = 20$(cm)，样本标准差 $s=1$(cm)，则 μ 的置信水平为 0.90 的置信区间是 (   ).

(A) $\left(20 - \dfrac{1}{4}t_{0.05}(16), 20 + \dfrac{1}{4}t_{0.05}(16)\right)$ (B) $\left(20 - \dfrac{1}{4}t_{0.1}(16), 20 + \dfrac{1}{4}t_{0.1}(16)\right)$

(C) $\left(20 - \dfrac{1}{4}t_{0.05}(15), 20 + \dfrac{1}{4}t_{0.05}(15)\right)$ (D) $\left(20 - \dfrac{1}{4}t_{0.1}(15), 20 + \dfrac{1}{4}t_{0.1}(15)\right)$

分析 本题考查方差 σ^2 未知时，正态总体均值 μ 的区间估计. 具体做法是：先选择合适的枢轴量，然后根据分位数的定义得到参数 μ 的置信区间，代入已知数据即可求得 μ 的置信水平为 0.90 的置信区间.

解 选择枢轴量 $T = \dfrac{\overline{X} - \mu}{S/\sqrt{n}} \sim t(n-1)$，根据分位数的定义可得

$$P\left\{\left|\frac{\overline{X} - \mu}{S/\sqrt{n}}\right| < t_{\alpha/2}(n-1)\right\} = 0.90,$$

解出 μ 的置信区间为 $\left(\overline{X} - t_{\alpha/2}(n-1)\dfrac{S}{\sqrt{n}}, \overline{X} + t_{\alpha/2}(n-1)\dfrac{S}{\sqrt{n}}\right)$. 代入具体数据得到 μ 的置信区间为 $\left(20 - \dfrac{1}{4}t_{0.05}(15), 20 + \dfrac{1}{4}t_{0.05}(15)\right)$.

本题正确选项为 (C).

例 7.3.2 设总体 $X \sim N(\mu, 8)$，μ 为未知参数，$X_1, X_2, \dots, X_{32}$ 为取自总体 X 的一个简单随机样本. 如果以区间 $[\overline{X} - 1, \overline{X} + 1]$ 作为 μ 的置信区间，则置信水平为_____. (精确到 3 位小数，参考数值：$\Phi(2) \approx 0.977$, $\Phi(4) \approx 1$.)

分析 本题考查的是置信区间的定义. 根据置信区间的定义，置信水平 $1-\alpha$，即为概率 $P\{\overline{X} - 1 \leqslant \mu \leqslant \overline{X} + 1\}$.

解 $\overline{X} \sim N\left(\mu, \dfrac{1}{4}\right)$，标准化 $\dfrac{\overline{X} - \mu}{1/2} \sim N(0,1)$. 如果以区间 $[\overline{X} - 1, \overline{X} + 1]$ 作为 μ 的置信区间，则置信水平

$$1 - \alpha = P\{\overline{X} - 1 \leqslant \mu \leqslant \overline{X} + 1\} = P\{-1 \leqslant \overline{X} - \mu \leqslant 1\}$$
$$= P\left\{\frac{-1}{1/2} \leqslant \frac{\overline{X} - \mu}{1/2} \leqslant \frac{1}{1/2}\right\} = 2\Phi(2) - 1 = 2 \times 0.977 - 1 = 0.954.$$

例 7.3.3 设总体 $X \sim N(\mu, \sigma^2)$，其中 σ^2 未知，则对于给定的样本，总体均值 μ 的置信区间的长度 L 与置信水平 $1 - \alpha$ 的关系为 (   ).

(A) 当 $1-\alpha$ 变小时, L 变长　　　　　(B) 当 $1-\alpha$ 变小时, L 变短

(C) 当 $1-\alpha$ 变小时, L 不变　　　　　(D) 以上说法都不正确

分析　本题考查正态总体置信区间长度和置信水平的关系. 先写出 σ^2 未知时, μ 的置信区间, 求出置信区间长度 (置信上限减去置信下限). 由此即可判断出置信区间长度 L 与置信水平 $1-\alpha$ 的关系.

解　σ^2 未知, 则对于给定的样本, 总体均值 μ 的置信区间为

$$\left(\overline{X}-t_{\alpha/2}(n-1)\frac{S}{\sqrt{n}},\overline{X}+t_{\alpha/2}(n-1)\frac{S}{\sqrt{n}}\right),$$

由此得区间长度为 $L=2t_{\alpha/2}(n-1)\dfrac{S}{\sqrt{n}}$. 不难看出, 当 $1-\alpha$ 变小时, $\alpha/2$ 变大, $t_{\alpha/2}(n-1)$ 变小, 所以 L 变短.

本题正确选项为 (B).

例 7.3.4　假设 0.50, 1.25, 0.80, 2.00 是来自总体 X 的简单随机样本值. 已知 $Y=\ln X$ 服从正态分布 $N(\mu,1)$.

(1) 求 X 的数学期望 $E(X)$ [记 $E(X)$ 为 b];

(2) 求 μ 的置信水平为 0.95 的置信区间;

(3) 利用上述结果求 b 的置信水平为 0.95 的置信区间.

分析　本题考查求正态总体参数的区间估计方法. 先根据连续型随机变量求数学期望的方法, 求出 $b=E(X)$. 对于 μ 的置信区间, 可根据分位数的定义求, 也可以根据教材结论直接写出 σ^2(本题 $\sigma^2=1$) 已知时 μ 的置信区间. 最后根据 μ 和 b 的关系, 利用 μ 的置信区间直接得到参数 b 的置信区间.

解　(1) 由题知 Y 的概率密度为

$$f(y)=\frac{1}{\sqrt{2\pi}}\mathrm{e}^{-\frac{(x-\mu)^2}{2}},\quad -\infty<y<+\infty.$$

又 $X=\mathrm{e}^Y$, 于是由函数的随机变量数学期望公式, 有

$$b=E(X)=E(\mathrm{e}^Y)=\frac{1}{\sqrt{2\pi}}\int_{-\infty}^{+\infty}\mathrm{e}^y\mathrm{e}^{-\frac{(y-\mu)^2}{2}}\mathrm{d}y\quad(\diamondsuit t=y-\mu)$$

$$=\frac{1}{\sqrt{2\pi}}\int_{-\infty}^{+\infty}\mathrm{e}^{t+\mu}\mathrm{e}^{-t^2/2}\mathrm{d}t=\mathrm{e}^{\mu+1/2}\int_{-\infty}^{+\infty}\frac{1}{\sqrt{2\pi}}\mathrm{e}^{-(t-1)^2/2}\mathrm{d}t=\mathrm{e}^{\mu+1/2}.$$

(2) 由 $\overline{Y}\sim N\left(\mu,\dfrac{1}{4}\right)$, 可得 $P\left\{\left|\dfrac{\overline{Y}-\mu}{\frac{1}{2}}\right|\leqslant z_{0.025}\right\}=0.95,$

即

$$P\left\{\overline{Y} - z_{0.025}\frac{1}{2} < \mu < \overline{Y} + z_{0.025}\frac{1}{2}\right\} = 0.95.$$

其中, $\overline{Y} = \frac{1}{4}(\ln 0.5 + \ln 0.8 + \ln 1.25 + \ln 2) = 0$, $z_{0.025} = 1.96$, 于是, 有 $P\{-0.98 < \mu < 0.98\} = 0.95$, 从而 $(-0.98, 0.98)$ 为 μ 的置信水平为 0.95 的置信区间.

(3) 因为 $b = e^{\mu+1/2}$ 具有严格的单调性, 由 μ 的置信区间可得 b 的置信水平为 0.95 的置信区间为

$$(e^{-0.98+1/2}, e^{0.98+1/2}) = (e^{-0.48}, e^{1.48}).$$

2. 考研真题解析

真题 7.1 (2012 年数学一) 设随机变量 X 与 Y 相互独立且分别服从正态分布 $N(\mu, \sigma^2)$ 与 $N(\mu, 2\sigma^2)$, 其中 σ 是未知参数且 $\sigma > 0$, 设 $Z = X - Y$.

(1) 求 Z 的概率密度 $f(z; \sigma^2)$;

(2) 设 $z_1, z_2, \cdots, z_n$ 为来自总体 Z 的简单随机样本, 求 σ^2 的最大似然估计量 $\hat{\sigma}^2$;

真题7.1精讲

(3) 证明 $\hat{\sigma}^2$ 为 σ^2 的无偏估计量.

分析 本题考查正态分布的重要性质、最大似然估计方法与估计量的无偏性评价标准. 由于 X 与 Y 相互独立且均服从正态分布, 所以根据正态分布的重要性质可知 Z 也是服从正态分布. 根据 Z 的密度函数即可求出 σ^2 的最大似然估计量. 验证 $\hat{\sigma}^2$ 为 σ^2 的无偏估计量时, 根据无偏估计量的定义, 需验证等式 $E(\hat{\sigma}^2) = \sigma^2$ 成立.

解 (1) $E(Z) = E(X - Y) = E(X) - E(Y) = 0$, $D(Z) = D(X - Y) = D(X) + D(Y) = 3\sigma^2$

因为 $X \sim N(\mu, \sigma^2)$, $Y \sim N(\mu, 2\sigma^2)$, 且 X, Y 相互独立, 根据正态分布的重要性质知 $Z \sim N(0, 3\sigma^2)$. 所以, Z 的概率密度为

$$f(z; \sigma^2) = \frac{1}{\sqrt{2\pi}\cdot\sqrt{3}\sigma}e^{-\frac{z^2}{2\cdot3\sigma^2}} = \frac{1}{\sqrt{6\pi}\sigma}e^{-\frac{z^2}{6\sigma^2}}, \quad -\infty < z < +\infty.$$

(2) 基于 Z 的样本观测值 $z_1, z_2, \cdots, z_n$ 的似然函数为

$$L(\sigma^2) = \prod_{i=1}^{n} f(z_i; \sigma^2) = \prod_{i=1}^{n}\left(\frac{1}{\sqrt{6\pi}\sigma}e^{-\frac{z_i^2}{6\sigma^2}}\right), \quad -\infty < z_i < +\infty(i = 1, 2, \cdots, n),$$

两边取对数, 得

$$\ln L(\sigma^2) = \sum_{i=1}^{n} \left[-\ln \sqrt{6\pi} - \frac{1}{2}\ln \sigma^2 - \frac{z_i^2}{6\sigma^2} \right],$$

对上式两边求导, 得

$$\frac{\mathrm{d}\ln L(\sigma^2)}{\mathrm{d}(\sigma^2)} = \sum_{i=1}^{n} \left[-\frac{1}{2\sigma^2} + \frac{z_i^2}{6(\sigma^2)^2} \right] = \frac{1}{6(\sigma^2)^2} \left[-3n\sigma^2 + \sum_{i=1}^{n} z_i^2 \right].$$

令 $\dfrac{\mathrm{d}\ln L(\sigma^2)}{\mathrm{d}(\sigma^2)} = 0$, 得驻点 $\sigma^2 = \dfrac{1}{3n}\sum_{i=1}^{n} z_i^2$. 考虑到 $\dfrac{\mathrm{d}^2\ln L(\sigma^2)}{\mathrm{d}(\sigma^2)^2} = \dfrac{3n}{2\sigma^4} - \dfrac{\sum\limits_{i=1}^{n} z_i^2}{3\sigma^6}$

在驻点处小于 0, 所以 σ^2 的最大似然估计量为 $\hat{\sigma}^2 = \dfrac{1}{3n}\sum_{i=1}^{n} Z_i^2$.

(3) $E(\hat{\sigma}^2) = \dfrac{1}{3n}\sum_{i=1}^{n} E(Z_i^2) = \dfrac{1}{3}\sum_{i=1}^{n}[D(Z) + (E(Z))^2] = \dfrac{1}{3}[3\sigma^2 + 0] = \sigma^2$. 所以 $\hat{\sigma}^2$ 为 σ^2 的无偏估计量.

真题 7.2 (2013 年数学一)　设总体 X 的概率密度为

$$f(x;\theta) = \begin{cases} \dfrac{\theta^2}{x^3}\mathrm{e}^{-\frac{\theta}{x}}, & x > 0, \\ 0, & \text{其他}, \end{cases}$$

其中 θ 为未知参数且大于零, $X_1, X_2, \cdots, X_n$ 为来自总体 X 的简单随机样本.

(1) 求 θ 的矩估计量;

(2) 求 θ 的最大似然估计量.

分析　本题考查参数的矩估计方法和最大似然估计方法. 本题总体 X 是连续型, 且分布中只有一个未知参数 θ. 求 θ 的矩估计时, 应先由概率密度求出总体 X 的一阶矩, 然后解出待估参数再用样本一阶矩代替总体一阶矩即可求得矩估计量. 求 θ 的最大似然估计时, 先写出基于样本值 $x_1, x_2, \cdots, x_n$ 的似然函数 (或对数似然函数), 再求得似然函数 (或对数似然函数) 的最大值点就是所求最大似然估计值.

解　(1) $E(X) = \displaystyle\int_{-\infty}^{+\infty} x f(x;\theta)\mathrm{d}x = \int_{0}^{+\infty} x\frac{\theta^2}{x^3}\mathrm{e}^{-\frac{\theta}{x}}\mathrm{d}x = \int_{0}^{+\infty} \frac{\theta^2}{x^2}\mathrm{e}^{-\frac{\theta}{x}}\mathrm{d}x =$

$\theta \displaystyle\int_{0}^{+\infty} \mathrm{e}^{-\frac{\theta}{x}}\mathrm{d}\left(-\frac{\theta}{x}\right) = \theta$, 即 $\theta = E(X)$. 用 $\overline{X}$ 代替 $E(X)$ 得到 θ 的矩估计量为

$\hat{\theta} = \overline{X} = \dfrac{1}{n}\sum_{i=1}^{n} X_i$.

(2) 基于样本值 $x_1, x_2, \cdots, x_n$ 的似然函数为

$$L(\theta) = \prod_{i=1}^{n} f(x_i;\theta) = \prod_{i=1}^{n} \frac{\theta^2}{x_i^3}\mathrm{e}^{-\frac{\theta}{x_i}} \quad (x_i > 0),$$

$$\ln L(\theta) = \sum_{i=1}^{n} \left(2\ln\theta - 3\ln x_i - \frac{\theta}{x_i} \right),$$

令 $\dfrac{\mathrm{d}\ln L(\theta)}{\mathrm{d}\theta} = \sum\limits_{i=1}^{n} \left(\dfrac{2}{\theta} - \dfrac{1}{x_i} \right) = \dfrac{2n}{\theta} - \sum\limits_{i=1}^{n} \dfrac{1}{x_i} = 0$, 得 $\theta = \dfrac{2n}{\sum\limits_{i=1}^{n} \dfrac{1}{x_i}}$.

考虑到 $\dfrac{\mathrm{d}^2\ln L(\theta)}{\mathrm{d}\theta^2} = -\dfrac{2n}{\theta^2} < 0$, 故 θ 的最大似然估计量 $\hat{\theta} = \dfrac{2n}{\sum\limits_{i=1}^{n} \dfrac{1}{X_i}}$.

真题 7.3 (2014 年数学一) 设总体 X 的概率密度为

$$f(x;\theta) = \begin{cases} \dfrac{2x}{3\theta^2}, & \theta < x < 2\theta, \\ 0, & \text{其他}, \end{cases}$$

其中 θ 是未知参数, $X_1, X_2, \cdots, X_n$ 为来自总体 X 的简单随机样本, 若 $c\sum\limits_{i=1}^{n} X_i^2$ 是 θ^2 的无偏估计, 则 $c=$ _____.

分析 本题考查点估计的评价标准之一: 无偏性. 由于 $c\sum\limits_{i=1}^{n} X_i^2$ 是 θ^2 的无偏估计, 所以根据无偏估计量评价标准, $E\left(c\sum\limits_{i=1}^{n} X_i^2 \right) = \theta^2$. 由此等式可以求出常数 c.

解

$$E(X^2) = \int_{-\infty}^{+\infty} x^2 f(x;\theta)\mathrm{d}x = \int_{\theta}^{2\theta} x^2 \cdot \frac{2x}{3\theta^2}\mathrm{d}x$$

$$= \frac{2}{3\theta^2} \cdot \frac{1}{4} x^4 \bigg|_0^{2\theta} = \frac{5\theta^2}{2},$$

$$E\left(c\sum_{i=1}^{n} X_i^2 \right) = c\sum_{i=1}^{n} E(X_i^2) = cnE(X^2) = c \cdot \frac{5n}{2}\theta^2 = \theta^2,$$

所以 $c = \dfrac{2}{5n}$.

真题 7.4 (2014 年数学一) 设总体 X 的分布函数为

$$F(x;\theta) = \begin{cases} 1 - \mathrm{e}^{-\frac{x^2}{\theta}}, & x \geqslant 0, \\ 0, & x < 0, \end{cases}$$

其中 θ 是未知参数且大于零, $X_1, X_2, \cdots, X_n$ 为来自总体 X 的简单随机样本.

(1) 求 $E(X)$ 与 $E(X^2)$;

(2) 求 θ 的最大似然估计量 $\hat{\theta}_n$;

(3) 是否存在实数 a, 使得对任何 $\varepsilon > 0$, 都有 $\lim\limits_{n\to\infty} P\{|\hat{\theta}_n - a| \geqslant \varepsilon\} = 0$?

分析 本题考查期望的求法、最大似然估计方法、大数定律. 本题已知的是总体 X 的分布函数, 先由分布函数求导得到总体 X 的密度函数, 然后利用 X 的密度函数求 $E(X)$ 与 $E(X^2)$. 求 θ 的最大似然估计量 $\hat{\theta}_n$ 时, 根据所得总体 X 的密度函数写出最大似然函数 (对数似然函数), 求出似然函数 (对数似然函数) 的最大值点即可得 θ 的最大似然估计量 $\hat{\theta}_n$.

解 X 的概率密度为 $f(x;\theta) = F'(x;\theta) = \begin{cases} \dfrac{2x}{\theta}\mathrm{e}^{-\frac{x^2}{\theta}}, & x > 0, \\ 0, & \text{其他.} \end{cases}$

真题7.4精讲

(1) $E(X) = \displaystyle\int_0^{+\infty} x\dfrac{2x}{\theta}\mathrm{e}^{-\frac{x^2}{\theta}}\mathrm{d}x = -\int_0^{+\infty} x\mathrm{d}\mathrm{e}^{-\frac{x^2}{\theta}}$

$$= -\left[x\mathrm{e}^{-\frac{x^2}{\theta}}\Big|_0^{+\infty} - \int_0^{+\infty} \mathrm{e}^{-\frac{x^2}{\theta}}\mathrm{d}x \right]$$

$$= \int_0^{+\infty} \mathrm{e}^{-\frac{x^2}{\theta}}\mathrm{d}x = \frac{1}{2}\cdot\sqrt{2\pi}\sqrt{\frac{\theta}{2}} = \frac{\sqrt{\pi\theta}}{2}.$$

$$E(X^2) = \int_0^{+\infty} x^2\frac{2x}{\theta}\mathrm{e}^{-\frac{x^2}{\theta}}\mathrm{d}x = \theta\int_0^{+\infty} -\frac{x^2}{\theta}\mathrm{d}\mathrm{e}^{-\frac{x^2}{\theta}} = \theta.$$

(2) 似然函数 $L(\theta) = \displaystyle\prod_{i=1}^{n} f(x_i;\theta) = \begin{cases} \displaystyle\prod_{i=1}^{n} \dfrac{2x_i}{\theta}\mathrm{e}^{-\frac{x_i^2}{\theta}}, & x_i > 0, \\ 0, & \text{其他.} \end{cases}$

当 $x_i > 0 (i = 1, 2, \cdots, n)$ 时, $L(\theta) = \displaystyle\prod_{i=1}^{n} \dfrac{2x_i}{\theta}\mathrm{e}^{-\frac{x_i^2}{\theta}}$,

$$\ln L(\theta) = \sum_{i=1}^{n} \left(\ln 2x_i - \ln\theta - \frac{x_i^2}{\theta} \right).$$

令 $\dfrac{\mathrm{d}\ln L(\theta)}{\mathrm{d}\theta} = \displaystyle\sum_{i=1}^{n} \left(-\frac{1}{\theta} + \frac{x_i^2}{\theta^2} \right) = \frac{1}{\theta^2}\left(\sum_{i=1}^{n} x_i^2 - n\theta \right) = 0$, 解得 $\theta = \dfrac{1}{n}\displaystyle\sum_{i=1}^{n} x_i^2$. 考

虑到 $\dfrac{\mathrm{d}^2\ln L(\theta)}{\mathrm{d}\theta^2} = \dfrac{-2\displaystyle\sum_{i=1}^{n} x_i^2}{\theta^3} + \dfrac{n}{\theta^2}$ 在驻点处小于 0, 因此, θ 的最大似然估计量为

$\hat{\theta}_n = \dfrac{1}{n}\displaystyle\sum_{i=1}^{n} X_i^2$.

(3) 存在, $a = \theta$. 因为 $\{X_i^2\}$ 是独立同分布的随机变量序列, 且 $E(X_i^2) = \theta < +\infty$, 所以根据辛钦大数定律, 当 $n \to \infty$ 时, $\hat{\theta}_n = \dfrac{1}{n}\sum\limits_{i=1}^{n} X_i^2$ 依概率收敛于 $E(X_i^2)$ $= \theta$, 即对任何 $\varepsilon > 0$ 都有 $\lim\limits_{n \to \infty} P\{|\hat{\theta}_n - \theta| \geqslant \varepsilon\} = 0$.

真题 7.5 (2015 年数学一)   设总体 X 的概率密度为

$$f(x;\theta) = \begin{cases} \dfrac{1}{1-\theta}, & \theta \leqslant x \leqslant 1, \\ 0, & \text{其他}, \end{cases}$$

其中 $\theta(0 < \theta < 1)$, 为未知参数, $X_1, X_2, \cdots, X_n$ 为来自总体 X 的简单随机样本.

(1) 求 θ 的矩估计量;

(2) 求 θ 的最大似然估计量.

分析   本题考查矩估计方法和最大似然估计方法.

解   (1) $E(X) = \displaystyle\int_{-\infty}^{+\infty} x f(x;\theta)\mathrm{d}x = \int_{\theta}^{1} x \cdot \dfrac{1}{1-\theta}\mathrm{d}x = \dfrac{1+\theta}{2}$. 解得 $\theta =$ $2E(X) - 1$, 以 $\overline{X}$ 代替 $E(X)$ 得 $\hat{\theta} = 2\overline{X} - 1$, 其中 $\overline{X} = \dfrac{1}{n}\sum\limits_{i=1}^{n} X_i$.

(2) 似然函数 $L(\theta) = \prod\limits_{i=1}^{n} f(x_i;\theta)$,

当 $\theta \leqslant x_i \leqslant 1$ 时, $L(\theta) = \prod\limits_{i=1}^{n} \dfrac{1}{1-\theta} = \left(\dfrac{1}{1-\theta}\right)^n$, 显然 $L(\theta)$ 是关于 θ 的增函数, 所以 $\hat{\theta} = \min\{X_1, X_2, \cdots, X_n\}$ 为 θ 的最大似然估计量.

真题 7.6 (2016 年数学一)   设总体 X 的概率密度为

真题7.6精讲

$$f(x;\theta) = \begin{cases} \dfrac{3x^2}{\theta^3}, & 0 < x < \theta, \\ 0, & \text{其他}, \end{cases}$$

其中 $\theta \in (0, +\infty)$ 为未知参数, X_1, X_2, X_3 为来自总体 X 的简单随机样本. 令 $T = \max\{X_1, X_2, X_3\}$.

(1) 求 T 的概率密度;

(2) 确定 a 的值, 使得 aT 为 θ 的无偏估计.

分析   本题考查求随机变量函数的分布、点估计的无偏性评价标准. T 显然是 X_1, X_2, X_3 的函数, 根据分布函数法求 T 的密度函数 (即先求 T 的分布函数, 再求导得到 T 的密度函数). 再根据无偏估计量评价标准的定义, 使得 $E(aT) = \theta$, 即可确定出 a.

解 (1) 设 X 的分布函数为 $F(x;\theta)$, 则

$$F(x;\theta) = \int_{-\infty}^{x} f(t;\theta)\mathrm{d}t = \begin{cases} 0, & x < 0, \\ \dfrac{x^3}{\theta^3}, & 0 \leqslant x < \theta, \\ 1, & x \geqslant \theta. \end{cases}$$

T 的分布函数为

$$F_T(x;\theta) = P\{T \leqslant x\} = P\{X_1 \leqslant x, X_2 \leqslant x, X_3 \leqslant x\}$$
$$= \prod_{i=1}^{3} P\{X_i \leqslant x\}$$
$$= [F(x;\theta)]^3.$$

则 T 的概率密度为 $f_T(x;\theta) = 3[F(x;\theta)]^2 f(x;\theta) = \begin{cases} \dfrac{9x^8}{\theta^9}, & 0 < x < \theta, \\ 0, & \text{其他}. \end{cases}$

(2) $E(T) = \int_{-\infty}^{+\infty} x f_T(x;\theta)\mathrm{d}x = \int_0^{\theta} \dfrac{9x^9}{\theta^9}\mathrm{d}x = \dfrac{9\theta}{10}$, 则 $E(aT) = aE(T) = \dfrac{9a\theta}{10} = \theta$, 可知 $a = \dfrac{10}{9}$.

真题 7.7 (2016 年数学一) 设 $x_1, x_2, \cdots, x_n$ 为来自正态总体 $N(\mu, \sigma^2)$ 的简单随机样本, 样本均值 $\overline{x} = 9.5$, 参数 μ 的置信度为 0.95 的双侧置信区间的置信上限为 10.8, 则 μ 的置信度为 0.95 的双侧置信区间为_____.

分析 本题考查正态总体参数的区间估计. σ^2 未知时, μ 的置信度为 $1 - \alpha$ 的置信区间为 $\left(\overline{x} - \dfrac{\sigma}{\sqrt{n}}t_{\alpha/2}(n-1), \overline{x} - \dfrac{\sigma}{\sqrt{n}}t_{\alpha/2}(n-1)\right)$, 不难看出, 此置信区间是以 $\overline{x}$ 为中心, 所以已知 $\overline{x}$ 和置信上限就可以求得置信下限, 从而求得置信区间.

解 置信中心为 $\overline{x}$, 可知置信下限为 $9.5 - (10.8 - 9.5) = 8.2$. 所以 μ 的置信度为 0.95 的双侧置信区间为 $(8.2, 10.8)$.

真题 7.8 (2017 年数学一) 某工程师为了解一台天平的精度, 用该天平对一物体的质量做 n 次测量, 该物体的质量 μ 是已知的, 设 n 次测量结果 $X_1, X_2, \cdots, X_n$ 相互独立且均服从正态分布 $N(\mu, \sigma^2)$, 该工程师记录的是 n 次测量的绝对误差 $Z_i = |X_i - \mu|$ $(i = 1, 2, \cdots, n)$, 利用 $Z_1, Z_2, \cdots, Z_n$ 估计 σ.

(1) 求 Z_i 的概率密度;

(2) 利用一阶矩求 σ 的矩估计量;

(3) 求 σ 的最大似然估计量.

分析 本题考查随机变量函数的分布、参数的矩估计方法和最大似然估计方法. Z_i 是 X_i 的函数, 由 X_i 的概率密度, 根据分布函数法求出 Z_i 的概率密度 (即先求 Z_i 的分布函数, 再求导得到 Z_i 的密度函数). 利用样本 $Z_1, Z_2, \cdots, Z_n$ 估计 σ, 所以 σ 可以看作总体 Z 分布中的未知参数. 求 σ 的矩估计时, 先由 Z 的密度函数求出总体 Z 的一阶矩, 然后解出待估参数, 再用样本一阶矩代替总体一阶矩即可求得 σ 的矩估计量. 求 σ 的最大似然估计时, 先写出基于样本值 $z_1, z_2, \cdots,$ z_n 的似然函数 (或对数似然函数), 再求得似然函数 (或对数似然函数) 的最大值点就是所求最大似然估计值.

解 (1) $F_Z(z) = P\{Z \leqslant z\} = P\{|X_i - \mu| \leqslant z\}$,

当 $z < 0$ 时, $F_Z(z) = 0$; $f_Z(z) = 0$;

当 $z \geqslant 0$ 时,

真题7.8精讲

$$
\begin{aligned}
F_Z(z) &= P\{-z \leqslant X_i - \mu \leqslant z\} \\
&= P\{\mu - z \leqslant X_i \leqslant \mu + z\} \\
&= F_{X_i}(\mu + z) - F_{X_i}(\mu - z);
\end{aligned}
$$
$$
\begin{aligned}
f_Z(z) = F_Z'(z) &= f_{X_i}(\mu + z) + f_{X_i}(\mu - z) \\
&= \frac{1}{\sqrt{2\pi}\sigma} e^{-\frac{z^2}{2\sigma^2}} + \frac{1}{\sqrt{2\pi}\sigma} e^{-\frac{z^2}{2\sigma^2}} = \frac{2}{\sqrt{2\pi}\sigma} e^{-\frac{z^2}{2\sigma^2}}.
\end{aligned}
$$

综上, $f_Z(z) = \begin{cases} \dfrac{2}{\sqrt{2\pi}\sigma} e^{-\frac{z^2}{2\sigma^2}}, & z > 0, \\ 0, & z \leqslant 0. \end{cases}$

(2) $E(Z) = \displaystyle\int_0^{+\infty} z \frac{2}{\sqrt{2\pi}\sigma} e^{-\frac{z^2}{2\sigma^2}} \mathrm{d}z = \int_0^{+\infty} \frac{1}{\sqrt{2\pi}\sigma} e^{-\frac{z^2}{2\sigma^2}} \mathrm{d}z^2$

$$
= \frac{-2\sigma^2}{\sqrt{2\pi}\sigma} \int_0^{+\infty} e^{-\frac{z^2}{2\sigma^2}} \mathrm{d}\left(-\frac{z^2}{2\sigma^2}\right) = \frac{2\sigma}{\sqrt{2\pi}} = \sqrt{\frac{2}{\pi}}\sigma.
$$

解得 $\sigma = \sqrt{\dfrac{\pi}{2}} E(Z)$, 用 $\overline{Z}$ 代替 $E(Z)$ 得 σ 的矩估计量为 $\hat{\sigma} = \sqrt{\dfrac{\pi}{2}}\overline{Z}$.

(3) 由总体 X 的样本 $X_1, X_2, \cdots, X_n$, 得到绝对误差的样本为 $Z_1, Z_2, \cdots,$ Z_n, 其中 $Z_i = |X_i - \mu|$ $(i = 1, 2, \cdots, n)$, 则样本 $Z_1, Z_2, \cdots, Z_n$ 对应的似然

函数为

$$L(\sigma) = \prod_{i=1}^{n} f_Z(z_i) = \begin{cases} \left(\dfrac{2}{\sqrt{2\pi}\sigma}\right)^n e^{-\frac{\sum\limits_{i=1}^{n} z_i^2}{2\sigma^2}}, & z_1 \geqslant 0, z_2 \geqslant 0, \cdots, z_n \geqslant 0, \\ 0, & \text{其他.} \end{cases}$$

当 $z_1 \geqslant 0, z_2 \geqslant 0, \cdots, z_n \geqslant 0$ 时,

$$\ln L(\sigma) = n \ln \frac{2}{\sqrt{2\pi}\sigma} - \frac{1}{2\sigma^2} \sum_{i=1}^{n} z_i^2.$$

令 $\dfrac{\mathrm{d}\ln L(\sigma)}{\mathrm{d}\sigma} = -\dfrac{n}{\sigma} + \dfrac{1}{\sigma^3} \sum\limits_{i=1}^{n} z_i^2 = 0$, 解得驻点 $\sigma = \sqrt{\dfrac{1}{n} \sum\limits_{i=1}^{n} z_i^2}$, 由于 $\dfrac{\mathrm{d}^2\ln L(\sigma)}{\mathrm{d}\sigma^2} = \dfrac{n}{\sigma^2} - \dfrac{3}{\sigma^4} \sum\limits_{i=1}^{n} z_i^2$ 在驻点处小于 0, 所以 $\hat{\sigma} = \sqrt{\dfrac{1}{n} \sum\limits_{i=1}^{n} z_i^2}$ 为 σ 的最大似然估计值.

真题 7.9 (2018 年数学一)　总体 X 的概率密度为

$$f(x; \sigma) = \frac{1}{2\sigma} e^{-\frac{|x|}{\sigma}}, \quad \sigma \in (0, +\infty), \quad -\infty < x < +\infty,$$

$X_1, X_2, \cdots, X_n$ 为来自总体 X 的简单随机样本.

(1) 求 σ 的最大似然估计;

(2) 求 $E(\hat{\sigma}), D(\hat{\sigma})$.

分析　本题考查参数的最大似然估计方法和求期望、方差的方法. 由于总体 X 是连续型的, 所以求得的最大似然估计量 $\hat{\sigma}$ 也是连续型的, 根据连续型随机变量求数学期望、方差的公式即可求得 $E(\hat{\sigma}), D(\hat{\sigma})$.

解　(1) 似然函数为

$$L(\sigma) = \prod_{i=1}^{n} \frac{1}{2\sigma} e^{-\frac{|x_i|}{\sigma}},$$

取对数, 得

$$\ln L(\sigma) = \sum_{i=1}^{n} \left[-\ln 2\sigma - \frac{|x_i|}{\sigma} \right],$$

令

$$\frac{\mathrm{d}\ln L(\sigma)}{\mathrm{d}\sigma} = \sum_{i=1}^{n} \left[-\frac{1}{\sigma} + \frac{|x_i|}{\sigma^2} \right] = -\frac{n}{\sigma} + \frac{\sum\limits_{i=1}^{n} |x_i|}{\sigma^2} = 0,$$

解得驻点 $\sigma = \dfrac{\sum\limits_{i=1}^{n}|x_i|}{n}$. 由于 $\dfrac{\mathrm{d}^2\ln L(\sigma)}{\mathrm{d}\sigma^2} = \dfrac{n}{\sigma^2} - \dfrac{2\sum\limits_{i=1}^{n}|x_i|}{\sigma^3}$ 在驻点处小于 0, 故 σ 的

最大似然估计量为 $\hat{\sigma} = \dfrac{\sum\limits_{i=1}^{n}|X_i|}{n}$.

(2) $E(|X|) = \displaystyle\int_{-\infty}^{+\infty} |x| f(x;\theta)\mathrm{d}x = 2\int_0^{+\infty} x\dfrac{1}{2\sigma}\mathrm{e}^{-\frac{x}{\sigma}}\mathrm{d}x = \sigma.$

$$E(\hat{\sigma}) = E\left(\dfrac{\sum\limits_{i=1}^{n}|X_i|}{n}\right) = \dfrac{1}{n}\sum_{i=1}^{n}E(|X_i|) = \dfrac{1}{n}\cdot nE(|X|) = \dfrac{1}{n}\cdot n\sigma = \sigma.$$

$$D(|X|) = E(X^2) - [E(X)]^2 = \int_{-\infty}^{+\infty} x^2 f(x;\theta)\mathrm{d}x - \sigma^2 = 2\int_0^{+\infty} x^2\dfrac{1}{2\sigma}\mathrm{e}^{-\frac{x}{\sigma}}\mathrm{d}x - \sigma^2 = \sigma^2.$$

$$D(\hat{\sigma}) = D\left(\dfrac{\sum\limits_{i=1}^{n}|X_i|}{n}\right) = \dfrac{1}{n^2}\sum_{i=1}^{n}D(|X_i|) = \dfrac{1}{n^2}\cdot nD(|X|) = \dfrac{1}{n^2}\cdot n\sigma^2 = \dfrac{\sigma^2}{n}.$$

真题 7.10 (2019 年数学一)　设总体 X 的概率密度

$$f(x;\sigma^2) = \begin{cases} \dfrac{A}{\sigma}\mathrm{e}^{-\frac{(x-\mu)^2}{2\sigma^2}}, & x \geqslant \mu, \\ 0, & x < \mu, \end{cases}$$

其中 μ 是已知参数, $\sigma > 0$ 是未知参数, A 是常数, $X_1, X_2, \cdots, X_n$ 为来自总体 X 的简单随机样本.

(1) 求 A;

(2) 求 σ^2 的最大似然估计量.

分析　本题考查密度函数的归一性、最大似然估计方法. 先根据密度函数的归一性求出参数 A, 再求 σ^2 的最大似然估计量.

解　(1) 由归一性得 $\displaystyle\int_\mu^{+\infty} \dfrac{A}{\sigma}\mathrm{e}^{-\frac{(x-\mu)^2}{2\sigma^2}}\mathrm{d}x = 1$, 解得 $A = \sqrt{\dfrac{2}{\pi}}$.

(2) 似然函数 $L(\sigma^2) = \prod\limits_{i=1}^{n} \sqrt{\dfrac{2}{\pi}} \dfrac{1}{\sigma} \mathrm{e}^{-\frac{(x_i-\mu)^2}{2\sigma^2}}$, $x_i \geqslant \mu$, $i = 1, 2, \cdots, n$,

$$\ln L(\sigma^2) = \frac{n}{2} \ln \frac{2}{\pi} - \frac{n}{2} \ln \sigma^2 - \frac{1}{2\sigma^2} \sum_{i=1}^{n} (x_i - \mu)^2,$$

令 $\dfrac{\mathrm{d} \ln L(\sigma^2)}{\mathrm{d}\sigma^2} = -\dfrac{n}{2} \cdot \dfrac{1}{\sigma^2} + \dfrac{1}{2\sigma^4} \sum\limits_{i=1}^{n} (x_i - \mu)^2 = 0$, 解得驻点 $\sigma^2 = \dfrac{1}{n} \sum\limits_{i=1}^{n} (x_i - \mu)^2$,

考虑到 $\dfrac{\mathrm{d}^2 \ln L(\sigma^2)}{\mathrm{d}(\sigma^2)^2} = \dfrac{n}{2\sigma^4} - \dfrac{1}{\sigma^6} \sum\limits_{i=1}^{n} (x_i - \mu)^2$ 在驻点处小于 0, 于是得 σ^2 的最大

似然估计量为

$$\hat{\sigma}^2 = \frac{1}{n} \sum_{i=1}^{n} (X_i - \mu)^2.$$

真题 7.11 (2020 年数学一) 设某种元件的使用寿命 T 的分布函数为

$$F(t) = \begin{cases} 1 - \mathrm{e}^{-\left(\frac{t}{\theta}\right)^m}, & t \geqslant 0, \\ 0, & \text{其他}, \end{cases}$$

其中 θ, m 为参数且大于零.

(1) 求概率 $P\{T > t\}$ 与 $P\{T > t + s | T > s\}$, 其中 $s > 0$, $t > 0$;

(2) 任取 n 个这种元件做寿命试验, 测得它们的寿命分别为 $t_1, t_2, \cdots, t_n$, 若 m 已知, 求 θ 的最大似然估计值 $\hat{\theta}$.

分析 本题考查利用分布函数求概率、最大似然估计方法. m 已知时, 分布函数中只含有一个未知参数 θ, 根据最大似然估计方法, 先写出基于样本数据 t_1, $t_2, \cdots, t_n$ 的似然函数, 然后求出似然函数的最大值点就是未知参数 θ 的最大似然估计值.

解 (1) $P\{T > t\} = 1 - F(t) = \mathrm{e}^{-\left(\frac{t}{\theta}\right)^m}$,

$$P\{T > s + t | T > s\} = \frac{P\{T > s + t, T > s\}}{P\{T > s\}} = \frac{P\{T > s + t\}}{P\{T > s\}}$$

$$= \frac{\mathrm{e}^{-\left(\frac{t+s}{\theta}\right)^m}}{\mathrm{e}^{-\left(\frac{s}{\theta}\right)^m}} = \mathrm{e}^{-\left(\frac{t+s}{\theta}\right)^m + \left(\frac{s}{\theta}\right)^m}.$$

(2) $f(t) = F'(t) = \begin{cases} m \cdot \theta^{-m} \cdot t^{m-1} \cdot \mathrm{e}^{-\left(\frac{t}{\theta}\right)^m}, & t \geqslant 0, \\ 0, & \text{其他}, \end{cases}$ 似然函数 $L(\theta) =$

$$\prod_{i=1}^{n} f(t_i; \theta) = \begin{cases} m^n \cdot \theta^{-mn} (t_1 t_2 \cdots t_n)^{m-1} \mathrm{e}^{-\theta^{-m} \sum\limits_{i=1}^{n} t_i^m}, & t_i \geqslant 0, \\ 0, & \text{其他}, \end{cases}$$

当 $t_1 \geqslant 0, t_2 \geqslant 0, \cdots, t_n \geqslant 0$ 时,

$$\ln L(\theta) = n \ln m - mn \ln \theta + (m-1) \sum_{i=1}^{n} \ln t_i - \theta^{-m} \sum_{i=1}^{n} t_i^m,$$

令 $\dfrac{\mathrm{d} \ln L(\theta)}{\mathrm{d}\theta} = -\dfrac{mn}{\theta} + m\theta^{-(m+1)} \sum\limits_{i=1}^{n} t_i^m = 0$ 得驻点 $\theta = \sqrt[m]{\dfrac{1}{n} \sum\limits_{i=1}^{n} t_i^m}$. 考虑到 $\dfrac{\mathrm{d}^2 \ln L(\theta)}{\mathrm{d}\theta^2} = \dfrac{mn}{\theta^2} - \dfrac{m(m+1)}{\theta^{m+2}} \sum\limits_{i=1}^{n} t_i^m$ 在驻点处小于 0, 所以 θ 最大似然估计值为 $\hat{\theta} = \sqrt[m]{\dfrac{1}{n} \sum\limits_{i=1}^{n} t_i^m}$.

真题 7.12 (2021 年数学三) 设总体 X 的概率分布为

$$P\{X = 1\} = \frac{1-\theta}{2}, \quad P\{X = 2\} = P\{X = 3\} = \frac{1+\theta}{4},$$

利用来自样本的观测值 1, 3, 2, 2, 1, 3, 1, 2, 可得 θ 的最大似然估计值为 (　　).

(A) $\dfrac{1}{4}$ 　　　　(B) $\dfrac{3}{8}$ 　　　　(C) $\dfrac{1}{2}$ 　　　　(D) $\dfrac{5}{8}$

分析 本题考查参数求最大似然估计的方法. 本题 X 是离散型总体, 其分布律中只有一个未知参数 θ. 求 θ 的最大似然估计时, 先写出基于样本值 $x_1, x_2, \cdots, x_8$ (即样本观测值 1, 3, 2, 2, 1, 3, 1, 2) 的似然函数 (或对数似然函数), 再求得似然函数 (或对数似然函数) 的最大值点就是所求最大似然估计值.

解 令 $L(\theta) = \prod\limits_{i=1}^{8} P\{X = x_i\} = \left(\dfrac{1-\theta}{2}\right)^3 \left(\dfrac{1+\theta}{4}\right)^5$, 则

$$\ln L(\theta) = 3\ln(1-\theta) + 5\ln(1+\theta) - 3\ln 2 - 5\ln 4,$$

令 $\dfrac{\mathrm{d} \ln L(\theta)}{\mathrm{d}\theta} = -\dfrac{3}{1-\theta} + \dfrac{5}{1+\theta} = 0$, 解得 $\theta = \dfrac{1}{4}$, 由于 $\dfrac{\mathrm{d}^2 \ln L(\theta)}{\mathrm{d}\theta^2} = -\dfrac{3}{(1-\theta)^2} - \dfrac{5}{(1+\theta)^2} < 0$, 所以 θ 的最大似然估计值为 $\dfrac{1}{4}$.

本题正确选项为 (A).

真题 7.13 (2022 年数学一) 设 $X_1, X_2, \cdots, X_n$ 为来自均值为 θ 的指数分布总体的简单随机样本, $Y_1, Y_2, \cdots, Y_m$ 为来自均值为 2θ 的指数分布总体的简单随机样本, 且两样本相互独立, 其中 $\theta(\theta > 0)$ 是未知参数. 利用样本 $X_1, X_2, \cdots,$ $X_n, Y_1, Y_2, \cdots, Y_m$, 求 θ 的最大似然估计量 $\hat{\theta}$, 并求 $D(\hat{\theta})$.

分析 本题考查求参数最大似然估计的方法. 本题总体 X 和总体 Y 均是连续型的, 其分布中都只有未知参数 θ. 在求 θ 的最大似然估计时, 先写出总体 X

和总体 Y 的密度函数, 再利用它们的概率密度写出基于样本值 $x_1, x_2, \cdots, x_n, y_1,$ $y_2, \cdots, y_m$ 的似然函数 (或对数似然函数), 最后求得似然函数 (或对数似然函数) 的最大值点就可求得 θ 的最大似然估计量.

解　由题知, X 的概率密度为

真题7.13精讲

$$f_X(x;\theta) = \begin{cases} \dfrac{1}{\theta}\mathrm{e}^{-\frac{x}{\theta}}, & x \geqslant 0, \\ 0, & x < 0, \end{cases}$$

Y 的概率密度为

$$f_Y(x;\theta) = \begin{cases} \dfrac{1}{2\theta}\mathrm{e}^{-\frac{x}{2\theta}}, & x \geqslant 0, \\ 0, & x < 0. \end{cases}$$

令

$$L(\theta) = \prod_{i=1}^{n} f_X(x_i;\theta) \prod_{j=1}^{m} f_Y(y_j;\theta)$$

$$= \prod_{i=1}^{n} \frac{1}{\theta}\mathrm{e}^{-\frac{x_i}{\theta}} \prod_{j=1}^{m} \frac{1}{2\theta}\mathrm{e}^{-\frac{y_j}{2\theta}} \quad (x_i > 0, y_j > 0, i = 1, 2, \cdots, n; j = 1, 2, \cdots, m),$$

则 $\ln L(\theta) = \displaystyle\sum_{i=1}^{n}\left(-\ln\theta - \frac{x_i}{\theta}\right) + \sum_{j=1}^{m}\left(-\ln 2 - \ln\theta - \frac{y_j}{2\theta}\right).$

令 $\dfrac{\mathrm{d}\ln L(\theta)}{\mathrm{d}\theta} = \displaystyle\sum_{i=1}^{n}\left(-\frac{1}{\theta} + \frac{x_i}{\theta^2}\right) + \sum_{j=1}^{m}\left(-\frac{1}{\theta} + \frac{y_j}{2\theta^2}\right) = -\frac{m+n}{\theta} + \sum_{i=1}^{n}\frac{x_i}{\theta^2} +$

$\displaystyle\sum_{j=1}^{m}\frac{y_j}{2\theta^2} = 0$, 解得驻点 $\theta = \dfrac{1}{m+n}\left(\displaystyle\sum_{i=1}^{n} x_i + \frac{1}{2}\sum_{j=1}^{m} y_j\right).$

考虑到 $\dfrac{\mathrm{d}^2\ln L(\theta)}{\mathrm{d}\theta^2} = \dfrac{m+n}{\theta^2} - 2\displaystyle\sum_{i=1}^{n}\frac{x_i}{\theta^3} - \sum_{j=1}^{m}\frac{y_j}{\theta^3}$ 在驻点处小于 0, 于是得到 θ 的最大似然估计量 $\hat{\theta} = \dfrac{1}{m+n}\left(\displaystyle\sum_{i=1}^{n} X_i + \frac{1}{2}\sum_{j=1}^{m} Y_j\right).$

$$D(\hat{\theta}) = \frac{1}{(m+n)^2} D\left(\sum_{i=1}^{n} X_i + \frac{1}{2}\sum_{j=1}^{m} Y_j\right) = \frac{1}{(m+n)^2}\left(\sum_{i=1}^{n} DX_i + \frac{1}{4}\sum_{j=1}^{m} DY_j\right)$$

$$= \frac{1}{(m+n)^2}\left(nDX + \frac{1}{4}mDY\right) = \frac{1}{(m+n)^2}\left(n\theta^2 + \frac{1}{4}m4\theta^2\right) = \frac{\theta^2}{m+n}.$$

经典习题选讲 7

1. 设 $X \sim B(m, p)$, 其中 m 已知, 参数 p 未知, $X_1, X_2, \cdots, X_n$ 是来自 X 的简单随机样本, 求 p 的矩估计量. 若 $m = 10$, 且有一样本观测值 $x_1 = 6$, $x_2 = 7$, $x_3 = 6$, $x_4 = 5$, $x_5 = 6$, $x_6 = 6$, 求 p 的矩估计值.

解　由 $E(X) = mp$ 得到 $p = \dfrac{E(X)}{m}$. 用样本的一阶矩 $A_1 = \overline{X}$ 代替总体 X 的一阶矩 $E(X)$, 得参数 p 的矩估计量为 $\hat{p} = \dfrac{\overline{X}}{m}$. 由样本观测值计算得

$$\overline{x} = \frac{1}{6}(6 + 7 + 6 + 5 + 6 + 6) = 6,$$

于是得到参数 p 的矩估计值为

$$\hat{p} = \frac{\overline{x}}{10} = \frac{6}{10} = 0.6.$$

2. 设总体 X 的分布律为表 7.7.

表 7.7

X	1	2	3
p	θ^2	$2\theta(1-\theta)$	$(1-\theta)^2$

其中 $\theta(0 < \theta < 1)$ 为未知参数, 现有一个样本观测值 $x_1 = 1, x_2 = 2, x_3 = 1$, 求 θ 的矩估计值.

解　由 X 的分布律计算得到 $E(X) = 1 \times \theta^2 + 2 \times 2\theta(1-\theta) + 3(1-\theta)^2 = 3 - 2\theta$, 解得

$$\theta = \frac{3 - E(X)}{2}.$$

用样本的一阶矩 $A_1 = \overline{X}$ 代替总体 X 的一阶矩 $E(X)$, 得到 θ 的矩估计量为

$$\hat{\theta} = \frac{3 - \overline{X}}{2}.$$

样本均值的观测值 $\overline{x} = \dfrac{1 + 2 + 1}{3} = \dfrac{4}{3}$, 所以 θ 的矩估计值为 $\hat{\theta} = \dfrac{3 - \dfrac{4}{3}}{2} = \dfrac{5}{6}$.

3. 设总体 X 的概率密度函数为 $f(x; \theta) = \begin{cases} \dfrac{2}{\theta^2}(\theta - x), & 0 < x < \theta, \\ 0 & \text{其他}, \end{cases}$

$\theta(\theta > 0)$ 是待估参数, $X_1, X_2, \cdots, X_n$ 是来自总体 X 的样本.

(1) 求参数 θ 的矩估计量;

(2) 抽样得到的样本观测值为 0.8, 0.6, 0.4, 0.5, 0.5, 0.6, 0.6, 0.8, 求参数 θ 的矩估计值.

解　(1) 由 $f(x;\theta)=\begin{cases}\dfrac{2}{\theta^2}(\theta-x), & 0<x<\theta,\\ 0, & 其他,\end{cases}$ $\theta>0$, 计算总体的一阶矩 (数学期望)

$$E(X)=\int_0^\theta \frac{2}{\theta^2}(\theta-x)x\mathrm{d}x=\int_0^\theta\left(\frac{2}{\theta}x-\frac{2}{\theta^2}x^2\right)\mathrm{d}x=\left(\frac{1}{\theta}x^2-\frac{2}{3\theta^2}x^3\right)\Big|_0^\theta=\frac{1}{3}\theta,$$

于是得到

$$\theta=3E(X).$$

用样本的一阶矩 $A_1=\overline{X}$ 代替总体 X 的一阶矩 $E(X)$, 得到 θ 的矩估计量 $\hat{\theta}=3\overline{X}$.

(2) 由样本观测值计算得

$$\overline{x}=\frac{1}{8}(0.8+0.6+0.4+0.5+0.5+0.6+0.6+0.8)=0.6,$$

结合 (1) 可得参数 θ 的矩估计值为 $\hat{\theta}=3\overline{x}=1.8$.

4. 设总体 X 的概率密度为

$$f(x;\theta)=\frac{1}{2}\mathrm{e}^{-|x-\theta|},\quad -\infty<x<+\infty,$$

$X_1,X_2,\cdots,X_n$ 是来自 X 的样本, 求参数 θ 的矩估计量. 现有一个样本观测值 $x_1=6,x_2=7,x_3=5,x_4=7,x_5=9,x_6=6$, 求 θ 的矩估计值.

解　由 $f(x;\theta)=\frac{1}{2}\mathrm{e}^{-|x-\theta|}$, $-\infty<x<+\infty$, 计算总体 X 的一阶矩 (数学期望)

$$E(X)=\int_{-\infty}^{+\infty}x\frac{1}{2}\mathrm{e}^{-|x-\theta|}\mathrm{d}x=\int_{-\infty}^\theta x\frac{1}{2}\mathrm{e}^{(x-\theta)}\mathrm{d}x+\int_\theta^{+\infty}x\frac{1}{2}\mathrm{e}^{-(x-\theta)}\mathrm{d}x$$

$$=\frac{1}{2}\int_{-\infty}^\theta x\mathrm{d}\mathrm{e}^{(x-\theta)}-\frac{1}{2}\int_\theta^{+\infty}x\mathrm{d}\mathrm{e}^{-(x-\theta)}$$

$$=\frac{1}{2}x\mathrm{e}^{(x-\theta)}\Big|_{-\infty}^\theta-\frac{1}{2}\int_{-\infty}^\theta \mathrm{e}^{(x-\theta)}\mathrm{d}x-\frac{1}{2}x\mathrm{e}^{-(x-\theta)}\Big|_\theta^{+\infty}+\frac{1}{2}\int_\theta^{+\infty}\mathrm{e}^{-(x-\theta)}\mathrm{d}x$$

$$= \frac{1}{2}\theta - \frac{1}{2}\int_{-\infty}^{\theta} \mathrm{de}^{(x-\theta)} + \frac{1}{2}\theta - \frac{1}{2}\int_{\theta}^{+\infty} \mathrm{de}^{-(x-\theta)}$$

$$= \frac{1}{2}\theta - \frac{1}{2}\mathrm{e}^{(x-\theta)}|_{-\infty}^{\theta} + \frac{1}{2}\theta - \frac{1}{2}\mathrm{e}^{-(x-\theta)}|_{\theta}^{+\infty} = \theta.$$

用样本的一阶矩 $A_1 = \overline{X}$ 代替总体 X 的一阶矩 $E(X)$ 得到 $\hat{\theta} = \overline{X}$.

将样本观测值代入上面结果, 得到 θ 的矩估计值为 $\hat{p} = \frac{1}{6}(8+7+5+7+9+6)$ $= 7$.

5. 设总体 X 的概率密度为

$$f(x;\theta) = \begin{cases} \dfrac{1}{\theta}\mathrm{e}^{-(x-\mu)/\theta}, & x \geqslant \mu, \\ 0, & \text{其他}, \end{cases}$$

其中 $\theta(\theta > 0), \mu$ 是未知参数, $X_1, \cdots, X_n$ 是来自 X 的简单随机样本, 求 θ 和 μ 的矩估计量.

解 由

$$f(x;\theta) = \begin{cases} \dfrac{1}{\theta}\mathrm{e}^{-(x-\mu)/\theta}, & x \geqslant \mu, \\ 0, & \text{其他} \end{cases}$$

计算总体 X 的一阶矩

$$\mu_1 = E(X) = \int_{\mu}^{+\infty} x\frac{1}{\theta}\mathrm{e}^{-(x-\mu)/\theta}\mathrm{d}x$$

$$= -\int_{\mu}^{+\infty} x\mathrm{de}^{-(x-\mu)/\theta}$$

$$= -x\mathrm{e}^{-(x-\mu)/\theta}|_{\mu}^{+\infty} + \int_{\mu}^{+\infty} \mathrm{e}^{-(x-\mu)/\theta}\mathrm{d}x$$

$$= \mu - \theta\int_{\mu}^{+\infty} \mathrm{de}^{-(x-\mu)/\theta}$$

$$= \mu - \theta\mathrm{e}^{-(x-\mu)/\theta}|_{\mu}^{+\infty}$$

$$= \mu + \theta.$$

总体 X 的二阶矩

$$\mu_2 = E(X^2) = \int_{\mu}^{+\infty} x^2\frac{1}{\theta}\mathrm{e}^{-(x-\mu)/\theta}\mathrm{d}x$$

$$= -\int_\mu^{+\infty} x^2 \mathrm{d}e^{-(x-\mu)/\theta}$$

$$= -x^2 e^{-(x-\mu)/\theta}\big|_\mu^{+\infty} + \int_\mu^{+\infty} 2x e^{-(x-\mu)/\theta}\mathrm{d}x$$

$$= \mu^2 - 2\theta \int_\mu^{+\infty} x \mathrm{d}e^{-(x-\mu)/\theta}$$

$$= \mu^2 - 2\theta x e^{-(x-\mu)/\theta}\big|_\mu^{+\infty} + 2\theta \int_\mu^{+\infty} e^{-(x-\mu)/\theta}\mathrm{d}x$$

$$= \mu^2 + 2\theta\mu - 2\theta^2 e^{-(x-\mu)/\theta}\big|_\mu^{+\infty}$$

$$= \mu^2 + 2\theta\mu + 2\theta^2$$

$$= (\mu + \theta)^2 + \theta^2.$$

以上计算得到方程组

$$\begin{cases} \mu_1 = \theta + \mu, \\ \mu_2 = (\theta + \mu)^2 + \theta^2. \end{cases}$$

解得

$$\theta = \sqrt{\mu_2 - \mu_1^2},$$

$$\mu = \mu_1 - \sqrt{\mu_2 - \mu_1^2}.$$

用样本的一阶矩 A_1、二阶矩 A_2 分别代替总体的一阶矩 μ_1、二阶矩 μ_2, 得到参数 θ 和 μ 的矩估计量

$$\hat\theta = \sqrt{A_2 - A_1^2} = \sqrt{\frac{1}{n}\sum_{i=1}^n (X_i - \overline{X})^2},$$

$$\hat\mu = A_1 - \sqrt{A_2 - A_1^2} = \overline{X} - \sqrt{\frac{1}{n}\sum_{i=1}^n (X_i - \overline{X})^2}.$$

6. 设总体 X 具有如下分布律 (表 7.8).

表 7.8

X	1	2	3
P	θ^2	$2\theta(1-\theta)$	$(1-\theta)^2$

其中 $\theta(0 < \theta < 1)$ 为未知参数. 已知取得了样本观测值 $x_1 = 1, x_2 = 2, x_3 = 1$, 试求 θ 的最大似然估计值.

解 设 X_1, X_2, X_3 是来自总体 X 的样本, 根据 X 的分布律, 基于观测值 $x_1 = 1, x_2 = 2, x_3 = 1$ 的似然函数为

$$L(\theta) = L(x_1, x_2, x_3; \theta) = P\{X_1 = 1\}P\{X_2 = 2\}P\{X_3 = 1\} = 2\theta^5(1-\theta).$$

对数似然函数为

$$\ln L(\theta) = \ln 2 + 5\ln\theta + \ln(1-\theta),$$

对数似然方程为

$$\frac{\mathrm{d}\ln L(\theta)}{\mathrm{d}\theta} = \frac{5}{\theta} - \frac{1}{1-\theta} = 0,$$

解得 $\theta = \dfrac{5}{6}$, 由于 $\dfrac{\mathrm{d}^2 \ln L(\theta)}{\mathrm{d}\theta^2} = \dfrac{-5}{\theta^2} - \dfrac{1}{(1-\theta)^2} < 0$, 所以 $\hat{\theta} = \dfrac{5}{6}$ 即为 θ 的最大似然估计值.

7. 设总体 $X \sim B(m, p)$, m 已知, $0 < p < 1$ 未知, $X_1, X_2, \cdots, X_n$ 是来自 X 的简单随机样本, 求 p 的最大似然估计量.

解 设 X_1, X_2, $\cdots$, X_n 是来自 X 的样本, x_1, x_2, $\cdots$, x_n 是样本观测值.

由于 X 的分布律为 $P\{X = x\} = \mathrm{C}_m^x p^x (1-p)^{m-x}, x = 0, 1, 2, \cdots$, 故基于 $x_1, x_2, \cdots, x_n$ 的似然函数为

$$L(p) = L(x_1, x_2, x_n; p) = \prod_{i=1}^n P\{X = x_i\} = \prod_{i=1}^n \mathrm{C}_m^{x_i} p^{x_i}(1-p)^{m-x_i}.$$

对数似然函数为

$$\ln L(p) = \sum_{i=1}^n \left[\ln \mathrm{C}_m^{x_i} + x_i \ln p + (m - x_i)\ln(1-p)\right],$$

对数似然方程为

$$\frac{\mathrm{d}}{\mathrm{d}p}\ln L(p) = \sum_{i=1}^n \left[\frac{x_i}{p} - \frac{m - x_i}{1-p}\right] = \frac{\displaystyle\sum_{i=1}^n x_i}{p} - \frac{mn - \displaystyle\sum_{i=1}^n x_i}{1-p} = 0,$$

解之得

$$p = \frac{1}{mn}\sum_{i=1}^n x_i = \frac{\overline{x}}{m},$$

考虑到

$$\frac{\mathrm{d}^2}{\mathrm{d}p^2}\ln L(p) = \frac{-\sum\limits_{i=1}^{n} x_i}{p^2} - \frac{mn - \sum\limits_{i=1}^{n} x_i}{(1-p)^2} < 0,$$

所以, p 的最大似然估计值为

$$\hat{p} = \frac{1}{mn}\sum_{i=1}^{n} x_i = \frac{\overline{x}}{m},$$

p 的最大似然估计量为

$$\hat{p} = \frac{\overline{X}}{m}.$$

8. 设总体 X 的密度函数为

$$f(x,\beta) = \begin{cases} \dfrac{\beta}{x^{\beta+1}}, & x > 1, \\ 0, & x \leqslant 1, \end{cases}$$

其中未知参数 $\beta > 1$, $X_1, X_2, \cdots, X_n$ 为取自总体 X 的简单随机样本, 求参数 β 的矩估计量和最大似然估计量.

解 设 $X_1, X_2, \cdots, X_n$ 为总体 X 的一个样本.

首先求解 X 的矩估计量, 由 $f(x,\beta) = \begin{cases} \dfrac{\beta}{x^{\beta+1}}, & x > 1, \\ 0, & x \leqslant 1 \end{cases}$　计算得

$$E(X) = \int_1^{+\infty} x\frac{\beta}{x^{\beta+1}}\mathrm{d}x = \int_1^{+\infty} \frac{\beta}{x^{\beta}}\mathrm{d}x = \frac{\beta}{-\beta+1}x^{-\beta+1}\Big|_1^{+\infty} = \frac{-\beta}{-\beta+1},$$

解得

$$\beta = \frac{E(X)}{E(X)-1},$$

用样本的一阶矩 $A_1 = \overline{X}$ 代替总体 X 的一阶矩 $E(X)$, 得到 θ 的矩估计量 $\hat{\theta} = \dfrac{\overline{X}}{\overline{X}-1}$.

再来求 X 的最大似然估计量, 由 $f(x,\beta) = \begin{cases} \dfrac{\beta}{x^{\beta+1}}, & x > 1, \\ 0, & x \leqslant 1 \end{cases}$　得到基于样

本观测值 $x_1, x_2, \cdots, x_n$ 的似然函数为

$$L(\theta) = L(x_1, x_2, \cdots, x_n; \beta) = \prod_{i=1}^{n} f(x_i; \beta) = \begin{cases} \dfrac{\beta^n}{\left(\prod\limits_{i=1}^{n} x_i\right)^{\beta+1}}, & x_1, x_2, \cdots, x_n > 1, \\ 0, & \text{其他.} \end{cases}$$

当 $x_1, x_2, \cdots, x_n > 1$ 时,

$$\ln L(\beta) = n \ln \beta - (\beta + 1) \sum_{i=1}^{n} \ln x_i,$$

对数似然方程

$$\frac{\mathrm{d}}{\mathrm{d}\beta} \ln L(\beta) = \frac{n}{\beta} - \sum_{i=1}^{n} \ln x_i = 0,$$

解得

$$\beta = \frac{n}{\sum\limits_{i=1}^{n} \ln x_i},$$

考虑到

$$\frac{\mathrm{d}^2}{\mathrm{d}\beta^2} \ln L(\beta) = -\frac{n}{\beta^2} < 0,$$

所以, 参数 β 的最大似然估计值为

$$\hat{\beta} = \frac{n}{\sum\limits_{i=1}^{n} \ln x_i}.$$

β 的最大似然估计量为

$$\hat{\beta} = \frac{n}{\sum\limits_{i=1}^{n} \ln X_i}.$$

9. 设总体 X 服从拉普拉斯分布

$$f(x; \theta) = \frac{1}{2\theta} \mathrm{e}^{-\frac{|x|}{\theta}}, \quad -\infty < x < +\infty,$$

其中 $\theta > 0$. 如果取得样本观测值为 $x_1, x_2, \cdots, x_n$, 求参数 θ 的最大似然估计量.

解 设 $X_1, X_2, \cdots, X_n$ 为总体 X 的一个样本, 基于样本观测值 $x_1, x_2, \cdots, x_n$ 的似然函数为

$$L(\theta) = L(x_1, x_2, \cdots, x_n; \theta) = \prod_{i=1}^{n} f(x_i; \theta) = \frac{1}{2^n \theta^n} e^{-\frac{\sum_{i=1}^{n} |x_i|}{\theta}},$$

对数似然函数

$$\ln L(\theta) = -n\ln 2 - n\ln \theta - \frac{\sum_{i=1}^{n} |x_i|}{\theta},$$

对数似然方程

$$\frac{\mathrm{d}}{\mathrm{d}\theta} \ln L(\theta) = -\frac{n}{\theta} + \frac{1}{\theta^2} \sum_{i=1}^{n} |x_i| = 0,$$

解得

$$\theta = \frac{1}{n} \sum_{i=1}^{n} |x_i|.$$

考虑到

$$\frac{\mathrm{d}^2}{\mathrm{d}\theta^2} \ln L(\theta) = -\frac{n}{\theta^2} - \frac{2}{\theta^3} \ln |x_i| < 0,$$

所以, 参数 θ 的最大似然估计值为

$$\hat{\theta} = \frac{1}{n} \sum_{i=1}^{n} |x_i|,$$

θ 的最大似然估计量为

$$\hat{\theta} = \frac{1}{n} \sum_{i=1}^{n} |X_i|.$$

10. 设总体 X 的概率密度为 $f(x; \theta) = \begin{cases} \theta e^{-\theta x}, & x \geqslant 0, \\ 0, & x < 0. \end{cases}$ 今从 X 中抽取 10 个个体, 得数据如表 7.9.

表 7.9

1050	1100	1080	1200	1300
1250	1340	1060	1150	1150

试用最大似然估计法估计 θ.

解 设 $X_1, X_2, \cdots, X_n$ 为总体 X 的一个样本, 基于样本观测值 $x_1, x_2, \cdots,$ x_n 的似然函数为

$$L(\theta) = L(x_1, x_2, \cdots, x_n; \theta) = \prod_{i=1}^{n} f(x_i; \theta) = \begin{cases} \theta^n \mathrm{e}^{-\theta \sum\limits_{i=1}^{n} x_i}, & x_1, x_2, \cdots, x_n \geqslant 0, \\ 0, & \text{其他}. \end{cases}$$

当 $x_1, x_2, \cdots, x_n \geqslant 0$ 时, $\ln L(\theta) = n \ln \theta - \theta \sum\limits_{i=1}^{n} x_i$, 令

$$\frac{\mathrm{d}}{\mathrm{d}\theta} \ln L(\theta) = \frac{n}{\theta} - \sum_{i=1}^{n} x_i = 0,$$

解得

$$\theta = \frac{n}{\sum\limits_{i=1}^{n} x_i} = \frac{1}{\bar{x}}.$$

考虑到

$$\frac{\mathrm{d}^2}{\mathrm{d}\theta^2} \ln L(\theta) = -\frac{n}{\theta^2} < 0,$$

所以 θ 的最大似然估计值为

$$\hat{\theta} = \frac{1}{\bar{x}}.$$

将数据代入计算, $\bar{x} = 1168$, θ 的最大似然估计值为 $\hat{\theta} \approx 0.000856$.

11. 设某电子元件的使用寿命 X 的概率密度为

$$f(x; \theta) = \begin{cases} 2\mathrm{e}^{-2(x-\theta)}, & x > \theta, \\ 0, & x \leqslant \theta, \end{cases}$$

$\theta > 0$ 为未知参数, $x_1, x_2, \cdots, x_n$ 是 X 的一组样本观测值, 求 θ 的最大似然估计量.

解 设 $X_1, X_2, \cdots, X_n$ 为总体 X 的一个样本, 基于样本观测值 $x_1, x_2, \cdots,$ x_n 的似然函数为

$$L(\theta) = L(x_1, x_2, \cdots, x_n; \theta) = \prod_{i=1}^{n} f(x_i; \theta) = \begin{cases} 2^n \mathrm{e}^{-2 \sum\limits_{i=1}^{n} (x_i - \theta)}, & x_1, x_2, \cdots, x_n > \theta, \\ 0, & \text{其他}. \end{cases}$$

容易看出 θ 越大 $L(\theta)$ 越大, 在约束 $x_1, x_2, \cdots, x_n > \theta$ 下, $\hat{\theta} = \min\{x_1, x_2, \cdots, x_n\}$ 即为 θ 的最大似然估计值. θ 的最大似然估计量为 $\hat{\theta} = \min\{X_1, X_2, \cdots, X_n\}$.

12. 设 X_1, X_2 是取自总体 $N(\mu, 1)$ 的一个样本, 试证下面三个估计量均为 μ 的无偏估计量, 并确定最有效的一个:

$$\frac{2}{3}X_1 + \frac{1}{3}X_2, \quad \frac{1}{4}X_1 + \frac{3}{4}X_2, \quad \frac{1}{2}(X_1 + X_2).$$

证明 因为 X_1, X_2 独立, 并且均服从 $N(\mu, 1)$, 且

$$E\left(\frac{2}{3}X_1 + \frac{1}{3}X_2\right) = \frac{2}{3}E(X_1) + \frac{1}{3}E(X_2) = \frac{2}{3}\mu + \frac{1}{3}\mu = \mu,$$

$$E\left(\frac{1}{4}X_1 + \frac{3}{4}X_2\right) = \frac{1}{4}E(X_1) + \frac{3}{4}E(X_2) = \frac{1}{4}\mu + \frac{3}{4}\mu = \mu,$$

$$E\left(\frac{1}{2}X_1 + \frac{1}{2}X_2\right) = E(\overline{X}) = \mu,$$

所以 $\frac{2}{3}X_1 + \frac{1}{3}X_2, \frac{1}{4}X_1 + \frac{3}{4}X_2, \frac{1}{2}(X_1 + X_2)$ 均为 μ 的无偏估计量.

又因为

$$D\left(\frac{2}{3}X_1 + \frac{1}{3}X_2\right) = \frac{4}{9}D(X_1) + \frac{1}{9}D(X_2) = \frac{4}{9} + \frac{1}{9} = \frac{5}{9},$$

$$D\left(\frac{1}{4}X_1 + \frac{3}{4}X_2\right) = \frac{1}{16}E(X_1) + \frac{9}{16}E(X_2) = \frac{1}{16} + \frac{9}{16} = \frac{5}{8},$$

$$D\left(\frac{1}{2}X_1 + \frac{1}{2}X_2\right) = D(\overline{X}) = \frac{D(X)}{2} = \frac{1}{2},$$

$\frac{1}{2}(X_1 + X_2)$ 的方差最小, 所以它最有效.

13. 设 X_1, X_2, X_3, X_4 是来自均值为 θ 的指数分布总体的样本, 其中 θ 未知, 设有 θ 的估计量

$$T_1 = \frac{1}{6}(X_1 + X_2) + \frac{1}{3}(X_3 + X_4),$$

$$T_2 = (X_1 + 2X_2 + 3X_3 + 4X_4)/5,$$

$$T_3 = (X_1 + X_2 + X_3 + X_4)/4.$$

(1) 指出 T_1, T_2, T_3 中哪几个是 θ 的无偏估计量;

(2) 在上述 θ 的无偏估计中指出哪一个较为有效.

解 (1) 因为设 X_1, X_2, X_3, X_4 是来自均值为 θ 的指数分布总体的样本, 所以 $E(X_i) = \theta$, $i = 1, 2, 3, 4$. 于是

$$
\begin{aligned}
E(T_1) &= E\left[\frac{1}{6}(X_1 + X_2) + \frac{1}{3}(X_3 + X_4)\right] \\
&= \frac{1}{6}[E(X_1) + E(X_2)] + \frac{1}{3}[E(X_3) + E(X_4)] \\
&= \frac{1}{6} \times 2\theta + \frac{1}{3} \times 2\theta = \theta,
\end{aligned}
$$

$$
\begin{aligned}
E(T_2) &= E[(X_1 + 2X_2 + 3X_3 + 4X_4)/5] \\
&= (E(X_1) + 2E(X_2) + 3E(X_3) + 4E(X_4))/5 = 2\theta,
\end{aligned}
$$

$$
\begin{aligned}
E(T_3) &= E[(X_1 + X_2 + X_3 + X_4)/4] \\
&= (E(X_1) + E(X_2) + E(X_3) + E(X_4))/4 = \theta.
\end{aligned}
$$

所以 T_1, T_3 是 θ 的无偏估计, 而 T_2 不是.

(2) 因为

$$
\begin{aligned}
D(T_1) &= D\left[\frac{1}{6}(X_1 + X_2) + \frac{1}{3}(X_3 + X_4)\right] \\
&= \frac{1}{36}[D(X_1) + D(X_2)] + \frac{1}{9}[D(X_3) + D(X_4)] \\
&= \frac{1}{36} \times 2\theta^2 + \frac{1}{9} \times 2\theta^2 = \frac{5}{18}\theta^2,
\end{aligned}
$$

$$
D(T_3) = D\left[\frac{1}{4}(X_1 + X_2 + X_3 + X_4)\right] = \frac{1}{4}D(X) = \frac{\theta^2}{4}.
$$

由于 $D(T_1) > D(T_3)$, 所以 θ 的无偏估计 T_1, T_3 中 T_3 较为有效.

14. 设总体 X 的数学期望为 μ, $X_1, X_2, \cdots, X_n$ 是来自 X 的简单随机样本. $a_1, a_2, \cdots, a_n$ 是任意常数, 证明 $\sum_{i=1}^{n} a_i X_i \Big/ \sum_{i=1}^{n} a_i (\sum_{i=1}^{n} a_i \neq 0)$ 是 μ 的无偏估计量.

证明 因为 $X_1, \cdots, X_n$ 是来自 X 的简单随机样本, 所以 X_i 的数学期望均为 μ.

因为

$$
E\left(\sum_{i=1}^{n} a_i X_i \Big/ \sum_{i=1}^{n} a_i\right) = E\left(\sum_{i=1}^{n} a_i X_i\right) \Big/ \sum_{i=1}^{n} a_i
$$

$$=\sum_{i=1}^{n} a_i E\left(X_i\right) \bigg/ \sum_{i=1}^{n} a_i = \sum_{i=1}^{n} a_i \mu \bigg/ \sum_{i=1}^{n} a_i = \mu,$$

所以 $\sum_{i=1}^{n} a_i X_i \big/ \sum_{i=1}^{n} a_i (\sum_{i=1}^{n} a_i \neq 0)$ 是 μ 的无偏估计量.

15. 设总体 $X \sim N(\mu, \sigma^2), X_1, X_2, \cdots, X_n$ 是来自 X 的一个样本. 试确定常数 c, 使 $(\overline{X}^2 - cS^2)$ 为 μ^2 的无偏估计.

证明 由于 $X \sim N(\mu, \sigma^2), X_1, X_2, \cdots, X_n$ 是来自 X 的一个样本, 所以

$$E(\overline{X}) = E(X) = \mu, \quad D(\overline{X}) = \frac{D(X)}{n} = \frac{\sigma^2}{n}, \quad E\left(S^2\right) = D(\overline{X}) = \sigma^2,$$

$$E\left(\overline{X}^2 - cS^2\right) = E\left(\overline{X}^2\right) - cE\left(S^2\right)$$

$$= D(\overline{X}) + [E(\overline{X})]^2 - cE\left(S^2\right) = \frac{\sigma^2}{n} + \mu^2 - c\sigma^2.$$

所以, 当 $c = \dfrac{1}{n}$ 时 $E(\overline{X}^2 - cS^2) = \mu^2$, 这时 $(\overline{X}^2 - cS^2)$ 为 μ^2 的无偏估计.

16. 设某种清漆的 9 个样品, 其干燥时间 (单位: h) 分别为

$$6.0,\ 5.7,\ 5.8,\ 6.5,\ 7.0,\ 6.3,\ 5.6,\ 6.1,\ 5.0$$

设干燥时间总体服从 $N(\mu, \sigma^2)$; 在下面两种情况下, 求 μ 的置信水平为 95% 的置信区间.

(1) 由以往的经验知 $\sigma = 0.6$;

(2) σ 未知.

解 设干燥时间总体为 X, 由题意 $X \sim N(\mu, \sigma^2)$. 设 $X_1, X_2, \cdots, X_n$ 是来自 X 的一个样本, 样本观测值为 $x_1, x_2, \cdots, x_n$.

(1) 由于已知 $\sigma = 0.6$, μ 的置信区间为 $\left(\overline{X} - \dfrac{\sigma}{\sqrt{n}} z_{\alpha/2}, \overline{X} + \dfrac{\sigma}{\sqrt{n}} z_{\alpha/2}\right)$, 其中

$$n = 9, \quad \alpha = 0.05, \quad z_{\alpha/2} = z_{0.025} = 1.96,$$

$$\overline{x} = \frac{1}{9} \sum_{i=1}^{9} x_i = \frac{54}{9} = 6.$$

代入计算

$$\left(6 - \frac{0.6}{\sqrt{9}} \times 1.96, \quad 6 + \frac{0.6}{\sqrt{9}} \times 1.96\right) = (5.608, 6.392).$$

即 μ 的置信水平为 95% 的置信区间为 $(5.608, 6.392)$.

(2) 由于 σ 未知, μ 的置信区间为 $\left(\overline{X} - \dfrac{S}{\sqrt{n}} t_{\alpha/2}(n-1), \overline{X} + \dfrac{S}{\sqrt{n}} t_{\alpha/2}(n-1)\right)$, 其中

$$n = 9, \quad \alpha = 0.05, \quad t_{\alpha/2}(8) = t_{0.025}(8) = 2.306,$$

$$\overline{x} = \frac{1}{9}\sum_{i=1}^{9} x_i = 6, \quad s^2 = \frac{1}{n-1}\sum_{i=1}^{9}(x_i - \overline{x})^2 = 0.33, \quad s = \sqrt{0.33} \approx 0.5745.$$

代入计算

$$\left(6 - \frac{0.5745}{\sqrt{9}} \times 2.306, \quad 6 + \frac{0.5745}{\sqrt{9}} \times 2.306\right) \approx (5.558, 6.442).$$

即 μ 的置信水平为 95% 的置信区间为 $(5.558, 6.442)$.

17. 某机器生产圆筒状的金属品, 随机抽出 9 个样品, 测得其直径 (单位: cm) 分别为 1.01, 0.97, 1.03, 1.04, 0.99, 0.98, 0.99, 1.01, 1.03, 求此机器所生产的产品, 平均直径的置信水平为 99% 的置信区间. 假设产品直径近似服从正态分布.

解 设干燥时间 $X \sim N(\mu, \sigma^2)$, $X_1, X_2, \cdots, X_n$ 是来自 X 的一个样本. 由于 σ^2 未知, μ 的置信区间为

$$\left(\overline{X} - \frac{S}{\sqrt{n}} t_{\alpha/2}(n-1), \overline{X} + \frac{S}{\sqrt{n}} t_{\alpha/2}(n-1)\right),$$

其中

$$n = 9, \quad \alpha = 0.01, \quad t_{\alpha/2}(8) = t_{0.005}(8) = 3.3554,$$

$$\overline{x} = \frac{1}{9}\sum_{i=1}^{9} x_i = 1.0056, \quad s^2 = \frac{1}{n-1}\sum_{i=1}^{n}(x_i - \overline{x})^2 = 0.0006.$$

代入计算

$$\left(1.0056 - \frac{\sqrt{0.0006}}{\sqrt{9}} \times 3.3554, \quad 1.0056 + \frac{\sqrt{0.0006}}{\sqrt{9}} \times 3.3554\right) \approx (0.978, 1.033),$$

即平均直径的置信水平为 99% 的置信区间为 $(0.978, 1.033)$.

18. 某灯泡厂从当天生产的灯泡中随机抽取 9 只进行寿命测试, 取得数据如下 (单位: h): 1050, 1100, 1080, 1120, 1250, 1040, 1130, 1300, 1200. 设灯泡寿命服从正态分布, 试求当天生产的全部灯泡的平均寿命的置信水平为 95% 的置信区间.

解　设灯泡的寿命 $X \sim N(\mu, \sigma^2)$, $X_1, X_2, \cdots, X_n$ 是来自 X 的一个样本. 由于 σ 未知, μ 的置信区间为

$$\left(\overline{X} - \frac{S}{\sqrt{n}} t_{\alpha/2}(n-1), \overline{X} + \frac{S}{\sqrt{n}} t_{\alpha/2}(n-1) \right),$$

其中

$$n = 9, \quad \alpha = 0.05, \quad t_{\alpha/2}(8) = t_{0.025}(8) = 2.306,$$

$$\overline{x} = \frac{1}{9} \sum_{i=1}^{9} x_i = 1141.11, \quad s^2 = \frac{1}{n-1} \sum_{i=1}^{n} (x_i - \overline{x})^2 = 8136.11,$$

代入计算

$$\left(1141.11 - \frac{\sqrt{8136.11}}{\sqrt{9}} \times 2.306, \ 1141.11 + \frac{\sqrt{8136.11}}{\sqrt{9}} \times 2.306 \right) \approx (1071.78, 1210.45).$$

即灯泡平均寿命的置信水平为 95% 的置信区间为 $(1071.78, 1210.45)$.

19. 设总体 $X \sim N(\mu, \sigma^2)$, 已知 $\sigma = \sigma_0$, 要使总体均值 μ 的置信水平为 $1 - \alpha$ 的置信区间长度不大于 L, 问应抽取多大容量的样本?

解　因为总体 $X \sim N(\mu, \sigma^2)$, 已知 $\sigma = \sigma_0$, 均值 μ 的置信水平为 $1 - \alpha$ 的置信区间 $\left(\overline{X} \pm \frac{\sigma_0}{\sqrt{n}} z_{\alpha/2} \right)$, 其长度为 $\frac{2\sigma_0}{\sqrt{n}} z_{\alpha/2}$. 根据题意欲使 $\frac{2\sigma_0}{\sqrt{n}} z_{\alpha/2} \leqslant L$, 则应有 $n \geqslant 4 \left(\frac{\sigma_0}{L} z_{\alpha/2} \right)^2$.

20. 假设某种香烟的尼古丁含量 (单位: mg) 服从正态分布, 现随机抽取此种香烟 8 支为一样本, 测得其尼古丁平均含量为 18.6mg, 样本标准差 $s = 2.4$mg, 试求此种香烟尼古丁含量方差的置信水平为 99% 的置信区间.

解　设此种香烟尼古丁含量 $X \sim N(\mu, \sigma^2)$, $X_1, X_2, \cdots, X_n$ 是来自 X 的一个样本. 由于 μ 未知, σ^2 的置信区间为

$$\left(\frac{(n-1)S^2}{\chi^2_{\alpha/2}(n-1)}, \frac{(n-1)S^2}{\chi^2_{1-\alpha/2}(n-1)} \right),$$

其中

$$n = 8, \quad \alpha = 0.01, \quad \chi^2_{\alpha/2}(n-1) = \chi^2_{0.005}(7) = 20.2777,$$

$$\chi^2_{1-\alpha/2}(n-1) = \chi^2_{0.995}(7) = 0.9893, \quad s = 2.4,$$

代入计算

$$\left(\frac{7 \times 2.4^2}{20.2777}, \frac{7 \times 2.4^2}{0.9892} \right) \approx (1.99, 40.76).$$

即此种香烟尼古丁含量方差的置信水平为 95% 的置信区间为 $(1.99, 40.76)$.

21. 从某汽车电池制造厂生产的电池中随机抽取 5 个, 测得其寿命 (单位: h) 分别为 1.9, 2.4, 3.0, 3.5, 4.2, 求电池寿命方差的置信水平为 95% 的置信区间, 假设电池寿命近似服从正态分布.

解 设电池寿命方差 $X \sim N(\mu, \sigma^2)$, $X_1, X_2, \cdots, X_n$ 是来自 X 的一个样本. 由于 μ 未知, σ^2 的置信区间为

$$\left(\frac{(n-1)S^2}{\chi^2_{\alpha/2}(n-1)}, \frac{(n-1)S^2}{\chi^2_{1-\alpha/2}(n-1)} \right),$$

其中

$$n = 5, \quad \alpha = 0.05, \quad \chi^2_{\alpha/2}(n-1) = \chi^2_{0.025}(4) = 11.1433,$$

$$\chi^2_{1-\alpha/2}(n-1) = \chi^2_{0.975}(4) = 0.4844,$$

$$\overline{x} = \frac{1}{5} \sum_{i=1}^{5} x_i = 3, \quad s^2 = \frac{1}{n-1} \sum_{i=1}^{n} (x_i - \overline{x})^2 = 0.815.$$

代入计算

$$\left(\frac{4 \times 0.815}{11.1433}, \frac{4 \times 0.815}{0.4844} \right) \approx (0.29, 6.73).$$

即电池寿命方差的置信水平为 95% 的置信区间为 $(0.29, 6.73)$.

22. 设使用两种治疗严重膀胱疾病的药物, 其治疗所需时间 (单位: d) 均服从正态分布. 试验数据如下:

使用第一种药物 $n_1 = 14, \overline{x}_1 = 17, s_1^2 = 1.5$;

使用第二种药物 $n_2 = 16, \overline{x}_2 = 19, s_2^2 = 1.8$.

假设两正态总体的方差相等, 求使用两种药物平均治疗时间之差的置信水平为 99% 的置信区间.

解 设两种药物治疗所需时间分别为 $X \sim N(\mu_1, \sigma_1^2), Y \sim N(\mu_2, \sigma_2^2)$, 由于 $\sigma_1^2 = \sigma_2^2$ 未知, $\mu_2 - \mu_1$ 的置信区间为

$$\left(\overline{X} - \overline{Y} \pm t_{\alpha/2}(n_1 + n_2 - 2) S_w \sqrt{\frac{1}{n_1} + \frac{1}{n_2}} \right),$$

其中

$$n_1 = 14, \quad \overline{x}_1 = 17, \quad s_1^2 = 1.5,$$

$$n_2 = 16, \quad \overline{x}_2 = 19, \quad s_2^2 = 1.8,$$

$$s_w = \sqrt{\frac{(n_1 - 1)s_1^2 + (n_2 - 1)s_2^2}{n_1 + n_2 - 2}} = \sqrt{\frac{13 \times 1.5 + 15 \times 1.8}{14 + 16 - 2}} = 1.2887,$$

查 t 分布分位数表知

$$t_{\alpha/2}(n_1 + n_2 - 2) = t_{0.005}(28) = 2.7633.$$

将以上数据代入置信区间公式得

$$\left(17 - 19 \pm 2.7633 \times 1.2887 \times \sqrt{\frac{1}{14} + \frac{1}{16}} \right) \approx (-3.30, -0.697).$$

故得两种药物平均治疗时间之差的 $\mu_1 - \mu_2$ 的置信水平为 0.99 的置信区间为 $(-3.30, -0.697)$。

23. 测得两个群体中各 8 位成年人的身高 (单位: cm) 如下:

A 群体　162.6 170.2 172.7 165.1 157.5 158.4 160.2 162.2

B 群体　175.3 177.8 167.6 180.3 182.9 180.5 178.4 180.4

假设两正态总体的方差相等, 求两个群体平均身高之差的置信水平为 90% 的置信区间.

解 设两个群体身高分别为 $X \sim N(\mu_1, \sigma_1^2)$, $Y \sim N(\mu_2, \sigma_2^2)$, 由于 $\sigma_1^2 = \sigma_2^2$ 未知, $\mu_2 - \mu_1$ 的置信区间为

$$\left(\overline{X} - \overline{Y} \pm t_{\alpha/2}(n_1 + n_2 - 2) S_w \sqrt{\frac{1}{n_1} + \frac{1}{n_2}} \right),$$

其中由两个群体身高的观测数据计算得

$$n_1 = 8, \quad \overline{x} = 163.61, \quad s_1^2 = 29.63,$$

$$n_2 = 8, \quad \overline{y} = 177.9, \quad s_2^2 = 22.41,$$

$$s_w = \sqrt{\frac{(n_1 - 1)s_1^2 + (n_2 - 1)s_2^2}{n_1 + n_2 - 2}} = \sqrt{\frac{7 \times 29.63 + 7 \times 22.41}{8 + 8 - 2}} = 5.1,$$

查 t 分布分位数表知

$$t_{\alpha/2}(n_1 + n_2 - 2) = t_{0.05}(14) = 1.7613.$$

将以上数据代入置信区间公式得

$$\left(163.61 - 177.9 \pm 1.7613 \times 5.1 \times \sqrt{\frac{1}{8} + \frac{1}{8}}\right) \approx (-14.29 \pm 4.49) = (-18.78, -9.80),$$

故两个群体平均身高之差的 $\mu_1 - \mu_2$ 的置信水平为 0.90 的置信区间为 $(-18.78, -9.80)$.

24. 某钢铁公司的管理人员比较新旧两个电炉的温度状况, 他们抽取了新电炉的 31 个温度数据 (单位: °C) 以及旧电炉的 25 个温度数据, 并计算得样本方差分别为 $s_1^2 = 75, s_2^2 = 100$, 假设新旧电炉的温度都服从正态分布, 试求新旧电炉温度的方差比的 95% 的置信区间.

解 设新电炉温度 $X \sim N(\mu_1, \sigma_1^2)$, 旧电炉温度 $Y \sim N(\mu_2, \sigma_2^2)$.

由于 μ_1 和 μ_2 未知, 可采用 $\left(\dfrac{S_1^2}{S_2^2}\dfrac{1}{F_{\alpha/2}(n_1-1, n_2-1)}, \dfrac{S_1^2}{S_2^2}\dfrac{1}{F_{1-\alpha/2}(n_1-1, n_2-1)}\right)$ 计算 σ_1^2/σ_2^2 的置信区间.

已知 $n_1 = 31, n_2 = 25, s_1^2 = 75, s_2^2 = 100, \alpha = 0.1$, 查 F 分布的分位数表知

$$F_{0.05/2}(30, 24) = 2.21, \quad F_{1-0.05/2}(30, 24) = \frac{1}{F_{0.05/2}(24, 30)} = \frac{1}{2.14} \approx 0.468,$$

故得 σ_1^2/σ_2^2 的置信水平为 0.95 的置信区间为

$$\left(\frac{75}{100} \times \frac{1}{2.21}, \frac{75}{100} \times \frac{1}{0.468}\right) \approx (0.34, 1.61).$$

25. 工人和机器人独立操作在钢部件上钻孔, 钻孔深度分别服从 $N(\mu_1, \sigma_1^2)$ 和 $N(\mu_2, \sigma_2^2)$, $\mu_1, \mu_2, \sigma_1^2, \sigma_2^2$ 均未知, 今测得部分钻孔深度 (单位: cm) 如下:

工人操作　4.02 3.94 4.03 4.02 3.95 4.06 4.00

机器人操作　4.01 4.03 4.02 4.01 4.00 3.99 4.02 4.00

试求 σ_1^2/σ_2^2 的置信水平为 90% 的置信区间.

解 设工人和机器人的钻孔深度分别为 X, Y, 已知 $X \sim N(\mu_1, \sigma_1^2)$, $Y \sim N(\mu_2, \sigma_2^2)$.

由于 μ_1 和 μ_2 未知, 可采用 $\left(\dfrac{S_1^2}{S_2^2}\dfrac{1}{F_{\alpha/2}(n_1-1, n_2-1)}, \dfrac{S_1^2}{S_2^2}\dfrac{1}{F_{1-\alpha/2}(n_1-1, n_2-1)}\right)$ 计算 σ_1^2/σ_2^2 的置信区间.

由两样本观测值计算得 $n_1 = 7, s_1^2 = 0.00189, n_2 = 8,　s_2^2 = 0.00017$, 查 F 分布的分位数表知

$$F_{0.05}(6,7) = 3.87, \quad F_{0.95}(6,7) = \frac{1}{F_{0.05}(7,6)} = \frac{1}{4.21} \approx 0.24,$$

故得 σ_1^2/σ_2^2 的置信水平为 0.90 的置信区间为

$$\left(\frac{0.00189}{0.00017} \times \frac{1}{3.87}, \frac{0.00189}{0.00017} \times \frac{1}{0.24} \right) \approx (2.873, 46.324).$$

26. 为了检测某化学物品种杂质的含量, 抽出 9 个样品, 测得每个样品杂质的含量为 1.01, 0.97, 1.03, 1.04, 0.99, 0.98, 0.99, 1.01, 1.03(单位: g), 求该化学物品平均杂质含量的置信水平为 95% 的单侧置信区间下限. 假设杂质的含量近似服从正态分布.

解　设该化学物品种杂质的含量 $X \sim N(\mu, \sigma^2)$, 由于 μ, σ^2 均未知, 该化学物品平均杂质含量 μ 的单侧置信区间下限可由下面公式计算得到

$$\underline{\mu} = \overline{X} - \frac{S}{\sqrt{n}} t_\alpha(n-1),$$

其中

$$n = 9, \quad \alpha = 0.05, \quad t_\alpha(n-1) = t_{0.05}(8) = 1.8595,$$

$$\overline{x} = \frac{1}{9} \sum_{i=1}^{9} x_i = \frac{1}{9}(1.01 + 0.97 + 1.03 + 1.04 + 0.99 + 0.98 + 0.99 + 1.01 + 1.03) \approx 1.0056,$$

$$s^2 = \frac{1}{9-1} \sum_{i=1}^{9} (x_i - \overline{x})^2 \approx 0.0006.$$

于是 μ 的置信水平为 95% 的单侧置信下限为

$$\underline{\mu} = 1.0056 - \frac{\sqrt{0.0006}}{\sqrt{9}} \times 1.8595 \approx 0.99.$$

即该化学物品平均杂质含量的单侧置信区间下限为 $\underline{\mu} = 0.99$.

27. 假设某种饮料中的维生素 C 含量 (单位: g) 服从正态分布, 现随机抽取此种饮料 8 瓶为一样本, 测得其维生素 C 平均含量为 18.6 毫克, 样本标准差 $s = 2.4$ 毫克, 试求此种饮料维生素 C 含量方差的置信水平为 99% 的单侧置信区间置信上限.

解   此种饮料维生素 C 平均含量 $X \sim N(\mu, \sigma^2)$, μ 未知时, σ^2 的一个置信水平为 $1 - \alpha$ 的单侧置信上限为

$$\overline{\sigma^2} = \frac{(n-1)S^2}{\chi^2_{1-\alpha}(n-1)},$$

其中 $n = 8$, $\alpha = 0.01$, $s = 2.4$, $\chi^2_{0.99}(8-1) = 1.239$.

代入数据计算得 $\overline{\sigma^2} = \dfrac{7 \times 2.4^2}{1.239} \approx 32.54$. 即此种饮料维生素 C 含量方差的置信水平为 99% 的单侧置信上限为 32.54.

第7章测试题

第 8 章

假 设 检 验

　　所谓假设检验就是为推断总体的某些未知特性, 提出某些关于总体的假设, 通过样本提供的信息以及运用适当的统计量, 对提出的假设做出合理结论 (接受或拒绝) 的一种统计推断方法.

　　假设检验分为参数假设检验和非参数假设检验. 本章主要学习参数假设检验问题, 归纳梳理参数假设检验的有关概念、理论和方法, 分析和解答典型问题、考研真题与经典习题.

本章基本要求与知识结构图

1. 基本要求

　　(1) 理解假设检验的基本思想和方法, 掌握参数假设检验的基本步骤.

　　(2) 理解假设检验可能产生的两类错误.

　　(3) 掌握单个正态总体均值和方差的假设检验方法.

　　(4) 了解两个正态总体均值差和方差比的检验方法.

　　(5) 了解成对数据的检验与 p 值检验法.

2. 知识结构图

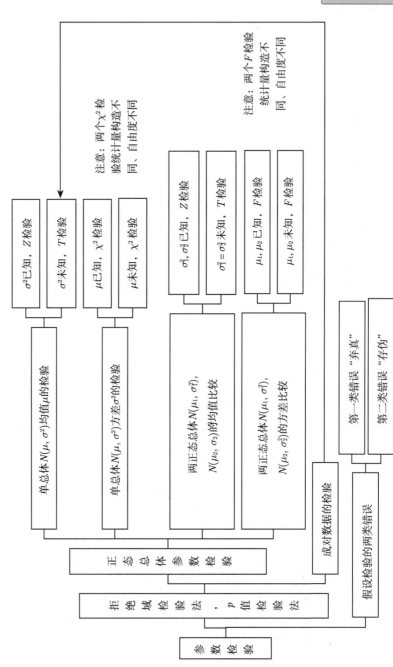

主要内容

8.1　假设检验的基本概念

假设检验方法所依据的一个重要原理是 "小概率原理", 即 "小概率事件在一次试验中几乎是不会发生的". 凡是依据 "小概率原理" 做出的推断我们都认为是合理的. 反之, 违背小概率原理的结论我们认为是不合理的.

8.1.1　假设检验的基本思想

假设检验的基本思想: 当我们对具体问题提出假设后, 可以由样本提供的信息决定是接受或拒绝这个假设, 如果在假设成立的条件下, 样本观测值的出现意味着一个小概率事件发生了, 根据 "小概率原理", 这是不合理的, 就应该拒绝这个假设, 而与这个假设相反的结论就应该被接受.

假设检验的一般步骤如下.

1) 提出假设: 原假设 H_0 和备择假设 H_1.

2) 确定原假设 H_0 的拒绝域 R_0 及检验统计量:

(1) 判断拒绝域的形式, 并由此确定检验统计量 $W = W(X_1, X_2, \cdots, X_n)$;

(2) 根据拒绝域的形式, 构造一个在原假设 H_0 成立下的小概率事件, 依据小概率原理, 确定拒绝域的范围.

3) 判断: 计算检验统计量的观测值 $w = W(x_1, x_2, \cdots, x_n)$, 如果 $w \in R_0$, 则拒绝 H_0, 接受 H_1; 否则, 接受 H_0, 拒绝 H_1.

8.1.2　假设检验的两类错误

假设检验问题可能会犯如下两类错误:

一是实际情况是 H_0 成立, 而检验的结果是拒绝了 H_0, 这时称该检验犯了第一类错误, 或 "弃真" 的错误; 二是实际情况是 H_0 不成立, 而检验的结果是接受了 H_0, 这时称该检验犯了第二类错误, 或称 "存伪" 的错误. 犯两类错误的概率可以分别表示如下.

犯第一类错误的概率:

$$P\{弃真\} = P\{拒绝\ H_0 | H_0\ 为真\}$$
$$= P\{检验统计量的观测值落入拒绝域\ | H_0\ 为真\},$$

犯第二类错误的概率:

$$P\{存伪\} = P\{接受\ H_0 | H_0\ 为假\}$$
$$= P\{检验统计量的观测值未落入拒绝域\ | H_0\ 为假\}.$$

注意 (1) 在样本容量 n 一定的情况下, 减少犯某一类错误的概率, 往往导致犯另一类错误的概率增大. 要想使犯两类错误的概率都减小, 只有靠增加样本容量才能做到. 实际应用中, 往往是控制犯第一类错误的概率 (使 $P\{弃真\} \leqslant$ 显著水平 α), 然后通过增加样本容量来减少犯第二类错误的概率;

(2) 假设检验时拒绝原假设具有实际意义, 其结果应受到充分的重视; 不能拒绝原假设时, 必须根据其他信息才能作出较为准确的判断. 实际应用中, 常将以往的经验性结论作为原假设, 与其相反的结论作为备择假设.

8.2 正态总体的参数检验

正态总体 $N(\mu, \sigma^2)$ 的两个重要参数是均值 μ 和方差 σ^2, 在实际应用中常会遇到单正态总体均值与方差的检验, 以及两个正态总体均值与方差的比较问题.

8.2.1 单正态总体均值与方差的检验

1. 单正态总体均值的检验

设 $X \sim N(\mu, \sigma^2)$, $X_1, X_2, \cdots, X_n$ 为来自 X 的样本, $x_1, x_2, \cdots, x_n$ 为样本观测值, 对均值 μ 的检验一般有下面三种形式:

(1) 双边检验 $H_0 : \mu = \mu_0$, $H_1 : \mu \neq \mu_0$.

(2) 右边检验 $H_0 : \mu \leqslant \mu_0$, $H_1 : \mu > \mu_0$.

(3) 左边检验 $H_0 : \mu \geqslant \mu_0$, $H_1 : \mu < \mu_0$.

其中 μ_0 为已知常数.

单正态总体 $N(\mu, \sigma^2)$ 均值 μ 的 Z 检验和 T 检验一并列入表 8.1.

表 8.1 单正态总体 $N(\mu, \sigma^2)$ 均值 μ 的检验

检验名称	条件	检验类别	H_0	H_1	检验统计量	分布	拒绝域
Z 检验	σ^2 已知	双边检验	$\mu = \mu_0$	$\mu \neq \mu_0$	$Z = \dfrac{\bar{X} - \mu_0}{\sigma/\sqrt{n}}$	$N(0,1)$	$\{\lvert z \rvert \geqslant z_{\alpha/2}\}$
		右边检验	$\mu \leqslant \mu_0$	$\mu > \mu_0$			$\{z \geqslant z_\alpha\}$
		左边检验	$\mu \geqslant \mu_0$	$\mu < \mu_0$			$\{z \leqslant -z_\alpha\}$
T 检验	σ^2 未知	双边检验	$\mu = \mu_0$	$\mu \neq \mu_0$	$T = \dfrac{\bar{X} - \mu_0}{S/\sqrt{n}}$	$t(n-1)$	$\{\lvert t \rvert \geqslant t_{\alpha/2}(n-1)\}$
		右边检验	$\mu \leqslant \mu_0$	$\mu > \mu_0$			$\{t \geqslant t_\alpha(n-1)\}$
		左边检验	$\mu \geqslant \mu_0$	$\mu < \mu_0$			$\{t \leqslant -t_\alpha(n-1)\}$

注意 假设检验与区间估计的提法虽然不同, 但解决问题的途径是相通的. 例如, 正态总体 $N(\mu, \sigma^2)$ 均值 μ 的双边检验, 在显著水平 α 下的接受域对应于 μ 的置信水平为 $1-\alpha$ 的置信区间; μ 的单边检验在显著水平 α 下的接受域对应于其置信水平为 $1-\alpha$ 的单侧置信区间. 在总体分布类型已知的条件下, 参数的假设检验与区间估计是从不同的角度回答了同一个问题, 假设检验是判断原假设

H_0 是否成立, 而区间估计解决的是参数的大小或范围的问题, 前者是定性的, 后者是定量的.

2. 单正态总体方差的检验

设 $X \sim N(\mu, \sigma^2)$, $X_1, X_2, \cdots, X_n$ 为来自 X 的样本, $x_1, x_2, \cdots, x_n$ 为样本观测值, 对方差 σ^2 的检验一般有下面三种形式:

(1) 双边检验　$H_0 : \sigma^2 = \sigma_0^2$, $H_1 : \sigma^2 \neq \sigma_0^2$.

(2) 右边检验　$H_0 : \sigma^2 \leqslant \sigma_0^2$, $H_1 : \sigma^2 > \sigma_0^2$.

(3) 左边检验　$H_0 : \sigma^2 \geqslant \sigma_0^2$, $H_1 : \sigma^2 < \sigma_0^2$.

其中 σ_0^2 为已知常数.

单正态总体 $N(\mu, \sigma^2)$ 方差 σ^2 的两种 χ^2 检验一并列入表 8.2.

表 8.2　单正态总体 $N(\mu, \sigma^2)$ 方差 σ^2 的检验

检验名称	条件	检验类别	H_0	H_1	检验统计量	分布	拒绝域
χ^2 检验	μ 已知	双边检验	$\sigma^2 = \sigma_0^2$	$\sigma^2 \neq \sigma_0^2$	$\chi^2 = \sum\limits_{i=1}^{n}\left(\dfrac{X_i - \mu}{\sigma_0}\right)^2$	$\chi^2(n)$	$\{\chi^2 \leqslant \chi_{1-\alpha/2}^2(n)\} \cup$ $\{\chi^2 \geqslant \chi_{\alpha/2}^2(n)\}$
		右边检验	$\sigma^2 \leqslant \sigma_0^2$	$\sigma^2 > \sigma_0^2$			$\{\chi^2 \geqslant \chi_{\alpha}^2(n)\}$
		左边检验	$\sigma^2 \geqslant \sigma_0^2$	$\sigma^2 < \sigma_0^2$			$\{\chi^2 \leqslant \chi_{1-\alpha}^2(n)\}$
	μ 未知	双边检验	$\sigma^2 = \sigma_0^2$	$\sigma^2 \neq \sigma_0^2$	$\chi^2 = \dfrac{(n-1)S^2}{\sigma_0^2}$ $= \sum\limits_{i=1}^{n}\left(\dfrac{X_i - \bar{X}}{\sigma_0}\right)^2$	$\chi^2(n-1)$	$\{\chi^2 \leqslant \chi_{1-\alpha/2}^2(n-1)\} \cup$ $\{\chi^2 \geqslant \chi_{\alpha/2}^2(n-1)\}$
		右边检验	$\sigma^2 \leqslant \sigma_0^2$	$\sigma^2 > \sigma_0^2$			$\{\chi^2 \geqslant \chi_{\alpha}^2(n-1)\}$
		左边检验	$\sigma^2 \geqslant \sigma_0^2$	$\sigma^2 < \sigma_0^2$			$\{\chi^2 \leqslant \chi_{1-\alpha}^2(n-1)\}$

8.2.2　两正态总体均值与方差的比较

1. 两正态总体均值的比较

设 $X_1, X_2, \cdots, X_{n_1}$ 为来自总体 $X \sim N(\mu_1, \sigma_1^2)$ 的样本, $Y_1, Y_2, \cdots, Y_{n_2}$ 为来自总体 $Y \sim N(\mu_2, \sigma_2^2)$ 的样本, 且两样本相互独立, 其样本均值分别记为 $\overline{X}$ 和 $\overline{Y}$, 其样本方差分别记为 S_1^2 和 S_2^2. 两总体均值的比较有下面三种形式:

(1) 双边检验　$H_0 : \mu_1 = \mu_2$　$H_1 : \mu_1 \neq \mu_2$.

(2) 右边检验　$H_0 : \mu_1 \leqslant \mu_2$　$H_1 : \mu_1 > \mu_2$.

(3) 左边检验　$H_0 : \mu_1 \geqslant \mu_2$　$H_1 : \mu_1 < \mu_2$.

两种情况下两正态总体均值的比较一并列入表 8.3.

2. 两正态总体方差的比较

设 $X_1, X_2, \cdots, X_{n_1}$ 为来自总体 $X \sim N(\mu_1, \sigma_1^2)$ 的样本, $Y_1, Y_2, \cdots, Y_{n_2}$ 为来自总体 $Y \sim N(\mu_2, \sigma_2^2)$ 的样本, 且两样本相互独立, 其样本均值分别记为 $\overline{X}$ 和 $\overline{Y}$, 其样本方差分别记为 S_1^2 和 S_2^2. 两总体方差的比较有下面三种形式:

表 8.3　两正态总体 $N(\mu_1, \sigma_1^2)$ 和 $N(\mu_2, \sigma_2^2)$ 的均值比较

名称	条件	类别	H_0	H_1	检验统计量	分布	拒绝域
Z 检验	两样本独立，σ_1^2, σ_2^2 已知	双边检验	$\mu_1 = \mu_2$	$\mu_1 \neq \mu_2$	$Z = \dfrac{\bar{X} - \bar{Y}}{\sqrt{\dfrac{\sigma_1^2}{n_1} + \dfrac{\sigma_2^2}{n_2}}}$	$N(0,1)$	$\{|z| \geqslant z_{\alpha/2}\}$
		右边检验	$\mu_1 \leqslant \mu_2$	$\mu_1 > \mu_2$			$\{z \geqslant z_\alpha\}$
		左边检验	$\mu_1 \geqslant \mu_2$	$\mu_1 < \mu_2$			$\{z \leqslant -z_\alpha\}$
T 检验	两样本独立，$\sigma_1^2 = \sigma_2^2$ 但未知	双边检验	$\mu_1 = \mu_2$	$\mu_1 \neq \mu_2$	$T = \dfrac{\bar{X} - \bar{Y}}{S_w \sqrt{1/n_1 + 1/n_2}}$ 其中，S_w $= \sqrt{\dfrac{(n_1 - 1)S_1^2 + (n_2 - 1)S_2^2}{n_1 + n_2 - 2}}$	$t(n_1 + n_2 - 2)$	$\{|t| \geqslant t_{\alpha/2}(n_1 + n_2 - 2)\}$
		右边检验	$\mu_1 \leqslant \mu_2$	$\mu_1 > \mu_2$			$\{t \geqslant t_\alpha(n_1 + n_2 - 2)\}$
		左边检验	$\mu_1 \geqslant \mu_2$	$\mu_1 < \mu_2$			$\{t \leqslant -t_\alpha(n_1 + n_2 - 2)\}$

(1) 双边检验　$H_0: \sigma_1^2 = \sigma_2^2$, $H_1: \sigma_1^2 \neq \sigma_2^2$.

(2) 右边检验　$H_0: \sigma_1^2 \leqslant \sigma_2^2$, $H_1: \sigma_1^2 > \sigma_2^2$.

(3) 左边检验　$H_0: \sigma_1^2 \geqslant \sigma_2^2$, $H_1: \sigma_1^2 < \sigma_2^2$.

也可以写成如下三种形式：

(1) 双边检验　$H_0: \dfrac{\sigma_1^2}{\sigma_2^2} = 1$, $H_1: \dfrac{\sigma_1^2}{\sigma_2^2} \neq 1$.

(2) 右边检验　$H_0: \dfrac{\sigma_1^2}{\sigma_2^2} \leqslant 1$, $H_1: \dfrac{\sigma_1^2}{\sigma_2^2} > 1$.

(3) 左边检验　$H_0: \dfrac{\sigma_1^2}{\sigma_2^2} \geqslant 1$, $H_1: \dfrac{\sigma_1^2}{\sigma_2^2} < 1$.

不同条件下两正态总体方差的比较一并列入表 8.4.

表 8.4　两正态总体 $N(\mu_1, \sigma_1^2)$ 和 $N(\mu_2, \sigma_2^2)$ 方差的比较

名称	条件	类别	H_0	H_1	检验统计量	分布	拒绝域
F 检验	两样本独立，μ_1, μ_2 已知	双边检验	$\sigma_1^2 = \sigma_2^2$	$\sigma_1^2 \neq \sigma_2^2$	$F = \dfrac{\sum\limits_{i=1}^{n}(X_i - \mu_1)^2/n_1}{\sum\limits_{i=1}^{n}(X_i - \mu_2)^2/n_2}$	$F(n_1, n_2)$	$\{F \leqslant F_{1-\alpha/2}(n_1, n_2)\} \cup$ $\{F \geqslant F_{\alpha/2}(n_1, n_2)\}$
		左边检验	$\sigma_1^2 \geqslant \sigma_2^2$	$\sigma_1^2 < \sigma_2^2$			$\{F \leqslant F_{1-\alpha}(n_1, n_2)\}$
		右边检验	$\sigma_1^2 \leqslant \sigma_2^2$	$\sigma_1^2 > \sigma_2^2$			$\{F \geqslant F_\alpha(n_1, n_2)\}$
	两样本独立，μ_1, μ_2 未知	双边检验	$\sigma_1^2 = \sigma_2^2$	$\sigma_1^2 \neq \sigma_2^2$	$F = S_1^2/S_2^2$	$F(n_1 - 1, n_2 - 1)$	$\{F \leqslant F_{1-\alpha/2}(n_1 - 1, n_2 - 1)\} \cup$ $\{F \geqslant F_{\alpha/2}(n_1 - 1, n_2 - 1)\}$
		左边检验	$\sigma_1^2 \geqslant \sigma_2^2$	$\sigma_1^2 < \sigma_2^2$			$\{F \leqslant F_{1-\alpha}(n_1 - 1, n_2 - 1)\}$
		右边检验	$\sigma_1^2 \leqslant \sigma_2^2$	$\sigma_1^2 > \sigma_2^2$			$\{F \geqslant F_\alpha(n_1 - 1, n_2 - 1)\}$

8.3 成对数据的检验与 p 值检验法

8.3.1 成对数据的假设检验

有时为了比较两种产品、两种仪器或两种方法等的差异, 常在相同的条件下作对比试验, 得到一批成对的观测数据, 然后通过分析观测数据, 对两种产品、两种仪器或两种方法的差异做出推断. 这种问题, 数据是成对的, 不是两个独立总体的观察结果. 不同于前述两个正态总体均值与方差的比较, 常常转化为单总体均值与方差的检验问题.

一般地, 设有 n 对相互独立的观测结果: $(X_1, Y_1), (X_2, Y_2), \cdots, (X_n, Y_n)$. 记 $D_1 = X_1 - Y_1, D_2 = X_2 - Y_2, \cdots, D_n = X_n - Y_n$, 则 $D_1, D_2, \cdots, D_n$ 相互独立. 若 $D_i \sim N(\mu_D, \sigma_D^2), i = 1, 2, \cdots, n$, 即 $D_1, D_2, \cdots, D_n$ 可看作是正态总体 $D \sim N(\mu_D, \sigma_D^2)$ 的样本, 我们可以进行下面的检验:

1) 双边检验 H_0: $\mu_D = 0$, H_1: $\mu_D \neq 0$.
2) 右边检验 H_0: $\mu_D \leqslant 0$, H_1: $\mu_D > 0$.
3) 左边检验 H_0: $\mu_D \geqslant 0$, H_1: $\mu_D < 0$.

一般来说 σ_D^2 是未知的. 由于原假设中等号成立时, $\dfrac{\overline{D}}{S_D/\sqrt{n}} \sim t(n-1)$, 所以, 可选用 $T = \dfrac{\overline{D}}{S_D/\sqrt{n}}$ 做检验统计量, 其观测值为 $t = \dfrac{\bar{d}}{s_d/\sqrt{n}}$, 其中 $\overline{D}$ 和 S_D 分别为 $D_1, D_2, \cdots, D_n$ 的样本均值和标准差, $\bar{d}$ 和 s_d 分别为观测值. 上面三种检验的拒绝域分别为

$$\left\{|t| \geqslant t_{\alpha/2}(n-1)\right\}, \left\{t \geqslant t_\alpha(n-1)\right\}, \left\{t \leqslant -t_\alpha(n-1)\right\}.$$

8.3.2 假设检验的 p 值检验法

p 值是当原假设成立时得到样本观测值和更极端结果的概率. 也就是将样本观测值 (或检验统计量的观测值) 作为拒绝域的临界点时犯第一类错误的概率, 若 W 为检验统计量, w 为 W 的观测值, 对于前面讲过的各种检验, p 值通常由下面公式计算而得到.

(1) 拒绝域为两边对称区域的双边检验 H_0: $\theta = \theta_0$, H_1, $\theta \neq \theta_0$.

$$p = P\{|W| \geqslant |w|\} = 2P\{W \geqslant |w|\}.$$

(2) 拒绝域为两边非对称区域的双边检验 H_0: $\theta = \theta_0$, H_1: $\theta \neq \theta_0$.

$$p = 2\min\{P\{W \geqslant w\}, P\{W \leqslant w\}\}.$$

(3) 拒绝域为右边区域的右边检验 H_0: $\theta \leqslant \theta_0$, H_1: $\theta > \theta_0$.

$$p = P\{W \geqslant w\}.$$

(4) 拒绝域为左边区域的左边检验 H_0, $\theta \geqslant \theta_0$, H_1: $\theta < \theta_0$.

$$p = P\{W \leqslant w\}.$$

根据 p 值的定义, 当 p 值很小时, 说明样本观测值的出现是一个小概率事件, 应当拒绝原假设, 显然, p 值越小, 拒绝原假设越不易犯错误, 即越有理由拒绝原假设. 通常我们根据实际问题选定显著水平 α (一般取 0.05), 检验时由样本观测值计算出 p 值, 然后通过比较 p 值和 α 的大小作判断: 当 $p < \alpha$, 拒绝原假设 H_0, 此时称检验是显著的; 当 $p > \alpha$, 不能拒绝原假设 H_0, 此时称检验是不显著的.

解 题 指 导

1. 题型归纳及解题技巧

题型 1 基本概念: 显著水平、拒绝域及两类错误

例 8.1.1 在正态总体的参数假设检验中, 显著水平为 α, 则下列结论正确的是 (   ).

(A) 若在检验水平 $\alpha = 0.1$ 下接受 H_0, 那么在检验水平 $\alpha = 0.05$ 下必接受 H_0

(B) 若在检验水平 $\alpha = 0.1$ 下接受 H_0, 那么在检验水平 $\alpha = 0.05$ 下必拒绝 H_0

(C) 若在检验水平 $\alpha = 0.1$ 下拒绝 H_0, 那么在检验水平 $\alpha = 0.05$ 下必接受 H_0

(D) 若在检验水平 $\alpha = 0.1$ 下拒绝 H_0, 那么在检验水平 $\alpha = 0.05$ 下必拒绝 H_0

分析 该题考查检验水平与原假设拒绝域的关系.

解 由于检验统计量的上 α 分位数是关于 α 的减函数, 所以对于正态总体的参数假设检验, 有结论: 在显著水平 $\alpha = 0.1$ 下的拒绝域 $R_{0.1}$ 和显著水平 $\alpha = 0.05$ 下的拒绝域 $R_{0.05}$ 的关系为 $R_{0.05} \subset R_{0.1}$. 因此当检验统计量的观测值不属于 $R_{0.1}$ 时, 必不属于 $R_{0.05}$. 即, 若在检验水平 $\alpha = 0.1$ 下接受 H_0, 那么在检验水平 $\alpha = 0.05$ 下必接受 H_0.

本题正确选项为 (A).

例 8.1.2 在假设检验中, H_0 表示原假设, 则显著性检验水平 α 在一定程度上表示 (   ).

(A) H_0 为假, 但接受 H_0 的概率   (B) H_0 为真, 但拒绝 H_0 的概率

(C) H_0 为假, 但拒绝 H_0 的概率   (D) "存伪" 错误的概率

分析 该题考查检验水平以及假设检验的两类错误. 若实际情况是 H_0 成立, 而检验的结果是拒绝了 H_0, 这时称该检验犯了第一类错误, 或 "弃真" 的错误; 若实际情况是 H_0 不成立, 而检验的结果是接受了 H_0, 这时称犯了 "第二类错误", 或称 "存伪" 的错误. 检验水平是在确定原假设拒绝域时所构造的小概率事件发生的概率最大值.

解 由于 H_0 的拒绝域实际上是通过控制犯第一类错误的概率而得到的, 所以, 如果检验的显著水平是 α, 则 $P\{弃真\} = P\{拒绝\ H_0|H_0\ 为真\} = P\{检验统计量的观测值落入拒绝域\ |H_0\ 为真\} \leqslant \alpha$.

本题正确选项为 (B).

例 8.1.3 设总体 $X \sim N(\mu, \sigma^2)$, 其中 μ, σ^2 均未知. 假设检验问题为

$$H_0: \sigma^2 \leqslant 10, \quad H_1: \sigma^2 > 10.$$

已知 $n = 25$, $\alpha = 0.05$, $\chi^2_{0.05}(24) = 36.415$, 且根据样本观测值计算得 $s^2 = 12$, 则检验的结果为 ( ).

(A) 接受 H_0, 可能会犯第二类错误　　(B) 拒绝 H_0, 可能会犯第二类错误
(C) 接受 H_0, 可能会犯第一类错误　　(D) 拒绝 H_0, 可能会犯第一类错误

分析 该题考查正态总体的均值未知时方差的右边检验.

解 由于均值未知, 根据题意可知原假设的拒绝域为 $\left\{\chi^2 = \dfrac{(n-1)s^2}{\sigma_0^2} \geqslant \chi^2_\alpha(n-1)\right\}$. 又已知 $n = 25$, $\alpha = 0.05$, $s^2 = 12$, $\sigma_0^2 = 10$, 所以

$$\chi^2 = \frac{(n-1)s^2}{\sigma_0^2} = \frac{24 \times 12}{10} = 28.8 < \chi^2_{0.05}(24) = 36.415.$$

因此, 应接受 H_0, 可能犯第二类错误.

本题正确选项为 (A).

例 8.1.4 设 $\overline{X}$ 为来自总体 $X \sim N(\mu, \sigma^2)$ 的一个简单随机样本的样本均值, σ^2 未知. 若已知在置信水平 $1-\alpha$ 下, μ 的置信区间长度为 2, 则在显著水平 α 下, 对于假设检验问题

$$H_0: \mu = 1, \ H_1: \mu \neq 1.$$

要使得检验结果接受 H_0, 则应有 ( ).

(A) $\bar{x} \in (-1, 1)$　　(B) $\bar{x} \in (-1, 3)$
(C) $\bar{x} \in (-2, 2)$　　(D) $\bar{x} \in (0, 2)$

分析 本题为区间估计和假设检验的综合题目, 考查正态总体方差未知时总体均值的区间估计和假设检验.

解 方差未知时, 总体均值的置信水平为 $1-\alpha$ 的置信区间为

$$\left(\bar{x} - t_{\alpha/2}(n-1)\frac{s}{\sqrt{n}}, \ \bar{x} + t_{\alpha/2}(n-1)\frac{s}{\sqrt{n}}\right),$$

则置信区间的长度为 $2t_{\alpha/2}(n-1)\dfrac{s}{\sqrt{n}} = 2$, 于是有 $t_{\alpha/2}(n-1)\dfrac{s}{\sqrt{n}} = 1$.

由已知得, 本题的假设检验为正态总体均值的双边检验, 原假设的拒绝域为

$$\left\{|t| = \left|\frac{\bar{x}-1}{s/\sqrt{n}}\right| \geqslant t_{\alpha/2}(n-1)\right\}.$$

因此要使检验结果接受 H_0, 则应有 $|t| = \left|\dfrac{\bar{x}-1}{s/\sqrt{n}}\right| < t_{\alpha/2}(n-1)$, 即

$$|\bar{x}-1| < \frac{s}{\sqrt{n}}t_{\alpha/2}(n-1) = 1,$$

所以 $\bar{x} \in (0, 2)$.

本题正确选项为 (D).

例 8.1.5 某厂生产的一种零件, 标准长度是 68mm, 实际生产的产品长度服从正态分布 $N(\mu, 3.6^2)$, 考虑假设检验问题

$$H_0 : \mu = 68, \quad H_1 : \mu \neq 68.$$

现有样本容量 $n = 64$ 的样本, $\overline{X}$ 为样本均值, 按照下列方式进行假设检验: 当 $|\overline{X} - 68| > 1$ 时, 拒绝原假设 H_0; 当 $|\overline{X} - 68| \leqslant 1$ 时, 接受原假设 H_0. 问犯第一类错误的概率 α.

分析 本题考查假设检验的第一类错误及其概率. 第一类错误是指: 实际情况是 H_0 成立, 而检验的结果却是拒绝 H_0.

解 由题意知在原假设为真时, $\overline{X} \sim N(68, 3.6^2/64)$, 即 $\overline{X} \sim N(68, 0.45^2)$, 于是假设检验犯第一类错误的概率

$$\begin{aligned}
\alpha &= P\left\{|\overline{X} - 68| > 1 \big| H_0 \text{ 成立}\right\} \\
&= P\left\{\overline{X} > 69 \big| H_0 \text{ 成立}\right\} + P\left\{\overline{X} < 67 \big| H_0 \text{ 成立}\right\} \\
&= 1 - \Phi\left(\frac{69-68}{0.45}\right) + \Phi\left(\frac{67-68}{0.45}\right) = 2[1 - \Phi(2.22)] \approx 0.026.
\end{aligned}$$

题型 2　假设检验的方法步骤

例 8.2.1　经测定, 某矿砂的 5 个样品中镍含量 (%) 为 3.25, 3.27, 3.24, 3.26, 3.24. 设测定值总体服从正态分布, 问: 在 $\alpha = 0.01$ 下能否接受假设 "该矿砂的平均镍含量为 3.25"?

分析　本题考查正态总体方差未知时总体均值的假设检验.

解　设该矿砂的镍含量 $X \sim N(\mu, \sigma^2)$, μ, σ^2 均未知, 现需要检验

$$H_0 : \mu = 3.25, \quad H_1 : \mu \neq 3.25.$$

选取检验统计量 $T = \dfrac{\overline{X} - 3.25}{S/\sqrt{n}}$, 在显著水平 $\alpha = 0.01$ 下, H_0 的拒绝域为

$$\left\{ |t| = \left| \frac{\bar{x} - 3.25}{s/\sqrt{n}} \right| \geqslant t_{\alpha/2}(n-1) \right\} = \{ |t| \geqslant t_{0.005}(4) \} = \{ |t| \geqslant 4.604 \}.$$

计算得 $\bar{x} = \dfrac{1}{n} \sum\limits_{i=1}^{n} x_i = 3.252$, $s = \sqrt{\dfrac{1}{n-1} \sum\limits_{i=1}^{n} (\bar{x} - x_i)^2} = 0.01304$, 于是检验统计量的观测值 $|t| = 0.343 < 4.604$ 未落入 H_0 的拒绝域中, 故在显著水平 $\alpha = 0.01$ 下, 没有理由拒绝原假设 H_0, 认为该矿砂的平均镍含量为 3.25.

例 8.2.2　表 8.5 给出了文学家马克·吐温 (Mark Twain) 的 8 篇小品文以及斯诺特格拉斯 (Snodgrass) 的 10 篇小品文中由 3 个字母组成的单词的比例.

表 8.5

马克·吐温	0.225	0.262	0.217	0.240	0.230	0.229	0.235	0.217		
斯诺特格拉斯	0.209	0.205	0.196	0.210	0.202	0.207	0.224	0.223	0.220	0.201

设两组数据分别来自正态总体 $N(\mu_1, \sigma_1^2)$, $N(\mu_2, \sigma_2^2)$, $\mu_1, \mu_2, \sigma_1^2, \sigma_2^2$ 均未知, 已知两样本相互独立, 问在显著水平 $\alpha = 0.05$ 下两组数据的方差是否有显著差异?

分析　本题考查两独立正态总体方差的双边检验.

解　检验假设

$$H_0 : \sigma_1^2 = \sigma_2^2, \quad H_1 : \sigma_1^2 \neq \sigma_2^2.$$

由于 μ_1, μ_2 未知, 选取检验统计量 $F = \dfrac{S_1^2}{S_2^2}$, 在显著水平 $\alpha = 0.05$ 下, H_0 的拒绝域为

$$\{ F \leqslant F_{1-\alpha/2}(n_1 - 1, n_2 - 1) \} \cup \{ F \geqslant F_{\alpha/2}(n_1 - 1, n_2 - 1) \}$$

$$= \{F \leqslant F_{0.975}(7,9)\} \cup \{F \geqslant F_{0.025}(7,9)\}$$

$$= \left\{ F \leqslant \frac{1}{4.82} \right\} \cup \{F \geqslant 4.20\}.$$

计算得检验统计量的观测值 $F = \dfrac{s_1^2}{s_2^2} = \dfrac{0.0146^2}{0.0097^2} = 2.265$, 未落入原假设的拒绝域, 所以没有理由拒绝原假设, 认为在显著水平 $\alpha = 0.05$ 下两组数据的方差无显著差异.

例 8.2.3　一般来说, 人的身高在早晚时间段会有差别, 现随机地选取 8 个人, 分别测量了他们早晨起床时和晚上就寝时的身高 (以厘米计), 得到以下数据表 8.6.

表 8.6

早上 (x_i)	172	168	180	181	160	163	165	117
晚上 (y_i)	172	167	177	179	159	161	166	175
$d_i = x_i - y_i$	0	1	3	2	1	2	-1	2

设各对数据的差 $D_i = X_i - Y_i (i = 1, 2, \cdots, 8)$ 是来自正态总体 $N(\mu_D, \sigma_D^2)$ 的样本, μ_D, σ_D^2 均未知, 问在显著水平 $\alpha = 0.05$ 下, 是否可以认为早晨的身高比晚上的身高要高?

分析　本题考查成对数据的检验. 本题中的身高数据是成对的, 不是两个独立总体的观察结果, 这种问题常常转化为单总体的检验. 本题转换为对正态总体 $D \sim N(\mu_D, \sigma_D^2)$ 的均值检验问题.

解　检验假设

$$H_0: \mu_D \leqslant 0, \quad H_1: \mu_D > 0.$$

此为右边检验. 由于 σ_D^2 未知, 选择检验统计量 $T = \dfrac{\overline{D}}{S_D/\sqrt{n}}$, 在显著水平 $\alpha = 0.05$ 下, H_0 的拒绝域为

$$\left\{ t = \frac{\bar{d}}{s_d/\sqrt{n}} \geqslant t_\alpha(n-1) \right\} = \{t \geqslant t_{0.05}(7)\} = \{t \geqslant 1.8946\}.$$

由 $\bar{d} = \dfrac{1}{8} \sum_{i=1}^{8} d_i = 1.25, s_d = 1.2817$, 得检验统计量的观测值为

$$t = \frac{1.25}{1.2817/\sqrt{8}} = 2,785 > 1.8946,$$

落入了原假设的拒绝域, 所以在显著水平 $\alpha = 0.05$ 下拒绝原假设, 认为早晨的身高比晚上的身高要高.

例 8.2.4 考察生长在某动物身上肿块的大小, X 表示在该动物身上生长了 15 天的肿块的直径 (以毫米计), 设 $X \sim N(\mu, \sigma^2)$, μ, σ^2 均未知. 今随机地取 9 只该动物 (肿块在其身上都长了 15 天), 测得肿块的平均值和标准差分别为 $\bar{x} = 4.28, s = 1.2$. 试在显著水平 $\alpha = 0.05$ 下, 利用 p 值检验法分析肿块的直径是否为 4mm?

分析 本题考查 p 值检验.

解 检验假设

$$H_0: \mu = 4, \quad H_1: \mu \neq 4.$$

由于 σ 未知, 选取检验统计量 $T = \dfrac{\bar{X} - 4}{S/\sqrt{n}}$, 由已知数据可得检验统计量的观测值为

$$t = \frac{4.28 - 4}{1.2/\sqrt{9}} = 0.7.$$

所以有

$$p = 2P\{T > 0.7\} \approx 2 \times 0.25 = 0.5 > \alpha = 0.05.$$

故, 没有理由拒绝原假设, 认为在显著水平 $\alpha = 0.05$ 肿块的直径为 4mm.

2. 考研真题解析

真题 8.1 (2018 年数学一) 设总体 X 服从正态分布 $N(\mu, \sigma^2)$. $X_1, X_2, \cdots, X_n$ 是来自总体 X 的简单随机样本, 据此样本检验假设: $H_0: \mu = \mu_0, H_1: \mu \neq \mu_0$, 则 ( ).

真题8.1精讲

(A) 如果在检验水平 $\alpha = 0.05$ 下拒绝 H_0, 那么在检验水平 $\alpha = 0.01$ 下必拒绝 H_0

(B) 如果在检验水平 $\alpha = 0.05$ 下拒绝 H_0, 那么在检验水平 $\alpha = 0.01$ 下必接受 H_0

(C) 如果在检验水平 $\alpha = 0.05$ 下接受 H_0, 那么在检验水平 $\alpha = 0.01$ 下必拒绝 H_0

(D) 如果在检验水平 $\alpha = 0.05$ 下接受 H_0, 那么在检验水平 $\alpha = 0.01$ 下必接受 H_0

分析 该题考查在对正态总体均值进行双边检验时, 检验水平 α 与原假设的拒绝域 R_0 的关系. 该题明确说明是要对正态总体均值的双边检验, 因此相对例 8.1.1, 要简单一些, 但两题目考查知识点类似.

解 由于检验统计量的上 α 分位数是关于 α 的减函数, 所以在显著水平 $\alpha = 0.01$ 下的拒绝域 $R_{0.01}$ 和显著水平 $\alpha = 0.05$ 下的拒绝域 $R_{0.05}$ 的关系为 $R_{0.01} \subset R_{0.05}$. 因此, 当检验统计量的观测值不属于 $R_{0.05}$ 时, 必不属于 $R_{0.01}$, 也就是说, 若在检验水平 $\alpha = 0.05$ 下接受 H_0, 那么在检验水平 $\alpha = 0.01$ 下必接受 H_0.

本题正确选项为 (D).

真题 8.2(2021 年数学一) 设 $X_1, X_2, \cdots, X_{16}$ 是来自总体 $N(\mu, 4)$ 的简单随机样本, 考虑假设检验问题: $H_0:\ \mu \leqslant 10$, $H_1:\ \mu > 10$. $\Phi(x)$ 表示标准正态分布函数, 若该检验问题的拒绝域为 $W = \{\overline{X} \geqslant 11\}$, 其中 $\overline{X} = \frac{1}{16}\sum\limits_{i=1}^{16} X_i$, 则当 $\mu = 11.5$ 时, 该检验犯第二类错误的概率为 (   ).

真题8.2精讲

(A) $1 - \Phi(0.5)$ (B) $1 - \Phi(1)$

(C) $1 - \Phi(1.5)$ (D) $1 - \Phi(2)$

分析 该题考查假设检验犯第二类错误的概率也就是在实际上原假设 H_0 非真的条件下, 检验统计量的观测值未落入拒绝域 $\{\bar{x} \geqslant 11\}$ 中的概率, 即求 $P\{\overline{X} < 11 | \mu = 11.5\}$.

解 由 $\mu = 11.5$ 可知 $\overline{X} \sim N\left(11.5, \dfrac{1}{4}\right)$, 所以

$$P\{\overline{X} < 11 | \mu = 11.5\} = \Phi\left(\frac{11 - 11.5}{1/2}\right) = \Phi(-1) = 1 - \Phi(1).$$

本题正确选项为 (B).

经典习题选讲 8

1. 某炼铁厂铁水含碳量 (%) 长期服从正态分布 $N(4.55, 0.108^2)$. 最近原材料有所改变, 现随机测定了 9 炉铁水, 其平均含碳量为 4.45%, 如果铁水含碳量的方差没有变化, 在显著性水平 $\alpha = 0.05$ 下, 可否认为现在生产的铁水平均含碳量有显著变化?

解 这是单正态总体均值的双边检验问题. 设现在生产的铁水含碳量 $X \sim N(\mu, \sigma^2)$, 需要检验的是

$$H_0 : \mu = 4.55, \quad H_1 : \mu \neq 4.55.$$

由于 $\sigma^2 = 0.108^2$ 已知, 应选取 $Z = \dfrac{\overline{X} - \mu_0}{\sigma/\sqrt{n}}$ 为检验统计量, 在显著性水平 $\alpha = 0.05$ 下, H_0 的拒绝域为

$$\left\{ |z| = \left| \frac{\bar{x} - \mu_0}{\sigma/\sqrt{n}} \right| \geqslant z_{\alpha/2} \right\} = \{ |z| \geqslant z_{0.025} \},$$

查表得 $z_{0.025} = 1.96$, 所以 H_0 的拒绝域为 $\{ |z| \geqslant 1.96 \}$.

由 $n = 9$, $\bar{x} = 4.45$, $\sigma = 0.108$, $\mu_0 = 4.55$, 计算得

$$|z| = \left| \frac{\bar{x} - \mu_0}{\sigma/\sqrt{n}} \right| = \left| \frac{4.45 - 4.55}{0.108/3} \right| \approx 2.778 > 1.96.$$

由于检验统计量 Z 的观测值落入 H_0 的拒绝域. 在显著性水平 $\alpha = 0.05$ 下应拒绝 H_0, 接受 H_1, 认为现在生产的铁水平均含碳量有显著变化.

2. 风调雨顺时某种植物的高度 (单位: cm) 服从正态分布, 平均高度为 32.50 cm, 方差为 1.21 cm². 气候不佳可能影响植物的高度, 但方差基本不变. 现随机抽取 6 棵这种植物, 测量得到其高度分别为

$$32.46, \quad 31.54, \quad 30.10, \quad 29.76, \quad 31.67, \quad 31.23$$

在显著水平 $\alpha = 0.01$ 下, 检验这种植物的平均高度有无显著变化?

解 这是单正态总体均值的双边检验问题. 设该种零件的长度 $X \sim N(\mu, \sigma^2)$, 则需要检验的是

$$H_0 : \mu = 32.50, \quad H_1 : \mu \neq 32.50.$$

由于 σ^2 已知, 选取 $Z = \dfrac{\overline{X} - \mu_0}{\sigma/\sqrt{n}}$ 为检验统计量, 在显著水平 $\alpha = 0.01$ 下, H_0 的拒绝域为

$$\left\{ |z| = \left| \frac{\bar{x} - \mu_0}{\sigma/\sqrt{n}} \right| \geqslant z_{\alpha/2} \right\} = \{ |z| \geqslant z_{0.005} \},$$

查表得 $z_{0.005} \approx 2.58$, 所以 H_0 的拒绝域为 $\{ |z| \geqslant z_{\alpha/2} \} = \{ |z| \geqslant 2.58 \}$.

由 $n = 6$, $\bar{x} = \dfrac{1}{n} \sum\limits_{i=1}^{n} x_i \approx 31.13$, $\sigma^2 = 1.21$, $\mu_0 = 32.50$, 计算得

$$|z| = \frac{|\bar{x} - \mu_0|}{\sigma/\sqrt{n}} = \frac{|31.13 - 32.5|}{\sqrt{1.21}/\sqrt{6}} = 3.06 > 2.58.$$

由于 $z = 3.06$ 落入 H_0 的拒绝域, 故在 0.01 的显著水平下应拒绝 H_0, 接受 H_1, 可以认为这种植物的平均高度有显著变化.

3. 某种零件的长度服从正态分布 $N(\mu, \sigma^2)$, 方差 $\sigma^2 = 1.21$mm², 随机抽取 16 件, 测得其平均长度为 31.40mm. 在显著水平 $\alpha = 0.01$ 下, 能否认为这批零件的平均长度大于 32.50mm?

解　这是单正态总体的均值检验问题. 设该种零件的长度 $X \sim N(\mu, \sigma^2)$, 根据题意需要检验的是

$$H_0 : \mu \leqslant 32.50, \quad H_1 : \mu > 32.50.$$

此为右边检验. 由于 $\sigma^2 = 1.21$ 已知, 应选取 $Z = \dfrac{\overline{X} - \mu_0}{\sigma/\sqrt{n}}$ 为检验统计量, 在显著水平 $\alpha = 0.01$ 下, H_0 的拒绝域为

$$\left\{ z = \frac{\bar{x} - \mu_0}{\sigma/\sqrt{n}} \geqslant z_\alpha \right\} = \{z \geqslant z_{0.01}\},$$

查表得 $z_{0.01} = 2.326$, 所以 H_0 的拒绝域为 $\{z \geqslant 2.326\}$.

由 $n = 16, \bar{x} = 31.40, \sigma = 1.1, \mu_0 = 32.50$ 计算得

$$z = \frac{\bar{x} - \mu_0}{\sigma/\sqrt{n}} = \frac{31.4 - 32.5}{1.1/\sqrt{16}} = -4 < 2.326.$$

由于 $z = -4$ 未落入 H_0 的拒绝域, 故在 0.01 的显著水平下不能拒绝 H_0, 没有足够的理由认为这批零件的平均长度大于 32.50mm.

4. 设购买某品牌汽车的人的年龄服从正态分布 $X \sim N(\mu, 5^2)$. 最近随机抽查了该车购买者 400 人, 得平均年龄为 30 岁, 在显著水平 $\alpha = 0.01$ 下, 检验购买该品牌汽车的人的平均年龄是否低于 35 岁?

解　这是单正态总体的均值检验问题. 因为购买某品牌汽车的人的年龄 $X \sim N(\mu, \sigma^2)$, 根据题意需要检验的假设

$$H_0 : \mu \geqslant 35, \quad H_1 : \mu < 35.$$

此为左边检验. 由于 $\sigma^2 = 25$ 已知, 选取 $Z = \dfrac{\overline{X} - \mu_0}{\sigma/\sqrt{n}}$ 为检验统计量, 在显著性水平 $\alpha = 0.01$ 下, H_0 的拒绝域为

$$\left\{ z = \frac{\bar{x} - \mu_0}{\sigma/\sqrt{n}} \leqslant -z_{0.01} \right\} = \{z \leqslant -2.326\}.$$

由 $n = 400, \bar{x} = 30, \sigma = 5, \mu_0 = 35$ 计算得

$$z = \frac{30 - 35}{5/\sqrt{400}} = -20 < -2.326.$$

由于 $z = -20$ 落入 H_0 的拒绝域, 在显著水平 $\alpha = 0.01$ 下拒绝 H_0, 接受 H_1. 可以认为购买某品牌汽车的人平均年龄低于 35 岁.

5. 假设显像管的寿命 X 服从 $X \sim N(\mu, 40^2)$. 随机抽取 100 只, 测得其平均寿命为 10000 小时, 若显像管的平均寿命不低于 10100 小时被认为合格, 试在显著水平 $\alpha = 0.05$ 下检验这批显像管是否合格?

解　这是单正态总体均值的左边检验问题. 因为显像管的寿命 $X \sim N(\mu, \sigma^2)$, 根据题意需检验假设

$$H_0 : \mu \geqslant 10100, \quad H_1 : \mu < 10100.$$

此为左边检验. 因为总体的方差 $\sigma^2 = 40^2$ 已知, 选取 $Z = \dfrac{\overline{X} - \mu_0}{\sigma/\sqrt{n}}$ 为检验统计量, 在显著水平 $\alpha = 0.05$ 下, H_0 的拒绝域为

$$\left\{ z = \frac{\bar{x} - \mu_0}{\sigma/\sqrt{n}} \leqslant -z_\alpha \right\} = \{ z \leqslant -z_{0.05} \} = \{ z \leqslant -1.645 \}.$$

已知 $n = 100, \bar{x} = 10000, \sigma = 40, \mu_0 = 10100$. 检验统计量的观测值为

$$z = \frac{\bar{x} - 10100}{\sigma/\sqrt{n}} = \frac{10000 - 10100}{40/\sqrt{100}} = -25 < -1.645.$$

由于检验统计量 Z 的观测值落入 H_0 的拒绝域, 在显著水平 $\alpha = 0.05$ 下应拒绝 H_0, 接受 H_1, 认为彩色显像管不合格.

6. 某部门对当前市场的价格情况进行调查. 以鸡蛋为例, 所抽查的全省 20 个集市上, 售价的均值为 3.4 元/斤, 标准差为 0.2 元/斤. 已知往年的平均售价一直稳定在 3.25 元/斤左右, 假设鸡蛋的销售价格服从正态分布, 能否认为全省当前的鸡蛋售价和往年有明显不同? (显著水平 $\alpha = 0.05$, 1 斤 = 500 克.)

解　这是单正态总体均值的双边检验问题. 设鸡蛋的销售价 $X \sim N(\mu, \sigma^2)$, 按题意需检验

$$H_0 : \mu = 3.25, \quad H_0 : \mu \neq 3.25.$$

由于总体的方差未知, 应选取 $T = \dfrac{\overline{X} - \mu_0}{S/\sqrt{n}}$ 为检验统计量, 在显著水平 $\alpha = 0.05$ 下, 拒绝域为

$$\left\{ |t| = \left| \frac{\bar{x} - \mu_0}{s/\sqrt{n}} \right| \geqslant t_{\alpha/2}(n-1) \right\}$$

$$= \{ |t| \geqslant t_{0.025}(19) \} = \{ |t| \geqslant 2.093 \}.$$

已知 $\bar{x} = 3.4, s = 0.2, \mu_0 = 3.25$. 计算得到

$$|t| = \left| \frac{\bar{x} - \mu_0}{s/\sqrt{n}} \right| = \frac{3.4 - 3.25}{0.2/\sqrt{20}} = 3.35 > 2.093.$$

由于 $t = 3.35$ 落入 H_0 的拒绝域, 在 0.05 的显著水平下应拒绝 H_0, 接受 H_1. 可以认为全省当前的鸡蛋售价与往年明显不同.

7. 正常人的脉搏平均每分钟 72 次, 某医生测得 10 例 "四乙基铅中毒" 患者的脉搏数如下:

$$54, \quad 67, \quad 68, \quad 78, \quad 70, \quad 66, \quad 67, \quad 65, \quad 69, \quad 70$$

已知人的脉搏次数服从正态分布, 问在显著水平 $\alpha = 0.05$ 下, "四乙基铅中毒" 患者的脉搏和正常人的脉搏有无显著差异?

解 这是单正态总体均值的双边检验问题. 若设 "四乙基铅中毒" 患者的脉搏数 $X \sim N(\mu, \sigma^2)$, 则需要检验的是

$$H_0 : \mu = 72, \quad H_1 : \mu \neq 72.$$

由于方差未知, 选取 $T = \dfrac{\overline{X} - \mu_0}{S/\sqrt{n}}$ 为检验统计量, 在显著水平 $\alpha = 0.05$ 下, H_0 的拒绝域为

$$\left\{ |t| = \left| \frac{\bar{x} - \mu_0}{s/\sqrt{n}} \right| \geqslant t_{\alpha/2}(n-1) \right\} = \{ |t| \geqslant t_{0.025}(9) \},$$

查表得 $t_{0.025}(9) \approx 2.26$, 所以 H_0 的拒绝域为 $\{ |t| \geqslant 2.26 \}$.

由 $n = 10, \bar{x} = \dfrac{1}{n} \sum\limits_{i=1}^{n} x_i = 67.4,\ s^2 = \dfrac{1}{n-1} \sum\limits_{i=1}^{n} (x_i - \bar{x})^2 = 35.2,\ \mu_0 = 72$. 计算得

$$|t| = \frac{|\bar{x} - \mu_0|}{s/\sqrt{n}} = \frac{|67.4 - 72|}{\sqrt{35.2}/\sqrt{10}} = 2.45 > 2.26.$$

由于 t 落入 H_0 的拒绝域, 故在 0.05 的显著水平下应拒绝 H_0, 接受 H_1. 可以认为 "四乙基铅中毒" 患者的脉搏和正常人的脉搏有显著差异.

8. 从某种试验物中取出 24 个样品, 测量其发热量, 算得平均值 11958J, 样本标准差 316J. 设发热量服从正态分布, 在显著水平 $\alpha = 0.05$ 下, 是否可认为该试验物发热量的平均值不大于 12100J?

解 这是单正态总体的均值检验问题. 设试验物发热量 $X \sim N(\mu, \sigma^2)$, 则需要检验的是

$$H_0 : \mu \leqslant 12100, \quad H_1 : \mu > 12100.$$

此为右边检验, 由于方差未知, 应选取 $T = \dfrac{\overline{X} - \mu_0}{S/\sqrt{n}}$ 为检验统计量, 在显著水

平 $\alpha = 0.05$ 下, H_0 的拒绝域为

$$\left\{ t = \frac{\overline{x} - \mu_0}{s/\sqrt{n}} \geqslant t_\alpha(n-1) \right\} = \{t \geqslant t_{0.05}(23)\},$$

查表得 $\{t_{0.05}(23) = 1.71\}$, 所以 H_0 的拒绝域为 $\{t \geqslant 1.71\}$.

现有 $n = 24$, $\bar{x} = 11958$, $s = 316$, $\mu_0 = 12100$, 计算得到

$$t = \frac{\bar{x} - \mu_0}{s/\sqrt{n}} = -2.2 < 1.71.$$

由于 $t = -2.2$ 未落入 H_0 的拒绝域, 在 0.05 的显著水平下不能拒绝 H_0, 可以认为该试验物发热量的平均值不大于 12100J.

9. 设某品牌饮料中维生素 C 的含量服从正态分布 $X \sim N(\mu, \sigma^2)$, μ, σ^2 均未知. 按规定, 100g 该饮料中的维生素 C 的平均含量不得低于 21mg. 现从工厂的一批产品中抽取 16 瓶, 测得其 100g 该饮料中维生素 C 含量的样本均值为 20mg, 样本方差为 3.984mg^2, 试在显著水平 $\alpha = 0.05$ 下检验该批饮料是否符合要求.

解 这是单正态总体的均值检验问题. 已知维生素 C 的含量 $X \sim N(\mu, \sigma^2)$, 需要检验的是

$$H_0: \mu \geqslant 21, \quad H_1: \mu < 21.$$

此为左边检验. 由于 σ^2 未知, 应选取 $T = \dfrac{\bar{X} - \mu_0}{S/\sqrt{n}}$ 为检验统计量, 其拒绝域为

$$\left\{ t = \frac{\overline{x} - \mu_0}{s/\sqrt{n}} \leqslant -t_{0.05}(15) = -1.7531 \right\}.$$

由 $n = 16$, $\bar{x} = 20$, $s^2 = 3.984$, $\mu_0 = 21$. 计算得到

$$t = \frac{\overline{x} - 21}{s/\sqrt{n}} = \frac{20 - 21}{\sqrt{3.984}/\sqrt{16}} \approx -2 < -1.7531.$$

由于 $t = -2$ 落入 H_0 的拒绝域, 在显著水平 $\alpha = 0.05$ 下应拒绝 H_0, 接受 H_1. 即认为这批饮料不符合规定要求.

10. 某种电子元件的寿命 (单位：h) 服从正态分布. 现测得 16 只元件的寿命如表 8.7 所示.

表 8.7

159	280	101	212	224	379	179	264
222	362	168	250	149	260	485	170

问在显著水平 $\alpha = 0.05$ 下, 是否可以认为元件的平均寿命显著小于 225h?

解 这是单正态总体的均值检验问题. 设电子元件的寿命 $X \sim N(\mu, \sigma^2)$, 则需要检验的是

$$H_0 : \mu \geqslant 225, \quad H_1 : \mu < 225.$$

此为左边检验. 由于总体服从正态分布且方差未知, 选取 $T = \dfrac{\overline{X} - \mu_0}{S/\sqrt{n}}$ 为检验统计量, 在显著水平 $\alpha = 0.05$ 下, H_0 的拒绝域为

$$\left\{ t = \frac{x - \mu_0}{s/\sqrt{n}} \leqslant -t_\alpha(n-1) \right\} = \left\{ t \leqslant -t_{0.05}(15) \right\},$$

查表得 $t_{0.05}(15) = 1.75$, 所以 H_0 的拒绝域为 $\{t \leqslant -1.75\}$.

现有 $n = 16$, $\bar{x} = (159 + 280 + \cdots + 170)/16 = 241.5$, $s^2 = 9746.8$, $\mu_0 = 225$, 计算得到

$$t = \frac{\bar{x} - \mu_0}{s/\sqrt{n}} = \frac{241.5 - 225}{\sqrt{9746.8}/\sqrt{16}} \approx 0.67 > -1.75.$$

由于 $t = 0.67$ 未落入 H_0 的拒绝域, 在 0.05 的显著水平下不能拒绝 H_0, 不可以认为元件的平均寿命显著小于 225 小时.

11. 假设某种元件的寿命 (单位: h) 服从正态分布, 要求其使用寿命不得低于 1000h, 现从一批这种元件中随机抽取 25 件, 测得其寿命样本均值为 950h, 样本标准差为 100h. 在 0.05 的显著水平下是否可以认为这批元件合格?

解 这是单正态总体的均值检验问题. 设元件的寿命 $X \sim N(\mu, \sigma^2)$, 则需要检验的是

$$H_0 : \mu \geqslant 1000, \quad H_1 : \mu < 1000.$$

此为左边检验. 由于方差未知, 选取 $T = \dfrac{\overline{X} - \mu_0}{S/\sqrt{n}}$ 为检验统计量, 在显著水平 $\alpha = 0.05$ 下, H_0 的拒绝域为 $\left\{ t = \dfrac{\bar{x} - \mu_0}{s/\sqrt{n}} \leqslant -t_\alpha(n-1) \right\} = \{ t \leqslant -t_{0.05}(24) \} = \{ t \leqslant -1.7109 \}$.

由 $n = 25$, $\bar{x} = 950$, $s = 100$, $\mu_0 = 1000$ 计算得到

$$t = \frac{\bar{x} - \mu_0}{s/\sqrt{n}} = \frac{950 - 1000}{100/\sqrt{25}} = -2.5 < -1.7109.$$

由于 $t = -2.5$ 落入 H_0 的拒绝域, 故在 0.05 的显著水平下应拒绝 H_0, 接受 H_1. 不可以认为这批元件合格.

12. 已知全国高校男生百米跑成绩 (单位：s) 的标准差为 0.62s. 为了比较某高校与全国高校百米跑水平, 从该高校随机抽测男生 13 人的百米跑成绩, 计算得到样本标准差为 0.9s, 假设该校男生百米跑成绩服从正态分布, 问该校男生百米跑成绩的标准差与全国高校有无显著差异 (显著水平 $\alpha = 0.05$)?

解　这是单正态总体方差的双边检验问题. 该校男生百米跑成绩 $X \sim N(\mu, \sigma^2)$, 则需要检验的是

$$H_0 : \sigma^2 = 0.62^2, \quad H_1 : \sigma^2 \neq 0.62^2.$$

由于总体的均值未知, 应选取 $\chi^2 = \dfrac{(n-1)S^2}{\sigma_0^2}$ 作为检验统计量, 其中 $n = 13$, 在显著水平 $\alpha = 0.05$ 下, H_0 的拒绝域为

$$\{\chi^2 \leqslant \chi^2_{1-\alpha/2}(n-1)\} \cup \{\chi^2 \geqslant \chi^2_{\alpha/2}(n-1)\}$$

$$= \{\chi^2 \leqslant \chi^2_{0.975}(12)\} \cup \{\chi^2 \geqslant \chi^2_{0.025}(12)\}$$

$$= \{\chi^2 \leqslant 4.4038\} \cup \{\chi^2 \geqslant 23.3367\}.$$

由 $s^2 = 0.9^2$ 及 $\sigma_0^2 = 0.62^2$ 计算得

$$\chi^2 = \frac{(n-1)s^2}{\sigma_0^2} = \frac{12 \times 0.9^2}{0.62^2} \approx 25.29 > 23.3367.$$

由于检验统计量 χ^2 的观测值落入 H_0 的拒绝域中, 故在 0.05 的显著水平下应拒绝 H_0, 接受 H_1. 认为该校男生百米跑成绩的标准差与全国高校有显著差异.

13. 正常情况下, 某食品加工厂生产的小包装酱肉每包重量 (单位：g) 服从正态分布, 标准差为 10g, 某日抽取 12 包, 测得其重量如表 8.8 所示.

表 8.8

501	497	483	492	510	503
478	494	483	496	502	513

问该日生产的酱肉每包重量的标准差是否正常 (显著水平 $\alpha = 0.1$)?

解　这是单正态总体方差的双边检验问题. 设肉酱每包重量 $X \sim N(\mu, \sigma^2)$, 按题意需检验

$$H_0 : \sigma^2 = 100, \quad H_1 : \sigma^2 \neq 100.$$

取统计量 $\chi^2 = \dfrac{(n-1)S^2}{\sigma_0^2}$, 其中 $n = 12$, 在显著性水平 $\alpha = 0.1$ 下, H_0 的拒绝域为

$$\{\chi^2 \leqslant \chi^2_{1-\alpha/2}(n-1)\} \cup \{\chi^2 \geqslant \chi^2_{\alpha/2}(n-1)\}$$

$$= \{\chi^2 \leqslant \chi^2_{0.95}(11)\} \cup \{\chi^2 \geqslant \chi^2_{0.05}(11)\}$$

$$= \{\chi^2 \leqslant 4.5748\} \cup \{\chi^2 \geqslant 19.6751\}.$$

由样本观测值计算得 $\overline{x} = \dfrac{501 + 497 + \cdots + 513}{12} = 496, s^2 = \dfrac{1}{12-1} \sum\limits_{i=1}^{12} (\overline{x} - x_i)^2 \approx 116.18,$ 已知 $\sigma_0^2 = 100,$ 于是

$$\chi^2 = \frac{(n-1)s^2}{\sigma_0^2} = \frac{(12-1) \times 116.18}{100} \approx 12.78.$$

由于检验统计量 $\chi^2 = 12.78$ 未落入 H_0 的拒绝域中, 故在 0.05 的显著水平下不能拒绝 H_0, 可以认为该日生产的酱肉每包重量的标准差是正常的.

14. 某自动车床生产产品的长度 (单位: cm) 服从正态分布, 按规定产品长度的方差不得超过 0.1cm^2, 为检验该自动车床的工作精度, 随机地取 25 件产品, 测得样本方差 0.1975cm^2. 问该车床生产的产品是否达到所要求的精度 (显著水平 $\alpha = 0.05$)?

解 这是单正态总体的方差检验问题, 设产品长度 $X \sim N(\mu, \sigma^2)$, 则需要检验的是

$$H_0: \sigma^2 \leqslant 0.1, \quad H_1: \sigma^2 > 0.1.$$

此为右边检验. 由于总体的方差未知, 取统计量 $\chi^2 = \dfrac{(n-1)S^2}{\sigma_0^2}$, 在显著水平 $\alpha = 0.05$ 下, H_0 的拒绝域为

$$\{\chi^2 \geqslant \chi^2_\alpha(n-1)\} = \{\chi^2 \geqslant \chi^2_{0.05}(25-1)\} = \{\chi^2 \geqslant \chi^2_{0.05}(24)\} = \{\chi^2 \geqslant 36.42\}.$$

由观测数据 $n = 25, s^2 = 0.1975$ 及 $\sigma_0^2 = 0.1$ 计算得

$$\chi^2 = \frac{(n-1)s^2}{\sigma_0^2} = \frac{(25-1) \times 0.1975}{0.1} = 47.4 > 36.42.$$

由于检验统计量 χ^2 的观测值落入 H_0 的拒绝域, 在 0.05 的显著水平下应拒绝 H_0, 接受 H_1. 认为自动车床生产的产品没有达到所要求的精度.

15. 在漂白工艺中, 要考察温度对某种针织品断裂强度的影响, 在 70°C 和 80°C 下分别重复了 8 次试验测得断裂数据 (%) 如表 8.9 所示.

表 8.9

70℃	20.5	18.5	19.5	20.9	21.5	19.5	21.0	21.2
80℃	17.7	20.3	20.0	18.8	19.0	20.1	20.2	19.1

试问在这两种温度下, 断裂强度的方差有无显著差异? (显著水平 $\alpha = 0.1$) 假定断裂强度服从正态分布.

解 这是两总体的方差比较问题. 设第一种温度下的断裂强度 $X_1 \sim N(\mu_1, \sigma_1^2)$, 第二种温度下的断裂强度 $X_2 \sim N(\mu_2, \sigma_2^2)$. 根据题意需检验 σ_1^2 和 σ_2^2 是否有显著差异.

根据题意提出假设

$$H_0 : \sigma_1^2 = \sigma_2^2, \quad H_1 : \sigma_1^2 \neq \sigma_2^2.$$

由于 μ_1 和 μ_2 未知, 选取检验统计量 $F = \dfrac{S_1^2}{S_2^2}$, 在显著水平 $\alpha = 0.1$ 下, 拒绝域为

$$\left\{ F \leqslant F_{1-\alpha/2}(n_1 - 1, n_2 - 1) \right\} \cup \left\{ F \geqslant F_{\alpha/2}(n_1 - 1, n_2 - 1) \right\},$$

其中 $n_1 = 8, n_2 = 8$, 所以拒绝域为 $\{ F \leqslant F_{0.95}(7,7) \} \cup \{ F \geqslant F_{0.05}(7,7) \}$, 查表并计算得

$$F_{0.05}(7,7) = 3.79, \quad F_{0.95}(7,7) = \frac{1}{F_{0.05}(7,7)} = \frac{1}{3.79} \approx 0.26,$$

拒绝域为

$$\{ F \leqslant 0.26 \} \cup \{ F \geqslant 3.79 \}.$$

由观测数据得到

$$\bar{x}_1 = 20.325, \quad \bar{x}_2 = 19.4, \quad s_1^2 = 1.094, \quad s_2^2 = 0.829, \quad F = \frac{s_1^2}{s_2^2} = \frac{1.094}{0.829} \approx 1.32.$$

检验统计量 F 的观测值未落入拒绝域, 不能拒绝 H_0, 在 0.1 的显著水平下, 可以认为两种温度下的断裂强度方差无显著差异.

16. 一台机床大修前曾加工一批零件, 共 $n_1 = 10$ 件, 加工尺寸的样本方差为 $s_1^2 = 25\text{mm}^2$. 大修后加工一批零件, 共 $n_2 = 12$ 件, 加工尺寸的样本方差为 $s_2^2 = 4\text{mm}^2$. 设加工尺寸服从正态分布, 问此机床大修后, 精度有无明显提高 (显著水平 $\alpha = 0.05$)?

解 这是两总体的方差比较问题. 设大修前加工的一批零件尺寸 $X_1 \sim N(\mu_1, \sigma_1^2)$, 大修后加工的一批零件尺寸 $X_2 \sim N(\mu_2, \sigma_2^2)$. 按题意需检验

$$H_0 : \sigma_1^2 \leqslant \sigma_2^2, \quad H_0 : \sigma_1^2 > \sigma_2^2.$$

取检验统计量 $F = \dfrac{S_1^2}{S_2^2}$, 在显著水平 $\alpha = 0.05$ 下, H_0 的拒绝域为

$$\{F \geqslant F_\alpha(n_1 - 1, n_2 - 1)\} = \{F \geqslant F_{0.05}(9, 11)\} = \{F \geqslant 2.9\}.$$

由观测数据 $n_1 = 10$, $n_2 = 12$, $s_1^2 = 25$, $s_2^2 = 4$, 计算得 $F = \dfrac{s_1^2}{s_2^2} = \dfrac{25}{4} = 6.25 > 2.9$.

检验统计量的观测值落入 H_0 的拒绝域, 故在 0.05 显著水平下, 拒绝 H_0, 接受 H_1. 可认为此机床大修后方差变小了, 精度有明显提高.

17. (两总体方差与均值的比较) 对 7 岁儿童作身高 (单位: cm) 调查, 结果如表 8.10 所示.

表 8.10

性别	人数 (n)	平均身高 ($\bar{x}$)	标准差 (S)
男	384	118.64	4.53
女	377	117.86	4.86

设身高服从正态分布, 能否说明性别对 7 岁儿童的身高有显著影响 (显著水平 $\alpha = 0.05$)? (提示: 先做方差齐性检验, 再做均值检验.)

解　设男孩的身高服从 $X_1 \sim N(\mu_1, \sigma_1^2)$, 女孩身高服从 $X_2 \sim N(\mu_2, \sigma_2^2)$. 根据题意需对两总体的均值进行比较, 由于两总体方差未知, 需要首先进行方差的齐性检验, 即检验 σ_1^2 和 σ_2^2 是否有显著差异, 然后再检验 μ_1 和 μ_2 是否有显著差异.

(1) 检验假设

$$H_0 : \sigma_1^2 = \sigma_2^2, \quad H_1 : \sigma_1^2 \neq \sigma_2^2.$$

由于 μ_1 和 μ_2 未知, 选取统计量 $F = \dfrac{S_1^2}{S_2^2}$, 在显著水平 $\alpha = 0.05$ 下, H_0 的拒绝域为

$$\{F \leqslant F_{1-\alpha/2}(n_1 - 1, n_2 - 1)\} \cup \{F \geqslant F_{\alpha/2}(n_1 - 1, n_2 - 1)\},$$

即 $\{F \leqslant F_{0.975}(383, 376)\} \cup \{F \geqslant F_{0.025}(383, 376)\}$.

计算得

$$F_{0.975}(383, 376) = 0.82, \quad F_{0.025}(383, 376) = 1.22,$$

所以拒绝域为 $\{F \leqslant 0.82\} \cup \{F \geqslant 1.22\}$.

由观测数据得到 $n_1 = 384$, $n_2 = 377$, $\bar{x}_1 = 118.64$, $\bar{x}_2 = 117.86$, $s_1 = 4.53$, $s_2 = 4.86$, $F = \dfrac{s_1^2}{s_2^2} = \dfrac{4.53 \times 4.53}{4.86 \times 4.86} \approx 0.87$ 未落入拒绝域, 不能拒绝 H_0, 在 0.05 的显著水平下, 可以认为性别对儿童身高的方差无显著影响.

(2) 根据 (1) 的结论, 可以在 $\sigma_1^2 = \sigma_2^2$ 的条件下检验假设

$$H_0 : \mu_1 = \mu_2, \quad H_1 : \mu_1 \neq \mu_2.$$

选 $T = \dfrac{\overline{X}_1 - \overline{X}_2}{S_w\sqrt{\dfrac{1}{n_1} + \dfrac{1}{n_2}}}$ 为检验统计量, 在显著水平 $\alpha = 0.05$ 下, H_0 的拒绝域为

$$\left\{|t| \geqslant t_{\alpha/2}(n_1 + n_2 - 2)\right\} = \left\{|t| \geqslant t_{0.025}(759)\right\} = \left\{|t| \geqslant t_{0.025}(759)\right\} = 1.963.$$

计算得

$$
\begin{aligned}
t &= \frac{\bar{x}_1 - \bar{x}_2}{\sqrt{\dfrac{(n_1 - 1)s_1^2 + (n_2 - 1)s_1^2}{n_1 + n_2 - 2}} \times \sqrt{\dfrac{1}{n_1} + \dfrac{1}{n_2}}} \\
&= \frac{118.64 - 117.86}{\sqrt{\dfrac{(384 - 1) \times 4.53^2 + (377 - 1) \times 4.86^2}{384 + 377 - 2}} \times \sqrt{\dfrac{1}{384} + \dfrac{1}{377}}} = 2.29.
\end{aligned}
$$

$|t| = 2.29 > 1.963$, t 落入 H_0 的拒绝域中, 故在 0.05 显著水平下应拒绝 H_0, 认为性别对儿童身高有显著影响.

18. 有若干人参加一个健身锻炼, 在一年后测量了他们的身体脂肪含量, 结果如表 8.11 所示.

表 8.11

男生组	13.3	19	20	8	18	22	20	31	21	12	16	12	24
女生组	22	26	16	12	21.7	23.2	21	28	30	23			

假设身体脂肪含量服从正态分布, 试比较男生和女生的身体脂肪含量有无显著差异 (显著水平 $\alpha = 0.05$). (提示: 先做方差齐性检验, 再做均值检验.)

解 依题意, 男女生的脂肪含量是分别来自正态总体 $N(\mu_1, \sigma_1^2)$ 和 $N(\mu_2, \sigma_2^2)$, $\mu_1, \mu_2, \sigma_1^2, \sigma_2^2$ 均未知, 故先要验证方差齐性, 再进行均值比较检验.

第一步, 方差齐性检验, 需要检验假设

$$H_0 : \sigma_1^2 = \sigma_2^2, \quad H_1 : \sigma_1^2 \neq \sigma_2^2.$$

取检验统计量 $F = \dfrac{S_1^2}{S_2^2}$, 在显著性水平 $\alpha = 0.05$ 下, H_0 的拒绝域为

$$\{F \leqslant F_{0.975}(12,\ 9)\} \cup \{F \geqslant F_{0.025}(12,\ 9)\} = \{F \leqslant 0.29\} \cup \{F \geqslant 3.87\}.$$

由样本观测值计算得

$$n_1 = 13, \quad n_2 = 10, \quad \bar{x} = \frac{1}{n_1} \sum_{i=1}^{n_1} x_i \approx 18.18,$$

$$\bar{y} = \frac{1}{n_2} \sum_{i=1}^{n_2} y_i \approx 22.29, s_1^2 = \frac{1}{n_1 - 1} \sum_{i=1}^{n_1} (x_i - \bar{x})^2 \approx 36.39,$$

$$s_2^2 = \frac{1}{n_2 - 1} \sum_{i=1}^{n_2} (y_i - \bar{y})^2 \approx 28.30,$$

$$F = \frac{s_1^2}{s_2^2} = \frac{36.39}{28.30} \approx 1.29.$$

$F = 1.29$ 未落入拒绝域, 故不能拒绝 H_0, 可以认为两总体方差相等.

第二步, 均值比较检验.

由于两总体方差相等, 可设男生脂肪含量 $X \sim N(\mu_1, \sigma^2)$, 女生脂肪含量 $Y \sim N(\mu_2, \sigma^2)$, 需要检验

$$H_0 : \mu_1 = \mu_2, \quad H_1 : \mu_1 \neq \mu_2.$$

选 $T = \dfrac{\overline{X} - \overline{Y}}{S_w \sqrt{\dfrac{1}{n_1} + \dfrac{1}{n_2}}}$ 为检验统计量, 在显著水平 $\alpha = 0.05$ 下, H_0 的拒绝域为

$$\{|t| \geqslant t_{\alpha/2}(n_1 + n_2 - 2)\} = \{|t| \geqslant t_{0.025}(21)\} = \{|t| \geqslant 2.0796\}.$$

前面第一步中已经计算得到 $\bar{x} \approx 18.18, \bar{y} = 22.29, s_1^2 \approx 36.39, s_2^2 \approx 28.30$, 于是

$$s_w = \sqrt{\frac{(n_1 - 1)s_1^2 + (n_2 - 1)s_2^2}{n_1 + n_2 - 2}}$$

$$= \sqrt{\frac{(13 - 1) \times 36.39 + (10 - 1) \times 28.30}{13 + 10 - 2}} \approx 5.7378.$$

计算得到

$$|t| = \frac{|\bar{x} - \bar{y}|}{s_w \sqrt{\dfrac{1}{n_1} + \dfrac{1}{n_2}}} = \frac{|18.18 - 22.29|}{5.7378 \times \sqrt{\dfrac{1}{13} + \dfrac{1}{10}}} = 1.70 < 2.0796.$$

可知, t 未落入拒绝域中, 故在 0.05 的显著水平下应接受 H_0, 可以认为男生和女生的身体脂肪含量无显著差异.

19. 装配一个部件时可以采用不同的方法, 所关心的问题是哪一个方法的效率更高. 劳动效率可以用平均装配时间反映. 现从不同的装配方法中各抽取 12 件产品, 记录下各自的装配时间 (单位: 分钟), 如表 8.12 所示.

表 8.12

甲法	31	34	29	32	35	38	34	30	29	32	31	26
乙法	26	24	28	29	30	29	32	26	31	29	32	28

假设装配时间服从正态分布, 问两种方法的装配时间有无显著不同 (显著水平 $\alpha = 0.05$)? (提示: 先做方差齐性检验, 再做均值检验.)

解 设甲法的装配时间 $X \sim N(\mu_1, \sigma_1^2)$, 乙法的装配时间 $Y \sim N(\mu_2, \sigma_2^2)$, 由于 $\mu_1, \mu_2, \sigma_1^2, \sigma_2^2$ 均未知. 首先进行方差齐性检验, 再进行均值比较检验.

第一步, 方差齐性检验, 需要检验假设

$$H_0 : \sigma_1^2 = \sigma_2^2, \quad H_1 : \sigma_1^2 \neq \sigma_2^2.$$

取检验统计量 $F = \dfrac{S_1^2}{S_1^2}$, 在显著水平 $\alpha = 0.05$ 下, H_0 的拒绝域为

$$\{F \leqslant F_{0.975}(11,\ 11)\} \cup \{F \geqslant F_{0.025}(11,\ 11)\} = \{F \leqslant 0.29\} \cup \{F \geqslant 3.47\}.$$

由样本观测值计算得

$$n_1 = 12, \quad n_2 = 12,$$

$$s_1^2 = \frac{1}{n_1 - 1} \sum_{i=1}^{n_1} (x_i - \bar{x})^2 = 10.2046, \quad s_2^2 = \frac{1}{n_2 - 1} \sum_{i=1}^{n_2} (y_i - \bar{y})^2 = 6.0606,$$

$$F = \frac{s_1^2}{s_2^2} = \frac{10.2046}{6.0606} \approx 1.68,$$

$F = 1.68$ 未落入拒绝域, 故不能拒绝 H_0, 可以认为这两种方法的装配时间的方差相等.

第二步, 均值比较检验, 需检验假设 $H_0 : \mu_1 = \mu_2,\ H_1 : \mu_1 \neq \mu_2.$

由于两总体方差相等, 可取检验统计量

$$T = \frac{\overline{X} - \overline{Y}}{S_w \sqrt{\dfrac{1}{n_1} + \dfrac{1}{n_2}}},$$

其中 $S_w^2 = \dfrac{(n_1-1)S_1^2 + (n_2-1)S_2^2}{n_1 + n_2 - 2}$.

拒绝域为

$$\{|t| \geqslant t_{\alpha/2}(n_1 + n_2 - 2)\} = \{|t| \geqslant t_{0.025}(22)\} = \{|t| \geqslant 2.0739\}.$$

由样本观测值计算得 $n_1 = 12, n_2 = 12$,

$$\bar{x} = \frac{1}{n_1}\sum_{i=1}^{n_1} x_i = 31.75, \quad \bar{y} = \frac{1}{n_2}\sum_{i=1}^{n_2} y_i = 28.6667,$$

$$s_1^2 = 10.2046, \quad s_2^2 = 6.0606,$$

$$s_w = \sqrt{\frac{(n_1-1)s_1^2 + (n_2-1)s_2^2}{n_1 + n_2 - 2}}$$

$$= \sqrt{\frac{(12-1)\times 10.2045 + (12-1)\times 6.0606}{12 + 12 - 2}} = 2.8518.$$

$$|t| = \frac{|\bar{x} - \bar{y}|}{s_w\sqrt{\dfrac{1}{n_1} + \dfrac{1}{n_2}}} = \frac{|31.75 - 28.6667|}{2.8518 \times \sqrt{\dfrac{1}{12} + \dfrac{1}{12}}} = 2.6483 \geqslant 2.0739.$$

可知, t 落入了拒绝域, 故在 0.05 的显著水平下, 可以认为这两种方法的装配时间有显著不同.

20. 由 10 名学生组成一个随机样本, 让他们分别采用 A 和 B 两套数学试卷进行测试, 成绩如表 8.13 所示.

表 8.13

试卷 A	78	63	72	89	91	49	68	76	85	55
试卷 B	71	44	61	84	74	51	55	60	77	39

假设学生成绩服从正态分布, 试检验两套数学试卷是否有显著差异 (显著水平 $\alpha = 0.05$).

解 本题中数据是成对的, 对每一对数据而言, 它们是同一个学生做不同试卷的成绩, 不是两个独立随机变量的观测结果, 因此, 不能用两独立样本的 T 检验法来做均值比较.

由于同一对数据的差异可看成是仅由这两套试卷本身的差异所引起的, 若用变量 Z 表示学生做两套试卷的成绩之差, 则 10 对数据之差可以看成是来自总体 Z 的样本观测值. 即 Z 的观测值为 $7, 19, 11, 5, 17, -2, 13, 16, 8, 16$.

如果两套试卷无显著差异, 则各对数据的差异属于随机误差, 随机误差可以认为是服从零均值的正态分布, 若设 $Z \sim N(\mu, \sigma^2)$ 则问题转化为检验假设

$$H_0: \mu = 0, \quad H_1: \mu \neq 0.$$

采用单个正态分布均值的 T 检验, 检验统计量 $T = \dfrac{\overline{Z} - 0}{S/\sqrt{n}}$, 拒绝域为

$$\left\{ |t| \geqslant t_{\alpha/2}(9) \right\} = \left\{ |t| \geqslant t_{0.025}(9) \right\} = \left\{ |t| \geqslant 2.2622 \right\}.$$

由观测值计算可得 $n = 10, \bar{z} = \dfrac{1}{10}\sum\limits_{i=1}^{10} z_i = 11, s^2 = \dfrac{1}{10-1}\sum\limits_{i=1}^{10}(z_i - \bar{z})^2 = 42.667,$

$$|t| = \left| \frac{\bar{z} - 0}{s/\sqrt{n}} \right| = \frac{11}{\sqrt{42.667/10}} = 5.325 > 2.2622.$$

可知, t 落入了拒绝域, 所以拒绝 H_0, 在显著水平 $\alpha = 0.05$ 下, 可以认为两套数学试卷有显著差异.

21. 为了考察两种测量萘含量的液体层析方法: 标准方法和高压方法的测量结果有无显著差异, 取了 10 份试样, 每份分为两半, 一半用标准方法测量, 一半用高压方法测量, 每个试样的两个结果 (单位: mg) 如表 8.14 所示.

表 8.14

标准	14.7	14.0	12.9	16.2	10.2	12.4	12.0	14.8	11.8	9.7
高压	12.1	10.9	13.1	14.5	9.6	11.2	9.8	13.7	12.0	9.1

假设萘含量服从正态分布, 试检验这两种化验方法有无显著差异 (显著水平 $\alpha = 0.05$).

解　本题中的每一行数据虽然是同一方法测量的结果, 但 10 个数据的差异是由 10 个不同试样引起的, 因此表中的每一行都不能看成是一个样本的观测值, 再者, 对每一对数据而言, 它们是同一试样用不同方法测得的结果, 因此它们不是两个独立随机变量的观察结果, 我们不能用两独立样本的 T 检验法来做均值比较.

而同一对数据的差异可看成是仅由这两种测量方法本身的差异所引起的. 若用变量 Z 表示两种测量方法测量结果的差, 则 10 对数据之差可以看成是来自总体 Z 的样本观测值. 即 Z 的观测值为 2.6, 3.1, −0.2, 1.7, 0.6, 1.2, 1.2, 1.1, −0.2, 0.6.

如果两种测量方法无显著差异, 则各对数据的差异属于随机误差, 随机误差可以认为是服从零均值的正态分布, 若设 $Z \sim N(\mu, \sigma^2)$, 则问题转化为检验假设

$$H_0: \mu = 0, \quad H_1: \mu \neq 0.$$

采用单个正态分布均值的 T 检验, 检验统计量 $T = \dfrac{\overline{Z} - 0}{S/\sqrt{n}}$, 拒绝域为

$$\left\{ |t| \geqslant t_{\alpha/2}(9) \right\} = \left\{ |t| \geqslant t_{0.025}(9) \right\} = \left\{ |t| \geqslant 2.2622 \right\}.$$

由 Z 的观测值计算得 $n = 10, \bar{z} = 1.27, s^2 = 1.269$,

$$|t| = \left| \frac{\bar{z} - 0}{s/\sqrt{n}} \right| = \frac{1.27}{\sqrt{1.269/10}} = 3.565 > 2.2622.$$

可知, t 落入了拒绝域, 所以拒绝 H_0, 在显著水平 $\alpha = 0.05$ 下, 可以认为两种测量方法有显著差异.

第8章测试题

综合测试试卷

基础试卷一

一、单选题 (本题共 10 个小题, 每题 2 分, 共 20 分)

1. 设 A 和 B 是任意两个互不相容的事件, 且 $P(A) > 0, P(B) > 0$, 则必有 ( ).

(A) $P(A \cup \overline{B}) = P(\overline{B})$ (B) $\overline{A}$ 和 $\overline{B}$ 相容

(C) $\overline{A}$ 和 $\overline{B}$ 互不相容   (D) $P(A\overline{B}) = P(B)$

2. 设随机变量 X 的分布律

X	0	2	4	6
P	0.1	0.3	0.4	0.2

则 X 的分布函数值 $F(3) = ($ $)$.

(A) 0.1   (B) 0.8   (C) 0.4   (D) 1

3. 已知二维随机变量 (X, Y) 的分布函数为 $F(x, y)$, 则 (X, Y) 关于 Y 的边缘分布函数 $F_Y(y) = ($ $)$.

(A) $\lim\limits_{x \to +\infty} F(x, y), -\infty < x < +\infty$ (B) $\lim\limits_{y \to +\infty} F(x, y), -\infty < y < +\infty$

(C) $\lim\limits_{y \to +\infty} F(x, y), -\infty < x < +\infty$ (D) $\lim\limits_{x \to +\infty} F(x, y), -\infty < y < +\infty$

4. 设随机变量 X 和 Y 具有联合概率密度

$$f(x, y) = \begin{cases} \dfrac{1}{4}, & 0 < x < 2, |y| < x, \\ 0, & \text{其他}, \end{cases}$$

则 (X, Y) 关于 X 的边缘概率密度 $f_X(1) = ($ $)$.

(A) 0   (B) $\dfrac{1}{2}$ (C) 1   (D) $\dfrac{1}{4}$

5. 设随机变量 X 和 Y 独立同分布, 记 $U = X - Y, V = X + Y$, 则 U 与 V 间必有 ( ).

(A) 不独立   (B) $\rho_{UV} \neq 0$ (C) 独立   (D) $\rho_{UV} = 0$

6. 设随机变量 $X_1, X_2, \cdots, X_n$ 相互独立, 具有同一分布, 且 $E(X_i) = 0$, $D(X_i) = \sigma^2$, $k = 1, 2, \cdots$, 则当 n 很大时, $\sum\limits_{i=1}^{n} X_i$ 的近似分布是 (　　).

(A) $N(0, n\sigma^2)$ 　　　　　　　　　(B) $N(0, \sigma^2)$

(C) $N\left(0, \dfrac{\sigma^2}{n}\right)$ 　　　　　　　　(D) $N\left(0, \dfrac{\sigma^2}{n^2}\right)$

7. 设总体 $X \sim N(\mu, \sigma^2)$, 其中 μ 已知, σ 未知, $X_1, X_2, \cdots, X_n$ 为样本, $\overline{X}, S^2$ 分别为样本均值和样本方差, 则下列选项中不是统计量的是 (　　).

(A) $\min\limits_{1 \leqslant i \leqslant n} (X_i)$ 　　　　　　　(B) $\dfrac{1}{n-1} \sum\limits_{i=1}^{n} (X_i - \bar{X})^2$

(C) $\sum\limits_{i=1}^{n} (X_i - \mu)^2$ 　　　　　　　(D) $\dfrac{(n-1)S^2}{\sigma^2}$

8. 设随机变量 $X \sim t(n)(n > 1)$, $Y = \dfrac{1}{X^2}$, 则 (　　).

(A) $Y \sim \chi^2(n)$ 　　(B) $Y \sim \chi^2(n-1)$ 　　(C) $Y \sim F(n, 1)$ 　　(D) $Y \sim F(1, n)$

9. 设温度计的读数近似服从正态分布 $N(\mu, \sigma^2)$, 其中 μ, σ^2 均未知. 现从一厂家生产的产品中抽取 9 个样品, 测得样本均值 $\bar{x} = 36.2$ (℃), 样本标准差 $s = 0.5$ (℃), 则 σ^2 的置信水平为 0.95 的置信区间为 (　　).

(A) $\left(\dfrac{2}{\chi^2_{0.025}(8)}, \dfrac{2}{\chi^2_{0.975}(8)}\right)$ 　　　　(B) $\left(\dfrac{2}{\chi^2_{0.05}(8)}, \dfrac{2}{\chi^2_{0.95}(8)}\right)$

(C) $\left(\dfrac{4}{\chi^2_{0.025}(8)}, \dfrac{4}{\chi^2_{0.975}(8)}\right)$ 　　　　(D) $\left(\dfrac{4}{\chi^2_{0.025}(9)}, \dfrac{4}{\chi^2_{0.975}(9)}\right)$

10. 在显著水平 α 下假设检验的结果犯第一类错误的概率 (　　).

(A) $\geqslant \alpha$ 　　　　(B) $1 - \alpha$ 　　　　(C) $> \alpha$ 　　　　(D) $\leqslant \alpha$

二、填空题 (本题共 10 个小题, 每题 2 分, 共 20 分)

11. 已知 10 把钥匙中有 3 把能打开门, 今任取两把, 能打开门的概率为 _____.

12. 一试验可以独立重复进行, 每次试验成功的概率为 p, 则直到第 8 次试验才取得 3 次成功的概率为 _____.

13. 设 X 和 Y 的联合分布律为

X \ Y	0	1
0	5/8	1/8
1	1/8	1/8

则 $P\{X \geqslant Y\} =$ _____.

14. 设二维随机变量 (X, Y) 的概率密度为

$$f(x,y) = \begin{cases} \dfrac{1}{9}, & 0 < x < 3, 0 < y < 3, \\ 0, & \text{其他}, \end{cases}$$

则 $P\{X < Y\} = $ _____.

15. 设随机变量 X, Y 相互独立, 其中 $X \sim U(-2, 4), Y \sim P(3)$, 则 $D(2X - Y) = $ _____.

16. 随机变量 X 的数学期望为 $E(X) = \mu$, 方差为 $D(X) = \sigma^2$, 则由切比雪夫不等式, 有 $P\{|X - \mu| \geqslant 3\sigma\} \leqslant $ _____.

17. 设总体 $X \sim N(\mu, \sigma^2)$, $X_1, X_2, \cdots, X_{100}$ 是来自 X 的样本, 则 $\dfrac{\sum\limits_{i=1}^{100} (X_i - \bar{X})^2}{\sigma^2}$ 所服从的分布为_____.

18. 设 $X \sim N(\mu, \sigma^2)$, μ 未知, $\sigma^2 = 100$, 现随机取容量为 100 的样本, 以 $\overline{X}$ 记这一样本的均值, 则均值 $\overline{X}$ 与 μ 的偏差小于 $\dfrac{1}{2}$ 的概率 $= $ _____.

19. 设总体 X 的均值为 μ, 方差为 σ^2, $X_1, X_2, \cdots, X_n (n > 2)$ 为样本, 已知 $\overline{X}$ 与 X_1 均是 μ 的无偏估计量, 比较这两个估计量得_____ 更有效.

20. 设总体 $X \sim N(\mu, \sigma^2)$, $X_1, \cdots, X_n$ 是 X 的一个样本, 则当 σ^2 已知时, 求 μ 的置信区间所使用的枢轴量 $Z = $ _____.

三、解答题 (本题共 7 个大题, 共 60 分)

21. (本题 8 分) 事件 A, B 满足 $P(AB) = P(\overline{A}\,\overline{B})$, $P(A) = p$, $P(A|B) = q$, 试求 $P(B|A)$.

22. (本题 8 分) 一个袋子中装有 6 只乒乓球, 编号为 1, 2, 3, 4, 5, 6, 在其中同时取三只, 以 X 表示取出的三只球中的最小号码, 写出随机变量 X 的分布律及分布函数.

23. (本题 9 分) 设二维随机变量 (X, Y) 的分布律如下表所示:

X \ Y	2	3	8
4	0.1	0.3	0.4
8	0.05	0.12	0.03

求: (1) 关于 X 和关于 Y 的边缘分布律;

(2) X 和 Y 是否相互独立? 请说明理由;

(3) $Z = X^2 + Y^2$ 的分布律.

24. (本题 9 分) 设随机变量 X 和 Y 具有联合概率密度

$$f(x,y) = \begin{cases} 6, & x^2 \leqslant y \leqslant x, \\ 0, & \text{其他}. \end{cases}$$

(1) 求关于 X 和 Y 的边缘概率密度函数;
(2) 判断随机变量 X 和 Y 是否相互独立;
(3) 求 X 和 Y 的协方差.

25. (本题 9 分) 已知某药品对某疾病的治愈率为 80%, 现有 100 个此种疾病患者, 假设用了这种药品后治愈的人数为 X.

(1) 写出 X 所服从的分布;
(2) 根据棣莫弗–拉普拉斯中心极限定理写出 X 所服从的近似分布;
(3) 求治愈人数不少于 70 且不多于 90 的概率.

26. (本题 9 分) 设 $X_1, X_2, \cdots, X_n$ 为总体 X 的一个样本, $x_1, x_2, \cdots, x_n$ 为样本观测值, X 的密度函数

$$f(x) = \begin{cases} \theta c^{\theta} x^{-(\theta+1)}, & x > c, \\ 0, & \text{其他}. \end{cases}$$

其中 $c(c > 0)$ 为已知, 求参数 θ 的矩估计量和最大似然估计量.

27. (本题 8 分) 假设某种元件的寿命服从正态分布, 要求其使用寿命不得低于 1000 (小时), 现从一批这种元件中随机抽取 25 件, 测得其寿命样本均值为 950 小时, 样本标准差为 100 小时. 在 0.05 的显著水平下是否可以认为这批元件合格?

基础试卷二

一、单选题 (本题共 10 个小题, 每小题 2 分, 共 20 分)

1. 设 A, B 为两随机事件, 且 A 与 B 相互独立, $P(A) = 0.4$, $P(A-B) = 0.2$, 则 $P(A \cup B) = ($ $)$.

(A) 0.9　　　　　(B) 0.6　　　　　(C) 0.52　　　　　(D) 0.7

2. 设连续型随机变量 X 的概率密度为 $f(x) = \begin{cases} 4e^{-4x}, & x > 0, \\ 0, & \text{其他}. \end{cases}$ 则 X 的分布函数值 $F(1) = ($ $)$.

(A) $1 - e^{-4}$　　　　(B) $1 - 4e^{-4}$　　　　(C) $4e^{-4}$　　　　(D) e^{-4}

3. 设二维离散型随机变量 (X, Y) 的联合分布律为

X ＼ Y	2	4
1	0.3	0.4
2	0.2	0.1

则 $P\{X = 2 | Y = 2\} = ($ $)$.

(A) 0.2　　　　　(B) 0.3　　　　　(C) 0.4　　　　　(D) 1

4. 设随机变量 X 与 Y 的联合分布函数为 $F(x, y)$, $F_X(x)$ 和 $F_Y(y)$ 分别为 X 和 Y 的分布函数, 则对任意 a, b, 概率 $P\{X > a, Y > b\} = ($ $)$.

(A) $1 - F(a, b)$ 　　　　　　　　(B) $F(a, b) + 1 - [F_X(a) + F_Y(b)]$
(C) $1 - F_X(a) + F_Y(b)$ 　　　　(D) $F(a, b) - 1 + [F_X(a) + F_Y(b)]$

5. 设随机变量 $X \sim N(\mu, \sigma^2)$, $Y \sim P(\lambda)$, 则下列结论中不一定正确的是 $($ $)$.

(A) $E(X) = \mu, E(Y) = \lambda$ 　　　　(B) $D(X) = \sigma^2, D(Y) = \lambda$
(C) $E(X + Y) = \mu + \lambda$ 　　　　　(D) $D(X + Y) = \sigma^2 + \lambda$

6. 设 $X_1, X_2, \cdots, X_n, \cdots (n > 2)$ 为独立同分布的随机变量序列, $E(X_i) = \mu, D(X_i) = \sigma^2 \neq 0$, 则当 n 充分大时, 下列选项不正确的是 $($ $)$.

(A) $\dfrac{1}{n} \sum\limits_{i=1}^{n} X_i \sim N\left(\mu, \dfrac{\sigma^2}{n}\right)$ 　　　　(B) $\dfrac{1}{n} \sum\limits_{i=1}^{n} X_i \sim N\left(\dfrac{\mu}{n}, \dfrac{\sigma^2}{n}\right)$

(C) $\sum\limits_{i=1}^{n} X_i \sim N(n\mu, n\sigma^2)$ 　　　　(D) $\lim\limits_{n \to \infty} P\left\{ \left| \dfrac{\sum\limits_{i=1}^{n} X_i}{n} - \mu \right| < \varepsilon \right\} = 1$

7. 设 $X_1, X_2, \cdots, X_{10}$ 是来自总体 $X \sim N(0, \sigma^2)$ 的样本, $Y^2 = \dfrac{1}{9}\sum\limits_{i=2}^{10} X_i^2$, 则 (　　).

(A) $X^2 \sim \chi^2(1)$ 　　　　　　　　(B) $\dfrac{X_1^2}{Y^2} \sim F(1, 10)$

(C) $\dfrac{X}{Y} \sim t(10)$ 　　　　　　　　(D) $\dfrac{X_1^2}{Y^2} \sim F(1, 9)$

8. 设 $X_1, X_2, \cdots, X_{16}$ 是来自总体 $N(4, \sigma^2)$ 的样本, 则 (　　).

(A) $\dfrac{4\overline{X} - 8}{\sigma} \sim N(0, 1)$ 　　　　　　　(B) $\dfrac{4\overline{X} - 16}{\sigma} \sim N(0, 1)$

(C) $\dfrac{2\overline{X} - 8}{\sigma} \sim N(0, 1)$ 　　　　　　　(D) $\dfrac{2\overline{X} - 16}{\sigma} \sim N(0, 1)$

9. 假设人的血压 X 服从正态分布 $N(\mu, \sigma^2)$, σ 未知, 现从人群中随机抽取 100 个人, 测得他们的平均收缩压 $\bar{x} = 125(\text{mmHg})$, 样本标准差 $s = 20(\text{mmHg})$, 则 μ 的置信水平为 0.95 的置信区间为 (　　).

(A) $(125 \pm 2t_{0.025}(99))$ 　　　　　　(B) $(125 \pm 2t_{0.025}(100))$
(C) $(125 \pm 2t_{0.05}(99))$ 　　　　　　(D) $(125 \pm 2z_{0.025})$

10. 在假设检验中, 用 α 和 β 分别表示犯第一类错误和第二类错误的概率, 则当样本容量一定时, 下列结论正确的是 (　　).

(A) α 减小 β 也减小　　　　(B) α 与 β 其中一个减小时另一个往往会增大
(C) α 增大 β 也增大　　　　(D) (A) 和 (C) 同时成立

二、填空题 (本题共 10 个小题, 每小题 2 分, 共 20 分)

11. 某高校春季运动会上举办射箭比赛, 射箭比赛的箭靶有多个颜色的分环, 已知靶面直径为 40cm, 内部靶心直径为 8cm, 假设运动员射箭都能中靶, 且射中靶面任一点都是等可能的, 那么射中内部靶心的概率为 _____ .

12. 设打一次电话所用时间 X 服从指数分布, 其概率密度为

$$f(x) = \begin{cases} \dfrac{1}{10}\mathrm{e}^{-\frac{x}{10}}, & x > 0, \\ 0, & x \leqslant 0, \end{cases}$$

若 $a > 0$, 则 $P\{X > a + 10 \mid X > a\} = $ _____.

13. 设随机变量 X, Y 独立, 且分别服从参数为 1 和 4 的指数分布, 则 $P\{X > Y\} = $ _____.

14. 设二维随机变量 (X, Y) 的概率密度为

$$f(x, y) = \begin{cases} c, & x^2 + y^2 \leqslant 4, \\ 0, & \text{其他}, \end{cases}$$

则 $c =$ _____.

15. 设随机变量 $X \sim B(4, 0.1)$, $Y \sim P(1)$, 已知 $D(X+Y) = 2$, 则 X 和 Y 的相关系数 $\rho_{XY} =$ _____.

16. 设随机变量 X 表示住房的温度. 在供暖的季节, 住房的平均温度 $E(X) = 20$, 方差为 $D(X) = 4$, 由切比雪夫不等式可知, 住房温度与平均温度的偏差小于 4 的概率 $P\{|X-20| < 4\} \geqslant$ _____.

17. 设随机变量 X 和 Y 相互独立且均服从 $N(0, 4^2)$, 而设 $X_1, X_2, \cdots, X_{16}$ 和 $Y_1, Y_2, \cdots, Y_{16}$ 分别来自总体 X 和 Y 的样本, 则统计量 $V = \dfrac{\sum\limits_{i=1}^{16} X_i}{\sqrt{\sum\limits_{i=1}^{16} Y_i^2}}$ 服从的分布是 _____.

18. 设 $X_1, X_2, \cdots, X_{n_1}$ 是总体 $N(\mu_1, \sigma_1^2)$ 的一个样本, $\overline{X}$, S_1^2 分别是样本均值和样本方差; $Y_1, Y_2, \cdots, Y_{n_2}$ 是总体 $N(\mu_2, \sigma_2^2)$ 的一个样本, $\overline{Y}$, S_2^2 分别是样本均值和样本方差, 这两个样本相互独立, 则 $\dfrac{\overline{X} - \overline{Y} - (\mu_1 - \mu_2)}{\sqrt{\dfrac{\sigma_1^2}{n_1} + \dfrac{\sigma_2^2}{n_2}}}$ 服从 _____.

19. 估计量的三个评价标准为 _____、_____、_____.

20. 总体 $X \sim N(\mu, \sigma^2)$, $X_1, \cdots, X_n$ 是 X 的一个样本, μ 未知时, 求 σ^2 的置信区间所使用的枢轴量为 $\chi^2 =$ _____.

三、解答题 (本题共 **7** 个小题, 共 **60** 分)

21. (本题 8 分) 三个学生各自独立地去求解一道难题, 已知每个人能解出这道题的概率分别为 $\dfrac{1}{2}, \dfrac{1}{3}, \dfrac{1}{4}$, 试求: (1) 至少有一人能将这道题解出的概率; (2) 有两人解出这道题的概率.

22. (本题 9 分) 某日某人欲乘公交车从 A 地到 B 地去, 设他等候公交车的时间 $X \sim U(0, 30)$, 若候车超过 10 分钟, 他将改乘出租车.

(1) 求该人未乘公交车而改乘出租车的概率;

(2) 若此人一个月需要如此这样从 A 地到 B 地 4 次, Y 表示他未坐公交车而改乘出租车的次数, 请写出 Y 的分布律, 并求 $P\{Y \geqslant 1\}$.

23. (本题 8 分) 设二维随机变量 (X, Y) 的概率密度为

$$f(x, y) = \begin{cases} k\mathrm{e}^{-(x+y)}, & 0 < x < 1, y > 0, \\ 0, & \text{其他.} \end{cases}$$

(1) 确定常数 k 的值.

(2) 求 X 和 Y 的边缘概率密度并判断 X 和 Y 是否独立?

(3) 求 $U = \max\{X, Y\}$ 的分布函数.

24. (本题 9 分) 某人有一笔资金, 可投入两个项目: 房产和商业, 其收益都与市场状态有关. 若把未来市场划分为好、中、差三个等级, 其发生的概率分别为 0.2, 0.7, 0.1. 通过调查, 该投资者认为投资于房产的收益 X (万元) 和投资于商业的收益 Y (万元) 的分布分别为

X	11	3	-3		Y	6	4	-1
P	0.2	0.7	0.1		P	0.2	0.7	0.1

(1) 计算投资于房产和商业的平均收益 $E(X)$, $E(Y)$;

(2) 计算两种投资方案收益的方差 $D(X)$, $D(Y)$;

(3) 投资者如何投资较好? 并说明理由.

25. (本题 9 分) 已知笔记本电脑中某种配件的合格率仅为 80%, 某大型电脑厂商月生产笔记本电脑 10000 台, 为了以 99.7% 的把握保证出厂的电脑均能装上合格的配件, 问: 此生产厂商每月至少应购买该种配件多少件?

26. (本题 9 分) 设总体 X 的概率密度为 $f(x) = \begin{cases} \dfrac{2x}{\theta^2}, & 0 < x < \theta, \\ 0, & \text{其他}, \end{cases}$ θ 是待估参数, $X_1, X_2, \cdots, X_n$ 为来自总体 X 的样本.

(1) 求参数 θ 的矩估计量, 并判断其是否为 θ 的无偏估计量;

(2) 抽样得到的样本观测值为 0.8, 0.6, 0.4, 0.5, 0.5, 0.6, 0.6, 0.8, 求参数 θ 的矩估计值.

27. (本题 8 分) 一项发表在医学期刊《柳叶刀》上的研究在微博引发热议, 该项研究表明, 中国人在过去的三十多年变得越来越高, 尤其中国男性成为全世界身高增长最快的群体之一. 设人群中男性的身高 X 服从正态分布 $N(\mu, \sigma^2)$, 现任意抽取 100 名男性, 测得他们的平均身高为 $\bar{x} = 171$cm, 标准差为 $s = 5$cm.

(1) 在显著水平 $\alpha = 0.05$ 下, 是否可认为我国男性的平均身高 μ 大于 170 cm?

(2) 你的检验结果可能会犯哪一类错误? 犯该类错误的概率是否可控?

基础试卷三

一、单选题 (本题共 10 个小题, 每小题 2 分, 共 20 分)

1. 设事件 A, B, C 有包含关系: $A \subset C$, $B \subset C$, 则 (　　).

(A) $P(C) = P(AB)$

(B) $P(C) \leqslant P(A) + P(B) - 1$

(C) $P(C) \geqslant P(A) + P(B) - 1$

(D) $P(C) = P(A \cup B)$

2. 一电话交换台每分钟接到呼唤次数 X 服从 $\lambda = 4$ 的泊松分布, 那么每分钟接到的呼叫次数 X 小于 10 的概率为 (　　).

(A) $\dfrac{4^{10}}{10!} e^{-4}$

(B) $\displaystyle\sum_{k=10}^{\infty} \dfrac{4^k}{k!} e^{-4}$

(C) $\displaystyle\sum_{k=0}^{10} \dfrac{4^k}{k!} e^{-4}$

(D) $\displaystyle\sum_{k=0}^{9} \dfrac{4^k}{k!} e^{-4}$

3. 设随机变量 X, Y 独立同分布, 且 X 的分布函数为 $F(x)$, 则 $Z = \min\{X, Y\}$ 的分布函数为 (　　).

(A) $F^2(x)$

(B) $F(x)F(y)$

(C) $1 - [1 - F(x)]^2$

(D) $[1 - F(x)][1 - F(y)]$

4. 已知 X 与 Y 的联合分布律为

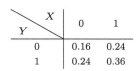

则 $P\{\max\{X, Y\} = 1\} = ($　　$)$.

(A) 0.16　　　　(B) 0.24　　　　(C) 0.36　　　　(D) 0.84

5. 已知随机变量 X 和 Y 满足 $\mathrm{Cov}(X, Y) = 0$, 则下列选项正确的是 (　　).

(A) $D(X - Y) = D(X) - D(Y)$

(B) $D(X + Y) = D(X) + D(Y)$

(C) X 与 Y 相互独立

(D) $D(XY) = D(X)D(Y)$

6. 设 $X_1, X_2, \cdots, X_n, \cdots (n > 2)$ 为相互独立的随机变量序列, 且均服从参数为 $\lambda (\lambda > 0)$ 的泊松分布, 则当 n 充分大时, 下列选项正确的是 (　　).

(A) $\dfrac{\sum\limits_{i=1}^{n} X_i - n\lambda}{\sqrt{n\lambda}} \overset{\text{近似}}{\sim} N(0, 1)$

(B) $\displaystyle\sum_{i=1}^{n} X_i \overset{\text{近似}}{\sim} N(\lambda, n\lambda)$

(C) $\displaystyle\sum_{i=1}^{n} X_i \overset{\text{近似}}{\sim} N(0, 1)$

(D) $P\left\{ \displaystyle\sum_{i=1}^{n} X_i \leqslant x \right\} = \Phi(x)$

7. 设总体 $X \sim \mathrm{Exp}(\theta)$, $X_1, X_2, \cdots, X_n$ 是 X 的一个样本, $\overline{X}, S^2$ 分别是样本均值及样本方差, 则 $E(\overline{X})$ 和 $E(S^2)$ 分别为 (　　).

(A) $\theta, n\theta^2$ (B) θ, θ^2 (C) θ, θ (D) $n\theta, \theta^2$

8. 已知总体 X 为参数为 p 的 0-1 分布, $X_1, X_2, \cdots, X_n$ 是来自总体 X 的一个样本, 则 (   ).

(A) $\sum_{i=1}^{n} X_i \sim B(n,p)$ (B) $\sum_{i=1}^{n} X_i$ 仍为 0-1 分布

(C) $\sum_{i=1}^{n} X_i$ 的分布无法确定   (D) $\sum_{i=1}^{n} X_i \sim N(n,p)$

9. $X_1, X_2, \cdots, X_n$ 是总体 X 的一个样本, $D(X)$ 未知, 则 (   ) 是 $D(X)$ 的无偏估计量.

(A) $\dfrac{1}{n} \sum_{i=1}^{n-1} (X_i - \overline{X})^2$ (B) $\dfrac{1}{n-1} \sum_{i=1}^{n-1} (X_i - \overline{X})^2$

(C) $\dfrac{1}{n-1} \sum_{i=1}^{n} (X_i - \overline{X})^2$ (D) $\dfrac{1}{n} \sum_{i=1}^{n} (X_i - \overline{X})^2$

10. 在假设检验中, 如果待检验的原假设为 H_0, 那么犯第一类错误或称 "弃真" 的错误是指 (   ).

(A) H_0 成立, 接受了 H_0 (B) H_0 不成立, 接受了 H_0

(C) H_0 成立, 拒绝了 H_0 (D) H_0 不成立, 拒绝了 H_0

二、填空题 (本题共 10 个小题, 每小题 2 分, 共 20 分)

11. 来自三个地区的考生的报名表分别为 10 份, 15 份, 25 份, 其中女生的报名表分别为 3 份, 7 份和 5 份, 随机地抽取一个地区的报名表, 再从中抽出一份, 抽到女生的概率为_____.

12. 设随机变量 X 的分布函数为 $F(x) = \begin{cases} A - e^{-2x}, & x > 0, \\ 0, & x \leqslant 0, \end{cases}$ 则 $A = $ _____.

13. 设二维随机变量 (X, Y) 的概率密度为

$$f(x,y) = \begin{cases} A(x+y), & 0 < x < 2, 0 < y < 2, \\ 0, & \text{其他}. \end{cases}$$

则常数 $A = $ _____.

14. 设 $X \sim N(1,2), Y \sim N(-2,3)$, 且 X 与 Y 独立, 则 $X - 2Y \sim$ _____.

15. 将一枚硬币重复掷 n 次, 以 X 和 Y 分别表示正面向上和反面向上的次数, 则 X 与 Y 的相关系数等于_____.

16. 设 $X_1, X_2, \cdots, X_i, \cdots$ 为独立同分布的随机变量序列, 其共同的分布如下表所示.

X_i	$-\sqrt{2}$	0	$\sqrt{2}$
P	1/4	1/2	1/4

由切比雪夫大数定律, $\dfrac{1}{n}\sum\limits_{i=1}^{n} X_i$ 依概率收敛于 _____.

17. 设 $X_1, X_2, \cdots, X_{n+m}$ 是来自正态总体 $N(0, \sigma^2)$ 的容量为 $n+m$ 的样本, 则统计量 $\dfrac{m\sum\limits_{i=1}^{n} X_i^2}{n\sum\limits_{i=n+1}^{n+m} X_i^2}$ 服从的分布是_____.

18. 设 $X_1, X_2, \cdots, X_{25}$ 是总体 $N(0,\ 16)$ 的一个样本, $\bar{X}$ 为样本均值; $Y_1, Y_2, \cdots, Y_{25}$ 是总体 $N(1,\ 9)$ 的一个样本, $\bar{Y}$ 为样本均值, 这两个样本相互独立, 则 $\overline{X} - \overline{Y}$ 服从_____.

19. 若 3, 4, 2, 3, 2, 3, 4 是均匀分布总体 $U(0,\theta)$ 的观测值, 则 θ 的矩估计值是 _____.

20. 设 X 是离散型总体, 其分布律是 $P\{X = x\} = p(x;\theta)$, θ 是待估计参数, $x_1, x_2, \cdots, x_n$ 是样本观测值, 则基于 $x_1, x_2, \cdots, x_n$ 的似然函数是_____.

三、解答题 (本题共 7 个大题, 共 60 分)

21. (本题 8 分) 口罩是防疫工作中的重要物资, 某单位某次购买的医用口罩由甲、乙、丙三个不同的厂家供货, 其供货量之比为 $3:1:1$, 三个厂家次品率分别为 $2\%, 2\%, 3\%$. 试求:

(1) 在这批口罩中随机抽取一只, 求它是次品的概率;

(2) 若抽取的这只口罩是次品, 求它来自甲厂家的概率.

22. (本题 7 分) 设随机变量 X 具有概率密度

$$f(x) = \begin{cases} K\mathrm{e}^{-3x}, & x > 0, \\ 0, & x \leqslant 0. \end{cases}$$

(1) 试确定常数 K;

(2) 求 X 的概率分布函数 $F(x)$;

(3) 求 $P\{-1 < X \leqslant 1\}$.

23. (本题 10 分) 已知二维离散型随机变量 (X, Y) 的分布律为

X \ Y	-1	0	1
0	0.07	0.18	0.15
1	0.08	0.32	0.20

(1) 求 (X, Y) 关于 X 和关于 Y 的边缘分布律;

(2) 求 $Z = XY$ 的分布律;

(3) 求 X 与 Y 的协方差 $\mathrm{Cov}(X, Y)$, 并由此判断 X 与 Y 的相关性;

(4) 说明 X 与 Y 是否独立.

24. (本题 9 分) 设随机变量 X 具有概率密度

$$f(x) = \begin{cases} kx, & 0 \leqslant x < 3, \\ 2 - \dfrac{x}{2}, & 3 \leqslant x \leqslant 4, \\ 0, & 其他. \end{cases}$$

(1) 确定常数 k;

(2) 求 $P\{1 < X \leqslant 4\}$;

(3) 计算 $E(X)$.

25. (本题 9 分) 某小型供电站供应某小区 300 户居民用电, 各户用电情况相互独立. 已知每户每日的用电量 $X_i \sim U(0, 20)$, $i = 1, 2, \cdots, 300$ (单位: kW·h).

(1) 求每户每日用电量的平均值 $E(X_i)$ 和方差 $D(X_i)$;

(2) 利用中心极限定理, 写出这 300 户居民每日总用电量 $\sum\limits_{i=1}^{300} X_i$ 的近似分布;

(3) 求这 300 户居民每日总用电量超过 3150kW·h 的概率 $P\left\{\sum\limits_{i=1}^{300} X_i > 3150\right\}$.

26. (本题 7 分) 设总体 X 的概率密度为

$$f(x; \theta) = \begin{cases} \theta, & 0 < x < 1, \\ 1 - \theta, & 1 \leqslant x < 2, \\ 0, & 其他, \end{cases} \quad 其中 0 < \theta < 1 是待估参数.$$

$X_1, X_2, \cdots, X_n$ 是来自总体 X 的样本.

(1) 求参数 θ 的矩估计量, 并判断此估计量是否为 θ 的无偏估计量;

(2) 抽样得到的样本观测值为 0.6, 0.5, 0.5, 0.6, 0.6, 0.8, 求参数 θ 的矩估计值.

27. (本题 10 分) 从大批彩色显像管中随机抽取 100 只, 其平均寿命为 10000 小时, 可以认为显像管的寿命服从正态分布. 已知标准差 $\sigma = 40$ 小时, 试求

(1) 显像管平均寿命 μ 的置信度为 0.99 的置信区间;

(2) 若显像管的平均寿命不低于 10100 小时被认为合格, 试在显著水平 $\alpha = 0.005$ 下检验这批显像管是否合格. (注: $z_{0.005} = 2.576$.)

基础试卷四

一、单选题 (本题共 10 个小题, 每小题 10 分, 共 20 分)

1. 设 A, B 为随机事件, $P(A) > 0, P(B|A) = 1$, 则必有 (   ).

(A) $P(AB) = P(B)$ (B) $A \subset B$

(C) $P(A) = P(B)$ (D) $P(A \cup B) = P(B)$

2. 设随机变量 X 的分布函数为 $F_X(x)$, 则 $Y = 4X + 3$ 的分布函数 $F_Y(y) =$ (   ).

(A) $F_X\left(\dfrac{y-3}{4}\right)$ (B) $F_X\left(\dfrac{y-4}{3}\right)$

(C) $F_X(4y + 3)$ (D) $F_X(3y + 4)$

3. 设随机变量 X 和 Y 相互独立, 且均服从区间 $(0, 3)$ 上的均匀分布, 则 $P\{\max\{X, Y\} \leqslant 1\}$ 为 (   ).

(A) $\dfrac{1}{9}$ (B) $\dfrac{1}{6}$ (C) $\dfrac{1}{3}$ (D) 1

4. 设随机变量 X 和 Y 相互独立, 且 $X \sim N(0, 1)$, $Y \sim N(1, 1)$, 则 (   ).

(A) $P\{X + Y \leqslant 0\} = \dfrac{1}{2}$ (B) $P\{X + Y \leqslant -1\} = \dfrac{1}{2}$

(C) $P\{X - Y \leqslant 0\} = \dfrac{1}{2}$ (D) $P\{X - Y \leqslant -1\} = \dfrac{1}{2}$

5. 若随机变量 X 和 Y 的相关系数 $\rho_{XY} = 0$, 则下列错误的是 (   ).

(A) X, Y 必相互独立   (B) 必有 $E(XY) = E(X)E(Y)$

(C) X, Y 必不相关   (D) 必有 $D(X+Y) = D(X)+D(Y)$

6. 设 $X_1, X_2, \cdots, X_n, \cdots (n > 2)$ 为相互独立的随机变量序列, 且均服从参数为 $\theta(\theta > 1)$ 的指数分布, 记 $\Phi(x)$ 为标准正态分布函数, 则 (   ).

(A) $\lim\limits_{n \to \infty} P\left\{\dfrac{\sum\limits_{i=1}^{n} X_i - n\theta}{\theta\sqrt{n}} \leqslant x\right\} = \Phi(x)$

(B) $\lim\limits_{n \to \infty} P\left\{\dfrac{\sum\limits_{i=1}^{n} X_i - n\theta}{\sqrt{n\theta}} \leqslant x\right\} = \Phi(x)$

(C) $\lim\limits_{n \to \infty} P\left\{\dfrac{\theta\sum\limits_{i=1}^{n} X_i - n}{\sqrt{n}} \leqslant x\right\} = \Phi(x)$

(D) $\lim\limits_{n\to\infty} P\left\{\dfrac{\sum\limits_{i=1}^{n} X_i - \theta}{\sqrt{n\theta}} \leqslant x\right\} = \Phi(x)$

7. 设总体 $X \sim P(\lambda)$, $X_1, X_2, \cdots, X_n$ 是 X 的一个样本, $\overline{X}, S^2$ 分别为样本均值和样本方差, 则 $E(\overline{X}), E(S^2)$ 分别为 (　　).

(A) λ, λ^2　　　　　　(B) λ, λ　　　　　　(C) $\dfrac{\lambda}{n}, \lambda$　　　　　　(D) $\lambda, n\lambda$

8. 设 $Z \sim N(0, 1)$, 则下面选项正确的是 (　　).

(A) $z_\alpha = -z_{1-\alpha}$　　　　　　　　　　(B) $z_\alpha = z_{1-\alpha}$

(C) $z_\alpha = 1 - z_{1-\alpha}$　　　　　　　　　(D) 以上都不对

9. 设 X_1, X_2 是取自总体 $N(\mu, 1)$ 的一个样本, $\dfrac{2}{3}X_1 + \dfrac{1}{3}X_2$, $\dfrac{1}{4}X_1 + \dfrac{3}{4}X_2$, $\dfrac{1}{2}(X_1 + X_2)$ 均为 μ 的无偏估计量, 其中最有效的一个是 (　　).

(A) $\dfrac{2}{3}X_1 + \dfrac{1}{3}X_2$　　　　　　　　　(B) $\dfrac{1}{4}X_1 + \dfrac{3}{4}X_2$

(C) $\dfrac{1}{2}(X_1 + X_2)$　　　　　　　　　　(D) 无法确定

10. 在假设检验中, 如果 H_0 的拒绝域为 K, 那么样本观测值 $x_1, x_2, \cdots, x_n$ 的以下情况中, 拒绝 H_0 且不犯错误的是 (　　).

(A) H_0 成立, $(x_1, x_2, \cdots, x_n) \in K$　　(B) H_0 成立, $(x_1, x_2, \cdots, x_n) \notin K$

(C) H_0 不成立, $(x_1, x_2, \cdots, x_n) \in K$　　(D) H_0 不成立, $(x_1, x_2, \cdots, x_n) \notin K$

二、填空题 (本题共 10 个小题, 每小题 2 分, 共 20 分)

11. 设 A, B 为两随机事件, $P(A) = 0.7$, $P(A - B) = 0.3$, 则 $P(\overline{AB}) =$ _____.

12. 设随机变量 X 的概率密度为 $f(x) = \begin{cases} (k+1)\cos 2x, & -\pi/4 < x < \pi/4, \\ 0, & 其他, \end{cases}$

则 $k =$ _____.

13. 设 $X \sim B(10, 0.1)$, $Y \sim B(5, 0.1)$, 且 X 与 Y 相互独立, 则 $Z = X + Y \sim$ _____.

14. 设二维离散型随机变量 (X, Y) 的联合分布律为

X \ Y	1	2	4
1	0.1	0.4	0.1
2	0.1	0.2	0.1

则 $P\{X = 2 | Y \leqslant 2\} = $ _____.

15. 设随机变量 X 和 Y 的相关系数 $\rho_{XY} = -\dfrac{1}{2}, E(X) = E(Y) = 0, E(X^2) = E(Y^2) = 2$, 则 $D(X + Y) = $ _____.

16. 设随机变量 $X_1, X_2, \cdots, X_n$ 独立同服从参数为 4 的指数分布, 当 n 充分大时, $Y_n = \dfrac{1}{n} \sum\limits_{i=1}^{n} X_i^2$ 依概率收敛于 _____ .

17. 设 $X_1, X_2, \cdots, X_{n_1}$ 是总体 $N(\mu_1, \sigma_1^2)$ 的一个样本, $\overline{X}, S_1^2$ 分别是样本均值和样本方差; $Y_1, Y_2, \cdots, Y_{n_2}$ 是总体 $N(\mu_2, \sigma_2^2)$ 的一个样本, $\overline{Y}, S_2^2$ 分别是样本均值和样本方差, 这两个样本相互独立, 则 $\dfrac{S_1^2 / S_2^2}{\sigma_1^2 / \sigma_2^2}$ 服从_____.

18. 设总体 $X \sim N(\mu, \sigma^2)$, $X_1, X_2, \cdots, X_{100}$ 是 X 的一个样本, 那么 $\sum\limits_{i=1}^{100} \left(\dfrac{X_i - \mu}{\sigma} \right)^2$ 服从的分布为_____.

19. 设总体 X 的概率密度为 $f(x; \theta) = \begin{cases} \mathrm{e}^{-(x-\theta)}, & x \geqslant \theta, \\ 0, & x < \theta, \end{cases}$ 而 $X_1, X_2, \cdots, X_n$ 为来自 X 的样本, 则未知参数 θ 的矩估计量为 _____ .

20. 设总体 X 的概率密度为 $f(x) = \begin{cases} \theta x^{\theta-1}, & 0 < x < 1, \\ 0, & 其他, \end{cases}$ θ 是待估参数, $x_1, x_2, \cdots, x_n$ 是样本观测值, 则 θ 的最大似然估计值为_____.

三、解答题 (本题共 7 个小题, 共 60 分)

21. (本题 8 分) 某商场玻璃杯成箱销售, 每箱 10 只, 其中每箱含 0, 1, 2 只次品的概率分别为 0.6, 0.3, 0.1, 某顾客选中一箱, 从中任选两只检查, 结果都是正品, 便买下了这一箱. 问这一箱玻璃杯不含次品的概率是多少?

22. (本题 9 分) 设随机变量 X 的分布函数为

$$F(x) = \begin{cases} a + b\mathrm{e}^{-\frac{x^2}{2}}, & x > 0, \\ 0, & x \leqslant 0. \end{cases}$$

(1) 确定常数 a, b; (2) 求 X 的概率密度 $f(x)$; (3) 求 $P\{\sqrt{\ln 4} < X \leqslant \sqrt{\ln 16}\}$.

23. (本题 9 分) 设二维随机变量 (X, Y) 的概率密度为

$$f(x, y) = \begin{cases} \dfrac{1}{\pi}, & x^2 + y^2 < 1, \\ 0, & 其他. \end{cases}$$

(1) 求边缘概率密度 $f_X(x), f_Y(y)$.

(2) X 与 Y 是否独立?

(3) 求条件概率密度 $f_{Y|X}(y|x)$ 和 $f_{X|Y}(x|y)$.

24. (本题 8 分) 一工厂生产的某种设备的寿命 X (以年计) 服从指数分布, 概率密度为

$$f(x) = \begin{cases} \dfrac{1}{4}\mathrm{e}^{-\frac{x}{4}}, & x > 0, \\ 0, & x \leqslant 0. \end{cases}$$

工厂规定, 出售的设备若在一年之内损坏可予以调换, 若工厂售出一台设备赢利 100 元, 调换一台设备厂方需花费 300 元. 求:

(1) 出售一台设备厂方的净赢利 Y 的概率分布;

(2) Y 的数学期望.

25. (本题 9 分) 设总体 $X \sim N(\mu, 0.25)$, 抽取容量为 n 的样本, 样本均值记为 $\overline{X}$. 欲使 $|\overline{X} - \mu| < 0.1$ 的概率不低于 0.96, 样本容量 n 至少应该取多大?

26. (本题 8 分) 设总体 $X \sim N(\mu, \sigma^2)$, $X_1, X_2, \cdots, X_n (n > 3)$ 为来自总体 X 的样本, 若

$$T_1 = 2\overline{X} - X_1, \quad T_2 = \overline{X}, \quad T_3 = \frac{1}{2}X_1 + \frac{2}{3}X_2 - \frac{1}{6}X_3.$$

(1) 指出 T_1, T_2, T_3 中哪几个是 θ 的无偏估计量; (2) 在上述 θ 的无偏估计量中哪一个较为有效.

27. (本题 9 分) 某自动车床生产的产品尺寸服从正态分布, 按规定产品尺寸的方差 σ^2 不得超过 0.1, 为检验该自动车床的工作精度, 随机地取 25 件产品, 测得样本方差 $s^2 = 0.1975$, $\bar{x} = 3.86$.

(1) 试检验该车床生产的产品是否达到所要求的精度 (显著水平 $\alpha = 0.05$)?

(2) 检验结果可能会犯哪一类错误? 犯该类错误的概率如何?

(3) 求产品尺寸方差的置信水平为 95% 的置信区间.

基础试卷五

一、单选题 (本题共 10 个小题，每小题 2 分，共 20 分)

1. 设随机事件 A 与 B 互不相容，且有 $P(A) > 0$, $P(B) > 0$，则下列关系成立的是 (　　).

(A) A, B 相互独立　　　　　　　(B) A, B 不相互独立

(C) A, B 互为对立事件　　　　　(D) A, B 不互为对立事件

2. 设随机变量 $X \sim N(2,4)$，试求 $Y = 3X + 1$ 的密度函数 $f_Y(y)$ 为 (　　).

(A) $f_Y(y) = \dfrac{1}{2\sqrt{2\pi}} e^{-\frac{(y-2)^2}{8}}$　　　　(B) $f_Y(y) = \dfrac{1}{4\sqrt{2\pi}} e^{-\frac{(y-4)^2}{32}}$

(C) $f_Y(y) = \dfrac{1}{6\sqrt{2\pi}} e^{-\frac{(y-7)^2}{72}}$　　　　(D) $f_Y(y) = \dfrac{1}{8\sqrt{2\pi}} e^{-\frac{(y-9)^2}{108}}$

3. 设随机变量 X 与 Y 相互独立，且 $X \sim N(0, 20)$, $Y \sim N(-1, 2)$，则 $X - 3Y$ 服从 (　　).

(A) $N(-3, 38)$　　(B) $N(3, 2)$　　(C) $N(3, 14)$　　(D) $N(3, 38)$

4. 设二维连续型随机变量 (X, Y) 的概率密度为 $f(x,y)$，$f_X(x)$ 和 $f_Y(y)$ 分别表示 X 和 Y 的概率密度，对固定的 y，若 $f_Y(y) > 0$，则 (X, Y) 在 $Y = y$ 的条件下 X 的条件概率密度 $f_{X|Y}(x|y)$ 为 (　　).

(A) $\dfrac{f(x, y)}{f_Y(y)}$　　(B) $f_Y(y)$　　(C) $\dfrac{f(x, y)}{f_X(x)}$　　(D) $f_X(x)$

5. 已知随机变量 X 和 Y 相互独立，则下列选项不一定正确的是 (　　).

(A) $D(X + Y) = D(X) + D(Y)$　　(B) $E(X + Y) = E(X) + E(Y)$

(C) $E(XY) = E(X)E(Y)$　　　　　(D) $D(XY) = D(X)D(Y)$

6. 设 $\eta_n \sim B(n, p), p \in (0, 1)$，则当 n 充分大时，下列选项不正确的是 (　　).

(A) $\dfrac{\eta_n}{n}$ 依概率收敛于 p　　　　(B) $\eta_n \overset{\text{近似}}{\sim} N(np, np(1-p))$

(C) $\dfrac{\eta_n}{n} \overset{\text{近似}}{\sim} N\left(p, \dfrac{p(1-p)}{n}\right)$　　(D) $\dfrac{\eta_n - np}{\sqrt{p(1-p)}} \overset{\text{近似}}{\sim} N(0, 1)$

7. 设 $X_1, X_2, \cdots, X_n$ 是来自总体 $N(\mu, \sigma^2)$ 的样本，令 $Y = \dfrac{(n-1)S^2}{\sigma^2}$，则 Y 所服从的分布为 (　　).

(A) $\chi^2(n)$　　(B) $N(\mu, \sigma^2)$　　(C) $\chi^2(n-1)$　　(D) $N(\mu, \sigma^2/n)$

8. 设 $X_1, X_2, \cdots, X_n (n \geqslant 2)$ 是来自总体 $N(0, 1)$ 的简单随机样本，$\overline{X}$ 是样本均值，S^2 是样本方差，则 (　　).

(A) $n\overline{X} \sim N(0, 1)$　　　　　(B) $nS^2 \sim \chi^2(n)$

(C) $\dfrac{(n-1)\overline{X}}{S} \sim t(n-1)$ 　　　　　　(D) $\dfrac{(n-1)X_1^2}{\sum\limits_{i=2}^{n} X_i^2} \sim F(1, n-1)$

9. 设总体 $X \sim N(\mu, \sigma^2)$, 其中 σ^2 已知, 对给定的样本观测值, 总体均值 μ 的置信区间长度 l 与置信水平 $1-\alpha$ 的关系是 (　　).

(A) 当 $1-\alpha$ 变小时, l 变大　　　　(B) 当 $1-\alpha$ 变小时, l 变小

(C) 当 $1-\alpha$ 变小时, l 不变　　　　(D) $1-\alpha$ 与 l 的关系不能确定

10. 在双边检验中, 如果在显著水平 0.05 下拒绝 H_0, 那么在显著水平 0.01 下, 下面结论正确的是 (　　).

(A) 必拒绝 H_0　　　　　　　　　　(B) 可能拒绝, 也可能不拒绝 H_0

(C) 必不能拒绝 H_0　　　　　　　　(D) 以上三个结果都不对

二、填空题 (本题共 10 个小题, 每小题 2 分, 共 20 分)

11. 设盒中有 10 个木质球, 6 个玻璃球, 木质球有 2 个红色, 8 个蓝色; 玻璃球有 1 个红色, 5 个蓝色. 现在从盒中任取一球, 用 A 表示 "取到蓝色球", B 表示 "取到玻璃球", 则 $P(B|A) = $ _____.

12. 设随机变量 $X \sim B(5000, 0.01)$, 根据泊松定理, X 近似服从泊松分布 $P(\lambda)$, 其中 $\lambda = $ _____.

13. 设随机变量 X 服从区间 $(0, 4)$ 上均匀分布, 在 $X = x (0 < x < 4)$ 的条件下, 随机变量 Y 在区间 $(0, x)$ 上服从均匀分布, 设随机变量 X 与 Y 的联合概率密度为 $f(x, y)$, 则 $f(2, 1) = $ _____.

14. 设随机变量 X 的概率密度为

$$f(x) = \begin{cases} \dfrac{1}{2}, & -1 < x < 0, \\ \dfrac{1}{4}, & 0 \leqslant x < 2, \\ 0, & \text{其他}, \end{cases}$$

令 $Y = X^2$, $F(x, y)$ 为二维随机变量 (X, Y) 的分布函数, 则 $F(0, 4) = $ _____.

15. 设随机变量 (X, Y) 具有 $D(X) = 9$, $D(Y) = 4$, $\rho_{XY} = -\dfrac{1}{6}$, 则 $\text{Cov}(X, Y) = $ _____.

16. 若随机变量序列 $X_1, X_2, \cdots, X_n, \cdots$ 独立同分布, 且 $E(X_i) = 0$, 则 $\lim\limits_{n \to \infty} P\left\{ \left| \sum\limits_{i=1}^{n} X_i \right| < n \right\} = $ _____.

17. 已知总体 $X \sim B(1, p)$, $X_1, X_2, \cdots, X_n$ 是 X 的一个样本, 其样本均值为 $\overline{X}$, 则 $D(\overline{X}) = $ _____.

18. 设 $X_1, X_2, \cdots, X_{100}$ 是来自正态总体 $N(\mu, \sigma^2)$ 的一个样本, $\overline{X}$ 和 S^2 分别为样本均值和样本方差, 则 $\dfrac{\overline{X} - \mu}{S/\sqrt{100}}$ 服从的分布是 _____.

19. 设总体 X 的分布律为

X	-1	0	1
P	θ^2	$2\theta(1-\theta)$	$(1-\theta)^2$

其中 θ 为未知参数, 现有一个样本观测值 $x_1 = 1, x_2 = 0, x_3 = 1$, 则 θ 的矩估计值为_____.

20. 设总体 X 的概率密度为 $f(x; \theta) = \begin{cases} (\theta+1)x^\theta, & 0 < x < 1, \\ 0, & \text{其他}, \end{cases}$ $X_1, X_2, \cdots,$ X_n 为来自总体 X 的一个样本, 则待估参数 $\theta(\theta > -1)$ 的最大似然估计量为_____.

三、解答题 (本题 7 个大题, 共 60 分)

21. (本题 8 分) 甲乙两人独立地对同一目标射击一次, 其命中率分别为 0.6 和 0.5, 已知一人命中目标时, 目标被击毁的概率为 0.6, 两人同时命中目标时, 目标被击毁的概率为 1, 现已知目标被击毁, 求它是两人同时命中的概率?

22. (本题 9 分) 随机变量 $X \sim \text{Exp}(\theta)(\theta > 0)$, θ 未知, 已知 $P\{X > 1\} = e^{-2}$. 确定常数 θ, 并求函数 $Y = X^2$ 的概率密度 $f_Y(y)$.

23. (本题 9 分) 已知连续型随机变量 X, Y 相互独立, 概率密度分别为

$$f_X(x) = \begin{cases} 2x, & 0 < x < 1, \\ 0, & \text{其他}, \end{cases} \qquad f_Y(y) = \begin{cases} \dfrac{1}{2}y, & 0 < y < 2, \\ 0, & \text{其他}. \end{cases}$$

(1) 请根据以上条件, 写出 X 与 Y 的联合概率密度;

(2) 求 $P\{Y < X\}$.

24. (本题 9 分) 设二维随机变量 (X, Y) 的分布律如下表所示,

X \ Y	-1	0	1
1	0.15	0.30	0.35
2	0.05	0.12	0.03

求: (1) (X, Y) 关于 X 和关于 Y 的边缘分布律;

(2) $E(X), E(Y), E(XY)$;

(3) X 和 Y 是否相互独立? 是否相关? 请说明理由.

25. (本题 9 分)(1) 设有两个总体 X 和 Y 均值相等, 方差分别为 400 和 900. 分别自两个总体中抽取容量为 400 的样本, 设两样本独立, 分别记为 $\overline{X}$ 和 $\overline{Y}$, 试利用切比雪夫不等式估计 k, 使得 $P\{|\overline{X} - \overline{Y}| < k\} \geqslant 0.99$.

(2) 若 (1) 中总体 X 和 Y 均服从正态分布, 求 k.

26. (本题 8 分) 为研究某种植物的高度, 随机选取 9 棵这种植物进行测量, 其高度 (单位: cm) 分别为 6.0, 5.7, 5.8, 6.5, 7.0, 6.3, 5.6, 6.1, 5.0, 设该植物高度总体服从 $N(\mu, \sigma^2)$, 且方差 $\sigma^2 = 0.36$ 已知, 求 μ 的置信水平为 95% 的置信区间.

27. (本题 8 分) 一化学制品工厂中消毒液的日产量 (单位: 吨) 近似服从正态分布, 当设备工作正常时一天的平均日产量为 800 吨. 现测得最近 9 天日产量的均值为 $\bar{x} = 792$, 标准差 $s = 8.4$.

(1) 在显著水平 $\alpha = 0.05$ 下, 是否可以认为该设备工作正常?

(2) 你的检验结果可能会犯哪一类错误? 犯该类错误的概率能否控制?

基础试卷
答案

提高试卷一

一、单选题 (本题共 6 个小题, 每小题 3 分, 共 18 分)

1. 对于任意两事件 A 和 B, 若 $P(AB) = 0$, 则必有 (　　).

(A) $\overline{A}\,\overline{B} = \varnothing$ 　　　　　　　(B) $P(A - B) = P(A)$

(C) $P(A)P(B) = 0$ 　　　　　　　(D) $\overline{A}\,\overline{B} \neq \varnothing$

2. 设随机变量 X, Y 不相关, 且 $E(X) = 2$, $E(Y) = 1$, $D(X) = 3$, 则 $E[X(X + Y - 2)] = ($　　$)$.

(A) -3 　　　　(B) 3 　　　　(C) -5 　　　　(D) 5

3. 设总体 $X \sim N(\mu, \sigma^2)$. $X_1, X_2, \cdots, X_n$ 是来自总体 X 的简单随机样本, 据此样本检验假设: H_0: $\mu = \mu_0$, H_1: $\mu \neq \mu_0$, 如果在显著水平 0.05 下拒绝 H_0, 那么显著水平 0.025 下, 下面结论正确的是 (　　)

(A) 必拒绝 H_0 　　　　　　　(B) 必接受 H_0

(C) 可能接受 H_0, 也可能拒绝 H_0 　　　(D) 以上均不对

4. 设 $X_1, X_2, \cdots, X_n$ 是来自总体 X 的简单随机样本, $D(X) = \sigma^2$, $\overline{X} = \frac{1}{n}\sum_{i=1}^{n} X_i$, $S^2 = \frac{1}{n-1}\sum_{i=1}^{n}(X_i - \overline{X})^2$, 则 (　　)

(A) S 是 σ 的无偏估计量 　　　(B) S 是 σ 的最大似然估计量

(C) S 是 σ 的相合估计量 (即一致估计量) (D) S 与 $\overline{X}$ 相互独立

5. 设随机变量 X 的概率密度为 $f(x) = \frac{1}{2\sqrt{\pi}}e^{-\frac{(x-3)^2}{4}}$ $(-\infty < x < +\infty)$, 则下列选项为标准正态变量的是 (　　)

(A) $\dfrac{X-3}{\sqrt{2}}$ 　　(B) $\dfrac{X-3}{2}$ 　　(C) $\dfrac{X-3}{4}$ 　　(D) $\dfrac{X+3}{\sqrt{2}}$

6. 设总体 X 的方差为 1, 根据来自总体 X 的容量为 100 的简单随机样本, 测得样本均值为 5, 则 X 的数学期望的置信度近似等于 0.95 的置信区间为_____.

(A) $(4.835, 5.165)$ 　　　　　　(B) $(4.804, 5.165)$

(C) $(4.836, 5.164)$ 　　　　　　(D) $(4.804, 5.196)$

二、填空题 (本题共 6 个小题, 每小题 3 分, 共 18 分)

7. 设 ξ 在 $[0, 6]$ 中随机取值, 则关于 x 的一元二次方程 $x^2 + \xi x + \frac{\xi}{4} + \frac{1}{2} = 0$ 有实根的概率为_____.

8. 已知 $p_k = \dfrac{b}{k(k+1)}(k=1,2,\cdots)$ 为离散型随机变量的概率分布, 则常数 $b=$ _____.

9. 设随机变量 X 和 Y 的数学期望都是 2, 方差分别为 1 和 4, 相关系数为 0.5, 则根据切比雪夫不等式估计 $P\{|X-Y| \geqslant 6\} \leqslant$ _____.

10. 设 X 与 Y 相互独立, 且有 $X \sim N(5,20)$, $Y \sim \chi^2(5)$, 则概率 $P\{X-5 > 4\sqrt{Y}\}$ 大约为_____.

11. 在总体 $N(\mu,\sigma^2)$ 中抽得一容量为 16 的样本, S^2 为样本方差, μ,σ^2 均未知, 则 $P\left\{\dfrac{S^2}{\sigma^2} \leqslant 2.041\right\} =$ _____.

12. 设总体 X 服从正态分布 $N(\mu_1,\sigma^2)$, 总体 Y 服从正态分布 $N(\mu_2,\sigma^2)$, X_1, $X_2,\cdots,X_n$ 和 $Y_1,Y_2,\cdots,Y_m$ 分别是来自正态总体 X 和 Y 的简单随机样本, 则 $E\left[\dfrac{\sum\limits_{i=1}^{n}(X_i-\overline{X})^2 + \sum\limits_{j=1}^{m}(Y_j-\overline{Y})^2}{n+m-2}\right] =$ _____.

三、解答题 (本题共 8 个小题, 共 64 分)

13. (本题 8 分) 设随机变量 X 与 Y 相互独立, X 的概率分布为 $P\{X=1\}=P\{X=-1\}=\dfrac{1}{2}$, Y 服从参数为 λ 的泊松分布. 令 $Z=XY$.

(1) 求 $\mathrm{Cov}(X,Z)$;

(2) 求 Z 的概率分布.

14. (本题 8 分) 在区间 $(0,2)$ 上随机取一点, 将该区间分成两段, 较短的一段长度记为 X, 较长的一段长度记为 Y, 令 $Z=Y/X$.

(1) 求 X 的概率密度;

(2) 求 Z 的概率密度;

(3) 求 $E(X/Y)$.

15. (本题 8 分) 设随机变量 X, Y 相互独立, 且 X 的概率分布为 $P\{X=0\}=P\{X=2\}=\dfrac{1}{2}$, Y 的概率密度为 $f(y)=\begin{cases} 2y, & 0<y<1, \\ 0, & \text{其他}. \end{cases}$ 试求:

(1) $P\{Y \leqslant E(Y)\}$;

(2) $Z=X+Y$ 的概率密度.

16. (本题 10 分) 设总体 X 服从泊松分布 $P(\lambda)$, X_1, X_2 是从总体中抽取的一个样本. 假设检验问题 H_0: $\lambda=0.5$; H_1: $\lambda=1$ 的拒绝域为 $R_0=\{X_1+X_2 \geqslant 2\}$. 试分别求该检验犯第一类错误和第二类错误的概率.

17. (本题 6 分) 考察生长在某动物身上肿块的大小, X 表示在该动物身上生长了 15 天的肿块的直径 (以 mm 计), 设 $X \sim N(\mu, \sigma^2)$, μ, σ^2 均未知. 今随机地取 9 只该动物 (肿块在它们身上都长了 15 天), 测得肿块的平均值和标准差分别为 $\bar{x} = 4.3$, $s = 1.2$. 试在显著水平 $\alpha = 0.05$ 下分析肿块的直径是否大于 4.0mm?

18. (本题 10 分) 设总体 X 服从正态分布 $N(\mu, \sigma^2)(\sigma > 0)$, 从该总体中抽取简单随机样本 $X_1, X_2, \cdots, X_{2n}(n \geqslant 2)$, 其样本均值为 $\overline{X} = \dfrac{1}{2n}\sum\limits_{i=1}^{2n} X_i$, 求统计量

$$Y = \sum_{i=1}^{n} (X_i + X_{n+i} - 2\overline{X})^2$$ 的数学期望 $E(Y)$.

19. (本题 6 分) 设总体 X 具有方差 $\sigma_1^2 = 400$, 总体 Y 具有方差 $\sigma_2^2 = 900$, 两总体的均值相等, 分别从这两个总体中取容量为 400 的简单随机样本, 设两样本相互独立. 样本均值分别记为 $\overline{X}, \overline{Y}$, 试利用切比雪夫不等式估计 k 的值, 使得 $P\left\{ \left| \overline{X} - \overline{Y} \right| < k \right\} \geqslant 0.99$.

20. (本题 8 分) 设 $X_1, X_2, \cdots, X_n$ 为来自总体 X 的简单随机样本, 总体 X 的概率密度为

$$f(x; \theta) = \begin{cases} \mathrm{e}^{-(x-\theta)}, & x > \theta, \\ 0, & \text{其他.} \end{cases}$$

求: (1) θ 的最大似然估计量 $\hat{\theta}_1$, 并求 $E(\hat{\theta}_1)$, $D(\hat{\theta}_1)$;

(2) θ 的矩估计量 $\hat{\theta}_2$, 并求 $E(\hat{\theta}_2)$, $D(\hat{\theta}_2)$.

提高试卷二

一、单选题 (本题共 6 个小题, 每小题 3 分, 共 18 分)

1. 设二维随机变量 (X, Y) 服从二维正态分布, 则随机变量 $\xi = X + Y$ 与 $\eta = X - Y$ 不相关的充分必要条件是 ( ).

(A) $E(X) = E(Y)$
(B) $E(X^2) - [E(X)]^2 = E(Y^2) - [E(Y)]^2$
(C) $E(X^2) = E(Y^2)$
(D) $E(X^2) + [E(X)]^2 = E(Y^2) + [E(Y)]^2$

2. 随机试验 E 有三种两两不相容的结果 A_1, A_2, A_3, 且三种结果发生的概率均为 1/3, 将试验 E 独立重复 2 次, X 表示 2 次试验中结果 A_1 发生的次数, Y 表示 2 次试验中结果 A_2 发生的次数, 则 X 与 Y 的相关系数为 ( )

(A) $-\dfrac{1}{2}$ (B) $-\dfrac{1}{3}$ (C) $\dfrac{1}{3}$ (D) $\dfrac{1}{2}$

3. 设总体 $X \sim N(\mu, \sigma^2)$. $X_1, X_2, \cdots, X_n$ 是来自总体 X 的简单随机样本, 据此样本检验假设: $H_0: \mu \geqslant \mu_0$, $H_1: \mu < \mu_0$, 如果在显著水平 0.05 下接受 H_0, 那么显著水平 0.025 下, 下面结论正确的是 ( )

(A) 必拒绝 H_0
(B) 必接受 H_0
(C) 可能接受 H_0, 也可能拒绝 H_0
(D) 以上均不对

4. 设随机变量 $X \sim t(n)(n > 1)$, $Y = \dfrac{1}{X^2}$, 则有 ( ).

(A) $Y \sim \chi^2(n)$
(B) $Y \sim \chi^2(n-1)$
(C) $Y \sim F(n, 1)$
(D) $Y \sim F(n-1, 1)$

5. 设随机变量序列 $\{X_n\}$ 相互独立且都服从参数为 2 的泊松分布. 则当 $n \to \infty$ 时, $\dfrac{1}{n} \sum\limits_{i=1}^{n} X_i^2$ 依概率收敛于 ( ).

(A) 4   (B) 2   (C) 6   (D) 8

6. 设一批零件的长度服从正态分布 $N(\mu, \sigma^2)$, 其中 μ, σ^2 均未知. 现从中随机抽取 16 个零件, 测得样本均值 $\bar{x} = 20 (\text{cm})$, 样本标准差 $s = 1 (\text{cm})$, 则 μ 的置信度为 0.90 的置信区间是 ( )

(A) $\left(20 - \dfrac{1}{4} t_{0.05}(16), 20 + \dfrac{1}{4} t_{0.05}(16)\right)$

(B) $\left(20 - \dfrac{1}{4} t_{0.1}(16), 20 + \dfrac{1}{4} t_{0.1}(16)\right)$

(C) $\left(20 - \dfrac{1}{4} t_{0.05}(15), 20 + \dfrac{1}{4} t_{0.05}(15)\right)$

(D) $\left(20 - \dfrac{1}{4} t_{0.1}(15), 20 + \dfrac{1}{4} t_{0.1}(15)\right)$

二、填空题 (本题共 6 个小题, 每小题 3 分, 共 18 分)

7. 设 A 和 B 为两随机事件, A 和 B 至少有一个发生的概率为 $\frac{1}{4}$, A 发生且 B 不发生的概率为 $\frac{1}{12}$, 则 $P(B) = $_____.

8. 已知 $P(\overline{A}) = 0.3, P(B) = 0.4, P(A\overline{B}) = 0.5$, 则 $P[B|(A\cup\overline{B})] = $_____.

9. 设随机变量 X 在 $[1,5]$ 上服从均匀分布, 现在对 X 进行三次独立观测, 则至少有两次观测值大于 2 的概率为_____.

10. 在总体 $N(\mu, 3)$ 中抽得一容量为 16 的样本, 则 $D(S^2) = $_____. 这里 S^2 为样本方差.

11. 设总体 X 服从正态分布 $N(0, 2^2)$, 而 $X_1, X_2, \cdots, X_{15}$ 是来自总体 X 的简单随机样本, 则随机变量 $\dfrac{\sum\limits_{i=1}^{10} X_i^2}{2\sum\limits_{i=11}^{15} X_i^2}$ 服从_____ 分布, 自由度为_____.

12. 总体 X 的概率密度为

$$f(x;\theta) = \begin{cases} \mathrm{e}^{-(x-\theta)}, & x \geqslant \theta, \\ 0, & x < \theta, \end{cases}$$

而 $X_1, X_2, \cdots, X_n$ 是来自总体 X 的简单随机样本, 则未知参数 θ 的矩估计量为_____.

三、解答题 (本题共 8 个小题, 共 64 分)

13. (本题 8 分) 设随机变量 X 服从 $(0, 2)$ 上的均匀分布, 求随机变量 $Y = X^2$ 的概率密度.

14. (本题 8 分) 设随机变量 X 的概率密度为

$$f(x) = \begin{cases} 2^{-x}\ln 2, & x > 0, \\ 0, & x \leqslant 0. \end{cases}$$

对 X 进行独立重复观测, 直到第 2 个大于 3 的观测值出现时停止, 记 Y 为观测次数. 求 $E(Y)$.

15. (本题 8 分) 设二维随机变量 (X, Y) 服从区域 G 上的均匀分布, 其中 G 是由 $x - y = 0, x + y = 2$ 与 $y = 0$ 所围成的三角形区域.

(1) 求 X 的概率密度 $f_X(x)$;

(2) 求条件概率密度 $f_{X|Y}(x|y)$.

16. (本题 8 分) 设离散型随机变量 (X, Y) 的概率分布为

X \ Y	0	1	2
0	1/4	0	1/4
1	0	1/3	0
2	1/12	0	1/12

(1) 求 $P\{X = 2Y\}$;

(2) 求 $\text{Cov}(X - Y, Y)$.

17. (本题 9 分) 从正态总体 $N(\mu, 1)$ 中抽取 100 个样品, 计算得样本均值 $\bar{x} = 5.32$.

(1) 在显著水平 $\alpha = 0.05$ 下检验正态总体的均值是否为 5;

(2) 计算上述检验在 $\mu = 4.8$ 时犯第二类错误的概率.

18. (本题 8 分) 设总体 $X \sim N(2.5, 6^2)$, $X_1, X_2, \cdots, X_5$ 是来自 X 的样本, 求概率

$$P\left\{(1.3 < \overline{X} < 3.5) \cap (6.3 < S^2 < 9.6)\right\}.$$

19. (本题 7 分) 在天平上重复称量一重为 a 的物品, 假设各次称量结果相互独立且服从 $N(a, 0.2^2)$, 若以 $\overline{X}_n$ 表示 n 次称量结果的算术平均值, 则为使 $P\left\{\left|\overline{X}_n - a\right| < 0.1\right\} \geqslant 0.95$, 应至少称量多少次?

20. (本题 8 分) 设某种电子器件的寿命 (以小时计)T 服从均值为 $\dfrac{1}{\lambda}$ 的指数分布, 其中 $\lambda(\lambda > 0)$ 未知. 从这批器件中任取 n 只在时刻 $t = 0$ 时投入独立寿命试验, 试验进行到预定时间 T_0 结束, 此时有 k $(0 < k < n)$ 只器件失效. 求:

(1) 一只器件在时间 T_0 未失效的概率;

(2) λ 的最大似然估计.

提高试卷三

一、单选题 (本题共 6 个小题, 每小题 3 分, 共 18 分)

1. 对事件 A, B, 下列命题正确的是 (　　)

(A) 如果 A, B 互不相容, 则 $\overline{A}, \overline{B}$ 也互不相容

(B) 如果 A, B 相容, 则 $\overline{A}, \overline{B}$ 也相容

(C) 如果 A, B 互不相容, 且 $P(A) > 0, P(B) > 0$, 则 A, B 相互独立

(D) 如果 A, B 相互独立, 则 $\overline{A}, \overline{B}$ 也相互独立

2. 设随机变量 X 的分布函数为 $F(x) = 0.3\Phi(x) + 0.7\Phi\left(\dfrac{x-1}{2}\right)$, 其中 $\Phi(x)$ 为标准正态变量的分布函数, 则 $E(X) = ($　　$)$.

(A) 0　　　　　(B) 0.3　　　　　(C) 0.7　　　　　(D) 1

3. 设随机变量 (X, Y) 服从二维正态分布 $N\left(0, 0; 1, 4; -\dfrac{1}{2}\right)$, 则下列随机变量中服从标准正态分布且与 X 独立的是 (　　).

(A) $\dfrac{\sqrt{5}}{5}(X+Y)$　　(B) $\dfrac{\sqrt{5}}{5}(X-Y)$　　(C) $\dfrac{\sqrt{3}}{3}(X+Y)$　　(D) $\dfrac{\sqrt{3}}{3}(X-Y)$

4. 设总体 $X \sim N(\mu, \sigma^2)$. $X_1, X_2, \cdots, X_n$ 是来自总体 X 的简单随机样本, 据此样本检验假设: $H_0: \sigma^2 \geqslant \sigma_0^2, H_1: \sigma^2 < \sigma_0^2$, 如果在显著水平 0.05 下接受 H_0, 那么显著水平 0.025 下, 下面结论正确的是 (　　)

(A) 必拒绝 H_0　　　　　　　　　　(B) 必接受 H_0

(C) 可能接受 H_0, 也可能拒绝 H_0　　(D) 以上均不对

5. 设 $X_1, X_2, \cdots, X_n \ (n \geqslant 2)$ 为来自总体 $N(0, 1)$ 的简单随机样本, $\overline{X}$ 为样本均值, S^2 为样本方差, 则 (　　)

(A) $n\overline{X} \sim N(0,1)$　　　　　　　　(B) $nS^2 \sim \chi^2(n)$

(C) $\dfrac{(n-1)\overline{X}}{S} \sim t(n-1)$　　　　　(D) $\dfrac{(n-1)X_1^2}{\sum\limits_{i=2}^{n} X_i^2} \sim F(1, n-1)$

6. 设 $X_1, X_2, \cdots, X_n \ (n \geqslant 2)$ 为总体的一个样本, 若统计量 $b\sum\limits_{i=1}^{n-1} X_i - X_n$ 为总体期望的无偏估计, 则 b 的值为 (　　)

(A) $\dfrac{2}{n}$　　　　(B) $\dfrac{2}{n-1}$　　　　(C) $\dfrac{2}{2n-1}$　　　　(D) $\dfrac{2}{n-2}$

二、填空题 (本题共 6 个小题, 每小题 3 分, 共 18 分)

7. 设事件 A, B, C 两两互不相容, $P(A) = 0.2$, $P(B) = 0.3$, $P(C) = 0.4$, 则 $P[(A \cup B) - C] = \underline{\hspace{2cm}}$.

8. 已知随机变量 X 只能取 $-1, 0, 1, 2$ 四个值, 相应的概率分别为 $\dfrac{1}{2c}, \dfrac{3}{4c}, \dfrac{5}{8c}$, $\dfrac{7}{16c}$, 则常数 $c =$ _____; $P\{X<1|\ X \neq 2\}=$ _____.

9. 设随机变量 Y 服从均值为 1 的指数分布, a 为常数且大于零, 则 $P\{Y \leqslant a+3\ |Y>a\ \}=$ _____.

10. 设 $X_1, X_2, \cdots, X_n$ 为来自二项分布总体 $B(n, p)$ 的简单随机样本, $\overline{X}$ 和 S^2 分别为样本均值和样本方差, 记统计量 $T = \overline{X} - S^2$, 则 $E(T) =$ _____.

11. 设随机变量 $X \sim N(\mu, \sigma^2)(\sigma > 0)$, 根据切比雪夫不等式估计 $P\{|X-\mu| \geqslant 3\sigma\} \leqslant$ _____.

12. 设有来自正态总体 $X \sim N(\mu, 0.9^2)$ 容量为 9 的简单随机样本, 计算得样本均值 $\bar{x} = 5$, 则未知参数 μ 的置信度为 0.95 的置信区间为 _____.

三、解答题 (本题共 8 个小题, 共 64 分)

13. (本题 8 分) 设随机变量 X 与 Y 的概率分布分别为

X	0	1
P	1/3	2/3

Y	-1	0	1
P	1/3	1/3	1/3

且 $P\{X^2 = Y^2\} = 1$.

(1) 求二维随机变量 (X, Y) 的概率分布;

(2) 求 $Z = XY$ 的概率分布;

(3) 求 X 与 Y 的相关系数 ρ_{XY}.

14. (本题 8 分) 设二维随机变量 (X, Y) 的概率密度为

$$f(x,y) = Ae^{-2x^2+2xy-y^2}, \quad -\infty < x < +\infty, \quad -\infty < y < +\infty,$$

求常数 A 及条件概率密度 $f_{Y|X}(y|x)$.

15. (本题 9 分) 设随机变量 X 的概率分布为 $P\{X=1\} = P\{X=2\} = 1/2$. 在给定 $X = i$ 的条件下, 随机变量 Y 服从均匀分布 $U(0, i)$ $(i= 1, 2)$.

(1) 求 Y 的分布函数 $F_Y(y)$;

(2) 求 $E(Y)$.

16. (本题 6 分) 某种零件, 要求标准长度是 68mm, 实际生产的产品长度服从正态分布 $N(\mu, 3.6^2)$, 考虑假设检验问题 $H_0 : \mu = 68$, $H_1 : \mu \neq 68$. 现有样本容量 $n = 64$ 的样本, $\overline{X}$ 为样本均值, 按照下列方式进行假设检验:

当 $|\overline{X} - 68| > 1$ 时, 拒绝原假设 H_0; 当 $|\overline{X} - 68| \leqslant 1$ 时, 接受原假设 H_0. 当 H_0 不成立时 (设 $\mu = 70$), 求犯第二类错误的概率.

17. (本题 8 分) 设某次考试的考生成绩服从正态分布, 从中随机抽取 36 位考生的成绩, 算得平均成绩为 66.5 分, 标准差为 15 分. 问在显著水平 0.05 下, 是否可以认为这次考试全体考生的平均成绩不低于 70 分? 并给出检验过程.

18. (本题 9 分) 设 $X_1, X_2, \cdots, X_9$ 是来自正态总体 X 的简单随机样本,
$Y_1 = \dfrac{1}{6} \sum\limits_{i=1}^{6} X_i, Y_2 = \dfrac{1}{3} \sum\limits_{i=7}^{9} X_i, S^2 = \dfrac{1}{2} \sum\limits_{i=7}^{9} (X_i - Y_2)^2, Z = \dfrac{\sqrt{2}(Y_1 - Y_2)}{S}$, 证明统计量 Z 服从自由度为 2 的 t 分布.

19. (本题 8 分) 某汽车保险公司多年统计资料表明, 在索赔户中车损索赔户占 20%, 以 X 表示在随意抽查的 100 个索赔户中因车损向保险公司索赔的户数. 试求出车损索赔户不少于 14 户且不多于 30 户的概率近似值.

20. (本题 8 分) 设总体 X 的概率密度为

$$
f(x;\theta) = \begin{cases} \theta, & 0 < x < 1, \\ 1 - \theta, & 1 \leqslant x < 2, \\ 0, & \text{其他}, \end{cases}
$$

其中, θ 是未知参数 $(0 < \theta < 1)$, $X_1, X_2, \cdots, X_n$ 为来自总体 X 的简单随机样本, 设样本值 $x_1, x_2, \cdots, x_n$ 均大于 0 小于 2, 且其中有 N 个值小于 1, 求:

(1) θ 的矩估计量;

(2) θ 的最大似然估计值.

提高试卷四

一、单选题 (本题共 6 个小题, 每小题 3 分, 共 18 分)

1. 设随机变量 X 与 Y 均服从正态分布, $X \sim N(\mu, 4^2)$, $Y \sim N(\mu, 5^2)$, 记 $p_1 = P\{X \leqslant \mu - 4\}$, $p_2 = P\{Y \geqslant \mu + 5\}$, 则 (　　).

(A) 对任意实数 μ, 都有 $p_1 = p_2$ 　　　　(B) 对任意实数 μ, 都有 $p_1 < p_2$

(C) 只对 μ 的个别值, 才有 $p_1 = p_2$ 　　(D) 对任意实数 μ, 都有 $p_1 > p_2$

2. 设随机变量 X 与 Y 相互独立, 且 X 服从标准正态分布 $N(0, 1)$, Y 的概率分布为 $P\{Y = 0\} = P\{Y = 1\} = \dfrac{1}{2}$. 记 $F_Z(z)$ 为 $Z = XY$ 的分布函数, 则函数 $F_Z(z)$ 的间断点个数为 (　　).

(A) 0 　　　　　(B) 1 　　　　　(C) 2 　　　　　(D) 3

3. 设随机变量 X 和 Y 相互独立, 且都服从正态分布 $N(0, 3^2)$, 而 X_1, $X_2, \cdots, X_9$ 和 $Y_1, Y_2, \cdots, Y_9$ 分别是来自正态总体 X 和 Y 的简单随机样本, 则统计量 $U = \dfrac{\sum\limits_{i=1}^{9} X_i}{\sqrt{\sum\limits_{i=1}^{9} Y_i^2}}$ 服从 (　　) 分布.

(A) $t(9)$ 　　　　(B) $N(0, 1)$ 　　　　(C) $\chi^2(9)$ 　　　　(D) $F(9, 9)$

4. 假设总体 X 服从参数为 λ 的泊松分布, 则参数为 λ 的最大似然估计量是 (　　)

(A) $n\overline{X}$ 　　　　　　　　　　　(B) $\overline{X}$

(C) $(n-1)S^2$ 　　　　　　　　　　(D) $\max\{X_1, X_2, \cdots, X_n\}$

5. 设 $X_1, X_2, \cdots, X_m$ 是来自二项分布总体 $B(n, p)$ 的简单随机样本, $\overline{X}$ 和 S^2 分别为样本均值和样本方差, 若 $\overline{X} + kS^2$ 为 np^2 的无偏估计量, 则 $k = $ (　　).

(A) -1 　　　　　(B) 1 　　　　　(C) 2 　　　　　(D) 3

6. 设总体 $X \sim N(\mu, \sigma^2)$. $X_1, X_2, \cdots, X_n$ 是来自总体 X 的简单随机样本, 据此样本检验假设: $H_0: \sigma^2 = \sigma_0^2, H_1: \sigma^2 \neq \sigma_0^2$, 如果在显著水平 0.01 下拒绝 H_0, 那么显著水平 0.05 下, 下面结论正确的是 (　　)

(A) 必拒绝 H_0 　　　　　　　　　(B) 必接受 H_0

(C) 可能接受 H_0, 也可能拒绝 H_0 　　(D) 以上均不对

二、填空题 (本题共 6 个小题, 每小题 3 分, 共 18 分)

7. 设 $P(A) = \dfrac{1}{3}, P(B) = \dfrac{1}{4}, P(A \cup B) = \dfrac{1}{2}$, 则 $P(\overline{A} \cup \overline{B}) = $ _____.

8. 一实习生用同一台机器接连独立地制造 3 个同种零件, 第 i 个零件是不

合格品的概率为 $p_i = \dfrac{1}{i+1}(i = 1, 2, 3)$, 以 X 表示 3 个零件中合格品的个数, 则 $P\{X = 2\}=$_____.

9. 设二维随机变量 (X, Y) 服从正态分布 $N(1, 0; 1, 1; 0)$, 则 $P\{XY - Y < 0\}$ =_____.

10. 设随机变量 X 的方差为 2, 则根据切比雪夫不等式有估计 $P\{|X - E(X)| < 2\} \geqslant$_____.

11. 设 $X_1, X_2, \cdots, X_n$ 为来自总体 $N(\mu_1, \sigma^2)(\sigma > 0)$ 的简单随机样本, $\overline{X}$ 和 S^2 分别为样本均值和样本方差, 记统计量 $T = \dfrac{1}{n}\sum\limits_{i=1}^{n} X_i^2$, 则 $E(T) =$_____.

12. 已知一批零件的长度 X(单位: cm) 服从正态分布 $N(\mu, 1)$, 从中随机地抽取 16 个零件, 得到长度的平均值为 40(cm), 则 μ 的置信度为 0.95 的置信区间为_____.

三、解答题 (本题共 8 个小题, 共 64 分)

13. (本题 9 分) 设随机变量 X 的概率密度为 $f(x) = \begin{cases} \dfrac{1}{9}x^2, & 0 < x < 3, \\ 0, & \text{其他.} \end{cases}$

令随机变量

$$Y = \begin{cases} 2, & X \leqslant 1, \\ X, & 1 < X < 2, \\ 1, & X \geqslant 2. \end{cases}$$

(1) 求 Y 的分布函数;

(2) 求概率 $P\{X \leqslant Y\}$.

14. (本题 7 分) 设某城市男子身高 (单位: 厘米) $X \sim N(170, 36)$, 应如何选择公共汽车车门的高度才能使男子与车门碰头的概率小于 0.01.

15. (本题 9 分) 设二维随机变量 (X, Y) 的概率密度为

$$f(x, y) = \begin{cases} 2 - x - y, & 0 < x < 1,\, 0 < y < 1, \\ 0, & \text{其他.} \end{cases}$$

(1) 求 $P\{X > 2Y\}$;

(2) 求 $Z = X + Y$ 的概率密度 $f_Z(z)$.

16. (本题 9 分) 箱中装有 6 个球, 其中红、白、黑球的个数分别为 1, 2, 3 个. 现从箱中随机地取 2 个球, 记 X 为取出的红球个数, Y 为取出的白球个数.

(1) 求随机变量 (X, Y) 的概率分布;

(2) 求 $\mathrm{Cov}(X, Y)$.

17. (本题 8 分) 设 $X_1, X_2, \cdots, X_n\ (n > 2)$ 为来自总体 $N(0, 1)$ 的简单随机样本, $\overline{X}$ 为样本均值, 记 $Y_i = X_i - \overline{X}$, $i = 1, 2, 3, \cdots, n$.

求: (1) Y_i 的方差 $D(Y_i)$, $i = 1, 2, 3, \cdots, n$;

(2) Y_1 与 Y_n 的协方差 $\mathrm{Cov}(Y_1, Y_n)$.

18. (本题 7 分) 设 $X_1, X_2, \cdots, X_{100}$ 是来自总体 $N(0, 1)$ 的样本, 已知

$$P\left\{\sum_{i=1}^{100} X_i^2 \leqslant 100 + C\right\} = 0.95,$$ 试确定常数 C.

19. (本题 7 分) 设某次考试的考生成绩服从正态分布, 从中随机抽取 36 位考生的成绩, 算得平均成绩为 66.5 分, 标准差为 15 分. 问在显著水平 0.05 下, 是否可以认为这次考试全体考生的平均成绩不高于 70 分? 并给出检验过程.

20. (本题 8 分) 假设 0.50, 1.25, 0.80, 2.00 是来自总体 X 的简单随机样本值, 已知 $Y = \ln X$ 服从正态分布 $N(\mu, 1)$.

(1) 求 X 的数学期望 $E(X)$ (记 $E(X)$ 为 b);

(2) 求 μ 的置信度为 0.95 的置信区间;

(3) 利用上述结果求 b 的置信度为 0.95 的置信区间.

提高试卷五

一、单选题 (本题共 6 个小题, 每小题 3 分, 共 18 分)

1. 设随机变量 X 服从正态分布 $N(\mu, \sigma^2)$, 则随着 σ 的增大, 概率 $P\{|X-\mu| \leqslant \sigma\}($ 　).

(A) 单调增大

(B) 单调减小

(C) 保持不变

(D) 增减不定

2. 设总体 X 服从参数为 λ $(\lambda > 0)$ 的泊松分布, $X_1, X_2, \cdots, X_n(n \geqslant 2)$ 为来自该总体的简单随机样本, 则对于统计量 $T_1 = \dfrac{1}{n}\sum\limits_{i=1}^{n} X_i$ 和 $T_2 = \dfrac{1}{n-1}\sum\limits_{i=1}^{n-1} X_i + \dfrac{1}{n}X_n$, 有 (　)

(A) $E(T_1) > E(T_2), D(T_1) > D(T_2)$

(B) $E(T_1) > E(T_2), D(T_1) < D(T_2)$

(C) $E(T_1) < E(T_2), D(T_1) > D(T_2)$

(D) $E(T_1) < E(T_2), D(T_1) < D(T_2)$

3. 设 $X_1, X_2, \cdots, X_n$ 是来自正态总体 $N(\mu, \sigma^2)$ 的简单随机样本, $\overline{X}$ 是样本均值, 记

$$S_1^2 = \frac{1}{n-1}\sum_{i=1}^{n}(X_i - \overline{X})^2, \quad S_2^2 = \frac{1}{n}\sum_{i=1}^{n}(X_i - \overline{X})^2,$$

$$S_3^2 = \frac{1}{n-1}\sum_{i=1}^{n}(X_i - \mu)^2, \quad S_4^2 = \frac{1}{n}\sum_{i=1}^{n}(X_i - \mu)^2.$$

则服从自由度为 $n-1$ 的 t 分布的随机变量是 (　)

(A) $T = \dfrac{\overline{X} - \mu}{S_1/\sqrt{n-1}}$

(B) $T = \dfrac{\overline{X} - \mu}{S_2/\sqrt{n-1}}$

(C) $T = \dfrac{\overline{X} - \mu}{S_3/\sqrt{n}}$

(D) $T = \dfrac{\overline{X} - \mu}{S_4/\sqrt{n}}$

4. 设总体 $X \sim N(\mu, \sigma^2)$, 当 σ 已知时, 若置信度 $1-\alpha$ 和样本容量不变, 对于不同的样本值, 总体均值 μ 的置信区间长度 (　)

(A) 不能确定　　　(B) 变长　　　(C) 不变　　　(D) 变短

5. 设 $X_1, X_2, \cdots, X_n$ 是来自正态总体 $N(\mu, \sigma^2)$ 的简单随机样本, 其中 μ 和 σ^2 均未知, 记 $\overline{X}$ 和 S^2 分别为样本均值和样本方差, 在对假设 H_0: $\mu = \mu_0$, H_1: $\mu \neq \mu_0$ 进行检验时, 选用的检验统计量及其在原假设 H_0 成立时的分布为 (　)

(A) $\dfrac{\overline{X} - \mu_0}{\sigma}\sqrt{n} \sim N(0, 1)$

(B) $\dfrac{\overline{X} - \mu_0}{S}\sqrt{n} \sim t(n-1)$

(C) $\dfrac{\overline{X} - \mu_0}{S}\sqrt{n} \sim t(n)$

(D) $\dfrac{1}{\sigma^2}\sum\limits_{i=1}^{n}(X_i - \mu_0)^2 \sim \chi^2(n-1)$

6. 设总体 $X \sim N(\mu, \sigma^2)$, 其中 μ, σ^2 均未知. 假设检验问题为 H_0: $\sigma^2 \leqslant 10$, H_1: $\sigma^2 \geqslant 10$, 已知 $n = 25$, $\alpha = 0.05$, $\chi^2_{0.05}(24) = 36.415$, 且据样本观测值计算得 $s^2 = 16$, 则检验结果为 (   )

(A) 接受 H_0, 可能会犯第二类错误   (B) 拒绝 H_0, 可能会犯第二类错误

(C) 接受 H_0, 可能会犯第一类错误   (D) 拒绝 H_0, 可能会犯第一类错误

二、填空题 (本题共 5 个小题, 每小题 3 分, 共 15 分)

7. 设 A, B 为随机事件, $P(A) = 0.7$, $P(B) = 0.5$, $P(A - B) = 0.3$, 则 $P(\overline{B} | \overline{A}) = $_____.

8. 设随机变量 X 的分布函数为

$$F(x) = P\{X \leqslant x\} = \begin{cases} 0, & x < -1, \\ 1/8, & x = -1, \\ ax + b, & -1 < x < 1, \\ 1, & x \geqslant 1, \end{cases}$$

且已知 $P\{X = 1\} = \dfrac{1}{4}$, 则 $a = $_____, $b = $_____.

9. 设随机变量 X 的概率分布为 $P\{X = k\} = \dfrac{C}{k!}, k = 0, 1, 2, \cdots$, 则 $E(X^2) = $_____.

10. 设随机变量 $X \sim U(0, 3)$, 随机变量 Y 服从参数为 2 的泊松分布, 且 X 与 Y 的协方差为 -1, 则 $D(2X - Y + 1) = $_____.

11. 设总体 $X \sim N(2, 4)$, $X_1, X_2, \cdots, X_9$ 是来自 X 的样本, 总体 $Y \sim N(1, 1)$, Y_1, Y_2, Y_3, Y_4 是来自 Y 的样本, 两样本相互独立, 则 $P\{\overline{X} > \overline{Y}\} = $_____.

三、解答题 (本题共 8 个小题, 共 67 分)

12. (本题 9 分) 甲、乙、丙 3 人同时向一飞机射击, 设击中飞机的概率分别为 0.4, 0.5, 0.7. 如果只有 1 人击中飞机, 则飞机被击落的概率为 0.2; 如果有 2 人击中飞机, 则飞机被击落的概率为 0.6; 如果 3 人都击中飞机, 则飞机一定被击落. 求飞机被击落的概率.

13. (本题 7 分) 设 A, B 是两个随机事件, 随机变量 $X = \begin{cases} 1, & A\text{出现}, \\ -1, & A\text{不出现}, \end{cases}$

$Y = \begin{cases} 1, & B\text{出现}, \\ -1, & B\text{不出现}, \end{cases}$ 试证明随机变量 X 和 Y 不相关的充要条件是 A 与 B 相互独立.

14. (本题 7 分) 设随机变量 X 和 Y 的联合分布是正方形区域 $G = \{(x, y) | 1 \leqslant x \leqslant 3, 1 \leqslant y \leqslant 3\}$ 上的均匀分布, 试求随机变量 $U = |X - Y|$ 的概率密度

$p(u)$.

15. (本题 9 分) 设随机变量 X 与 Y 相互独立, X 的概率分布为 $P\{X=i\} = \frac{1}{3}, i=-1,0,1,$ Y 的概率密度为 $f_Y(y) = \begin{cases} 1, & 0 \leqslant y < 1, \\ 0, & \text{其他}, \end{cases}$ 记 $Z = X+Y$.

(1) 求 $P\left\{Z \leqslant \frac{1}{2} \middle| X=0\right\}$;

(2) 求 Z 的概率密度 $f_Z(z)$.

16. (本题 8 分) 设 $X_1, X_2, \cdots, X_n$ 为来自总体 X 的简单随机样本. 已知 $E\left(X^k\right) = a_k \ (k=1, 2, 3, 4)$. 证明: 当 n 充分大时, 随机变量 $Z_n = \frac{1}{n} \sum_{i=1}^{n} X_i^2$ 近似服从正态分布, 并指出其分布参数.

17. (本题 9 分) 设正态总体 X, Y 均值相等, 且分别具有方差 $\sigma_1^2 = 400$, $\sigma_2^2 = 900$, 分别从这两个总体中取容量为 400 的简单随机样本, 设两样本相互独立. 样本均值分别记为 $\overline{X}, \overline{Y}$, 试确定 k 的取值范围, 使得 $P\left\{\left|\overline{X} - \overline{Y}\right| < k\right\} \geqslant 0.99$.

18. (本题 10 分) 设随机变量 X 的分布函数为

$$F(x; \alpha, \beta) = \begin{cases} 1 - \left(\dfrac{\alpha}{x}\right)^{\beta}, & x > \alpha, \\ 0, & x \leqslant \alpha, \end{cases}$$

其中 $\alpha > 0, \beta > 1$. 设 $X_1, X_2, \cdots, X_n$ 是来自总体 X 的简单随机样本.

(1) 当 $\alpha = 1$ 时, 求未知参数 β 的矩估计量;

(2) 当 $\alpha = 1$ 时, 求未知参数 β 的最大似然估计量;

(3) 当 $\beta = 2$ 时, 求未知参数 α 的最大似然估计量.

19. (本题 8 分) 某种零件, 要求标准长度是 68mm, 实际生产的产品长度服从正态分布 $N(\mu, 3.6^2)$, 考虑假设检验问题 H_0: $\mu = 68$; H_1: $\mu \neq 68$, 现有样本容量 $n = 36$ 的样本, $\overline{X}$ 为样本均值, 按照下列方式进行假设检验:

当 $\left|\overline{X} - 68\right| > 1$ 时, 拒绝原假设 H_0; 当 $\left|\overline{X} - 68\right| \leqslant 1$ 时, 接受原假设 H_0.

当 H_0 不成立时 (设 $\mu = 66$), 求犯第二类错误的概率.

提高试卷
答案

附录一　概率统计中常用高等数学知识点

1　数列的极限

1.1　数列的极限

如果数列 $\{x_n\}$ 与常数 a 有下列关系: 对于任意给定的正数 ε, 不论它多么小, 总存在正整数 N, 使得对于 $n > N$ 时的一切 x_n, 不等式

$$|x_n - a| < \varepsilon$$

都成立, 则称常数 a 是数列 $\{x_n\}$ 的极限, 或者称数列 $\{x_n\}$ 收敛于 a, 记为

$$\lim_{n \to \infty} x_n = a \ \text{或} \ x_n \to a(n \to \infty).$$

1.2　数列极限的性质

定理 1 (极限的唯一性)　数列 $\{x_n\}$ 不能收敛于两个不同的极限.

定理 2 (收敛数列的有界性)　如果数列 $\{x_n\}$ 收敛, 那么数列 $\{x_n\}$ 一定有界.

定理 3 (收敛数列的保号性)　如果数列 $\{x_n\}$ 收敛于 a, 且 $a > 0$ (或 $a < 0$), 那么存在正整数 N, 当 $n > N$ 时, 有 $x_n > 0$ (或 $x_n < 0$).

定理 4 (收敛数列与其子数列间的关系)　如果数列 $\{x_n\}$ 收敛于 a, 那么它的任一子数列也收敛, 且极限也是 a.

1.3　数列收敛的两个准则

(1) 夹逼准则 (数列形式)　若 $\{x_n\}$, $\{y_n\}$, $\{z_n\}$ 满足 $x_n \leqslant y_n \leqslant z_n$ 且 $\lim_{n \to \infty} x_n = \lim_{n \to \infty} z_n = a$, 则 $\lim_{n \to \infty} y_n = a$.

(2) 单调有界数列必有极限.

2　函数的极限

2.1　函数的极限

设函数 $f(x)$ 在点 x_0 的某一去心邻域内有定义. 如果存在常数 A, 对于任意给定的正数 ε (不论它多么小), 总存在正数 δ, 使得当 x 满足不等式 $0 < |x - x_0|$

$< \delta$ 时, 对应的函数值 $f(x)$ 都满足不等式

$$|f(x) - A| < \varepsilon,$$

那么常数 A 就叫做函数 $f(x)$ 当 $x \to x_0$ 时的极限, 记为

$$\lim_{x \to x_0} f(x) = A \text{ 或 } f(x) \to A \text{ (当 } x \to x_0).$$

2.2　单侧极限

若当 $x \to x_0^-$ 时, $f(x)$ 无限接近于某常数 A, 则常数 A 叫做函数 $f(x)$ 当 $x \to x_0$ 时的左极限, 记为 $\lim\limits_{x \to x_0^-} f(x) = A$ 或 $f(x_0^-) \to A$;

若当 $x \to x_0^+$ 时, $f(x)$ 无限接近于某常数 A, 则常数 A 叫做函数 $f(x)$ 当 $x \to x_0$ 时的右极限, 记为 $\lim\limits_{x \to x_0^+} f(x) = A$ 或 $f(x_0^+) \to A$.

注　(1) $\lim\limits_{x \to x_0} f(x) = A \Leftrightarrow \lim\limits_{x \to x_0^-} f(x) = A$ 且 $\lim\limits_{x \to x_0^+} f(x) = A$.

(2) $\lim\limits_{x \to \infty} f(x) = A \Leftrightarrow \lim\limits_{x \to -\infty} f(x) = A$ 且 $\lim\limits_{x \to +\infty} f(x) = A$.

2.3　两个重要极限

(1) $\lim\limits_{x \to 0} \dfrac{\sin x}{x} = 1$;

(2) $\lim\limits_{n \to \infty} \left(1 + \dfrac{1}{n}\right)^n = \mathrm{e}, \lim\limits_{x \to \infty} \left(1 + \dfrac{1}{x}\right)^x = \mathrm{e}, \lim\limits_{x \to 0} (1 + x)^{\frac{1}{x}} = \mathrm{e}$.

2.4　函数的连续性

定义　设函数 $y = f(x)$ 在点 x_0 的某一个邻域内有定义, 如果当自变量的增量 $\Delta x = x - x_0$ 趋于零时, 对应的函数的增量 $\Delta y = f(x_0 + \Delta x) - f(x_0)$ 也趋于零, 即

$$\lim_{\Delta x \to 0} \Delta y = 0 \quad \text{或} \quad \lim_{x \to x_0} f(x) = f(x_0),$$

那么就称函数 $y = f(x)$ 在点 x_0 处连续.

如果 $\lim\limits_{x \to x_0^-} f(x) = f(x_0)$, 则称 $y = f(x)$ 在点 x_0 处左连续.

如果 $\lim\limits_{x \to x_0^+} f(x) = f(x_0)$, 则称 $y = f(x)$ 在点 x_0 处右连续.

左、右连续与连续的关系

函数 $y = f(x)$ 在点 x_0 处连续 $\Leftrightarrow$ 函数 $y = f(x)$ 在点 x_0 处左连续且右连续.

3　导数与微分

3.1　基本初等函数导数公式

(1) $(C)' = 0$ (C 为任意常数);　　(2) $(x^\mu)' = \mu x^{\mu-1}$ (μ 为任意实数);

(3) $(a^x)' = a^x \ln a$ ($a > 0,\ a \neq 1$);　　(4) $(\mathrm{e}^x)' = \mathrm{e}^x$;

(5) $(\log_a x)' = \dfrac{1}{x \ln a}$ ($a > 0,\ a \neq 1$);　　(6) $(\ln x)' = \dfrac{1}{x}$;

(7) $(\sin x)' = \cos x$;　　(8) $(\cos x)' = -\sin x$;

(9) $(\tan x)' = \sec^2 x$;　　(10) $(\cot x)' = -\csc^2 x$;

(11) $(\sec x)' = \sec x \tan x$;　　(12) $(\csc x)' = -\csc x \cot x$;

(13) $(\arcsin x)' = \dfrac{1}{\sqrt{1-x^2}}$;　　(14) $(\arccos x)' = -\dfrac{1}{\sqrt{1-x^2}}$;

(15) $(\arctan x)' = \dfrac{1}{1+x^2}$;　　(16) $(\mathrm{arccot} x)' = -\dfrac{1}{1+x^2}$.

3.2　导数的四则运算法则

(1) $(u \pm v)' = u' + v'$;

(2) $(uv)' = u'v + uv'$;

(3) $\left(\dfrac{u}{v}\right)' = \dfrac{u'v - uv'}{v^2}$ ($v \neq 0$).

3.3　复合函数求导法则: 链式法则

设函数 $u = \varphi(x)$ 在 x_0 处可导, 而 $y = f(u)$ 在对应点 $u_0 = \varphi(x_0)$ 处可导, 则复合函数 $y = f[\varphi(x)]$ 在点 x_0 处可导, 且

$$\left.\frac{\mathrm{d}y}{\mathrm{d}x}\right|_{x=x_0} = f'(u_0) \cdot \phi'(x_0), \quad \text{或} \quad \left.\frac{\mathrm{d}y}{\mathrm{d}x}\right|_{x=x_0} = \left.\frac{\mathrm{d}y}{\mathrm{d}u}\right|_{u=\phi(x_0)} \cdot \left.\frac{\mathrm{d}u}{\mathrm{d}x}\right|_{x=x_0}.$$

即: 若 y 通过中间变量 u 是 x 的函数, 先利用 $y = f(u)$ 求 $\dfrac{\mathrm{d}y}{\mathrm{d}u}$, 再利用 $u = \varphi(x)$ 求出 $\dfrac{\mathrm{d}u}{\mathrm{d}x}$, 最后作乘积即得到 $\dfrac{\mathrm{d}y}{\mathrm{d}x}$, 亦即 $\dfrac{\mathrm{d}y}{\mathrm{d}x} = \dfrac{\mathrm{d}y}{\mathrm{d}u} \cdot \dfrac{\mathrm{d}u}{\mathrm{d}x}$, 即 **"由外向里, 逐层求导"**.

3.4　基本初等函数的微分公式

(1) $\mathrm{d}(c) = 0$ (c 为任意常数);

(2) $\mathrm{d}(x^\mu) = \mu x^{\mu-1} \mathrm{d}x$ (μ 为任意实数);

(3) $\mathrm{d}(a^x) = a^x \ln a\, \mathrm{d}x$ ($a > 0,\ a \neq 1$);　　(4) $\mathrm{d}(\mathrm{e}^x) = \mathrm{e}^x \mathrm{d}x$;

(5) $\mathrm{d}(\log_a x) = \dfrac{1}{x \ln a} \mathrm{d}x (a > 0, a \neq 1)$;

(6) $\mathrm{d}(\ln x) = \dfrac{1}{x} \mathrm{d}x$;

(7) $\mathrm{d}(\sin x) = \cos x \mathrm{d}x$;

(8) $\mathrm{d}(\cos x) = -\sin x \mathrm{d}x$;

(9) $\mathrm{d}(\tan x) = \sec^2 x \mathrm{d}x$;

(10) $\mathrm{d}(\cot x) = -\csc^2 x \mathrm{d}x$;

(11) $\mathrm{d}(\sec x) = \sec x \cdot \tan x \mathrm{d}x$;

(12) $\mathrm{d}(\csc x) = -\csc x \cot x \mathrm{d}x$;

(13) $\mathrm{d}(\arcsin x) = \dfrac{1}{\sqrt{1 - x^2}} \mathrm{d}x$;

(14) $\mathrm{d}(\arccos x) = -\dfrac{1}{\sqrt{1 - x^2}} \mathrm{d}x$;

(15) $\mathrm{d}(\arctan x) = \dfrac{1}{1 + x^2} \mathrm{d}x$;

(16) $\mathrm{d}(\mathrm{arccot} x) = -\dfrac{1}{1 + x^2} \mathrm{d}x$.

4 导数的应用

4.1 洛必达法则 (基本未定式的极限)

(1) 基本型 I $\left(\dfrac{0}{0} \text{ 型未定式} \right)$ 设 $\lim\limits_{x \to a} f(x) = 0, \lim\limits_{x \to a} g(x) = 0$, 则

$$\lim_{x \to a} \frac{f(x)}{g(x)} \left(\frac{0}{0} \text{ 型} \right) = \lim_{x \to a} \frac{f'(x)}{g'(x)} = A(\text{ 或} \infty).$$

(2) 基本型 II $\left(\dfrac{\infty}{\infty} \text{ 型未定式} \right)$ 设 $\lim\limits_{x \to a} f(x) = \infty, \lim\limits_{x \to a} g(x) = \infty$, 则

$$\lim_{x \to a} \frac{f(x)}{g(x)} \left(\frac{\infty}{\infty} \text{型} \right) = \lim_{x \to a} \frac{f'(x)}{g'(x)} = A(\text{或} \infty).$$

注 以上两种基本型对自变量 x 的其他变化过程 (如 $x \to \infty, x \to a^+, x \to +\infty$ 等) 同样成立.

4.2 函数的极值的充分条件

定义 如果存在点 x_0 的某去心邻域 $\overset{\circ}{U}(a)$, 当 $x \in \overset{\circ}{U}(a)$ 时, 总有 $f(x_0) < f(x)$ (或 $f(x_0) > f(x)$) 成立, 则称点 x_0 是函数 $f(x)$ 的一个**极小值点** (或**极大值点**), 相应的函数值 $f(x_0)$ 称为 $f(x)$ 的**极小值** (或**极大值**).

极大值点、极小值点统称为**极值点**; 极大值、极小值统称为函数的**极值**.

定理 1(函数取得极值的必要条件) 如果函数 $f(x)$ 在点 x_0 处取得极值, 且 $f(x)$ 在点 x_0 处可微, 则 $f'(x_0)= 0$.

使得导数 $f'(x)=0$ 的点称为函数 $f(x)$ 的**驻点**.

注 导数不存在的点也可能是极值点.

定理 2(函数取得极值的第一充分条件) 若 $f'(x_0)=0$, 且 $f(x)$ 在 x_0 的某邻域内可导,

当 $x < x_0$ 时 $f'(x) > 0$; $x > x_0$ 时 $f'(x) < 0$, 则称 x_0 为极大值点;

当 $x < x_0$ 时 $f'(x) < 0$; $x > x_0$ 时 $f'(x) > 0$, 则称 x_0 为极小值点.

若 $f'(x)$ 在 x_0 左右两侧不变号, 则 x_0 不是极值点.

定理 3(函数取得极值的第二充分条件)   设函数 $f(x)$ 在 x_0 处具有二阶导数, 且 $f'(x) = 0$, $f''(x_0) \neq 0$

当 $f''(x_0) < 0$ 时, x_0 为极大值点;

当 $f''(x_0) > 0$ 时, x_0 为极小值点;

当 $f''(x_0) = 0$ 时, x_0 可能是极值点, 也可能不是极值点.

注   若函数 $f(x)$ 在 $x = x_0$ 处有 $f'(x_0) = f''(x_0) = \cdots = f^{(n-1)}(x_0) = 0$, 而 $f^{(n)}(x_0) \neq 0$, 则当 n 为偶数, 且 $f^{(n)}(x_0) > 0$ 时, $f(x)$ 在 x_0 处取得极小值; 当 n 为偶数, 且 $f^{(n)}(x_0) < 0$ 时, $f(x)$ 在 x_0 处取得极大值; 当 n 为奇数时, $f(x)$ 在 x_0 处取不到极值.

4.3   函数的最值

求连续函数 $f(x)$ 在 $[a, b]$ 上的最大值和最小值, 首先找出在 (a, b) 内的一切驻点和导数不存在的点, 把这些点的函数值和端点的函数值加以比较, 最大者即为函数的最大值, 最小者即为函数的最小值.

在实际应用问题中, 若目标函数在定义区间内部只有一个驻点, 且具体问题一定有最大值或最小值, 则该点就是所求的最大或最小值点, 相应的函数值就是所求的最大或最小值.

5   定   积   分

5.1   定积分的定义

设函数 $y = f(x)$ 在区间 $[a, b]$ 上有界, 在区间 $[a, b]$ 内任意插入 $n - 1$ 个分点, $x_1, x_2, \cdots, x_{n-1}$, 且 $a = x_0 < x_1 < x_2 < \cdots < x_{i-1} < x_i < \cdots < x_{n-1} < x_n = b$, 将 $[a, b]$ 分成 n 个区间, 各个小区间的长度记为

$$\Delta x_i = x_i - x_{i-1} \quad (i = 1, 2, \cdots, n),$$

在每个小区间 $[x_{i-1}, x_i]$ 上任取一点 $\xi_i (x_{i-1} \leqslant \xi_i \leqslant x_i)$, 作乘积 $f(\xi_i) \Delta x_i (i = 1, 2, \cdots, n)$ 并作和

$$\sum_{i=1}^{n} f(\xi_i) \Delta x_i.$$

记 λ 表示所有小区间长度的最大值, 即 $\lambda = \max\limits_{1 \leqslant i \leqslant n}\{\Delta x_i\}$, 如果极限 $\lim\limits_{\lambda \to 0}\sum\limits_{i=1}^{n} f(\xi_i)\,\Delta x_i$ 存在, 则称函数 $f(x)$ 在 $[a, b]$ 上可积, 并称此极限为 $f(x)$ 在 $[a, b]$ 上的定积分, 记为 $\int_a^b f(x)\mathrm{d}x$, 即

$$\int_a^b f(x)\mathrm{d}x = \lim_{\lambda \to 0}\sum_{i=1}^{n} f(\xi_i)\,\Delta x_i.$$

其中 $f(x)$ 称为**被积函数**, $f(x)\mathrm{d}x$ 称为**被积表达式**, x 称为**积分变量**, $[a, b]$ 称为**积分区间**, a, b 分别称为**积分下限**和**积分上限**, $\sum\limits_{i=1}^{n} f(\xi_i)\cdot\Delta x_i$ 称为**积分和**.

习惯上, 定积分 $\int_a^b f(x)\mathrm{d}x$ 存在, 我们称函数 $f(x)$ 在区间 $[a, b]$ 上**可积**, 否则, 称 $f(x)$ 在区间 $[a, b]$ 上**不可积**.

5.2　可积的充分条件

(1) 若 $f(x)$ 在 $[a, b]$ 上连续, 则 $f(x)$ 在 $[a, b]$ 上可积;

(2) 若 $f(x)$ 在 $[a, b]$ 上只有有限个第一类间断点, 则 $f(x)$ 在 $[a, b]$ 上可积.

5.3　积分上限函数及其导数

设函数 $f(x)$ 在 $[a, b]$ 上可积, x 为区间 $[a, b]$ 上任意一点, 则 $f(x)$ 在 $[a, x]$ 上也可积, 即变上限积分

$$\int_a^x f(t)\mathrm{d}t$$

存在, 并且对于每一个 $x \in [a, b]$, 都有一个确定的值与之对应, 因此它是定义在 $[a, b]$ 上的函数, 称为**积分上限函数**, 记为 $\Phi(x)$, 即

$$\Phi(x) = \int_c^x f(t)\mathrm{d}t \quad (a \leqslant x \leqslant b).$$

也称 $\int_a^x f(t)\mathrm{d}t$ 为**变上限的定积分**.

原函数存在定理　　如果函数 $f(x)$ 在区间 $[a, b]$ 上连续, 则积分上限函数 $\int_a^x f(t)\mathrm{d}t$ 在区间 $[a, b]$ 上可导, 且它的导数为

$$\Phi'(x) = \frac{\mathrm{d}}{\mathrm{d}x}\int_a^x f(t)\mathrm{d}t = f(x) \quad (a \leqslant x \leqslant b).$$

注　(1) 当积分上限为自变量 x 的函数 $b(x)$ 时, 可利用复合函数求导法则, 即有

$$\frac{\mathrm{d}}{\mathrm{d}x}\left(\int_a^{b(x)} f(t)\mathrm{d}t\right) = \frac{\mathrm{d}}{\mathrm{d}b(x)}\left(\int_a^{b(x)} f(t)\mathrm{d}t\right) \cdot \frac{\mathrm{d}b(x)}{\mathrm{d}x} = f[b(x)] \cdot b'(x).$$

(2) 当积分上、下限都是 x 的函数时, 可利用定积分对积分区间的可加性和复合函数的求导法则, 即有

$$\frac{\mathrm{d}}{\mathrm{d}x}\left(\int_{a(x)}^{b(x)} f(t)\mathrm{d}t\right) = f[b(x)] \cdot b'(x) - f[a(x)] \cdot a'(x).$$

5.4 牛顿–莱布尼茨公式

设函数 $F(x)$ 是连续函数 $f(x)$ 在区间 $[a, b]$ 上的任一原函数, 则

$$\int_a^b f(x)\mathrm{d}x = F(b) - F(a).$$

5.5 定积分的分部积分法

设 $u(x)$, $v(x)$ 在区间 $[a, b]$ 上有连续导数, 则

$$\int_a^b u(x) \cdot v'(x)\mathrm{d}x = [u(x)v(x)]|_a^b - \int_a^b v(x)u'(x)\mathrm{d}x.$$

5.6 定积分的换元法

1. 凑微分法

$$\int_a^b f[\varphi(x)]\varphi'(x)\mathrm{d}x = \int_a^b f[\varphi(x)]\mathrm{d}\varphi(x) = F[\varphi(b)] - F[\varphi(a)].$$

2. 定积分的换元积分法

设函数 $f(x)$ 在区间 $[a,b]$ 上连续, 函数 $x = \varphi(t)$ 在区间 $[\alpha,\beta]$ (或 $[\beta,\alpha]$ 上) 单调且有连续导数 $\varphi'(t)$, 又 $\varphi(\alpha) = a$, $\varphi(B) = b$, 则有换元公式

$$\int_a^b f(x)\mathrm{d}x = \int_\alpha^\beta f[\varphi(t)]\varphi'(t)\mathrm{d}t.$$

注 (1) 在作换元代换时, 积分的上、下限要跟着变换, 且对应关系不能变, 即 "换元必换限, 换限必对限", 需要注意的是, 换元后下限 α 不一定小于上限 β.

(2) 换元积分后, 不必换回原来的积分变量, 而直接积分求出结果即可.

5.7 分段函数的定积分

分段函数的定积分采用分段积分, 再相加的方法进行计算

设有分段函数:

$$f(x) = \begin{cases} g(x), & a \leqslant x < c, \\ h(x), & c \leqslant x < b, \end{cases}$$

则 $\displaystyle\int_a^b f(x)\mathrm{d}x = \int_a^c g(x)\mathrm{d}x + \int_c^b h(x)\mathrm{d}x.$

5.8 基本积分公式

(1) $\displaystyle\int x^\mu \mathrm{d}x = \frac{x^{\mu+1}}{\mu+1} + C \ (\mu \neq -1);$

(2) $\displaystyle\int \frac{1}{x}\mathrm{d}x = \ln|x| + C;$

(3) $\displaystyle\int a^x \mathrm{d}x = \frac{a^x}{\ln a} + C \ (a > 0, a \neq 1);$

(4) $\displaystyle\int \mathrm{e}^x \mathrm{d}x = \mathrm{e}^x + C;$

(5) $\displaystyle\int \cos x \mathrm{d}x = \sin x + C;$

(6) $\displaystyle\int \sin x \mathrm{d}x = -\cos x + C;$

(7) $\displaystyle\int \sec^2 x \mathrm{d}x = \int \frac{1}{\cos^2 x}\mathrm{d}x = \tan x + C;$

(8) $\displaystyle\int \csc^2 x \mathrm{d}x = \int \frac{1}{\sin^2 x}\mathrm{d}x = -\cot x + C;$

(9) $\displaystyle\int \sec x \tan x \mathrm{d}x = \sec x + C;$

(10) $\displaystyle\int \csc x \cot x \mathrm{d}x = -\csc x + C;$

(11) $\displaystyle\int \frac{1}{1+x^2}\mathrm{d}x = \arctan x + C;$

(12) $\displaystyle\int \frac{1}{\sqrt{1-x^2}}\mathrm{d}x = \arcsin x + C.$

基本积分公式是求不定积分的基础, 必须牢记.

6 反 常 积 分

6.1 无穷限反常积分的定义

(1) $\displaystyle\int_a^{+\infty} f(x)\mathrm{d}x = \lim_{b\to+\infty}\int_a^b f(x)\mathrm{d}x$;

(2) $\displaystyle\int_{-\infty}^b f(x)\mathrm{d}x = \lim_{a\to-\infty}\int_a^b f(x)\mathrm{d}x$.

如果等式右端的极限存在, 则称反常积分收敛, 且极限值就是反常积分的值; 如果等式右端的极限不存在, 则称反常积分发散.

(3) $\displaystyle\int_{-\infty}^{+\infty} f(x)\mathrm{d}x = \int_{-\infty}^0 f(x)\mathrm{d}x + \int_0^{+\infty} f(x)\mathrm{d}x$, 这个广义积分收敛的条件是

等式右端的两个广义积分都收敛. 不能用以下公式定义广义积分 $\displaystyle\int_{-\infty}^{+\infty} f(x)\mathrm{d}x$:

$$\int_{-\infty}^{+\infty} f(x)\mathrm{d}x = \lim_{a\to+\infty}\int_{-a}^a f(x)\mathrm{d}x.$$

6.2 几个重要的反常积分 (广义积分)

(1) p 积分 $\displaystyle\int_a^{+\infty}\frac{1}{x^p}\mathrm{d}x\ (a>0)$;

当 $p>1$ 时, $\displaystyle\int_a^{+\infty}\frac{1}{x^p}\mathrm{d}x = \frac{1}{1-p}x^{1-p}\Big|_a^{+\infty} = \frac{a^{1-p}}{p-1}$;

当 $p<1$ 时, $\displaystyle\int_a^{+\infty}\frac{1}{x^p}\mathrm{d}x = \frac{1}{1-p}x^{1-p}\Big|_a^{+\infty} = +\infty$.

因此, 当 $p>1$ 时, 此反常积分收敛; $p\leqslant 1$ 时, 反常积分发散.

如: $\displaystyle\int_a^{+\infty}\frac{\mathrm{d}x}{\sqrt{x}}$ 是发散的 $\left(p=\dfrac{1}{2}<1\right)$.

又如 $\displaystyle\int_a^{+\infty}\frac{\mathrm{d}x}{x^2}$ 是收敛的 $(p=2>1)$, 且 $\displaystyle\int_a^{+\infty}\frac{\mathrm{d}x}{x^2} = \frac{1}{a}$.

(2) 概率积分

$$\int_0^{+\infty} \mathrm{e}^{-x^2}\mathrm{d}x = \frac{\sqrt{\pi}}{2}.$$

6.3 无穷限反常积分的计算方法

(1) 用定义计算

$$\int_a^{+\infty} f(x)\mathrm{d}x = \lim_{b\to+\infty}\int_a^b f(x)\mathrm{d}x = \lim_{b\to+\infty}[F(x)]_a^b = \lim_{b\to+\infty} F(b) - F(a).$$

(2) 直接用牛顿–莱布尼茨公式计算

$$\int_a^{+\infty} f(x)\mathrm{d}x = F(x)|_a^{+\infty} = F(+\infty) - F(a).$$

6.4　伽马函数

1. 定义　$\Gamma(s) = \displaystyle\int_0^{+\infty} \mathrm{e}^{-x} x^{s-1}\mathrm{d}x (s > 0)$ 称为 Γ 函数.

2. 性质

$$\Gamma(s) = 2\int_0^{+\infty} \mathrm{e}^{-u^2} u^{2s-1}\mathrm{d}u \quad (s > 0),$$

$$\Gamma(s+1) = s\Gamma(s),$$

$$\Gamma(n+1) = n!,$$

$$\Gamma\left(\frac{1}{2}\right) = \sqrt{\pi},$$

$$\Gamma\left(n+\frac{1}{2}\right) = \frac{1 \cdot 3 \cdot 5 \cdots (2n-1)}{2^n}\sqrt{\pi},$$

$$\int_0^{+\infty} \mathrm{e}^{-x^2}\mathrm{d}x = \frac{1}{2}\Gamma\left(\frac{1}{2}\right) = \frac{\sqrt{\pi}}{2}.$$

7　二重积分的计算

7.1　利用直角坐标计算二重积分

设 $f(x,y) \geqslant 0$.

(1) 如果积分区域 D 是 X 型区域:

设区域 D: $\varphi_1(x) \leqslant y \leqslant \varphi_2(x)$, $a \leqslant x \leqslant b$.

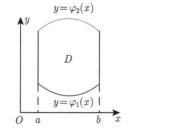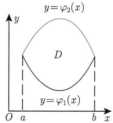

特点　穿过 D 的内部且平行于 Y 轴的直线与 D 的边界相交不多于两点.

此时二重积分用以下公式计算:

$$\iint\limits_{D} f(x,y)\mathrm{d}x\mathrm{d}y = \int_a^b \mathrm{d}x \int_{\varphi_1(x)}^{\varphi_2(x)} f(x,y)\mathrm{d}y.$$

(2) 如果积分区域 D 是 Y 型区域: 设区域 D: $\psi_1(y) \leqslant x \leqslant \psi_2(y), c \leqslant y \leqslant d.$

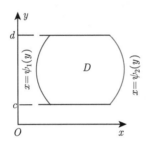 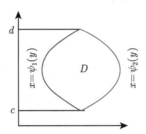

特点 穿过 D 的内部且平行于 X 轴的直线与 D 的边界相交不多于两点.

$$\iint\limits_{D} f(x,y)\mathrm{d}x\mathrm{d}y = \int_c^d \mathrm{d}y \int_{\psi_1(y)}^{\psi_2(y)} f(x,y)\mathrm{d}x.$$

(3) 既非 X 型, 又非 Y 型区域: 此时将 D 划分成若干个小区域, 使每个小区域或者为 X 型, 或者为 Y 型区域, 再利用区域的可加性分别计算.

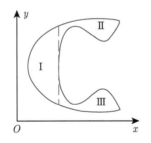 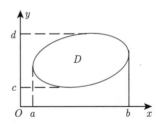

(4) 既是 X 型又是 Y 型区域: 二重积分化为二次积分就有两种顺序, 则有

$$\iint\limits_{D} f(x,y)\mathrm{d}x\mathrm{d}y = \int_a^b \mathrm{d}x \int_{\varphi_1(x)}^{\varphi_2(x)} f(x,y)\mathrm{d}y = \int_c^d \mathrm{d}y \int_{\psi_1(y)}^{\psi_2(y)} f(x,y)\mathrm{d}x.$$

7.2 极坐标系下二重积分的计算

对于二重积分, 当积分区域为圆域、环域、扇域或边界曲线以极坐标给出, 而被积函数形如 $f(x^2 + y^2), f(x,y), f\left(\dfrac{x}{y}\right)$ 等时, 选用极坐标系通常为积分带来方

便. 需要注意在极坐标变换 $x = \rho\cos\theta, y = \rho\sin\theta$ 下, 面积元素 $\mathrm{d}\sigma = \rho\mathrm{d}\rho\mathrm{d}\theta$. 极坐标系下二次积分次序一般是先 ρ 后 θ, 确定 ρ 的上下限可采用 "穿线法", 从极点发射线穿过区域 D, 穿入 D 时碰到的曲线 $\rho = \rho_1(\theta)$ 作为积分下限, 穿出 D 时碰到的曲线 $\rho = \rho_2(\theta)$ 作为积分上限, θ 的变化范围 $[\theta_1, \theta_2]$ 即为其上下限, 表示为

$$\iint\limits_{D} f(x,y)\mathrm{d}\sigma = \int_{\theta_1}^{\theta_2} \mathrm{d}\theta \int_{\rho_1(\theta)}^{\rho_2(\theta)} f(\rho\cos\theta, \rho\sin\theta)\rho\mathrm{d}\rho.$$

7.3 二重积分的计算步骤

计算二重积分的基本方法就是化为二次积分, 通常遵循以下几个步骤:

(1) 画出积分区域 D 的草图;

(2) 根据积分区域和被积函数的特点选择适当的坐标系;

(3) 确定积分次序, 考虑的依据是定限方便和容易积分;

(4) 计算二次积分的值. 计算过程中注意利用被积函数的奇偶性与积分区域的对称性.

8 无穷级数

最后介绍无穷级数的收敛与发散.

8.1 常数项级数

给定一个数列 $u_1, u_2, u_3, \cdots, u_n, \cdots$, 则由这数列构成的表达式 $u_1 + u_2 + u_3 + \cdots + u_n + \cdots$ 叫做常数项无穷级数, 简称常数项级数, 记为 $\sum\limits_{n=1}^{\infty} u_n$, 即

$$\sum_{n=1}^{\infty} u_n = u_1 + u_2 + u_3 + \cdots + u_n + \cdots,$$

其中第 n 项 u_n 叫做级数的一般项.

级数的部分和 作级数 $\sum\limits_{n=1}^{\infty} u_n$ 的前 n 项和

$$s_n = \sum_{i=1}^{n} u_i = u_1 + u_2 + u_3 + \cdots + u_n$$

称为级数 $\sum\limits_{n=1}^{\infty} u_n$ 的部分和.

敛散性定义   如果级数 $\sum\limits_{n=1}^{\infty} u_n$ 的部分和数列 $\{s_n\}$ 有极限 s, 即 $\lim\limits_{n\to\infty} s_n = s$, 则称无穷级数 $\sum\limits_{n=1}^{\infty} u_n$ **收敛**, 这时极限 s 叫做这级数的和, 并写成

$$s = \sum_{n=1}^{\infty} u_n = u_1 + u_2 + u_3 + \cdots + u_n + \cdots;$$

如果 $\{s_n\}$ 没有极限, 则称无穷级数 $\sum\limits_{n=1}^{\infty} u_n$ **发散**.

当级数 $\sum\limits_{n=1}^{\infty} u_n$ 收敛时, 其部分和 s_n 是级数 $\sum\limits_{n=1}^{\infty} u_n$ 的和 s 的近似值, 它们之间的差值

$$r_n = s - s_n = u_{n+1} + u_{n+2} + \cdots$$

叫做级数 $\sum\limits_{n=1}^{\infty} u_n$ 的**余项**.

8.2   几个重要的级数

等比级数 $\sum\limits_{n=0}^{\infty} aq^n = \begin{cases} \dfrac{a}{1-q}, & |q| < 1 \\ \infty, & |q| \geqslant 1. \end{cases}$

p 级数 $\sum\limits_{n=1}^{\infty} \dfrac{1}{n^p}$ 当 $p > 1$ 时收敛, 当 $p \leqslant 1$ 时发散.

8.3   绝对收敛与条件收敛

如果级数 $\sum\limits_{n=1}^{\infty} |u_n|$ 收敛, 则级数 $\sum\limits_{n=1}^{\infty} u_n$ 必收敛, 且称 $\sum\limits_{n=1}^{\infty} u_n$ 是**绝对收敛**; 如果级数 $\sum\limits_{n=1}^{\infty} |u_n|$ 发散, 而级数 $\sum\limits_{n=1}^{\infty} u_n$ 收敛, 则称 $\sum\limits_{n=1}^{\infty} u_n$ 是**条件收敛**.

8.4   几个常见幂级数的和函数

常用幂级数展开式

$$e^x = \sum_{n=0}^{\infty} \frac{x^n}{n!} = 1 + x + \frac{x^2}{2!} + \cdots + \frac{x^n}{n!} + \cdots \quad (-\infty < x < +\infty);$$

$$\sin x = \sum_{n=0}^{\infty} (-1)^n \frac{x^{2n+1}}{(2n+1)!} = x - \frac{x^3}{3!} + \cdots + (-1)^n \frac{x^{2n+1}}{(2n+1)!} + \cdots \quad (-\infty < x < +\infty);$$

$$\cos x = \sum_{n=0}^{\infty} (-1)^n \frac{x^{2n}}{(2n)!} = 1 - \frac{x^2}{2!} + \cdots + (-1)^n \frac{x^{2n}}{(2n)!} + \cdots \quad (-\infty < x < +\infty);$$

$$(1+x)^m = 1 + mx + \cdots + \frac{m(m-1)\cdots(m-n+1)}{n!}x^n$$
$$+ \cdots \quad (m为任意实数, -1 < x < 1);$$

$$\frac{1}{1-x} = \sum_{n=0}^{\infty} x^n = 1 + x + x^2 + \cdots + x^n + \cdots \quad (|x| < 1);$$

$$\frac{1}{1+x} = \sum_{n=0}^{\infty} (-1)^n x^n = 1 - x + x^2 + \cdots + (-1)^n x^n + \cdots \quad (|x| < 1);$$

$$\ln(1+x) = \sum_{n=0}^{\infty} \frac{(-1)^n}{n+1} x^{n+1} = x - \frac{x^2}{2} + \cdots + \frac{(-1)^n}{n+1} x^{n+1} + \cdots \quad (-1 < x \leqslant 1).$$

附录二　概率统计常用表

附表 1　泊松分布表 $P\{X \leqslant k\} = \sum\limits_{i=0}^{k} \dfrac{\lambda^i}{i!} \mathrm{e}^{-\lambda}$

λ \ k	0	1	2	3	4	5	6	7	8	9	10	11	12
0.1	0.905	0.995	1.000	1.000									
0.2	0.819	0.982	0.999	1.000									
0.3	0.741	0.963	0.996	1.000									
0.4	0.670	0.938	0.992	0.999	1.000								
0.5	0.607	0.910	0.986	0.998	1.000								
0.6	0.549	0.878	0.977	0.997	1.000								
0.7	0.497	0.844	0.966	0.994	0.999	1.000							
0.8	0.449	0.809	0.953	0.991	0.999	1.000							
0.9	0.407	0.772	0.937	0.987	0.998	1.000							
1	0.368	0.736	0.920	0.981	0.996	0.999	1.000						
1.1	0.333	0.699	0.900	0.974	0.995	0.999	1.000						
1.2	0.301	0.663	0.879	0.966	0.992	0.998	1.000						
1.3	0.273	0.627	0.857	0.957	0.989	0.998	1.000						
1.4	0.247	0.592	0.833	0.946	0.986	0.997	0.999	1.000					
1.5	0.223	0.558	0.809	0.934	0.981	0.996	0.999	1.000					
1.6	0.202	0.525	0.783	0.921	0.976	0.994	0.999	1.000					
1.7	0.183	0.493	0.757	0.907	0.970	0.992	0.998	1.000					
1.8	0.165	0.463	0.731	0.891	0.964	0.990	0.997	0.999	1.000				
1.9	0.150	0.434	0.704	0.875	0.956	0.987	0.997	0.999	1.000				
2	0.135	0.406	0.677	0.857	0.947	0.983	0.995	0.999	1.000				
2.1	0.122	0.380	0.650	0.839	0.938	0.980	0.994	0.999	1.000				
2.2	0.111	0.355	0.623	0.819	0.928	0.975	0.993	0.998	1.000				
2.3	0.100	0.331	0.596	0.799	0.916	0.970	0.991	0.997	0.999	1.000			
2.4	0.091	0.308	0.570	0.779	0.904	0.964	0.988	0.997	0.999	1.000			
2.5	0.082	0.287	0.544	0.758	0.891	0.958	0.986	0.996	0.999	1.000			
2.6	0.074	0.267	0.518	0.736	0.877	0.951	0.983	0.995	0.999	1.000			
2.7	0.067	0.249	0.494	0.714	0.863	0.943	0.979	0.993	0.998	0.999	1.000		
2.8	0.061	0.231	0.469	0.692	0.848	0.935	0.976	0.992	0.998	0.999	1.000		
2.9	0.055	0.215	0.446	0.670	0.832	0.926	0.971	0.990	0.997	0.999	1.000		
3	0.050	0.199	0.423	0.647	0.815	0.916	0.966	0.988	0.996	0.999	1.000		
3.1	0.045	0.185	0.401	0.625	0.798	0.906	0.961	0.986	0.995	0.999	1.000		
3.2	0.041	0.171	0.380	0.603	0.781	0.895	0.955	0.983	0.994	0.998	1.000		
3.3	0.037	0.159	0.359	0.580	0.763	0.883	0.949	0.980	0.993	0.998	0.999	1.000	
3.4	0.033	0.147	0.340	0.558	0.744	0.871	0.942	0.977	0.992	0.997	0.999	1.000	
3.5	0.030	0.136	0.321	0.537	0.725	0.858	0.935	0.973	0.990	0.997	0.999	1.000	
3.6	0.027	0.126	0.303	0.515	0.706	0.844	0.927	0.969	0.988	0.996	0.999	1.000	
3.7	0.025	0.116	0.285	0.494	0.687	0.830	0.918	0.965	0.986	0.995	0.998	1.000	1.000
3.8	0.022	0.107	0.269	0.473	0.668	0.816	0.909	0.960	0.984	0.994	0.998	1.000	1.000
3.9	0.020	0.099	0.253	0.453	0.648	0.801	0.899	0.955	0.981	0.993	0.998	1.000	1.000
4	0.018	0.092	0.238	0.433	0.629	0.785	0.889	0.949	0.979	0.992	0.997	1.000	1.000

续表

λ \ k	0	1	2	3	4	5	6	7	8	9	10	11	12	13	14
5	0.007	0.040	0.125	0.265	0.440	0.616	0.762	0.867	0.932	0.968	0.986	0.995	0.998	0.999	1.000
6	0.002	0.017	0.062	0.151	0.285	0.446	0.606	0.744	0.847	0.916	0.957	0.980	0.991	0.996	0.999
7	0.001	0.007	0.030	0.082	0.173	0.301	0.450	0.599	0.729	0.830	0.901	0.947	0.973	0.987	0.994
8	0.000	0.003	0.014	0.042	0.100	0.191	0.313	0.453	0.593	0.717	0.816	0.888	0.936	0.966	0.983
9	0.000	0.001	0.006	0.021	0.055	0.116	0.207	0.324	0.456	0.587	0.706	0.803	0.876	0.926	0.959
10	0.000	0.000	0.003	0.010	0.029	0.067	0.130	0.220	0.333	0.458	0.583	0.697	0.792	0.864	0.917
11	0.000	0.000	0.001	0.005	0.015	0.038	0.079	0.143	0.232	0.341	0.460	0.579	0.689	0.781	0.854
12	0.000	0.000	0.001	0.002	0.008	0.020	0.046	0.090	0.155	0.242	0.347	0.462	0.576	0.682	0.772
13	0.000	0.000	0.000	0.001	0.004	0.011	0.026	0.054	0.100	0.166	0.252	0.353	0.463	0.573	0.675
14	0.000	0.000	0.000	0.000	0.002	0.006	0.014	0.032	0.062	0.109	0.176	0.260	0.358	0.464	0.570
15	0.000	0.000	0.000	0.000	0.001	0.003	0.008	0.018	0.037	0.070	0.118	0.185	0.268	0.363	0.466

λ \ k	15	16	17	18	19	20	21	22	23	24	25	26	27	28	29
5	1.000	1.000													
6	0.999	1.000													
7	0.998	0.999	1.000	1.000											
8	0.992	0.996	0.998	0.999	1.000										
9	0.978	0.989	0.995	0.998	0.999	1.000	1.000								
10	0.951	0.973	0.986	0.993	0.997	0.998	0.999	1.000							
11	0.907	0.944	0.968	0.982	0.991	0.995	0.998	0.999	1.000	1.000					
12	0.844	0.899	0.937	0.963	0.979	0.988	0.994	0.997	0.999	0.999	1.000				
13	0.764	0.835	0.890	0.930	0.957	0.975	0.986	0.992	0.996	0.998	0.999	1.000	1.000		
14	0.669	0.756	0.827	0.883	0.923	0.952	0.971	0.983	0.991	0.995	0.997	0.999	0.999	1.000	1.000
15	0.568	0.664	0.749	0.819	0.875	0.917	0.947	0.967	0.981	0.989	0.994	0.997	0.998	0.999	1.000

附表 2　标准正态分布函数表 $\Phi(x) = \dfrac{1}{\sqrt{2\pi}} \displaystyle\int_{-\infty}^{x} \mathrm{e}^{-\frac{t^2}{2}} \mathrm{d}t$

x	0	0.01	0.02	0.03	0.04	0.05	0.06	0.07	0.08	0.09
0	0.5000	0.5040	0.5080	0.5120	0.5160	0.5199	0.5239	0.5279	0.5319	0.5359
0.1	0.5398	0.5438	0.5478	0.5517	0.5557	0.5596	0.5636	0.5675	0.5714	0.5753
0.2	0.5793	0.5832	0.5871	0.5910	0.5948	0.5987	0.6026	0.6064	0.6103	0.6141
0.3	0.6179	0.6217	0.6255	0.6293	0.6331	0.6368	0.6406	0.6443	0.6480	0.6517
0.4	0.6554	0.6591	0.6628	0.6664	0.6700	0.6736	0.6772	0.6808	0.6844	0.6879
0.5	0.6915	0.6950	0.6985	0.7019	0.7054	0.7088	0.7123	0.7157	0.7190	0.7224
0.6	0.7257	0.7291	0.7324	0.7357	0.7389	0.7422	0.7454	0.7486	0.7517	0.7549
0.7	0.7580	0.7611	0.7642	0.7673	0.7704	0.7734	0.7764	0.7794	0.7823	0.7852
0.8	0.7881	0.7910	0.7939	0.7967	0.7995	0.8023	0.8051	0.8078	0.8106	0.8133
0.9	0.8159	0.8186	0.8212	0.8238	0.8264	0.8289	0.8315	0.8340	0.8365	0.8389
1	0.8413	0.8438	0.8461	0.8485	0.8508	0.8531	0.8554	0.8577	0.8599	0.8621
1.1	0.8643	0.8665	0.8686	0.8708	0.8729	0.8749	0.8770	0.8790	0.8810	0.8830
1.2	0.8849	0.8869	0.8888	0.8907	0.8925	0.8944	0.8962	0.8980	0.8997	0.9015
1.3	0.9032	0.9049	0.9066	0.9082	0.9099	0.9115	0.9131	0.9147	0.9162	0.9177
1.4	0.9192	0.9207	0.9222	0.9236	0.9251	0.9265	0.9279	0.9292	0.9306	0.9319
1.5	0.9332	0.9345	0.9357	0.9370	0.9382	0.9394	0.9406	0.9418	0.9429	0.9441
1.6	0.9452	0.9463	0.9474	0.9484	0.9495	0.9505	0.9515	0.9525	0.9535	0.9545
1.7	0.9554	0.9564	0.9573	0.9582	0.9591	0.9599	0.9608	0.9616	0.9625	0.9633
1.8	0.9641	0.9649	0.9656	0.9664	0.9671	0.9678	0.9686	0.9693	0.9699	0.9706
1.9	0.9713	0.9719	0.9726	0.9732	0.9738	0.9744	0.9750	0.9756	0.9761	0.9767
2	0.9772	0.9778	0.9783	0.9788	0.9793	0.9798	0.9803	0.9808	0.9812	0.9817
2.1	0.9821	0.9826	0.9830	0.9834	0.9838	0.9842	0.9846	0.9850	0.9854	0.9857
2.2	0.9861	0.9864	0.9868	0.9871	0.9875	0.9878	0.9881	0.9884	0.9887	0.9890
2.3	0.9893	0.9896	0.9898	0.9901	0.9904	0.9906	0.9909	0.9911	0.9913	0.9916
2.4	0.9918	0.9920	0.9922	0.9925	0.9927	0.9929	0.9931	0.9932	0.9934	0.9936
2.5	0.9938	0.9940	0.9941	0.9943	0.9945	0.9946	0.9948	0.9949	0.9951	0.9952
2.6	0.9953	0.9955	0.9956	0.9957	0.9959	0.9960	0.9961	0.9962	0.9963	0.9964
2.7	0.9965	0.9966	0.9967	0.9968	0.9969	0.9970	0.9971	0.9972	0.9973	0.9974
2.8	0.9974	0.9975	0.9976	0.9977	0.9977	0.9978	0.9979	0.9979	0.9980	0.9981
2.9	0.9981	0.9982	0.9982	0.9983	0.9984	0.9984	0.9985	0.9985	0.9986	0.9986
3	0.9987	0.9987	0.9987	0.9988	0.9988	0.9989	0.9989	0.9989	0.9990	0.9990
3.1	0.9990	0.9991	0.9991	0.9991	0.9992	0.9992	0.9992	0.9992	0.9993	0.9993
3.2	0.9993	0.9993	0.9994	0.9994	0.9994	0.9994	0.9994	0.9995	0.9995	0.9995
3.3	0.9995	0.9995	0.9995	0.9996	0.9996	0.9996	0.9996	0.9996	0.9996	0.9997
3.4	0.9997	0.9997	0.9997	0.9997	0.9997	0.9997	0.9997	0.9997	0.9997	0.9998
3.5	0.9998	0.9998	0.9998	0.9998	0.9998	0.9998	0.9998	0.9998	0.9998	0.9998

附表 3　χ^2 分布分位数表 $P\{\chi^2(n) > \chi^2_\alpha(n)\} = \alpha$

α $\backslash$ n	0.005	0.01	0.025	0.05	0.1	0.9	0.95	0.975	0.99	0.995
1	7.8794	6.6349	5.0239	3.8415	2.7055	0.0158	0.0039	0.0010	0.0002	0.0000
2	10.5966	9.2103	7.3778	5.9915	4.6052	0.2107	0.1026	0.0506	0.0201	0.0100
3	12.8382	11.3449	9.3484	7.8147	6.2514	0.5844	0.3518	0.2158	0.1148	0.0717
4	14.8603	13.2767	11.1433	9.4877	7.7794	1.0636	0.7107	0.4844	0.2971	0.2070
5	16.7496	15.0863	12.8325	11.0705	9.2364	1.6103	1.1455	0.8312	0.5543	0.4117
6	18.5476	16.8119	14.4494	12.5916	10.6446	2.2041	1.6354	1.2373	0.8721	0.6757
7	20.2777	18.4753	16.0128	14.0671	12.0170	2.8331	2.1673	1.6899	1.2390	0.9893
8	21.9550	20.0902	17.5345	15.5073	13.3616	3.4895	2.7326	2.1797	1.6465	1.3444
9	23.5894	21.6660	19.0228	16.9190	14.6837	4.1682	3.3251	2.7004	2.0879	1.7349
10	25.1882	23.2093	20.4832	18.3070	15.9872	4.8652	3.9403	3.2470	2.5582	2.1559
11	26.7568	24.7250	21.9200	19.6751	17.2750	5.5778	4.5748	3.8157	3.0535	2.6032
12	28.2995	26.2170	23.3367	21.0261	18.5493	6.3038	5.2260	4.4038	3.5706	3.0738
13	29.8195	27.6882	24.7356	22.3620	19.8119	7.0415	5.8919	5.0088	4.1069	3.5650
14	31.3193	29.1412	26.1189	23.6848	21.0641	7.7895	6.5706	5.6287	4.6604	4.0747
15	32.8013	30.5779	27.4884	24.9958	22.3071	8.5468	7.2609	6.2621	5.2293	4.6009
16	34.2672	31.9999	28.8454	26.2962	23.5418	9.3122	7.9616	6.9077	5.8122	5.1422
17	35.7185	33.4087	30.1910	27.5871	24.7690	10.0852	8.6718	7.5642	6.4078	5.6972
18	37.1565	34.8053	31.5264	28.8693	25.9894	10.8649	9.3905	8.2307	7.0149	6.2648
19	38.5823	36.1909	32.8523	30.1435	27.2036	11.6509	10.1170	8.9065	7.6327	6.8440
20	39.9968	37.5662	34.1696	31.4104	28.4120	12.4426	10.8508	9.5908	8.2604	7.4338
21	41.4011	38.9322	35.4789	32.6706	29.6151	13.2396	11.5913	10.2829	8.8972	8.0337
22	42.7957	40.2894	36.7807	33.9244	30.8133	14.0415	12.3380	10.9823	9.5425	8.6427
23	44.1813	41.6384	38.0756	35.1725	32.0069	14.8480	13.0905	11.6886	10.1957	9.2604
24	45.5585	42.9798	39.3641	36.4150	33.1962	15.6587	13.8484	12.4012	10.8564	9.8862
25	46.9279	44.3141	40.6465	37.6525	34.3816	16.4734	14.6114	13.1197	11.5240	10.5197
26	48.2899	45.6417	41.9232	38.8851	35.5632	17.2919	15.3792	13.8439	12.1981	11.1602
27	49.6449	46.9629	43.1945	40.1133	36.7412	18.1139	16.1514	14.5734	12.8785	11.8076
28	50.9934	48.2782	44.4608	41.3371	37.9159	18.9392	16.9279	15.3079	13.5647	12.4613
29	52.3356	49.5879	45.7223	42.5570	39.0875	19.7677	17.7084	16.0471	14.2565	13.1211
30	53.6720	50.8922	46.9792	43.7730	40.2560	20.5992	18.4927	16.7908	14.9535	13.7867
31	55.0027	52.1914	48.2319	44.9853	41.4217	21.4336	19.2806	17.5387	15.6555	14.4578
32	56.3281	53.4858	49.4804	46.1943	42.5847	22.2706	20.0719	18.2908	16.3622	15.1340
33	57.6484	54.7755	50.7251	47.3999	43.7452	23.1102	20.8665	19.0467	17.0735	15.8153
34	58.9639	56.0609	51.9660	48.6024	44.9032	23.9523	21.6643	19.8063	17.7891	16.5013
35	60.2748	57.3421	53.2033	49.8018	46.0588	24.7967	22.4650	20.5694	18.5089	17.1918
36	61.5812	58.6192	54.4373	50.9985	47.2122	25.6433	23.2686	21.3359	19.2327	17.8867
37	62.8833	59.8925	55.6680	52.1923	48.3634	26.4921	24.0749	22.1056	19.9602	18.5858
38	64.1814	61.1621	56.8955	53.3835	49.5126	27.3430	24.8839	22.8785	20.6914	19.2889
39	65.4756	62.4281	58.1201	54.5722	50.6598	28.1958	25.6954	23.6543	21.4262	19.9959
40	66.7660	63.6907	59.3417	55.7585	51.8051	29.0505	26.5093	24.4330	22.1643	20.7065

附表 4　t 分布分位数表 $P\{t(n) > t_\alpha(n)\} = \alpha$

α n	0.25	0.2	0.1	0.05	0.025	0.01	0.005	0.001
1	1.0000	1.3764	3.0777	6.3138	12.7062	31.8205	63.6567	318.3088
2	0.8165	1.0607	1.8856	2.9200	4.3027	6.9646	9.9248	22.3271
3	0.7649	0.9785	1.6377	2.3534	3.1824	4.5407	5.8409	10.2145
4	0.7407	0.9410	1.5332	2.1318	2.7764	3.7469	4.6041	7.1732
5	0.7267	0.9195	1.4759	2.0150	2.5706	3.3649	4.0321	5.8934
6	0.7176	0.9057	1.4398	1.9432	2.4469	3.1427	3.7074	5.2076
7	0.7111	0.8960	1.4149	1.8946	2.3646	2.9980	3.4995	4.7853
8	0.7064	0.8889	1.3968	1.8595	2.3060	2.8965	3.3554	4.5008
9	0.7027	0.8834	1.3830	1.8331	2.2622	2.8214	3.2498	4.2968
10	0.6998	0.8791	1.3722	1.8125	2.2281	2.7638	3.1693	4.1437
11	0.6974	0.8755	1.3634	1.7959	2.2010	2.7181	3.1058	4.0247
12	0.6955	0.8726	1.3562	1.7823	2.1788	2.6810	3.0545	3.9296
13	0.6938	0.8702	1.3502	1.7709	2.1604	2.6503	3.0123	3.8520
14	0.6924	0.8681	1.3450	1.7613	2.1448	2.6245	2.9768	3.7874
15	0.6912	0.8662	1.3406	1.7531	2.1314	2.6025	2.9467	3.7328
16	0.6901	0.8647	1.3368	1.7459	2.1199	2.5835	2.9208	3.6862
17	0.6892	0.8633	1.3334	1.7396	2.1098	2.5669	2.8982	3.6458
18	0.6884	0.8620	1.3304	1.7341	2.1009	2.5524	2.8784	3.6105
19	0.6876	0.8610	1.3277	1.7291	2.0930	2.5395	2.8609	3.5794
20	0.6870	0.8600	1.3253	1.7247	2.0860	2.5280	2.8453	3.5518
21	0.6864	0.8591	1.3232	1.7207	2.0796	2.5176	2.8314	3.5272
22	0.6858	0.8583	1.3212	1.7171	2.0739	2.5083	2.8188	3.5050
23	0.6853	0.8575	1.3195	1.7139	2.0687	2.4999	2.8073	3.4850
24	0.6848	0.8569	1.3178	1.7109	2.0639	2.4922	2.7969	3.4668
25	0.6844	0.8562	1.3163	1.7081	2.0595	2.4851	2.7874	3.4502
26	0.6840	0.8557	1.3150	1.7056	2.0555	2.4786	2.7787	3.4350
27	0.6837	0.8551	1.3137	1.7033	2.0518	2.4727	2.7707	3.4210
28	0.6834	0.8546	1.3125	1.7011	2.0484	2.4671	2.7633	3.4082
29	0.6830	0.8542	1.3114	1.6991	2.0452	2.4620	2.7564	3.3962
30	0.6828	0.8538	1.3104	1.6973	2.0423	2.4573	2.7500	3.3852
31	0.6825	0.8534	1.3095	1.6955	2.0395	2.4528	2.7440	3.3749
32	0.6822	0.8530	1.3086	1.6939	2.0369	2.4487	2.7385	3.3653
33	0.6820	0.8526	1.3077	1.6924	2.0345	2.4448	2.7333	3.3563
34	0.6818	0.8523	1.3070	1.6909	2.0322	2.4411	2.7284	3.3479
35	0.6816	0.8520	1.3062	1.6896	2.0301	2.4377	2.7238	3.3400
36	0.6814	0.8517	1.3055	1.6883	2.0281	2.4345	2.7195	3.3326
37	0.6812	0.8514	1.3049	1.6871	2.0262	2.4314	2.7154	3.3256
38	0.6810	0.8512	1.3042	1.6860	2.0244	2.4286	2.7116	3.3190
39	0.6808	0.8509	1.3036	1.6849	2.0227	2.4258	2.7079	3.3128
40	0.6807	0.8507	1.3031	1.6839	2.0211	2.4233	2.7045	3.3069

附表 5　F 分布分位数表 $P\{F(n_1,n_2) > F_\alpha(n_1,n_2)\} = \alpha$　$(\alpha = 0.1)$

n_2＼n_1	1	2	3	4	5	6	7	8	9	10	11	12	13	14	15	16	17	18	19	20	25	30	35	40	50	60	80	100	120
1	39.86	49.50	53.59	55.83	57.24	58.20	58.91	59.44	59.86	60.19	60.47	60.71	60.90	61.07	61.22	61.35	61.46	61.57	61.66	61.74	62.05	62.26	62.42	62.53	62.69	62.79	62.93	63.01	63.06
2	8.53	9.00	9.16	9.24	9.29	9.33	9.35	9.37	9.38	9.39	9.40	9.41	9.41	9.42	9.42	9.43	9.43	9.44	9.44	9.44	9.45	9.46	9.46	9.47	9.47	9.47	9.48	9.48	9.48
3	5.54	5.46	5.39	5.34	5.31	5.28	5.27	5.25	5.24	5.23	5.22	5.22	5.21	5.20	5.20	5.20	5.19	5.19	5.19	5.18	5.17	5.17	5.16	5.16	5.15	5.15	5.15	5.14	5.14
4	4.54	4.32	4.19	4.11	4.05	4.01	3.98	3.95	3.94	3.92	3.91	3.90	3.89	3.88	3.87	3.86	3.86	3.85	3.85	3.84	3.83	3.82	3.81	3.80	3.80	3.79	3.78	3.78	3.78
5	4.06	3.78	3.62	3.52	3.45	3.40	3.37	3.34	3.32	3.30	3.28	3.27	3.26	3.25	3.24	3.23	3.22	3.22	3.21	3.21	3.19	3.17	3.16	3.16	3.15	3.14	3.13	3.13	3.12
6	3.78	3.46	3.29	3.18	3.11	3.05	3.01	2.98	2.96	2.94	2.92	2.90	2.89	2.88	2.87	2.86	2.85	2.85	2.84	2.84	2.81	2.80	2.79	2.78	2.77	2.76	2.75	2.75	2.74
7	3.59	3.26	3.07	2.96	2.88	2.83	2.78	2.75	2.72	2.70	2.68	2.67	2.65	2.64	2.63	2.62	2.61	2.61	2.60	2.59	2.57	2.56	2.54	2.54	2.52	2.51	2.50	2.50	2.49
8	3.46	3.11	2.92	2.81	2.73	2.67	2.62	2.59	2.56	2.54	2.52	2.50	2.49	2.48	2.46	2.45	2.45	2.44	2.43	2.42	2.40	2.38	2.37	2.36	2.35	2.34	2.33	2.32	2.32
9	3.36	3.01	2.81	2.69	2.61	2.55	2.51	2.47	2.44	2.42	2.40	2.38	2.36	2.35	2.34	2.33	2.32	2.31	2.30	2.30	2.27	2.25	2.24	2.23	2.22	2.21	2.20	2.19	2.18
10	3.29	2.92	2.73	2.61	2.52	2.46	2.41	2.38	2.35	2.32	2.30	2.28	2.27	2.26	2.24	2.23	2.22	2.22	2.21	2.20	2.17	2.16	2.14	2.13	2.12	2.11	2.09	2.09	2.08
11	3.23	2.86	2.66	2.54	2.45	2.39	2.34	2.30	2.27	2.25	2.23	2.21	2.19	2.18	2.17	2.16	2.15	2.14	2.13	2.12	2.10	2.08	2.06	2.05	2.04	2.03	2.01	2.01	2.00
12	3.18	2.81	2.61	2.48	2.39	2.33	2.28	2.24	2.21	2.19	2.17	2.15	2.13	2.12	2.10	2.09	2.08	2.08	2.07	2.06	2.03	2.01	2.00	1.99	1.97	1.96	1.95	1.94	1.93
13	3.14	2.76	2.56	2.43	2.35	2.28	2.23	2.20	2.16	2.14	2.12	2.10	2.08	2.07	2.05	2.04	2.03	2.02	2.01	2.01	1.98	1.96	1.94	1.93	1.92	1.90	1.89	1.88	1.88
14	3.10	2.73	2.52	2.39	2.31	2.24	2.19	2.15	2.12	2.10	2.07	2.05	2.04	2.02	2.01	2.00	1.99	1.98	1.97	1.96	1.93	1.91	1.90	1.89	1.87	1.86	1.84	1.83	1.83
15	3.07	2.70	2.49	2.36	2.27	2.21	2.16	2.12	2.09	2.06	2.04	2.02	2.00	1.99	1.97	1.96	1.95	1.94	1.93	1.92	1.89	1.87	1.86	1.85	1.83	1.82	1.80	1.79	1.79
16	3.05	2.67	2.46	2.33	2.24	2.18	2.13	2.09	2.06	2.03	2.01	1.99	1.97	1.95	1.94	1.93	1.92	1.91	1.90	1.89	1.86	1.84	1.82	1.81	1.79	1.78	1.77	1.76	1.75
17	3.03	2.64	2.44	2.31	2.22	2.15	2.10	2.06	2.03	2.00	1.98	1.96	1.94	1.93	1.91	1.90	1.89	1.88	1.87	1.86	1.83	1.81	1.79	1.78	1.76	1.75	1.74	1.73	1.72
18	3.01	2.62	2.42	2.29	2.20	2.13	2.08	2.04	2.00	1.98	1.95	1.93	1.92	1.90	1.89	1.87	1.86	1.85	1.84	1.84	1.80	1.78	1.77	1.75	1.74	1.72	1.71	1.70	1.69
19	2.99	2.61	2.40	2.27	2.18	2.11	2.06	2.02	1.98	1.96	1.93	1.91	1.89	1.88	1.86	1.85	1.84	1.83	1.82	1.81	1.78	1.76	1.74	1.73	1.71	1.70	1.68	1.67	1.67
20	2.97	2.59	2.38	2.25	2.16	2.09	2.04	2.00	1.96	1.94	1.91	1.89	1.87	1.86	1.84	1.83	1.82	1.81	1.80	1.79	1.76	1.74	1.72	1.71	1.69	1.68	1.66	1.65	1.64
25	2.92	2.53	2.32	2.18	2.09	2.02	1.97	1.93	1.89	1.87	1.84	1.82	1.80	1.79	1.77	1.76	1.75	1.74	1.73	1.72	1.68	1.66	1.64	1.63	1.61	1.59	1.58	1.56	1.56
30	2.88	2.49	2.28	2.14	2.05	1.98	1.93	1.88	1.85	1.82	1.79	1.77	1.75	1.74	1.72	1.71	1.70	1.69	1.68	1.67	1.63	1.61	1.59	1.57	1.55	1.54	1.52	1.51	1.50
50	2.81	2.41	2.20	2.06	1.97	1.90	1.84	1.80	1.76	1.73	1.70	1.68	1.66	1.64	1.63	1.61	1.60	1.59	1.58	1.57	1.53	1.50	1.48	1.46	1.44	1.42	1.40	1.39	1.38
100	2.76	2.36	2.14	2.00	1.91	1.83	1.78	1.73	1.69	1.66	1.64	1.61	1.59	1.57	1.56	1.54	1.53	1.52	1.50	1.49	1.45	1.42	1.40	1.38	1.35	1.34	1.31	1.29	1.28
120	2.75	2.35	2.13	1.99	1.90	1.82	1.77	1.72	1.68	1.65	1.63	1.60	1.58	1.56	1.55	1.53	1.52	1.50	1.49	1.48	1.44	1.41	1.39	1.37	1.34	1.32	1.29	1.28	1.26

F 分布分位数表 $P\{F(n_1,n_2) > F_\alpha(n_1,n_2)\} = \alpha$ （$\alpha = 0.05$）

n_2＼n_1	1	2	3	4	5	6	7	8	9	10	11	12	13	14	15	16	17	18	19	20	40	60	80	100	120
1	161.5	199.5	215.7	224.6	230.2	234.0	236.8	238.9	240.5	241.9	243.0	243.9	244.7	245.4	246.0	246.5	246.9	247.3	247.7	248.0	251.1	252.2	252.7	253.0	253.3
2	18.51	19.00	19.16	19.25	19.30	19.33	19.35	19.37	19.38	19.40	19.40	19.41	19.42	19.42	19.43	19.43	19.44	19.44	19.44	19.45	19.47	19.48	19.48	19.49	19.49
3	10.13	9.55	9.28	9.12	9.01	8.94	8.89	8.85	8.81	8.79	8.76	8.74	8.73	8.71	8.70	8.69	8.68	8.67	8.67	8.66	8.59	8.57	8.56	8.55	8.55
4	7.71	6.94	6.59	6.39	6.26	6.16	6.09	6.04	6.00	5.96	5.94	5.91	5.89	5.87	5.86	5.84	5.83	5.82	5.81	5.80	5.72	5.69	5.67	5.66	5.66
5	6.61	5.79	5.41	5.19	5.05	4.95	4.88	4.82	4.77	4.74	4.70	4.68	4.66	4.64	4.62	4.60	4.59	4.58	4.57	4.56	4.46	4.43	4.41	4.41	4.40
6	5.99	5.14	4.76	4.53	4.39	4.28	4.21	4.15	4.10	4.06	4.03	4.00	3.98	3.96	3.94	3.92	3.91	3.90	3.88	3.87	3.77	3.74	3.72	3.71	3.70
7	5.59	4.74	4.35	4.12	3.97	3.87	3.79	3.73	3.68	3.64	3.60	3.57	3.55	3.53	3.51	3.49	3.48	3.47	3.46	3.44	3.34	3.30	3.29	3.27	3.27
8	5.32	4.46	4.07	3.84	3.69	3.58	3.50	3.44	3.39	3.35	3.31	3.28	3.26	3.24	3.22	3.20	3.19	3.17	3.16	3.15	3.04	3.01	2.99	2.97	2.97
9	5.12	4.26	3.86	3.63	3.48	3.37	3.29	3.23	3.18	3.14	3.10	3.07	3.05	3.03	3.01	2.99	2.97	2.96	2.95	2.94	2.83	2.79	2.77	2.76	2.75
10	4.96	4.10	3.71	3.48	3.33	3.22	3.14	3.07	3.02	2.98	2.94	2.91	2.89	2.86	2.85	2.83	2.81	2.80	2.79	2.77	2.66	2.62	2.60	2.59	2.58
11	4.84	3.98	3.59	3.36	3.20	3.09	3.01	2.95	2.90	2.85	2.82	2.79	2.76	2.74	2.72	2.70	2.69	2.67	2.66	2.65	2.53	2.49	2.47	2.46	2.45
12	4.75	3.89	3.49	3.26	3.11	3.00	2.91	2.85	2.80	2.75	2.72	2.69	2.66	2.64	2.62	2.60	2.58	2.57	2.56	2.54	2.43	2.38	2.36	2.35	2.34
13	4.67	3.81	3.41	3.18	3.03	2.92	2.83	2.77	2.71	2.67	2.63	2.60	2.58	2.55	2.53	2.51	2.50	2.48	2.47	2.46	2.34	2.30	2.27	2.26	2.25
14	4.60	3.74	3.34	3.11	2.96	2.85	2.76	2.70	2.65	2.60	2.57	2.53	2.51	2.48	2.46	2.44	2.43	2.41	2.40	2.39	2.27	2.22	2.20	2.19	2.18
15	4.54	3.68	3.29	3.06	2.90	2.79	2.71	2.64	2.59	2.54	2.51	2.48	2.45	2.42	2.40	2.38	2.37	2.35	2.34	2.33	2.20	2.16	2.14	2.12	2.11
16	4.49	3.63	3.24	3.01	2.85	2.74	2.66	2.59	2.54	2.49	2.46	2.42	2.40	2.37	2.35	2.33	2.32	2.30	2.29	2.28	2.15	2.11	2.08	2.07	2.06
17	4.45	3.59	3.20	2.96	2.81	2.70	2.61	2.55	2.49	2.45	2.41	2.38	2.35	2.33	2.31	2.29	2.27	2.26	2.24	2.23	2.10	2.06	2.03	2.02	2.01
18	4.41	3.55	3.16	2.93	2.77	2.66	2.58	2.51	2.46	2.41	2.37	2.34	2.31	2.29	2.27	2.25	2.23	2.22	2.20	2.19	2.06	2.02	1.99	1.98	1.97
19	4.38	3.52	3.13	2.90	2.74	2.63	2.54	2.48	2.42	2.38	2.34	2.31	2.28	2.26	2.23	2.21	2.20	2.18	2.17	2.16	2.03	1.98	1.96	1.94	1.93
20	4.35	3.49	3.10	2.87	2.71	2.60	2.51	2.45	2.39	2.35	2.31	2.28	2.25	2.22	2.20	2.18	2.17	2.15	2.14	2.12	1.99	1.95	1.92	1.91	1.90
25	4.24	3.39	2.99	2.76	2.60	2.49	2.40	2.34	2.28	2.24	2.20	2.16	2.14	2.11	2.09	2.07	2.05	2.04	2.02	2.01	1.87	1.82	1.80	1.78	1.77
30	4.17	3.32	2.92	2.69	2.53	2.42	2.33	2.27	2.21	2.16	2.13	2.09	2.06	2.04	2.01	1.99	1.98	1.96	1.95	1.93	1.79	1.74	1.71	1.70	1.68
50	4.03	3.18	2.79	2.56	2.40	2.29	2.20	2.13	2.07	2.03	1.99	1.95	1.92	1.89	1.87	1.85	1.83	1.81	1.80	1.78	1.63	1.58	1.54	1.52	1.51
80	3.96	3.11	2.72	2.49	2.33	2.21	2.13	2.06	2.00	1.95	1.91	1.88	1.84	1.82	1.79	1.77	1.75	1.73	1.72	1.70	1.54	1.48	1.45	1.43	1.41
100	3.94	3.09	2.70	2.46	2.31	2.19	2.10	2.03	1.97	1.93	1.89	1.85	1.82	1.79	1.77	1.75	1.73	1.71	1.69	1.68	1.52	1.45	1.41	1.39	1.38
120	3.92	3.07	2.68	2.45	2.29	2.18	2.09	2.02	1.96	1.91	1.87	1.83	1.80	1.78	1.75	1.73	1.71	1.69	1.67	1.66	1.50	1.43	1.39	1.37	1.35

F 分布分位数表 $P\{F(n_1, n_2) > F_\alpha(n_1, n_2)\} = \alpha$ $(\alpha = 0.025)$

续表

n_2 \ n_1	1	2	3	4	5	6	7	8	9	10	11	12	13	14	15	16	17	18	19	20	40	80	100	120
1	647.8	799.5	864.2	899.6	921.9	937.1	948.2	956.7	963.3	968.6	973.0	976.7	979.8	982.5	984.9	986.9	988.7	990.4	991.8	993.1	1006	1012	1013	1014
2	38.51	39.00	39.17	39.25	39.30	39.33	39.36	39.37	39.39	39.40	39.41	39.41	39.42	39.43	39.43	39.44	39.44	39.44	39.45	39.45	39.47	39.49	39.49	39.49
3	17.44	16.04	15.44	15.10	14.88	14.73	14.62	14.54	14.47	14.42	14.37	14.34	14.30	14.28	14.25	14.23	14.21	14.20	14.18	14.17	14.04	13.97	13.96	13.95
4	12.22	10.65	9.98	9.60	9.36	9.20	9.07	8.98	8.90	8.84	8.79	8.75	8.71	8.68	8.66	8.63	8.61	8.59	8.58	8.56	8.41	8.33	8.32	8.31
5	10.01	8.43	7.76	7.39	7.15	6.98	6.85	6.76	6.68	6.62	6.57	6.52	6.49	6.46	6.43	6.40	6.38	6.36	6.34	6.33	6.18	6.10	6.08	6.07
6	8.81	7.26	6.60	6.23	5.99	5.82	5.70	5.60	5.52	5.46	5.41	5.37	5.33	5.30	5.27	5.24	5.22	5.20	5.18	5.17	5.01	4.93	4.92	4.90
7	8.07	6.54	5.89	5.52	5.29	5.12	4.99	4.90	4.82	4.76	4.71	4.67	4.63	4.60	4.57	4.54	4.52	4.50	4.48	4.47	4.31	4.23	4.21	4.20
8	7.57	6.06	5.42	5.05	4.82	4.65	4.53	4.43	4.36	4.30	4.24	4.20	4.16	4.13	4.10	4.08	4.05	4.03	4.02	4.00	3.84	3.76	3.74	3.73
9	7.21	5.71	5.08	4.72	4.48	4.32	4.20	4.10	4.03	3.96	3.91	3.87	3.83	3.80	3.77	3.74	3.72	3.70	3.68	3.67	3.51	3.42	3.40	3.39
10	6.94	5.46	4.83	4.47	4.24	4.07	3.95	3.85	3.78	3.72	3.66	3.62	3.58	3.55	3.52	3.50	3.47	3.45	3.44	3.42	3.26	3.17	3.15	3.14
11	6.72	5.26	4.63	4.28	4.04	3.88	3.76	3.66	3.59	3.53	3.47	3.43	3.39	3.36	3.33	3.30	3.28	3.26	3.24	3.23	3.06	2.97	2.96	2.94
12	6.55	5.10	4.47	4.12	3.89	3.73	3.61	3.51	3.44	3.37	3.32	3.28	3.24	3.21	3.18	3.15	3.13	3.11	3.09	3.07	2.91	2.82	2.80	2.79
13	6.41	4.97	4.35	4.00	3.77	3.60	3.48	3.39	3.31	3.25	3.20	3.15	3.12	3.08	3.05	3.03	3.00	2.98	2.96	2.95	2.78	2.69	2.67	2.66
14	6.30	4.86	4.24	3.89	3.66	3.50	3.38	3.29	3.21	3.15	3.09	3.05	3.01	2.98	2.95	2.92	2.90	2.88	2.86	2.84	2.67	2.58	2.56	2.55
15	6.20	4.77	4.15	3.80	3.58	3.41	3.29	3.20	3.12	3.06	3.01	2.96	2.92	2.89	2.86	2.84	2.81	2.79	2.77	2.76	2.59	2.49	2.47	2.46
16	6.12	4.69	4.08	3.73	3.50	3.34	3.22	3.12	3.05	2.99	2.93	2.89	2.85	2.82	2.79	2.76	2.74	2.72	2.70	2.68	2.51	2.42	2.40	2.38
17	6.04	4.62	4.01	3.66	3.44	3.28	3.16	3.06	2.98	2.92	2.87	2.82	2.79	2.75	2.72	2.70	2.67	2.65	2.63	2.62	2.44	2.35	2.33	2.32
18	5.98	4.56	3.95	3.61	3.38	3.22	3.10	3.01	2.93	2.87	2.81	2.77	2.73	2.70	2.67	2.64	2.62	2.60	2.58	2.56	2.38	2.29	2.27	2.26
19	5.92	4.51	3.90	3.56	3.33	3.17	3.05	2.96	2.88	2.82	2.76	2.72	2.68	2.65	2.62	2.59	2.57	2.55	2.53	2.51	2.33	2.24	2.22	2.20
20	5.87	4.46	3.86	3.51	3.29	3.13	3.01	2.91	2.84	2.77	2.72	2.68	2.64	2.60	2.57	2.55	2.52	2.50	2.48	2.46	2.29	2.19	2.17	2.16
25	5.69	4.29	3.69	3.35	3.13	2.97	2.85	2.75	2.68	2.61	2.56	2.51	2.48	2.44	2.41	2.38	2.36	2.34	2.32	2.30	2.12	2.02	2.00	1.98
30	5.57	4.18	3.59	3.25	3.03	2.87	2.75	2.65	2.57	2.51	2.46	2.41	2.37	2.34	2.31	2.28	2.26	2.23	2.21	2.20	2.01	1.90	1.88	1.87
35	5.48	4.11	3.52	3.18	2.96	2.80	2.68	2.58	2.50	2.44	2.39	2.34	2.30	2.27	2.23	2.21	2.18	2.16	2.14	2.12	1.93	1.82	1.80	1.79
40	5.42	4.05	3.46	3.13	2.90	2.74	2.62	2.53	2.45	2.39	2.33	2.29	2.25	2.21	2.18	2.15	2.13	2.11	2.09	2.07	1.88	1.76	1.74	1.72
45	5.38	4.01	3.42	3.09	2.86	2.70	2.58	2.49	2.41	2.35	2.29	2.25	2.21	2.17	2.14	2.11	2.09	2.07	2.04	2.03	1.83	1.72	1.69	1.68
50	5.34	3.97	3.39	3.05	2.83	2.67	2.55	2.46	2.38	2.32	2.26	2.22	2.18	2.14	2.11	2.08	2.06	2.03	2.01	1.99	1.80	1.68	1.66	1.64
60	5.29	3.93	3.34	3.01	2.79	2.63	2.51	2.41	2.33	2.27	2.22	2.17	2.13	2.09	2.06	2.03	2.01	1.98	1.96	1.94	1.74	1.63	1.60	1.58
70	5.25	3.89	3.31	2.97	2.75	2.59	2.47	2.38	2.30	2.24	2.18	2.14	2.10	2.06	2.03	2.00	1.97	1.95	1.93	1.91	1.71	1.59	1.56	1.54
80	5.22	3.86	3.28	2.95	2.73	2.57	2.45	2.35	2.28	2.21	2.16	2.11	2.07	2.03	2.00	1.97	1.95	1.92	1.90	1.88	1.68	1.55	1.53	1.51
90	5.20	3.84	3.26	2.93	2.71	2.55	2.43	2.34	2.26	2.19	2.14	2.09	2.05	2.02	1.98	1.95	1.93	1.91	1.88	1.86	1.66	1.53	1.50	1.48
100	5.18	3.83	3.25	2.92	2.70	2.54	2.42	2.32	2.24	2.18	2.12	2.08	2.04	2.00	1.97	1.94	1.91	1.89	1.87	1.85	1.64	1.51	1.48	1.46
120	5.15	3.80	3.23	2.89	2.67	2.52	2.39	2.30	2.22	2.16	2.10	2.05	2.01	1.98	1.94	1.92	1.89	1.87	1.84	1.82	1.61	1.48	1.45	1.43

F 分布分位数表 $P\{F(n_1, n_2) > F_\alpha(n_1, n_2)\} = \alpha$　$(\alpha = 0.01)$

n_2 \ n_1	1	2	3	4	5	6	7	8	9	10	11	12	13	14	15	16	17	18	19	20	40	80	120
1	4052.2	4999.5	5403.4	5624.6	5763.7	5859.0	5928.4	5981.1	6022.5	6055.9	6083.3	6106.3	6125.9	6142.7	6157.3	6170.1	6181.4	6191.5	6200.6	6208.7	6286.8	6326.2	6339.4
2	98.50	99.00	99.17	99.25	99.30	99.33	99.36	99.37	99.39	99.40	99.41	99.42	99.42	99.43	99.43	99.44	99.44	99.44	99.45	99.45	99.47	99.49	99.49
3	34.12	30.82	29.46	28.71	28.24	27.91	27.67	27.49	27.35	27.23	27.13	27.05	26.98	26.92	26.87	26.83	26.79	26.75	26.72	26.69	26.41	26.27	26.22
4	21.20	18.00	16.69	15.98	15.52	15.21	14.98	14.80	14.66	14.55	14.45	14.37	14.31	14.25	14.20	14.15	14.11	14.08	14.05	14.02	13.75	13.61	13.56
5	16.26	13.27	12.06	11.39	10.97	10.67	10.46	10.29	10.16	10.05	9.96	9.89	9.82	9.77	9.72	9.68	9.64	9.61	9.58	9.55	9.29	9.16	9.11
6	13.75	10.92	9.78	9.15	8.75	8.47	8.26	8.10	7.98	7.87	7.79	7.72	7.66	7.60	7.56	7.52	7.48	7.45	7.42	7.40	7.14	7.01	6.97
7	12.25	9.55	8.45	7.85	7.46	7.19	6.99	6.84	6.72	6.62	6.54	6.47	6.41	6.36	6.31	6.28	6.24	6.21	6.18	6.16	5.91	5.78	5.74
8	11.26	8.65	7.59	7.01	6.63	6.37	6.18	6.03	5.91	5.81	5.73	5.67	5.61	5.56	5.52	5.48	5.44	5.41	5.38	5.36	5.12	4.99	4.95
9	10.56	8.02	6.99	6.42	6.06	5.80	5.61	5.47	5.35	5.26	5.18	5.11	5.05	5.01	4.96	4.92	4.89	4.86	4.83	4.81	4.57	4.44	4.40
10	10.04	7.56	6.55	5.99	5.64	5.39	5.20	5.06	4.94	4.85	4.77	4.71	4.65	4.60	4.56	4.52	4.49	4.46	4.43	4.41	4.17	4.04	4.00
11	9.65	7.21	6.22	5.67	5.32	5.07	4.89	4.74	4.63	4.54	4.46	4.40	4.34	4.29	4.25	4.21	4.18	4.15	4.12	4.10	3.86	3.73	3.69
12	9.33	6.93	5.95	5.41	5.06	4.82	4.64	4.50	4.39	4.30	4.22	4.16	4.10	4.05	4.01	3.97	3.94	3.91	3.88	3.86	3.62	3.49	3.45
13	9.07	6.70	5.74	5.21	4.86	4.62	4.44	4.30	4.19	4.10	4.02	3.96	3.91	3.86	3.82	3.78	3.75	3.72	3.69	3.66	3.43	3.30	3.25
14	8.86	6.51	5.56	5.04	4.69	4.46	4.28	4.14	4.03	3.94	3.86	3.80	3.75	3.70	3.66	3.62	3.59	3.56	3.53	3.51	3.27	3.14	3.09
15	8.68	6.36	5.42	4.89	4.56	4.32	4.14	4.00	3.89	3.80	3.73	3.67	3.61	3.56	3.52	3.49	3.45	3.42	3.40	3.37	3.13	3.00	2.96
16	8.53	6.23	5.29	4.77	4.44	4.20	4.03	3.89	3.78	3.69	3.62	3.55	3.50	3.45	3.41	3.37	3.34	3.31	3.28	3.26	3.02	2.89	2.84
17	8.40	6.11	5.18	4.67	4.34	4.10	3.93	3.79	3.68	3.59	3.52	3.46	3.40	3.35	3.31	3.27	3.24	3.21	3.19	3.16	2.92	2.79	2.75
18	8.29	6.01	5.09	4.58	4.25	4.01	3.84	3.71	3.60	3.51	3.43	3.37	3.32	3.27	3.23	3.19	3.16	3.13	3.10	3.08	2.84	2.70	2.66
19	8.18	5.93	5.01	4.50	4.17	3.94	3.77	3.63	3.52	3.43	3.36	3.30	3.24	3.19	3.15	3.12	3.08	3.05	3.03	3.00	2.76	2.63	2.58
20	8.10	5.85	4.94	4.43	4.10	3.87	3.70	3.56	3.46	3.37	3.29	3.23	3.18	3.13	3.09	3.05	3.02	2.99	2.96	2.94	2.69	2.56	2.52
25	7.77	5.57	4.68	4.18	3.85	3.63	3.46	3.32	3.22	3.13	3.06	2.99	2.94	2.89	2.85	2.81	2.78	2.75	2.72	2.70	2.45	2.32	2.27
30	7.56	5.39	4.51	4.02	3.70	3.47	3.30	3.17	3.07	2.98	2.91	2.84	2.79	2.74	2.70	2.66	2.63	2.60	2.57	2.55	2.30	2.16	2.11
35	7.42	5.27	4.40	3.91	3.59	3.37	3.20	3.07	2.96	2.88	2.80	2.74	2.69	2.64	2.60	2.56	2.53	2.50	2.47	2.44	2.19	2.05	2.00
40	7.31	5.18	4.31	3.83	3.51	3.29	3.12	2.99	2.89	2.80	2.73	2.66	2.61	2.56	2.52	2.48	2.45	2.42	2.39	2.37	2.11	1.97	1.92
45	7.23	5.11	4.25	3.77	3.45	3.23	3.07	2.94	2.83	2.74	2.67	2.61	2.55	2.51	2.46	2.43	2.39	2.36	2.34	2.31	2.05	1.91	1.85
50	7.17	5.06	4.20	3.72	3.41	3.19	3.02	2.89	2.78	2.70	2.63	2.56	2.51	2.46	2.42	2.38	2.35	2.32	2.29	2.27	2.01	1.86	1.80
60	7.08	4.98	4.13	3.65	3.34	3.12	2.95	2.82	2.72	2.63	2.56	2.50	2.44	2.39	2.35	2.31	2.28	2.25	2.22	2.20	1.94	1.78	1.73
80	6.96	4.88	4.04	3.56	3.26	3.04	2.87	2.74	2.64	2.55	2.48	2.42	2.36	2.31	2.27	2.23	2.20	2.17	2.14	2.12	1.85	1.69	1.63
100	6.90	4.82	3.98	3.51	3.21	2.99	2.82	2.69	2.59	2.50	2.43	2.37	2.31	2.27	2.22	2.19	2.15	2.12	2.09	2.07	1.80	1.63	1.57
110	6.87	4.80	3.96	3.49	3.19	2.97	2.81	2.68	2.57	2.49	2.41	2.35	2.30	2.25	2.21	2.17	2.13	2.10	2.07	2.05	1.78	1.61	1.55
120	6.85	4.79	3.95	3.48	3.17	2.96	2.79	2.66	2.56	2.47	2.40	2.34	2.28	2.23	2.19	2.15	2.12	2.09	2.06	2.03	1.76	1.60	1.53

续表

F 分布分位数表 $P\{F(n_1,n_2) > F_\alpha(n_1,n_2)\} = \alpha$ ($\alpha = 0.005$)

n_1 / n_2	1	2	3	4	5	6	7	8	9	10	11	12	13	14	15	16	17	18	19	20	30	50	100	120
1	16211	20000	21615	22500	23056	23437	23715	23925	24091	24225	24334	24426	24505	24572	24630	24682	24727	24767	24803	24836	25044	25211	25338	25359
2	198.50	199.00	199.17	199.25	199.30	199.33	199.36	199.37	199.39	199.40	199.41	199.42	199.42	199.43	199.43	199.44	199.44	199.44	199.45	199.45	199.47	199.48	199.49	199.49
3	55.55	49.80	47.47	46.19	45.39	44.84	44.43	44.13	43.88	43.69	43.52	43.39	43.27	43.17	43.08	43.01	42.94	42.88	42.83	42.78	42.47	42.21	42.02	41.99
4	31.33	26.28	24.26	23.15	22.46	21.97	21.62	21.35	21.14	20.97	20.82	20.70	20.60	20.51	20.44	20.37	20.31	20.26	20.21	20.17	19.89	19.67	19.50	19.47
5	22.78	18.31	16.53	15.56	14.94	14.51	14.20	13.96	13.77	13.62	13.49	13.38	13.29	13.21	13.15	13.09	13.03	12.98	12.94	12.90	12.66	12.45	12.30	12.27
6	18.63	14.54	12.92	12.03	11.46	11.07	10.79	10.57	10.39	10.25	10.13	10.03	9.95	9.88	9.81	9.76	9.71	9.66	9.62	9.59	9.36	9.17	9.03	9.00
7	16.24	12.40	10.88	10.05	9.52	9.16	8.89	8.68	8.51	8.38	8.27	8.18	8.10	8.03	7.97	7.91	7.87	7.83	7.79	7.75	7.53	7.35	7.22	7.19
8	14.69	11.04	9.60	8.81	8.30	7.95	7.69	7.50	7.34	7.21	7.10	7.01	6.94	6.87	6.81	6.76	6.72	6.68	6.64	6.61	6.40	6.22	6.09	6.06
9	13.61	10.11	8.72	7.96	7.47	7.13	6.88	6.69	6.54	6.42	6.31	6.23	6.15	6.09	6.03	5.98	5.94	5.90	5.86	5.83	5.62	5.45	5.32	5.30
10	12.83	9.43	8.08	7.34	6.87	6.54	6.30	6.12	5.97	5.85	5.75	5.66	5.59	5.53	5.47	5.42	5.38	5.34	5.31	5.27	5.07	4.90	4.77	4.75
11	12.23	8.91	7.60	6.88	6.42	6.10	5.86	5.68	5.54	5.42	5.32	5.24	5.16	5.10	5.05	5.00	4.96	4.92	4.89	4.86	4.65	4.49	4.36	4.34
12	11.75	8.51	7.23	6.52	6.07	5.76	5.52	5.35	5.20	5.09	4.99	4.91	4.84	4.77	4.72	4.67	4.63	4.59	4.56	4.53	4.33	4.17	4.04	4.01
13	11.37	8.19	6.93	6.23	5.79	5.48	5.25	5.08	4.94	4.82	4.72	4.64	4.57	4.51	4.46	4.41	4.37	4.33	4.30	4.27	4.07	3.91	3.78	3.76
14	11.06	7.92	6.68	6.00	5.56	5.26	5.03	4.86	4.72	4.60	4.51	4.43	4.36	4.30	4.25	4.20	4.16	4.12	4.09	4.06	3.86	3.70	3.57	3.55
15	10.80	7.70	6.48	5.80	5.37	5.07	4.85	4.67	4.54	4.42	4.33	4.25	4.18	4.12	4.07	4.02	3.98	3.95	3.91	3.88	3.69	3.52	3.39	3.37
16	10.58	7.51	6.30	5.64	5.21	4.91	4.69	4.52	4.38	4.27	4.18	4.10	4.03	3.97	3.92	3.87	3.83	3.80	3.76	3.73	3.54	3.37	3.25	3.22
17	10.38	7.35	6.16	5.50	5.07	4.78	4.56	4.39	4.25	4.14	4.05	3.97	3.90	3.84	3.79	3.75	3.71	3.67	3.64	3.61	3.41	3.25	3.12	3.10
18	10.22	7.21	6.03	5.37	4.96	4.66	4.44	4.28	4.14	4.03	3.94	3.86	3.79	3.73	3.68	3.64	3.60	3.56	3.53	3.50	3.30	3.14	3.01	2.99
19	10.07	7.09	5.92	5.27	4.85	4.56	4.34	4.18	4.04	3.93	3.84	3.76	3.70	3.64	3.59	3.54	3.50	3.46	3.43	3.40	3.21	3.04	2.91	2.89
20	9.94	6.99	5.82	5.17	4.76	4.47	4.26	4.09	3.96	3.85	3.76	3.68	3.61	3.55	3.50	3.46	3.42	3.38	3.35	3.32	3.12	2.96	2.83	2.81
25	9.48	6.60	5.46	4.84	4.43	4.15	3.94	3.78	3.64	3.54	3.45	3.37	3.30	3.25	3.20	3.15	3.11	3.08	3.04	3.01	2.82	2.65	2.52	2.50
30	9.18	6.35	5.24	4.62	4.23	3.95	3.74	3.58	3.45	3.34	3.25	3.18	3.11	3.06	3.01	2.96	2.92	2.89	2.85	2.82	2.63	2.46	2.32	2.30
35	8.98	6.19	5.09	4.48	4.09	3.81	3.61	3.45	3.32	3.21	3.12	3.05	2.98	2.93	2.88	2.83	2.79	2.76	2.72	2.69	2.50	2.33	2.19	2.16
40	8.83	6.07	4.98	4.37	3.99	3.71	3.51	3.35	3.22	3.12	3.03	2.95	2.89	2.83	2.78	2.74	2.70	2.66	2.63	2.60	2.40	2.23	2.09	2.06
50	8.63	5.90	4.83	4.23	3.85	3.58	3.38	3.22	3.09	2.99	2.90	2.82	2.76	2.70	2.65	2.61	2.57	2.53	2.50	2.47	2.27	2.10	1.95	1.93
60	8.49	5.79	4.73	4.14	3.76	3.49	3.29	3.13	3.01	2.90	2.82	2.74	2.68	2.62	2.57	2.53	2.49	2.45	2.42	2.39	2.19	2.01	1.86	1.83
70	8.40	5.72	4.66	4.08	3.70	3.43	3.23	3.08	2.95	2.85	2.76	2.68	2.62	2.56	2.51	2.47	2.43	2.39	2.36	2.33	2.13	1.95	1.80	1.77
80	8.33	5.67	4.61	4.03	3.65	3.39	3.19	3.03	2.91	2.80	2.72	2.64	2.58	2.52	2.47	2.43	2.39	2.35	2.32	2.29	2.08	1.90	1.75	1.72
90	8.28	5.62	4.57	3.99	3.62	3.35	3.15	3.00	2.87	2.77	2.68	2.61	2.54	2.49	2.44	2.39	2.35	2.32	2.28	2.25	2.05	1.87	1.71	1.68
100	8.24	5.59	4.54	3.96	3.59	3.33	3.13	2.97	2.85	2.74	2.66	2.58	2.52	2.46	2.41	2.37	2.33	2.29	2.26	2.23	2.02	1.84	1.68	1.65
110	8.21	5.56	4.52	3.94	3.57	3.30	3.11	2.95	2.83	2.72	2.64	2.56	2.50	2.44	2.39	2.35	2.31	2.27	2.24	2.21	2.00	1.82	1.66	1.63
120	8.18	5.54	4.50	3.92	3.55	3.28	3.09	2.93	2.81	2.71	2.62	2.54	2.48	2.42	2.37	2.33	2.29	2.25	2.22	2.19	1.98	1.80	1.64	1.61